dtv
premium

W0058596

Jochen Mai

DIE
KARRIERE
BIBEL

Definitiv alles, was Sie
für Ihren beruflichen Erfolg
wissen müssen

Deutscher Taschenbuch Verlag

Für Joël und Joshua

Mix
Produktgruppe aus vorbildlich bewirtschafteten
Wäldern und anderen kontrollierten Herkünften
www.fsc.org Zert.-Nr. GFA-COC-001278
© 1996 Forest Stewardship Council

Der Inhalt dieses Buches wurde auf einem nach den
Richtlinien des Forest Stewardship Council zertifizierten
Papier der Papierfabrik Munkedal gedruckt.

Originalausgabe
Januar 2008
5. Auflage April 2009
© Deutscher Taschenbuch Verlag GmbH & Co. KG,
München
www.dtv.de

Umschlagkonzept: Balk & Brumshagen
Umschlaggestaltung: Claus Lehmann
Satz: Greiner & Reichel, Köln
Gesetzt aus der Berkeley 10/12,25`
Druck und Bindung: CPI – Ebner & Spiegel, Ulm
Gedruckt auf säurefreiem, chlorfrei gebleichtem Papier
Printed in Germany · ISBN 978-3-423-24651-4

Inhalt

Januar
Orientierung, Bewerbung, Vorstellung – Der Weg zum Job

Februar
Der Einstieg: Jetzt werden die Weichen gestellt

März
Stärken stärken – Erfolg in der täglichen Praxis

April
Chefs, Kollegen, Rivalen – Das Geheimnis der Mikropolitik

Mai
Karriere machen mit Kreativität

Juni
Der Aufstieg: So klappt es mit der Beförderung

Juli
Die Psychologie des Erfolgs

August
Krisen meistern

September
Nichts ist so beständig wie der Wandel

Oktober
Die Kunst, andere zu führen

November
Die Strategien der Macht

Dezember
Auftritte, Ansprachen, Abschiede – Der letzte Schliff

Vorwort
Hier und heute

Erfolg – das sind allenfalls zehn Prozent Leistung, dafür aber umso mehr Psychologie, Soziologie, Strategie, Diplomatie, Publicity und ein Schuss Travestie. Das wusste schon Henry Ford, Gründer des gleichnamigen Autoherstellers, der davon überzeugt war, dass Erfolg allein darin bestehe, genau jene Fähigkeiten zu haben, die im Moment gefragt sind.

Wie ich darauf komme? Menschen sind soziale Wesen. Seit sie zusammenleben, gibt es so etwas wie Rangordnungen. Diese vereinfachen das Leben und reduzieren Kosten – bei Entscheidungen zum Beispiel. Ein hoher Rang verspricht Status, Ansehen und Macht und ist daher für viele erstrebenswert, auch aus so ganz banalen Gründen wie Fortpflanzungserfolg. Da hierarchische Systeme Pyramiden ähneln, sind hohe Rangstufen knapper als niedere. So entsteht Wettbewerb. Schon das Wort *Karriere* stammt vom französischen *carrière* und bedeutete einmal *Rennbahn*. Bei diesem Wettlauf nach oben ist jedoch jeder auf die Gunst der Ranghöheren angewiesen, während er zugleich das Verhältnis zu seinen Mitbewerbern austarieren muss. Spätestens seit der Mensch die Arbeitsteilung erfunden hat, gibt es diesen Wettbewerb nicht nur innerhalb von Gruppen und Organisationen, sondern auch zwischen selbigen. Erfolg ist also nie eindimensional, sondern stets ein mehrdimensionales Spiel, zwischen und über Gruppen hinweg, das mit Leistungswillen allein nicht zu gewinnen ist. Auch wenn manche das Gegenteil behaupten.

Aber keine Bange: In über 5000 Jahren Zivilisationsgeschichte hat sich zwar die Zahl der Spieloptionen vergrößert – jedoch nicht die der Regeln und Mechanismen, wie und warum der eine aufsteigt und der andere nicht. Die wirklich wichtigen Gesetze des Erfolgs ändern sich nie. Zum Glück! So passen sie in ein einziges Buch: dieses.

Diese *Karriere-Bibel* ist, das sage ich ganz unbescheiden, aber zutreffend, die Essenz dessen, was Menschen aus unterschiedlichen Zeitaltern über Glück und Erfolg herausgefunden haben, ein Destillat aus weisen Worten kluger Denker, die ihrer Zeit voraus waren, aus wissenschaftlichen Studien, historischen Anekdoten und Allegorien, aus bewährten Strategien, von Sun Tzu bis Carl von Clausewitz, von Lucius Annaeus Seneca bis Niccolò Machiavelli sowie über hundert Büchern und noch mehr Artikeln, die dazu geschrieben wurden. Die *Karriere-Bibel* ist ein Leitfaden für Ihre berufliche Laufbahn. Im Gegensatz zur Heiligen Schrift handelt es sich hierbei jedoch nicht um geoffenbarte Weisheiten, um keine göttlichen Erkenntnisse, sondern *nur* um millionenfach erprobtes Wissen über die wichtigste Nebensache der Welt: Erfolg. Wenn Sie etwas über den Sinn des Lebens herausfinden wollen, sollten Sie besser die Bibel lesen. Aber auch sonst empfehle ich Ihnen die Lektüre: Die Heilige Schrift beschreibt zahlreiche bemerkenswerte wie erfolgreiche Persönlichkeiten, von denen sich trefflich lernen lässt – nicht zuletzt, dass Glück und Erfolg eine Frage der richtigen Motive und Prioritäten sind.

Dieses Vademekum hingegen ist gedacht für Menschen, die nicht seitenweise Fachliteratur wälzen, Buch um Buch durchackern und obendrein mehrtägige Lebensführungsseminare besuchen wollen. Es soll Sie ein Jahr lang begleiten und in Ihrem Leben und Beruf unterstützen, Ihnen Tag für Tag, Schritt für Schritt und kompakt die wichtigsten und besten Erfolgsregeln, -prinzipien und -weisheiten an die Hand geben – beginnend im Januar mit den wesentlichen Punkten für den Karrierestart bis hin zum Dezember und der Frage, wann und wie man den optimalen Ausstieg findet. Alle genannten Empfehlungen und Übungen sind so konzipiert, dass sie sich leicht in den Alltag integrieren lassen. Vielleicht wissen Sie das eine oder andere auch schon. Klasse – dann setzen Sie es in die Tat um! Falls nicht, liefert Ihnen diese Lektüre wertvolle Anregungen und Anstöße.

Ja, richtig gelesen, auch Anstöße sind dabei. Nicht jeder Tag wird Ihnen gefallen. Nicht jede Methode, nicht jede Strategie wird zu Ihnen passen. Das kann und soll sie auch nicht. Denn jeder Mensch ist anders: Der eine steht noch am Anfang seiner Laufbahn, der andere mittendrin. Zudem hat jeder eigene Werte und Ziele. Welche das sind und wie Sie diese erreichen wollen – das ist allein Ihre Entscheidung! Die kann Ihnen keiner abnehmen: kein Freund, kein Coach und erst recht kein Autor. Trotzdem wird Ihnen dieses Buch helfen, Ihren Horizont zu erweitern, links und rechts Ihres Weges zu schauen sowie Alternativen und Abkürzungen kennenzulernen.

Um der Lesbarkeit willen habe ich auf einen konsequenten Verweis auf beide Geschlechter verzichtet. In der Regel verwende ich die männliche Form – schließlich tun wir Männer uns mit dem Lernen schwerer. Trotzdem sind Männer wie Frauen gleichermaßen gemeint.

Wie Sie dieses Buch lesen, bleibt Ihnen überlassen: Sie können es wie ein Tagebuch lesen oder über das Stichwortverzeichnis gezielt nach den für Sie relevanten Themen suchen. Selektives Lesen spart Zeit und stiftet unmittelbaren Nutzen. Sie können das Buch aber auch in einem Rutsch durchackern. Nur laufen Sie dabei Gefahr, jene Erkenntnisse zu verpassen, die Sie nur entdecken, wenn Sie sich die Zeit nehmen, die Texte für sich zu interpretieren. Und erst das macht Bücher individuell wertvoll. Wie sagte schon Horaz: »Nütze diesen Tag und am wenigsten traue dem nächsten!«
Dabei viel Erfolg!

januar

Orientierung, Bewerbung, Vorstellung
Der Weg zum Job

feb

mrz

apr

mai

jun

jul

aug

1. Januar
Mutantenstadl – Rezepte für die Karriere gibt es nicht

Am Anfang schuf Gott Himmel und Erde. Dann, ein paar Tage später, schuf er den Menschen – und höchst individuell. Das war ein kreativer Kraftakt. Wir versuchen heute das Gegenteil. Unsere Lebensläufe gleichen sich an und heraus kommen Klone: Studium an einer Spitzenuniversität in Rekordzeit, Auslandspraktika, Fremdsprachenkenntnisse, gebleachtes Lächeln, modischer Kurzhaarschnitt (auch die Frauen!), Partner – aber ungebunden. Solche Nachwuchskräfte wollen hoch hinaus, haben die Laufbahn optimiert, ihren Lebenslauf genauso sorgfältig geplant wie die Radtour durchs australische Outback. Das alles mag strategisch sinnvoll und taktisch klug sein. Doch wird das Wichtigste dabei übersehen: die Persönlichkeit.

Fachwissen, strategisches Denken, praktische Erfahrungen – daran mangelt es heute kaum einem Berufseinsteiger. Schon vor Jahren haben sich die Universitäten den Wünschen der Wirtschaft angepasst, haben Fallstudien, Pflichtpraktika und Rhetorikkurse in ihre Studienpläne integriert, weil deren Bedeutung bei der Bewerberauswahl steigt. Beschäftigt und befördert werden so aber nur brillante Analytiker, deren Sozialkompetenz jedoch selten mit ihrem Ego und Intellekt Schritt hält. Es sind Intelligenzbestien im Wortsinn. Zum Glück gibt es auch die Gegenbewegung: Unternehmen, die nach Charakter statt nach Inselbegabung suchen. Akademische Brillanz beflügelt nicht zwangsläufig Kreativität, mit sozialem Geschick steht sie gelegentlich sogar auf dem Kriegsfuß. Dabei werden diese Fähigkeiten immer wichtiger: Konzepte moderieren, Abläufe modernisieren, Mitarbeiter motivieren. Wer an der Uni reüssiert, kann im Team dennoch scheitern, wenn er Konflikten mit 08/15-Methoden begegnet.

Karrieristen denken zu linear. Sie haben gelernt, ihre Ziele geradlinig zu verfolgen, zur Not mit dem Kopf durch die Wand. Gefährlich. Je höher ein Mitarbeiter aufsteigt, desto mehr repräsentiert er das Unternehmen und dessen Werte. Solange alles glattgeht, reicht vielleicht auch eine glatte Führungsfigur. Sobald aber Spannungen auftauchen, zählt Substanz. Und die zeigt sich in der Persönlichkeit: Was Unternehmen erfolgreich macht, sind eben nicht hoch bezahlte Arbeitstiere und windkanaloptimierte Mutanten, sondern Menschen, die nicht nur mit dem Verstand führen, sondern auch mit Empathie, die Vorbild sind, Werte leben, quer denken und visionieren.

Das eine Kochrezept für die Karriere gibt es nicht. Allein dieses Buch enthält mehr als 366 Ratschläge, Strategien, Konzepte. Seine Zukunftspläne nach wenigen Standards auszurichten, wäre also ziemlich dämlich. Und unkreativ dazu.

2. Januar
Preisfrage – Wie der Erfolg auf den Charakter wirkt

Karriere hat ihren Preis. Das muss deshalb am Anfang erwähnt werden, weil es üblicherweise an dieser Stelle vergessen wird und vielen erst wieder einfällt, wenn der Preis längst zu hoch ist. Dabei ist der größte Kostenfaktor der am stärksten ignorierte: die Zeit. Beruflicher Erfolg stellt sich nur ein, wenn man mehr und Besseres leistet als andere. Folglich bleibt weniger Freiraum für eigene Belange – die Familie, Kinder, Freunde, Hobbys. Anfangs fällt das nicht auf, die Freunde und Partner haben vielleicht ähnliche Ambitionen. Doch irgendwann fallen die Partys aus, weil man noch arbeiten muss; der Urlaub beschränkt sich auf Wochenenden mit Black-Berry; Freundschaften mutieren zu Zweckgemeinschaften. Die Einsamkeit wächst.

Erfolg kostet Kompromisse, fürwahr. Doch opfern viele auch Werte. Wozu schweigt man sehenden Auges? Wozu sagt man noch Ja, wenn das Gewissen bereits Nein schreit? Oft ist das ein schleichender Prozess. Konzessionen beginnen mit Sprache, dann werden Verhaltensweisen angeglichen, zum Schluss folgt die moralische Rechtfertigung über den Brauch: Das machen hier alle so! Wer solche Kompromisse zu oft schließt, wird sich selbst immer fremder, bis er nur noch eine Hülle ist – so dickfellig, dass sie auch ohne Rückgrat aufrecht stehen kann. In der Fachliteratur spricht man von der *déformation professionelle*, der deformierten Persönlichkeit. So weit haben es diese Manager gebracht: Sie bilden eine bedauernswerte Gattung.

Verantwortung zu übernehmen, verändert den Charakter. Es ist schwer, zwischen Effizienz und Menschlichkeit zu oszillieren, ohne dabei innerlich zu zerreißen. Der permanente Leistungsdruck und die offenen wie versteckten Anfeindungen bleiben nicht folgenlos. Viele Führungskräfte schotten sich irgendwann ab, meiden Kritik und entwickeln ein aufgeblähtes Ego. Ein Selbstschutz zwar, aber deshalb nicht weniger gefährlich. Die eigene Austauschbarkeit zu ignorieren und nicht mehr zwischen Rolle und Mensch zu unterscheiden, entkoppelt von der Realität. So jemand hebt irgendwann ab. Und das ist die Vorstufe zum Fall.

Erfolg ist und bleibt eine Frage der Balance eigener Ziele. Also müssen Prioritäten gesetzt werden. Für eine Woche genauso wie für einen Monat oder ein Jahr. Entscheidungen zu reflektieren, Kritik zuzulassen, eine gesunde Distanz zum eigenen Status zu bewahren, Bodenhaftung zu behalten – das sind wirksame Gegenmittel. Vor allem aber: den Preis, den man gerade noch bereit ist zu zahlen, im Auge zu behalten.

3. Januar
Selbstauslöser – Ohne Reflexion kein Erfolg

Dee Hock, Gründer und langjähriger Chef von VISA, hat sich viele Jahre mit Managementfragen auseinandergesetzt und kam irgendwann zu folgender Überzeugung: Wer den Erfolg sucht, sollte mindestens 50 Prozent (!) seiner Zeit in das Selbstmanagement investieren, um seine Ziele, Prinzipien, Motive und sein Verhalten besser zu verstehen und zu verfolgen. Zu 25 Prozent sollte er versuchen, jene zu beeinflussen, die über ihm stehen, sowie 20 Prozent in das Führen von Kollegen, Kunden oder Konkurrenten investieren. Die Zeit, die dann übrig bleibt, gehört denen, für die man verantwortlich ist.

Eine überraschende Gewichtung, nicht wahr? Seinen eigenen Charakter, sein Temperament und seine Worte im Zaum zu halten, ist ein unendlich anstrengender Akt – und der meistignorierte. Das Gros der Menschen verbringt lieber Zeit damit, anderen den Weg zu weisen, oder sie lenken sich ab, um sich bloß nicht mit sich selbst zu beschäftigen. Fernsehen, Partys, Gesellschaften bieten reizvolle Alternativen. Ein unheiliger Kraftakt. Wie kann einer andere führen, wenn er nicht einmal sich selbst im Griff hat, geschweige denn weiß, was er will?

Am Anfang einer Karriere – aber gerne auch zu Beginn eines Jahres – steht deshalb die Selbstanalyse. Weise Menschen nutzen den Jahresbeginn zur Selbstreflexion, sie klären, was gut war, was verbesserungswürdig, was sie gelernt haben, welche Fehler sie abgelegt, welche Fähigkeiten sie weiterentwickelt haben und was der nächste Schritt sein muss. Schreiben Sie sich diese Ziele ruhig auf: Während des Schreibens wird vielen erst bewusst, was sie damit verbinden. Mit dem Selbstmanagement ist es wie mit dem Zuknöpfen eines Hemdes: Einmal falsch angesetzt, kriegt man den Rest nur schwer auf die Reihe.

4. Januar
Wechselkurs – Fortschritt braucht Konstanz

Manche meinen, Fortschritt und Konstanz schließen sich aus. Ein Irrglaube! Wer keine Konstante kennt, kann nicht navigieren, und wer nicht weiß, woher er kommt, kann kein Ziel ansteuern. Denken Sie an Unternehmen: Ihre Konstanten sind ihre Marken, ihre Kultur, ihre Werte. Sie sorgen intern für Orientierung. Die Mitarbeiter können sich damit identifizieren, neue Mitarbeiter werden durch sie besser integriert. Nach außen wirken sie vertrauensbildend und helfen, sich vom Wettbewerb abzusetzen. Coca-Cola – die bekannteste Marke der Welt – ist ein gutes Beispiel dafür. Eines Tages kamen die Manager auf die Idee, den Schriftzug und die typische Flaschenform auszutauschen, um Fortschritt zu symbolisieren. Es war ein Flop, die Kunden protestierten. Ihnen fehlte die Identifikation. Seitdem bringt Coke zwar neue Brausen auf den Markt, die Symbole aber bleiben.

Wolfgang Momberger, Chef der Markenberatung Brandnet, weiß zu berichten, dass die Erfolgsquote neu eingeführter Produkte bei Procter & Gamble bei über 75 Prozent liegt. Andere Unternehmen erreichen laut Momberger im Schnitt nur 30 Prozent. Der Unterschied sei, dass Procter alle Erfahrungen aus bisherigen Einführungen penibel dokumentiert. So begehen sie denselben Fehler nicht zweimal. Kein erfolgreicher Fortschritt ohne Erfahrung!

So ist es auch mit der Karriere. Sie können die Richtung, Ihren Job, Ihre Position wechseln. Aber ohne Konstanten geraten Sie ins Schleudern, denn Sie stehen für nichts – außer für Anpassungsfähigkeit. Erst durch Werte, denen Sie treu bleiben, werden Sie zu einer Integrationsfigur, einem Freund und Kollegen, den man achtet und dem man vertraut. Diese Fixpunkte müssen Sie selbst bestimmen. Am besten noch heute. Notieren Sie sich drei Werte, für die Sie stehen wollen:

1. _Idealismus_____

2. _Selbstverwirklichung_____

3. _Fortschritt_____

5. Januar
Über Anstrengung – Was Leistungsträger auszeichnet

Jobsicherheit gibt es nicht. Kein Unternehmen kann das versprechen. Der Einzige, der etwas dafür tun kann, sind Sie selbst. Ein bedeutender Mitarbeiter zu werden, auf den das Unternehmen nur schwer verzichten kann, ist der beste Schutz davor, seinen Job zu verlieren. Verwechseln Sie das bitte nicht mit Unersetzbarkeit im Wortsinn. Jeder Mensch ist ersetzbar. Und jeder Chef tut gut daran, sein Unternehmen so aufzubauen, dass es auch dann überlebt, wenn tragende Talente abwandern. Vielmehr geht es um Mitarbeiter, die dank ihrer Leistung und Leidenschaft essenziell sind für den Erfolg des Unternehmens.

Wie also wird man ein Leistungsträger? Das Erste: Strengen Sie weniger an! Nicht: Strengen Sie *sich* weniger an, sondern machen Sie weniger Mühe. Es gibt Mitarbeiter, die saugen einem die letzte

Kraft aus dem Leib. Egal, wie gut sie im Job sind, sie nerven. Ganz vorn dabei ist der Denkfaule. Das sind Leute, die mit guten Ideen starten, dann aber müde werden, sie zu Ende zu denken. Sie mögen gute Absichten haben, trotzdem bleiben sie Teil des Problems, nicht Teil der Lösung. Sie sind wie Kinder, die sich einen Hund wünschen, ohne darüber nachzudenken, wer hinterher Gassi geht, den Tierarzt bezahlt und sich im Urlaub darum kümmert. Wer sich selbst und seinem Chef einen Gefallen tun will, sollte seine Analyse abschließen, bevor er Vorschläge macht.

Nachteilig wirkt auch, sich die Rosinen herauszupicken und die unangenehme Arbeit anderen zu überlassen. Jeder Job hat lästige Teile, und jeder im Betrieb hat schnell heraus, welche das sind. Man sammelt weder Sympathie- noch Karrierepunkte, indem man sich davor drückt. Leistungsträger erledigen diesen Part, ohne zu murren.

Das Dritte: Sparen Sie Zeit. Selbst produktive Mitarbeiter können ein Unternehmen belasten – wenn sie für ihre Arbeit zu viele Ressourcen beanspruchen. Wer seinem Chef jeden Fortschritt mitteilt, erhöht zwar seine Sichtbarkeit, er senkt aber zugleich die Produktivität des Chefs. Der hat nicht bloß Zeit für Tausendsassas. Es geht darum, das richtige Maß zu finden: zwischen Engagement und der Energie, die man bindet.

6. Januar
Angriff der Klonkrieger – Der Unsinn der Bewerbungstests

Und? Wie bekloppt sind Sie? Man muss jedenfalls einen leichten Hau haben, um sich die Psychospielchen gefallen zu lassen, die sich manche Rekruter ausdenken, um die mentalen Defizite von Bewerbern auszuleuchten. Natürlich gibt es auch seriöse Auswahlverfahren, aber mithilfe von 30 provokanten Fragen auf einen desolaten Charakter, verborgene Komplexe oder Unzurechnungsfähigkeit zu schließen, ist grober Unfug und ein unnötiger Seelenstriptease. Wer daran Spaß hat, bitte schön – die volle Punktzahl gibt es für Kandidaten, die so sind:

- Selbstbewusst, optimistisch, mutig, leidenschaftlich.
- Vor allem kontaktfreudig: Der Bekanntenkreis ist groß, im Zug interessiert man sich mehr für Mitreisende als für die Landschaft, als Hobby kommt nur Mannschaftssport infrage.
- Beliebt zu sein, ist einem wichtig, aber nie so wichtig, dass davon Entscheidungen abhingen. Kein Mensch kann es allen recht machen. Also wird es auch nicht versucht.
- Das stetige Lernen macht ungeheuer kreativ. Deshalb sprühen solche Menschen vor guten Ideen, die sie gerne umsetzen. Aber immer kollegial! Man ist ja kein Despot, schließlich geht es auch um die Belange der anderen.
- Unterbuttern lässt man sich dennoch nicht. Wer sich schlecht behandelt fühlt, macht den Mund auf: hörbar, aber höflich.
- Der ideale Kandidat ist außerdem kerngesund. Physisch wie psychisch. Wetterfühligkeit?! Was ist das? Konzentrationsmangel? Papperlapapp! Ängste? Nicht mal im Flugzeug bei Turbinenausfall. Schuldgefühle, Profilneurosen, Unsicherheiten sind einem genauso fremd wie Gefühlsschwankungen oder Stress. Kurz: Man ist allseits und jederzeit ausgeglichen.
- Das bisherige Leben war übrigens klasse. Nichts wird bereut, alles würden Sie genauso wieder machen. Sogar die Fehler – schließlich lässt sich daraus lernen. Was aber nicht heißt, dass Sie nicht gewissenhaft Ihre Aufgaben erledigen würden.

Falls Sie sich jemals solch hintersinnigen Fragenkaskaden stellen, vergessen Sie das Unternehmen – hier werden Klone, keine Charakterköpfe gesucht! Genießen Sie lieber den Spaß beim Testknacken.

7. Januar
Eignungstest – Prüfen Sie jedes Jobangebot!

Es gibt diesen Moment im Kino, den jede Schauspielerin aus dem Effeff beherrscht. Sie schaut intensiv in die Kamera, lächelt und der Zuschauer glaubt: Sie meint mich. Gute Headhunter haben den Trick genauso drauf. Sie rufen bei einem an (was bereits schmeichelt) und werben mit einer »großartigen beruflichen Perspektive«. Was für ein Triumph! Geben Sie trotzdem nicht sofort Ihr Ja-Wort. Erstens, weil Zögern begehrenswerter macht; zweitens, weil Sie jedes Jobangebot genau unter die Lupe nehmen sollten. Achten Sie auf:

Tätigkeit: Was genau wird erwartet? Welche Erfahrungen können Sie dort gewinnbringend einsetzen? Bringt Sie das beruflich weiter? Stellt der Job eine Herausforderung dar – auch über Jahre hinweg?

Chef/Kollegen: Fragen Sie nach dem sozialen Umfeld! Hier geht es um Problemzonen, Konfliktlinien, Kompetenzen. Wem berichten Sie? Wer berichtet Ihnen? Nicht wie groß das Team ist, sondern wie es sich zusammensetzt, ist entscheidend. Wie zufrieden sind diese Leute mit ihrem Job? Der schönste Job kann durch ein Miesepeterumfeld zur Hölle werden.

Unternehmenswerte: Achten Sie auf Gesinnung, Ziele, Praktiken. Sie alle prägen die Kultur eines Unternehmens, und die sollte zu Ihnen passen. Es hat keinen Sinn, für ein Unternehmen zu arbeiten, zu dessen Praxis es gehört, bis spät in die Nacht zu arbeiten, wenn Sie ein ausgesprochener Familienmensch sind. Ebenso wenig sollten Sie Ihr Gewissen bei der Arbeit belasten müssen.

Bezahlung: Natürlich ist auch Geld wichtig, es darf aber nie an erster Stelle stehen. Ein ordentliches Gehalt ist Ausdruck von Wertschätzung. Wer große Ansprüche an Sie stellt, sollte das auch honorieren.

8. Januar
Außerplanmäßig – Warum Karrierepläne nichts taugen

Eine ganze Reihe von Karrieretrainern empfehlen, einen Karriereplan aufzustellen. Ich halte davon nichts – und sage Ihnen auch, warum: Schon umgangssprachlich wird Karriere *gemacht* – nicht von langer Hand *geplant*. Neben Leistung und Entschlossenheit, handwerklichem Geschick und dem Beachten einschlägiger Regeln gehört oft eine gute Portion Glück dazu. Und die lässt sich nicht planen. Ein Karriereplan ist ein Korsett, das Sie in einer Zeit erstellen, in der Ihnen die Praxis und die Gepflogenheiten Ihres Jobs noch gar nicht im Detail bekannt sind. Karrierepläne sind eine theoretische Vision – meist zielen sie an der Realität meilenweit vorbei.

Außerdem machen sie blind. Es spricht nichts dagegen, sich zu überlegen, wo man in den nächsten drei bis fünf Jahren beruflich stehen will und wie man dorthin kommt. Doch wer krampfhaft auf die Erfüllung seines Plans stiert, übersieht höchstwahrscheinlich eine Chance, die sich abseits des Weges auftut. Und gerade diese Gelegenheiten sind es, die Traumkarrieren hervorgebracht haben – auch wenn mancher Top-Manager im Nachhinein dazu neigt, seinen Aufstieg als von langer Hand geplant darzustellen. Sich frühzeitig festzulegen, hieße mit Scheuklappen durchs Leben zu rennen.

Die einzig sinnvolle Empfehlung kann nur lauten: Bleiben Sie offen und flexibel. Formulieren Sie für sich ruhig wichtige Ziele – Positionen, in denen, Orte, an denen, Unternehmen, für die Sie arbeiten wollen. Überlegen Sie sich, welche Voraussetzungen Sie erfüllen, welche Fähigkeiten Sie ausbauen oder noch trainieren müssen, um dorthin zu gelangen. Aber seien Sie genauso wachsam und bereit, auf Veränderungen jederzeit zu reagieren und den Plan zu beerdigen. Improvisation ist das halbe Leben, Pläne sind nur halbe Sachen.

feb

mrz

9. Januar
Grellhefter – Grundregeln für die Bewerbung

Wie sieht die perfekte Bewerbung aus? Edle Hülle? Chronologischer Lebenslauf? Eingescannte Fotos? Vieles von dem, was in Bewerbungsratgebern steht, fällt ins Reich der Moden und Mythen. Das Nachsehen hat der Jobsucher. Was Personaler wirklich schick finden, ist eine klassisch-schlichte Bewerbung ohne jeden Schnickschnack.

Ob der Lebenslauf amerikanisch – also mit der aktuellen Position zuerst – oder chronologisch verfasst wird, ist Geschmacksache und variiert von Personaler zu Personaler. Wichtiger ist, dass das Profil des Bewerbers schnell erfasst werden kann. Die wenigsten investieren mehr als vier Minuten, um eine Mappe zu sichten. Das Wesentliche muss also sofort ins Auge springen.

Auch die teure Mappe kann man sich sparen. Wer meint, dass er positiv auffällt, weil er den Schrieb in dreiflügelige Pappmappen steckt, irrt. So sieht heute jedes zweite Gesuch aus. Und ausgeklappt nimmt das Triptychon den halben Schreibtisch ein. Das nervt. Das Foto sollte wertig sein. Also nicht aus dem Automaten und auch kein Computerfoto. Standardformat: 6 mal 9 Zentimeter. Motiv: Porträt in Business-Kleidung und mit gepflegten Haaren. Psychotests haben ergeben: Frauen mit Pferdeschwanz wirken seriöser und haben bessere Chancen als Frauen mit langen offenen Haaren! Das Foto kommt auf den Lebenslauf rechts oben in die Ecke. Befestigt mit Klebestift, nicht mit einer Büroklammer. Seit 18. August 2006 gilt das Allgemeine Gleichbehandlungsgesetz. Stellenanzeigen dürfen danach keinerlei Wünsche bezüglich Alter, Geschlecht, Religion oder Herkunft eines Kandidaten enthalten. Unternehmen bitten deshalb zunehmend darum, auf Fotos oder Angaben zu Alter & Co. zu verzichten, um sich bei einer Absage nicht dem Verdacht der Diskriminierung auszusetzen. Respektieren Sie das.

10. Januar
Zu Schreiben – So schärfen Sie Ihr Profil

Personaler bemängeln regelmäßig Bewerbungsschreiben, die ihre Laune mies und den Kaffee mau machen. Dabei sind erquickliche Anschreiben keine Geheimwissenschaft wie etwa schmackhafte Kantinengerichte. Sie folgen einfachen Regeln:

Wo der Lebenslauf das Profil eines Bewerbers schärft, spiegelt das Anschreiben seine Motivation. Es genügt nicht, die Höhepunkte der eigenen Biografie zu wiederholen. Wichtiger ist, dem Adressaten prägnant zu zeigen, warum man sich auf eben diese Stelle bewirbt und warum man der Beste ist, den er dafür bekommen kann. Soziale Kompetenzen stehen dabei im Vordergrund. Auf sie achten Personaler vor allem. Sie klischeefrei zu formulieren, ist schwer, aber essenziell. Bei einem Satz wie »*Ich bin team- und konfliktfähig …*« zählen Rekruter nur die Tage bis zu ihrer Pension. Das muss subtiler verpackt werden. Eine Beispielformulierung wäre jetzt aber Quatsch. Es geht um *Ihre* Stärken – nicht um das Abschreiben von

Ratgebertexten! Überlegen Sie also, welche Talente, welche Erfahrungen, welches Wissen Sie mitbringen und wo Sie das im neuen Job einsetzen können.

Gehen Sie auch auf die Anforderungen der Position und der jeweiligen Branche ein: Warum wollen Sie für dieses Unternehmen arbeiten? Was wissen Sie über die Produkte? Über die Dienstleistungen? Die Philosophie? So zeigt ein Bewerber, dass er sich wirklich für das Unternehmen interessiert. Das Anschreiben muss auf Sie neugierig machen. Der Eindruck, den Sie hinterlassen, muss sein: Da ist einer, der unser Geschäft versteht und etwas auf dem Kasten hat. Was nicht funktioniert: Fähigkeiten anbieten, die der ausgeschriebenen Stelle nicht entsprechen. Motto: »Ich habe zwar keine Erfahrung im Marketing, aber ich interessiere mich für Werbung.« Mist, noch 20 Jahre bis zur Rente!

Zum Schluss zum Aufbau. Jedes Anschreiben besteht aus vier Teilen: Die Einleitung nimmt Bezug auf die ausgeschriebene Stelle. Kommen Sie gleich zum Punkt, bitte nicht einsteigen mit »*Hiermit bewerbe ich mich auf die Stelle als …*«. Der zweite Teil ist Eigenmarketing. Hier macht der Bewerber klar, warum er der Richtige ist. Im dritten Teil wird eine Verbindung zum Unternehmen hergestellt: Warum bewerben Sie sich ausgerechnet hier? Am Ende bedanken Sie sich für die Aufmerksamkeit, stellen heraus, dass Sie sich über einen Vorstellungstermin freuen würden. Garnieren Sie das Ganze *mit freundlichen Grüßen* und einer handgeschriebenen Unterschrift. Und die Laune des Personalers wird sich heben.

11. Januar
Wahrheit oder Pflicht –
Über das Schummeln in der Bewerbung

Es gibt Menschen, die meinen, alles wird gut, wenn man nur feste daran glaubt. Und es gibt Menschen, die helfen dem Glück auf die Sprünge. Der zweite Weg ist besser. Besonders bei einer Bewerbung. Grundsätzlich gilt die Wahrheitspflicht für Bewerbungsunterlagen und Jobinterviews. Man darf nicht vorgeben, einen Universitätsabschluss zu besitzen, wenn es nur der einer Fachhochschule ist. Das ist ein Grund für eine fristlose Kündigung. Erleidet das Unternehmen durch Ihr Handeln wirtschaftlichen Schaden, kann es Sie später sogar zu Schadenersatz verklagen. Andere Schwachpunkte lassen sich aber beschönigen. Chronische Krankheiten etwa muss man dem Arbeitgeber nicht mitteilen, sofern die Krankheit keinen unmittelbaren Einfluss auf den Beruf hat.

Das Zweite sind die berühmten Lücken im Lebenslauf. Auf sie achten Arbeitgeber besonders. Je länger eine berufliche Pause dauert, desto misstrauischer werden Personaler. Auch hier kann man die Biografie legal aufhübschen. Vorausgesetzt, Sie machen ein paar Urlaubsvertretungen in kleinen Unternehmen, gehen einer selbstständigen Tätigkeit nach, die zum Beruf passt, oder – je nach Alter – Sie legen eine Familienpause ein, auch Sabbatical genannt. Für all diese Dinge gibt es keine Belege. Die Lücke wäre also erklärbar.

Der dritte Weg ist Weglassen. Wer vorher bei einem anderen Arbeitgeber beschäftigt war, dessen Zeugnis ihn nicht gerade als Leuchte qualifiziert, kann diese Spur verwischen, indem er das Zeugnis weglässt. Die Strategie ist allerdings riskant. Personaler haben einen scharfen Blick für solche Lücken. Und sie rufen auch schon mal vorherige Arbeitgeber an, um die Bewerbungsunterlagen zu prüfen. Kommt die Retusche heraus, ist man blamiert und die Jobchance dahin. Die bessere Strategie: das schlechte Zeugnis im Anschreiben kommentieren. Mit Kritik umgehen zu können, ist schließlich auch eine Stärke.

12. Januar
Job@klick – Das Einmaleins der Online-Bewerbung

Jede zweite offene Stelle wird heute über das Internet besetzt. Deutsche Unternehmen veröffentlichen bereits 85 Prozent ihrer Vakanzen auf der eigenen Homepage. Die elektronische Bewerbung hat allerdings Tücken. Eine Initiativbewerbung per Mail lohnt so gut wie nie und landet in der Regel sofort im Papierkorb. Blindgänger sind auch Bewerbungsschreiben, die an info@firma.de verschickt werden. Profis recherchieren vorher die Adresse des Verantwortlichen der Personalabteilung. Darüber hinaus gilt:

- Die Betreffzeile sollte kurze, aussagekräftige Schlagwörter enthalten. Nicht *Bewerbung für einen Job*, sondern *Bewerbung als Vertriebsleiter / Ihre Anzeige*.
- Ohne höfliche Umgangsformen, Grammatik und Orthographie geht es nicht. Ein lockerer Umgangston ist tabu.
- Die meisten Internetformulare sind standardisiert – bieten aber Platz, um sich ins rechte Licht zu rücken. Den sollte man nutzen, den Text aber in Ruhe und offline vorschreiben.
- Zeigen Sie Selbstbewusstsein. Bewerber sind keine Bittsteller. Allerdings sollten sie realistisch bleiben: Spätestens beim Vorstellungsgespräch werden Übertreibungen entlarvt.
- In der Kürze liegt die Kraft. Zwei Anhänge, zum Beispiel Lebenslauf und Foto, reichen. Zulässig ist auch ein Link zur eigenen Webseite, wo weitere Informationen abgerufen werden können. Aber bitte nicht ausschließlich! Die Anhänge sollten im PDF-Format gespeichert sein, sonst können Formatierungen verloren gehen. Achtung bei Sonderzeichen und Sonderschriften! Das Euro-Symbol kann bei Gehaltsvorstellungen zu unfreiwilliger Verwirrung führen, wenn die Programmversion des Empfängers ein anderes Zeichen daraus macht. Besser gleich *EUR* schreiben. Die Mail sollte zwei Megabyte nicht überschreiten.

13. Januar
Danke schön! – Wie die Bewerbung enden sollte

Ein simples Dankeschön. Es kam einen Tag nach dem Vorstellungsgespräch per E-Mail und mit persönlichen Zeilen. Es verfehlte seine Wirkung nicht. Denn das ist selten nach Bewerbungsgesprächen. Die Mehrheit handelt so: Der Tag läuft gut, dann fahren die Kandidaten nach Hause und warten auf Antwort. Falsch ist das nicht, aber auch nicht clever. Wie mir einige Personaler bestätigt haben, bedanken sich nur etwa drei von 100 Bewerbern mit einem Brief. Dabei könnten sie sich so besser abheben als durch knallbunte Mappen.

Betonen Sie in dem Dankschreiben, dass Sie das Gespräch anregend fanden und jetzt erst recht wissen, wie gut der Job zu Ihnen passt und dass die angenehme Atmosphäre Ihren Wunsch erhöht hat, für dieses Unternehmen zu arbeiten. Wiederholen Sie ein bis zwei Erkenntnisse des Gesprächs, wie Sie sich gefühlt haben, und beantworten Sie noch offene Fragen oder welche Stärken Sie glauben, optimal einsetzen zu können. Danken Sie für die Zeit und Aufmerksamkeit – falls Sie gemeinsam essen waren, auch dafür – und freuen Sie sich auf eine baldige Antwort. Das alles sollte nicht länger als eine halbe Seite sein. Selbst wenn Sie nicht mehr an dem Job interessiert sind, sollten Sie sich respektvoll bedanken. Man sieht sich immer zweimal im Leben!

14. Januar
Schauplatz – Die wichtigste Frage im Jobinterview

»Erzählen Sie doch ein bisschen was über sich ...« So harmlos fangen Vorstellungsgespräche an. Mit einer unschuldigen Frage. Von wegen! Die Frage ist eine Falle, in die viele Bewerber tappen. Dabei geht es *nicht* darum, dass Sie in zwei Minuten Ihr Leben zusammenfassen oder über Ihre Hobbys räsonieren. Vielmehr sollen Sie in den kommenden Minuten ein flammendes, mitreißendes und vielseitiges Bild von sich zeichnen: Wer sind Sie? Und vor allem, warum sind Sie in diesem Interview gelandet? Es geht darum, herauszustellen, warum das Unternehmen jetzt und in diesem Moment eine einmalige, unwiederbringliche Chance hat, einen Spitzenkandidaten einzustellen.

Wenn Sie diese Frage hören, nutzen Sie dieses Angebot zu gnadenlosem Selbstmarketing. Je stärker Sie dabei den Konnex zwischen Ihnen, Ihrem Wissen, Ihren Interessen und dem anvisierten Job betonen, desto stärker steigen Ihre Aussichten, ganz oben auf der Wunschliste des Personalers zu landen.

Persönliche Details über sich (Uniabschluss, Familienstand & Co.) dagegen sollten Sie an dieser Stelle nur erwähnen, wenn diese im Zusammenhang mit der restlichen Argumentation stehen. Ansonsten: Lassen Sie das aus! Diese Informationen stehen bereits im Lebenslauf.

15. Januar
In dubio contra reum – Die größten Vorstellungsfehler

Eine Unternehmensberatung fragte einmal, aus welchen Gründen Bewerber abgelehnt werden. Heraus kam:

26 Prozent fanden die Kleidung unangemessen.
19 Prozent beklagten sich über Unpünktlichkeit.
15 Prozent monierten übertriebenes Interesse am Gehalt.
11 Prozent ärgerte, dass Kandidaten über Ex-Kollegen lästerten.
9 Prozent fehlte der feste Händedruck.
7 Prozent vermissten klare Ziele oder Ehrgeiz.
5 Prozent vermissten Augenkontakt.

Dahinter stecken oft Stereotypen wie: Wer zu spät zum Vorstellungsgespräch erscheint, hält auch sonst keine Termine ein. Wer nichts über das Unternehmen weiß, interessiert sich nicht für den Job. Und wer schlampig gekleidet ist, arbeitet auch so. Keine Frage, solche Typologien werden den Menschen nicht gerecht, blenden Motive und Umstände aus und reduzieren Bewerber auf wenige Eigenschaften. Das ist ungerecht, aber in einem Ausleseprozess oft die einzige Chance, effizient zu arbeiten. Gerade in wirtschaftlich angespannten Zeiten gilt in den Personalabteilungen: *in dubio contra reum* – im Zweifel gegen den Angeklagten. Ein Fehler, und man landet mit seiner Bewerbung auf dem Absagenstapel.

Auch wenn solche Umfragen teils wechselnde Rangfolgen der Schwachpunkte nennen, lässt sich daraus zweierlei lernen: Wer abgelehnt wird, sollte das nie persönlich nehmen. Kein Mensch kann die Persönlichkeit eines anderen in kurzer Zeit erfassen. Es bedeutet aber auch: Wenn Sie den Job wirklich wollen, vermeiden Sie diese Fauxpas! Klischee hin oder her.

16. Januar
Spätvorstellung –
Warum Bewerbungserfolg Terminsache ist

Sie haben zwei Alternativtermine für ein Vorstellungsgespräch oder eine Kundenpräsentation?

Nehmen Sie den zweiten!

In Wettbewerben vergeben Juroren bessere Noten, je weiter der Wettbewerb voranschreitet. Das hat die Psychologin Wändi Bruine de Bruin von der Carnegie-Mellon-Universität herausgefunden, als sie die Punktvergabe bei Eiskunstlaufmeisterschaften und dem Eurovision Song Contest analysierte. Der Effekt wirkt sogar unabhängig davon, ob die Noten während des Wettbewerbs oder erst am Schluss vergeben werden. Und er ist auf Jobinterviews übertragbar: Beim ersten Kandidaten hat der Interviewer noch keine Vergleichsmöglichkeiten, beim zweiten ist er aufmerksam und kritisch, wird aber milder (und müder), je näher er dem Auswahlende kommt. Im Grunde ein alter Hut. Schon in der Bibel steht: Die Letzten werden die Ersten sein.

17. Januar
Wer, wie, was –
Die 20 häufigsten Fragen in Jobinterviews …

… zur Persönlichkeit:

- Erzählen Sie mir was über sich.
- Was sind Ihre Stärken und Schwächen?
- Wie würden Sie Ihren Arbeitsstil bewerten?
- Haben Sie Vorbilder? Wen und warum?
- Was denken Sie über Ihren letzten Chef?
- Mit welchen Menschen kommen Sie gut zurecht und warum?
- Wie sind Sie bisher mit Konflikten im Job umgegangen?
- Was war Ihr größter Fehler – und was haben Sie daraus gelernt?
- Nennen Sie fünf Begriffe, die Ihren Charakter beschreiben.
- Was sollte ich Ihrer Meinung nach unbedingt über Sie wissen?

- Was bedauern Sie am meisten? Warum?
- Welche drei positiven Charaktereigenschaften fehlen Ihnen?
- Welche Techniken nutzen Sie, um sich selbst zu organisieren?
- Welche drei Komplimente würde Ihnen Ihr Ex-Chef machen?
- Und was würde er Negatives über Sie sagen?
- Definieren Sie *Kooperation*.
- Haben Sie jemals in einem Team gearbeitet, in dem einer oder mehrere sich auf der Leistung anderer ausgeruht haben? Wie sind Sie damit umgegangen?
- Welche Bücher haben Sie am meisten beeinflusst?
- Wie mache ich mich in Ihren Augen als Interviewer?
- Haben Sie auch Fragen an mich?

18. Januar
Wieso, weshalb, warum –
Die 20 häufigsten Fragen in Jobinterviews …

… zu Werten und Motivation:

- Was ist Ihr persönlicher Leitsatz?
- Worauf sind Sie besonders stolz?
- Warum möchten Sie diesen Job?
- Wo möchten Sie in fünf Jahren stehen?
- Warum stehen Sie da heute noch nicht?
- Welche Ihrer Ideen haben Sie bisher umgesetzt?
- Was würden Sie an Ihrem bisherigen Job verbessern?
- Mussten Sie jemals unpopuläre Entscheidungen treffen?
- Was werden Sie in den ersten 90 Tagen des Jobs unternehmen?
- Was werden Sie an Ihrem bisherigen Job vermissen?
- Was können Sie für uns tun, was andere nicht können?
- Warum wollen Sie Ihren aktuellen Job aufgeben?
- Was ist der Unterschied zwischen gut und außergewöhnlich?
- Welche zentralen Eigenschaften braucht eine Führungskraft?
- Was haben Sie vorher verdient?
- Was wissen Sie über unsere Branche?
- Was wissen Sie über unser Unternehmen?

- Wären Sie bereit, umzuziehen?
- Was war Ihr letztes Projekt und wie sah das Ergebnis aus?
- Haben Sie sich auch woanders beworben?

19. Januar
Vorstellungsvermögen – Fallen im Jobinterview

Zu viel Eigenlob im Vorstellungsgespräch turnt Personaler ab. Auch wer zu lange redet, kassiert Minuspunkte. Das kam bei einer Studie der Personalberatung Korn/Ferry International unter 212 Personalberatern heraus. Luftpumpen, die sich als Gottes Gabe an die Wirtschaft verkaufen, fallen immer durch. Gleiches gilt für diejenigen, die bei Gehaltsvorstellungen das Normalmaß um 20 Prozent überziehen. Selbstvertrauen im Vorstellungsgespräch ist letztlich genauso wichtig wie nachweisbare Erfolge. Nur ziehen Personaler Natürlichkeit immer spürbarer Arroganz vor. Nichts stößt mehr ab als ein eitler Selbstdarsteller.

Ähnliches gilt für fehlendes Wissen über das Unternehmen. So unglaublich das klingt: Mangelhafte Vorbereitung kommt nicht nur bei Anfängern vor. Immer wieder sitzen gestandene Manager im Jobinterview und kommen bei den Fragen, wieso sie sich für dieses Unternehmen interessieren oder was sie an diesem Job reizt, ins Schlingern. Wer derart schlecht präpariert erscheint, bleibt ohne Chance.

Auch zu viele Jobwechsel sind ein Makel. Hierzulande liegt der Schnitt bei drei Jahren, die jemand bei einem Unternehmen und in einer Position verbracht haben sollte. In diesem Zeitraum, so die Begründung, kann jeder messbare Erfolge erzielen und sichtbare Spuren im Unternehmen hinterlassen. Ist der Zeitraum kürzer, könnten die Erfolge auf der Arbeit des Vorgängers beruhen. Zudem haftet Jobhoppern, die jedes Jahr nach einem neuen Arbeitgeber suchen, der Verdacht an, instabil, launisch oder gar rebellisch zu sein.

20. Januar
Mogelpackung – Die Wahrheit über Lügen

»Würden Sie in einem Bewerbungsgespräch lügen?«
»Natürlich nicht!«
So würde wohl jeder antworten – und damit lügen. Bei einer Untersuchung der Universität von Massachusetts kam heraus, dass 84 Prozent der Bewerber mindestens an einer Stelle im Vorstellungsgespräch die Realität aufmotzen. Die Wahrheit ist: Wir lügen alle – auch wenn das Flunkern seit Menschengedenken verpönt ist. Schon mit vier Jahren beginnen Kinder bewusst zu mogeln, Kindermund tut nicht durchweg Wahrheit kund. Der amerikanische Psychologe John Frazer behauptet gar, dass jeder Erwachsene täglich im Schnitt rund 200 Mal lügt. Das Spektrum reicht von Ausreden, Notlügen, Meineiden, Prahlerei, Heuchelei, Intrigen bis hin zur faustdicken Lüge. Laut Wissenschaft geschieht das aus vier Kernmotiven: 41 Prozent lügen, um sich Ärger zu ersparen, 14 Prozent schummeln, um sich das Leben bequemer zu machen, 8,5 Prozent manipulieren, um geliebt zu werden, und 6 Prozent schwindeln aus Faulheit.

Die häufigste Form ist jedoch der Selbstbetrug: Wir malen uns das Bild von uns schöner, als wir sind – sei es bei Erfolgen im Beruf oder dem Gewicht auf der Waage. Das ist nicht nur ein kreativer Akt, sondern Psychohygiene. Würden wir darauf verzichten, wären wir bald depressiv. Die Selbsttäuschung ist nichts weiter als Zweckoptimismus, wie der Satz: »Ich habe keine Angst!«

Das Problem an der Wahrheit wiederum ist: Sie kann enorm destruktiv wirken. Zum Beispiel beim Sex. Und die absolute kennt keiner. In vielen Fällen entscheidet der Blickwinkel darüber, was wahr ist und was nicht. Natürlich gibt es auch bewusste Lügen, um sich einen Vorteil zu ergaunern. Das ist Betrug und wird zu Recht stigmatisiert. Nur, warum lügen wir so oft? Weil es funktioniert! Solange wir damit anderen keinen Schaden zufügen, vereinfacht es das Zusammenleben. Wo dabei die moralische Grenze verläuft, muss jeder selbst entscheiden. Nur in puncto Lügen sollten wir ehrlich sein.

Auf die oben gestellte Frage könnten Sie also hintersinnig antworten: »Natürlich. Jetzt zum Beispiel.«

21. Januar
Noch Fragen? –
Nutzen Sie das Vorstellungsgespräch zum Dialog

Der Interviewer fragt, der Kandidat antwortet. Die meisten Vorstellungsgespräche verlaufen nach diesem Schema. Falsch. Denn dabei vernachlässigen Bewerber das Wichtigste: die Gegenfragen. Sie sind das Symbol für Eigeninitiative, Selbstbewusstsein und signalisieren eine professionelle Einstellung. Gute Fragen zu stellen, ist Ihre Pflicht. Die folgenden Fragen dürfen und sollten Sie stellen:

• Was genau wird meine Aufgabe sein?
• In welchem Zeitraum erwarten Sie welche Ergebnisse?
• Seit wann ist die ausgeschriebene Stelle unbesetzt?
• Was ist aus meinem Vorgänger geworden?
• Wer ist mein Vorgesetzter? An wen muss ich berichten?
• Wer berichtet mir?
• Wer gehört zum Team? Mit wem arbeite ich zusammen?
• Gibt es Probleme im Team?
• Was sind die aktuellen Ziele des Unternehmens?
• Werden Mitarbeiter kontinuierlich gefördert? Wie?
• Welchen Einfluss kann man auf die eigene Laufbahn ausüben?
• Wie durchlässig sind Abteilungen und Bereiche?
• Welche Aufstiegschancen hat man von dieser Position aus?
• *Direkt an den Interviewer:* Warum arbeiten Sie hier?
• Wann kann ich mit Ihrer Antwort rechnen?

Nur eine Einschränkung: Fragen zu Sozialleistungen, Dienstwagen oder Parkplatzregelungen sollten Sie auslassen, sie disqualifizieren.

22. Januar
Offenbarungsleid – Schlagfertigkeit wird überschätzt

»Im Bewerbungsgespräch fehlt mir im entscheidenden Moment oft die richtige Antwort.«
»Wahrscheinlich versuchst du zu sehr, intellektuell zu glänzen.«

»Ja, aber darum geht es doch!«
»Wer Berufserfahrung hat und Erfolge vorweisen kann, bei dem steht die Kompetenz im Lebenslauf. Die Referenzen sollten für sich sprechen. Mit der Hoppla-jetzt-komm-ich-Masche bist du auf dem Holzweg. Das Herz der Menschen erobert keiner durch Schlagfertigkeit.«

»Sondern wie?«
»Indem du beispielhaft beschreibst, dass dir die künftige Arbeit und die Mitarbeiter am Herzen liegen. Dass du lachen, dich kümmern und zuhören kannst. Dass es für dich aber auch ein Leben außerhalb des Büros gibt, dass du Freunde besitzt und im richtigen Maße selbstbewusst bist …«

»… und das beweist Schlagfertigkeit?«
»Nein. Aber sie ist irrelevant. Wenn du zum Bewerbungsgespräch kommst, stimmen deine Kompetenzen. Jetzt geht es um Persönlichkeit. Wer sich verbiegt, nur um den richtigen Eindruck zu hinterlassen, passt womöglich gar nicht zum Unternehmen und bringt dann auch keine guten Leistungen. Wer versucht zu trumpfen, sieht das Interview aus einer falschen Perspektive: Es geht auch für dich darum, herauszufinden, ob du für dieses Unternehmen arbeiten willst.«

23. Januar
Nochmal mit Gefühl – Coole bekommen keinen Job

Morgens, halb zehn im Vorstellungsgespräch. Die Krawatte sitzt. Der Bewerber auch. Neben ihm die akkurat sortierten Unterlagen. Die Körperhaltung ist aufrecht, die Miene freundlich. Alles cool. Alles easy. Alles Fassade.

Kein Mensch ist so ruhig, wenn er sich für einen Job bewirbt, den er wirklich will. Hier geht es um alles oder nichts. Um hopp oder top. Um starke Emotionen und jede Menge Stress. Personaler wissen das und erwarten auch ein Normalmaß an Nervosität. Das ist keine Schande, im Gegenteil: Es ist erfolgsentscheidend, so das Ergebnis einer Studie der Psychologin Jane Richards von der Universität Texas. Menschen, die im Vorstellungsgespräch eine coole Fassade aufsetzen, gelten als sogenannte Gefühlsunterdrücker und kassieren fast immer Minuspunkte. Wer seine Gefühle versteckt, so das Fazit der Studie, kann in einer belastenden Situation schlechter auf seine Gesprächspartner eingehen und reagiert verzögert. Denn Selbstbeherrschung kostet Kraft. Darunter leidet das Erinnerungsvermögen. Deshalb können sich Gefühlsunterdrücker auch schlechter an Gesprächsdetails erinnern. Die wissenschaftliche Erklärung: Wer cool sein will, ist so sehr damit beschäftigt, sein Verhalten zu reflektieren und zu kontrollieren, dass seine Hirnkapazitäten eingeschränkt sind. Wer jemals in mündlichen Prüfungen war, kennt das: Sobald man anfängt, über die Situation nachzudenken, blendet sich das gepaukte Wissen aus. Blackout.

Von der Mannheimer Professorin für Sozialpsychologie, Dagmar Stahlberg, gibt es dazu ein interessantes Experiment: Sie zeigte mehreren Probanden einen lustigen Film. Die eine Hälfte der Teilnehmer durfte über die Gags lachen, die andere nicht. Anschließend sollten alle in einem Planspiel unternehmerische Entscheidungen treffen. Diejenigen, die ihre Gefühle zuvor unterdrücken mussten, entschieden deutlich vorsichtiger und setzten auf Sicherheit. Die Ausgelassenen dagegen waren mutiger und erfolgreicher.

Allerdings ist nicht jede Art der Emotionsregulierung schlecht. Wer sich zum Beispiel vor einem Vorstellungstermin (wie vor einer Prüfung auch) klarmacht, dass es immer Alternativen gibt und nichts endgültig ist, baut Stress ab und schöpft so sein volles Leistungspotenzial aus. Seien Sie also besonnen, aber nicht abgebrüht!

24. Januar
Guter Wille – Das Geheimnis des positiven Denkens

Manche Erfolgsbücher haben knatschbunte Cover, andere aufregende Titel, einige sogar aufregende Inhalte. Von Paul Ardens Werk sollten Sie sich zumindest den Titel merken:

Es kommt nicht darauf an, wer du bist,
sondern wer du sein willst.

Viele Menschen erreichen nichts, weil sie sich keine Ziele setzen. Andere, weil sie die falschen verfolgen. Wieder andere verfolgen die Ziele, die andere ihnen stecken. Kennen Sie das »Andorra«-Phänomen? Es spielt auf das gleichnamige Drama von Max Frisch an. Dort wird das uneheliche Kind eines Lehrers für einen Juden gehalten, dem die Einwohner Eigenschaften wie Geiz, Faulheit oder Feigheit andichten. Anfangs sträubt sich der Junge noch gegen diese Zuschreibungen, bis er resigniert und ihnen schließlich entspricht. Aus der Zwillingsforschung weiß man, dass der Einfluss der Gene auf die Persönlichkeit nur maximal 50 Prozent ausmacht. Statistisch überwiegt der Einfluss der Umwelt. Die Persönlichkeit formiert sich also im Laufe des Lebens individuell und ist gestaltbar. Oder wie Sartre erkannte: »Der Mensch ist nichts anderes, als wozu er sich macht.«

Zweifellos gibt es Menschen, denen geht es nicht um ihre Ziele. Sie sagen es zwar, dabei meinen sie etwas anderes: Sie suchen Anerkennung. Selbst wenn sie Vorgaben nicht erreichen, sind sie zufrieden, solange sie Beifall ernten. Die Mehrheit von ihnen sind Meister im Schönreden und Selbstverbiegen. Es sind Haltungs-Houdinis, die auch ohne Rückgrat aufrecht stehen können. Bravo!

Egal, welche Ziele Sie verfolgen: Machen Sie sich nicht zum Sklaven anderer Meinungen – aber auch nicht Ihrer eigenen Vorstellungskraft! Streben Sie nicht nach Großem, streben Sie nach GROSSEM! Das ist das ganze Geheimnis des positiven Denkens: Es kommt nicht darauf an, wer du bist, sondern wer du sein willst.

25. Januar
Eifer-Sucht – Ungeduld ist sehr wohl eine Schwäche

»Nennen Sie mir doch bitte eine Ihrer Schwächen!« Auf diesen Klassiker in Vorstellungsgesprächen antworten erstaunlich viele Bewerber mit »Ungeduld«. Irgendwann muss dieser unselige Tipp in einem Karriereratgeber gestanden haben: »Sagen Sie, Ungeduld sei Ihre Schwäche. Das ist in Wahrheit eine Stärke!« Wer nach oben strebt, zeichnet sich dadurch aus, dass er die Dinge nach vorne bringt, nicht lange fackelt. Ein Machertyp eben. Geduld ist die Sache solcher Leute nicht.

Schwachsinn! Ungeduld *ist* eine Schwäche – eine große sogar, die häufig mit übertriebenem Ehrgeiz korreliert. Und beide haben schon so manches aufstrebende Nachwuchstalent zu Fall gebracht. Die Ich!-Alles!-Jetzt!-Attitüde erschafft nur Instant-Typen, die zu schnell und zu viel auf einmal wollen, dieser Aufgabe aber (noch) nicht gewachsen sind. Man kann nicht drei Jahre Erfahrung in einem absolvieren. Es ist die Übung, die den Meister macht. Noch immer.

Es erfordert Geduld, ein schwieriges Projekt und erst recht andere Menschen zu führen. Abwarten zu können, kann sogar eine Tugend sein. Manches Problem erledigt sich von allein oder man bekommt im Laufe der Zeit Informationen und Ideen, die eine bessere Lösung ermöglichen. Der Expresslift zur Karriere ist ein Mythos. In der Ruhe liegt viel mehr Kraft. Außerdem ist nichts frustrierender, als die Karriereleiter im Sauseschritt emporzuklettern, nur um oben festzustellen, dass man sie an der falschen Wand angelegt hat.

26. Januar
Selbstbeschränkung – Wer hält sich schon an Vorgaben?

In dem Vorstellungsgespräch ging es um eine ethische Frage. Der Rekruter schilderte folgendes Szenario:

Sie fahren mit Ihrem Auto über eine einsame Landstraße in einer eiskalten, stürmischen Nacht. Dann passieren Sie eine Bushaltestelle und sehen dort drei Menschen: a) eine alte Dame, die offenbar dem Tode nahe ist und ins Krankenhaus muss; b) einen alten Freund, der Ihnen einmal das Leben gerettet hat, und c) Ihren Traumpartner, nach dem Sie schon Ihr ganzes Leben suchen. Sie können nur eine Person in Ihrem Auto mitnehmen. Wem bieten Sie den Platz an?

Natürlich ist die Situation alles andere als realistisch. Aber darum geht es nicht. Die Situation zielt auf ein moralisches Dilemma. Denken Sie bitte einige Minuten nach, bevor Sie weiterlesen:

Wie würden Sie entscheiden?

Instinktiv denkt fast jeder zuerst an die alte Dame, die vielleicht stirbt, wenn man sie nicht sofort ins Krankenhaus bringt. Eindeutig die humanitärste Entscheidung. Aber ehrlich? Denn da ist der alte Freund, dem man einen Gefallen schuldet. Er appelliert an das Pflichtgefühl. Andererseits: Wie oft bekommt man im Leben die Chance, die perfekte Liebe zu finden? Diese Gelegenheit verstreichen zu lassen, verfolgt Sie vielleicht ein Leben lang. Ein echtes Dilemma. Der Test zielt also darauf ab, etwas über die Entscheidungstärke des Kandidaten, seine Kreativität und seinen Charakter in Grenzsituationen zu erfahren.

Der junge Mann, der am Ende ausgewählt wurde, fand übrigens eine sehr originelle Lösung: Er wollte das Auto seinem Freund geben, damit dieser die alte Dame ins Krankenhaus bringt, während er mit seinem Traumpartner auf den Bus wartet. Pfiffig! Manchmal erreichen wir mehr, wenn wir über scheinbare Spielgrenzen hinausblicken. Manchmal bekommen wir so einen Job. Und manchmal sogar einen Traumpartner.

27. Januar
Einzelwandel – Warum Gene kein Schicksal sind

Jeder Mensch hat Macken. Selbst wer grundsätzlich mit seinem Charakter zufrieden ist, ärgert sich manchmal über Schwächen, Spleens und Launen. Nicht selten blicken solche Menschen neidisch auf Freunde, Verwandte, Kollegen und deren Eigenschaften, die sie ach so viel erfolgreicher machen. Ungerechte Welt.

Aber so ist es nicht. Welcher Charakter einen Menschen prägt und wie sich dessen Facetten im Lauf des Lebens ändern, lässt sich durch ein Ursache-Wirkung-Muster nicht erklären. Die Persönlichkeit ist und bleibt das Resultat komplexer Wechselbeziehungen zwischen äußeren Einflüssen und Genen. Bis heute können Wissenschaftler nicht erklären, warum der eine schüchtern und der andere mutig ist. Naturlich gibt es Meldungen, die anderes erzählen. So verkündete Avshalom Caspi vom Psychiatrischen Institut am Londoner King's College im Jahr 2003, das sogenannte Stress-Gen entdeckt zu haben. Der Amerikaner Dean Hamer wiederum glaubt das Gottes-Gen gefunden zu haben: VMAT2 steuere einen biochemischen Prozess, der Menschen zur Spiritualität befähige. Andere

Forscher wollen das Neugier-Gen enttarnt haben. Wer jetzt neugierig geworden ist, wie es heißt, besitzt sehr wahrscheinlich das DRD4-Gen – oder ist einfach nur neugierig. Psychologen dagegen operieren mit einem Modell, das *Big Five* heißt. Dahinter verbergen sich fünf Hauptmerkmale eines Charakters:

- **Extraversion:** gesprächig, energisch, dominant
- **Verträglichkeit:** feinfühlig, vertrauensvoll, kooperativ
- **Gewissenhaftigkeit:** organisiert, sorgfältig, praktisch
- **Offenheit:** interessiert, originell, künstlerisch, weise
- **Neurotizismus:** nervös, ängstlich, launisch, empfindlich

Die unterschiedlich starken Ausprägungen bilden als Ensemble schließlich den individuellen Charakter. Vieles davon ist einem in die Wiege gelegt, manches ist veränderbar. So können etwa Erwartungen das Verhalten beeinflussen: Ein Mensch, den Sorgen plagen, wird vieles negativer bewerten als einer, der gerade auf der Erfolgswelle reitet. Jeder Mensch kann sich verändern, wenn er nur will und entsprechende Geduld, Energie und Hartnäckigkeit aufbringt. Erfolg ist also tatsächlich *machbar*!

28. Januar
Gegen Probe – Warum der IQ nichts aussagt

Der Mann, der 1452 als nichtehelicher Sohn eines Notars und eines Bauernmädchens geboren wurde, war später Anatom, Architekt, Bildhauer, Ingenieur, Maler, Mechaniker, Musiker, Naturforscher, Philosoph, Waffentechniker und Wissenschaftler, der sich für Mathematik, Medizin, Alchemie und Astrologie interessierte – kurz: Er war ein Universalgenie, um dessen Talente sich bis heute ebenso viele Legenden reihen. Der Mann heißt: Leonardo da Vinci.

Der Florentiner ist das Paradebeispiel für eine Theorie, die die Intelligenzforschung revolutioniert hat: die multiple Intelligenztheorie. Danach ist der Mensch nicht entweder dumm oder schlau, sondern er besitzt vielfältige geistige Fähigkeiten – insgesamt neun unabhängige wie gleichgewichtige Intelligenzen. Intelligenz – wie sie die meisten verstehen – beschreibt nur, wie gut und wie schnell der Mensch komplexe Probleme löst. Um das zu messen, wurden vor einigen Jahren Tests entwickelt, deren Ergebnisse in den Intelligenzquotienten münden, den *IQ*. Ein hoher IQ gilt als das Nonplusultra: 100 Punkte sind Durchschnitt, ab 130 Punkten spricht man von Hochbegabten. Das sind aber nur rund zwei Prozent der Bevölkerung.

Das Problem bei diesen Tests: Sie messen allenfalls drei Intelligenzen – die mathematische, also das Talent zu abstrahieren und logisch zu denken; die räumliche, mit deren Hilfe Formen und Räume erfasst werden; und die sprachliche, die Sie offenbar besitzen, wenn Sie dieses Buch verstehen. Damit lässt sich zwar Schulerfolg prognostizieren, für das Potenzial eines Menschen hat der IQ jedoch kaum Aussagekraft, moniert der US-Psychologe Howard Gardner. Denn die meisten Intelligenzen lassen sich metrisch nicht messen. So etwa die *kinästhetische* Intelligenz für motorische Fertigkeiten, die *musikalische* für das Rhythmusgefühl, die *naturalistische* für das Verständnis der Natur und die *existenzielle* zur Lösung philosophischer Fragen. Vor allem aber zwei Talente werden immer wichtiger: die *interpersonale* Intelligenz, mit deren Hilfe man die Motive und Wünsche anderer erkennen kann, und die *intrapersonale* Intelligenz, um sich selbst, seine Antriebe und Stärken besser zu verstehen sowie seine Gefühle zu kontrollieren. Wer einen niedrigen IQ besitzt, muss also nicht dumm sein, im Gegenteil. Sein Stärken- und Schwächen-Profil gleicht eher einem asymmetrischen Spinnennetz, mit einigen Ausschlägen nach oben und durchschnittlichen Werten an anderen Stellen. Sie müssen ja nicht gleich Architekt, Ingenieur, Maler, Mechaniker, Naturforscher und Philosoph werden.

29. Januar
Gleich berechtigt – Karriere beginnt mit der Partnerwahl

Hinter jedem erfolgreichen Mann steht eine Frau, die ihn dabei unterstützt. Direkt oder indirekt. Die meisten Männer können sich ihren Berufsaufstieg nur deshalb leisten, weil ihnen die Ehefrau daheim den Rücken frei hält. Umgekehrt gilt das zwar auch, kommt aber – leider – seltener vor.

Dieses Missmanagement an der Heimatfront können sich Paare allerdings immer seltener leisten. Erstens, weil Frauen heute genauso gut ausgebildet sind, auf dem Arbeitsmarkt dringend gebraucht werden und eine gleichberechtigte Partnerschaft statt fauler Kompromisse erwarten. Zweitens, weil derjenige, der sich daheim als Niete entpuppt, bei Personalmanagern immer öfter abblitzt.

Die Idee dahinter: Ob einer Verantwortung delegieren, Erfolge teilen und andere zu Höchstleistungen motivieren kann, zeigt sich oft schon im privaten Testgelände Familie. Private Kalamitäten sind daher ein Negativindikator. Umgekehrt: In einer intakten Beziehung ist der Partner neutraler Coach und Sparringspartner, sein Urteil ist in der Regel frei von Neid, er oder sie kennt den anderen gut und kann rechtzeitig gegensteuern, falls man sich zum Nachteil verändert. An der Spitze von Unternehmen sind Frauen bisher zwar nur mit rund elf Prozent vertreten – bei der Besetzung von Toppositionen aber spielen sie bereits in 30 Prozent der Fälle eine Hauptrolle, sagen Headhunter. Insbesondere wenn mit dem neuen Job unregelmäßige Arbeitszeiten, häufige Abwesenheit oder ständige Ortswechsel verbunden sind, ist es für die Unternehmen wichtig zu wissen, ob der Partner diese Belastung mitträgt.

Beruf und Privatleben verschmelzen zusehends. Karriere beginnt deshalb bei der Partnerwahl: Ziehen beide nicht an einem Strang, verfolgen beide nicht kompatible Ziele, blockieren sie sich nur gegenseitig. Das muss nicht notwendigerweise heißen, dass einer zurücksteckt, während der andere zu beruflichen Höhenflügen ansetzt. Aber es bedeutet: trotz aller Liebe und Romantik vor dem Bund fürs Leben seine gemeinsamen Pläne zu prüfen. Partnerschaft bedeutet auch, dass beide gleich berechtigt sind.

30. Januar
Klick, du bist tot – Karrierekiller Internet

Wissen Sie, was man über Sie weiß? Vielleicht mehr, als Ihnen lieb ist! Was kaum einer weiß: Das Internet entwickelt sich zu einer der größten Karrierefallen. Personalverantwortliche nutzen das Medium regelmäßig, um Profile von Bewerbern auszuleuchten. Das Netz macht ihre Lebensläufe transparenter. Wer Fehler retuschieren oder seinen Aufstieg beschönigen will, hat es schwer. Und wer den falschen Leumund im Internet besitzt, verspielt womöglich seine Zukunft.

Das Phänomen heißt *Googlability* – abgeleitet von der gleichnamigen Suchmaschine, deren Trefferlisten moderne Reputationen aufbauen. Entscheidend sind Einträge auf Webseiten, in Internet-Foren, in Chats und Blogs. Auch das, was andere über einen schreiben, wen man kennt oder wer vorgibt, einen zu kennen, beeinflusst den Ruf. Der große Nutzen des Webs ist damit auch seine größte Gefahr: die Schwarm-Intelligenz. Je mehr Leute etwas behaupten, desto wahrer wirkt es. Selbst das, was andere in bester Absicht über jemanden schreiben, Schnappschüsse, die Fremde oder Freunde hochladen, sogar das Verhalten in virtuellen Diskussionen können das Image ramponieren.

Deshalb sollte sich jeder regelmäßig ein Bild davon machen, wer er in der Welt des Webs ist – beginnend mit den Suchmaschinen google.de, yahoo.de, msn.de und spock.com. Dort geben Sie Ihren vollen Namen in Anführungszeichen und bei enthaltenen Umlauten in beiden Schreibweisen ein: »Peter Müller« und »Peter Mueller« – vergessen Sie auch nicht: »Müller, Peter«! Im zweiten Durchgang geben Sie zusätzlich den Namen Ihres Wohnortes und Ihres Arbeitgebers ein. Eben alles, was Sie auch in Bewerbungen verwenden. Archive wie Wayback (www.archive.org) finden selbst uralte Daten. Und ein Google-Alert (www.google.com/alerts) hilft Ihnen, über neue Einträge mit Ihrem Namen informiert zu bleiben. Achten Sie auch auf Verwechslungsgefahren mit Namensvettern! Womöglich sind Sie ein anständiger Kerl, Ihr Namenszwilling aber nicht. Dumm, wenn das der Personaler nicht merkt, der nach Ihnen sucht. Klares Distanzieren auf einer eigenen Webseite ist ein erster Schritt. Weitere Tipps gibt's morgen …

Wissen Sie, was man über Sie weiß? Am besten das, was Sie selbst im Netz gestreut haben! Denn das Gegengift zur Googlability ist Selbstmarketing: Bevor andere über Sie ein Profil anlegen – machen Sie es selbst! Unliebsame Einträge können Sie vielleicht weder löschen noch verhindern. Aber Sie können sie verdrängen. In der Fachsprache heißt das Suchmaschinen-Optimierung. Die Strategien dazu:

- Ein makelloses Profil in einem oder mehreren Businessnetzwerken anlegen, in denen Sie vor allem Kontakte zu Leuten mit hoher Strahlkraft knüpfen. Der hinterlegte Lebenslauf sollte lückenlos und eindrucksvoll sein, das Foto professionell und sympathisch – genau wie bei einer Bewerbung. Ein paar verlinkte Einträge in Fachforen unterstreichen das Bild. Wichtig dabei: Setzen Sie stets Qualität vor Quantität.
- Eine eigene Webseite oder ein Blog eröffnen, auf dem eigene Fachartikel und der eigene Lebenslauf (eventuell passwortgeschützt) veröffentlicht werden. Links zu seriösen Seiten zeigen subtil, was der Seitenbetreiber noch liest und wofür er sich interessiert.
- Diskussionsbeiträge in entsprechenden Fachforen lancieren.
- Links veröffentlichen. Auf Del.icio.us (http://del.icio.us) lässt sich kostenlos die persönliche Favoritensammlung veröffentlichen, also jene Web-Seiten, die man gerne und häufig besucht. Solche Linklisten genießen bei den Suchdiensten einen hohen Stellenwert. Auch hierbei sagt der Autor indirekt, wofür er sich interessiert. Nach dem gleichen Prinzip lassen sich noch mehr Treffer generieren, etwa indem man Fotos von sich mit namhaften Experten kostenlos bei Flickr.com einstellt. Aber vorher klären, ob die Bilder veröffentlicht werden dürfen!

Entscheidend ist nicht, wie oft der eigene Name in den Suchlisten auftaucht, sondern in welchem Zusammenhang. Es geht darum, einen professionellen Eindruck zu hinterlassen. Und bevor Sie künftig etwas online stellen, fragen Sie sich: Würde ich mit diesem Text, diesem Bild und meinem Namen in der Zeitung stehen wollen? Lautet die Antwort *Nein* – löschen Sie es!

okt

nov

dez

jan

februar

Der Einstieg

Jetzt werden die
Weichen gestellt

mrz

apr

mai

jun

jul

aug

sep

1. Februar
Erste Worte – Wie der Einstand gelingt

Der erste Eindruck zählt. Psychologische Studien zeigen, dass er sich kaum noch verrücken lässt. Das gilt umso mehr für den ersten Tag im neuen Job. Wie du kommst gegangen, so du wirst empfangen, sagt ein Sprichwort. Von dem Neuen haben die Kollegen vielleicht einiges gehört, ihm eilt sein Ruf voraus, um ihn ranken sich Gerüchte oder es lasten hohe Erwartungen auf dem Neuling. Was aber immer erwartet wird, sind ein paar kurze Begrüßungsworte oder eine kleine Ansprache. Sie prägt entscheidend den ersten Eindruck, bleibt den Leuten noch lange im Gedächtnis und sorgt für Funkstoff auf den Fluren. Dafür gilt: unbedingt Ruhe ausstrahlen! Also: langsam aufstehen, Augenkontakt herstellen, Kunstpause machen … immer noch Pause machen … Jetzt erst gehört einem die volle Aufmerksamkeit.

Anschließend gilt es, Profil zu zeigen. Die neuen Kollegen wollen etwas vom Lebenslauf hören. Bitte nicht herunterbeten! Drei wesentliche Stationen reichen. Die sollten für die neue Aufgabe qualifizieren. Danach noch persönlich werden: verheiratet? Kinder? Gibt es ein ausgefallenes Hobby? Solche ungefährlichen Geständnisse machen nahbar, bieten Projektionsfläche und Gesprächsstoff. Das ist gut – mit Ausnahme der Kleidung. Wer optisch von der Norm abweicht, wirkt nur deplatziert. Es sei denn, der Stilbruch ist beabsichtigt. Dann aber muss er thematisiert werden.

Neue Chefs treten in der Regel mit einer Parole an. Danach dürsten alle Mitarbeiter. Sie wollen wissen, wie es weitergeht und was Sie verändern wollen. Bremsen Sie dennoch Ihren Eifer! Neue Besen kehren gut – die Zuhörer damit aber abzubürsten, ist fatal. Ein besserwisserischer Ausputzer wirkt wie die dunkle Seite der Macht: bedrohlich. Genauso wenig eignen sich plumpe Anbiederungsversuche à la »Dies ist ja ein motiviertes Team …«. Die entlarvt jedes Publikum. Noch peinlicher, wenn das Betriebsklima in Wahrheit auf dem Nullpunkt ist. Ein bisschen Vorabrecherche ist deshalb unerlässlich: Freuen sich die Mitarbeiter auf frischen Wind? Oder trauern sie dem Altchef hinterher? Ein guter Redner holt die Zuhörer bei ihren Erwartungen ab und behält dabei einen Plauderton. Und: Wer von Natur aus keine Spaßkanone ist, sollte auf Zwangshumor verzichten.

2. Februar
Auf Probe – Die ersten Tage im Job entscheiden

Neue Kollegen sind wie Windows Vista. Das wahre Potenzial zeigt sich erst im Dauereinsatz. Die Macken allerdings auch. Deshalb gibt es die Probezeit. Bevor jemand seinen Triumphzug beginnt, sollen sich beide Seiten kennenlernen. Wer diese Phase überstehen will, muss folgende Punkte beachten:

Eine gelungene Premiere ist mehr als Optik. Dass Sie pünktlich erscheinen, sich vorher über Anfahrtswege und Staugefahren informieren, ist selbstverständlich. Ebenso, dass Sie höflich sind. Behandeln Sie alle zuvorkommend und bleiben Sie bescheiden. Auch gegenüber Pförtnern, Postboten und Sekretärinnen. Vor allem gegenüber Sekretärinnen! Hören Sie hin, schauen Sie zu und schweigen Sie. Es mag ja sein, dass die Kollegen mit Betriebsblindheit geschlagen sind, Altakten sich sinnlos stapeln und die Lamentos jedem vernunftbegabten Menschen Haare ausfallen lassen. Doch gerade dann gilt: Mit Kritik und Verbesserungsvorschlägen sollte man mindestens vier bis sechs Wochen hinterm Berg halten und auch danach sparsam damit umgehen. Wer außerdem nicht lange diskutiert, wenn man ihm sagt, »am besten machen Sie das so und so«, kriegt eine Taktikmedaille. Wer weiß: Das von Ihnen kritisierte Ablagesystem ist vielleicht die jüngste Ausgeburt Ihres Chefs. Die Bewährungsprobe bestehen Einsteiger nicht durch Profilierungssucht, sondern durch Mannschaftsspiel.

Als Neuer sind Sie nicht automatisch jedermanns Liebling. Vielleicht hat der Boss gerade Sie geholt, um Schwung in die Bude zu bringen. Oder Sie werden einem anderen vor die Nase gesetzt, der selbst die Stelle wollte. Da hilft nur eines: eine direkte und offene Aussprache mit dem Betroffenen. Bleiben Sie dabei knallhart, aber herzlich! Zudem sollten Sie alle Ihnen übertragenen Aufgaben zügig erledigen. Und in Zeiten des Leerlaufs: bloß keine Däumchen drehen! Oft ist das ein Test für Engagement. Bieten Sie Ihre Hilfe an, wo es geht. So outen Sie sich als umsichtigen und selbstständigen Mit-Arbeiter.

3. Februar
Du darfst – Rechte in der Probezeit

Neu im Job? Die meisten Newcomer arbeiten zunächst auf Probe. So können beide Seiten herausfinden, ob sie zueinander passen. Hierbei gibt es für die Arbeitnehmer Rechte, aber auch Fallstricke:

Kündigung: Beide Parteien – Arbeitnehmer wie Arbeitgeber – können in der Probezeit ohne Angaben von Gründen kündigen. Allerdings müssen beide eine mindestens zweiwöchige Kündigungsfrist wahren. Ausnahmen können im Tarifvertrag stehen. Hier sind oft längere Kündigungsfristen vereinbart. Bei Vertragsabschluss also darauf achten, ob eine Tarifvereinbarung zugrunde liegt.

Urlaub: Ein Urlaubsanspruch besteht erst nach dem sechsten Monat. Ob der Neuling während der Bewährungsfrist Ferien machen darf, hängt allein von dessen Verhandlungsgeschick ab. Wird der Arbeitsvertrag vorzeitig gekündigt, besteht ein Anspruch auf ein Zwölftel des Jahresurlaubs pro geleistetem Monat. Nach einem Monat also mindestens zwei Tage. Ist dieser Urlaub aus zeitlichen Gründen nicht anzutreten, muss er vom Arbeitgeber finanziell abgegolten werden.

Rückmeldung: Jedes Mal, wenn Sie das Büro betreten, herrscht Schweigen. Ihre Vorschläge nimmt keiner zur Kenntnis und in der Kantine schauen Sie nur noch die Augen in der Suppe an … Klarer Fall: Ihr Stern sinkt im Sturzflug. Ein Fehler wäre es jetzt, mit spitzer Zunge zu kontern. Besser: Stärke und Humor zeigen. Sprechen Sie die anderen direkt, aber vorwurfsfrei auf ihr Verhalten an. Nicht jeder Scherz muss Mobbing sein. Vielleicht steckt dahinter bloß eine Art Initiationsritus mit anschließendem Ritterschlag. Gehen Sie zunächst von etwas Positivem aus. Ansonsten ist der Boss die erste Adresse. Jeweils nach dem ersten und zweiten Drittel der Probezeit darf man die Chefetage fragen: *Sind Sie zufrieden? Was kann ich besser machen?* Nur nie jammern! Wer gibt schon Tausende Euro im Jahr für einen Waschlappen aus? Bei solchen Rückmeldungen kommt es schon mal zum Rüffel. Auch wenn Sie dann Lust haben, Ihrem Vorgesetzten die Nadelstreifen langzuziehen, gönnen Sie sich eine Pause: Was berechtigt war, sollten Sie ändern – den Rest vergessen.

4. Februar
Reifeprüfung – Bei Initiationsriten ist Mitmachen Pflicht

Vor allem Männer mögen das: kleine, verschworene Zirkel, in denen *die Neuen* teils schikanöse, teils sinnbefreite (Mut-)Proben über sich ergehen lassen müssen, um in den Kreis aufgenommen zu werden. Das geht schon in der Schule los: Wer legt Lehrer Paulke die Reißzwecke auf den Stuhl? In der Uni wird das fortgesetzt. Perfekt inszeniert in Studentenverbindungen, wo Aspiranten wahlweise mit dem Degen oder dem Bierkrug ihre Männlichkeit unter Beweis stellen. Oder wie an der schottischen Elite-Universität St. Andrews: Hier überreichen die Erstsemester ihren Tutoren erst ein Pfund Rosinen, dann betrinken sie sich und werden mit Rasierschaum eingesprüht, nur um hernach verkleidet durch die Straßen zu torkeln. Elite eben.

Gesellschaftliche Initiationsriten gibt es überall. Der Wiener Opernball mit dem Einzug der Debütantinnen ist so eine Veranstaltung. Ebenso die Vereidigung der Bundesregierung. Auch nahezu alle Religionen kennen sie: Im Christentum sind es Taufe, Konfirmation und Firmung, durch die neue Seelen zeremoniell in den Kreis der Gläubigen aufgenommen werden. Im Judentum müssen 13-Jährige bei der Bar-Mizwa (Bat-Mizwa bei 12-jährigen Mädchen) aus der Tora vorsingen. Im Buddhismus werden Knaben, die in ein Kloster eintreten, zunächst bewirtet, kleiden sich feierlich und dürfen ausgiebig spielen, bevor sie rituell kahl geschoren werden, ihre bürgerliche Kleidung ab- und die Mönchskutte anlegen. Selbst das gegenseitige Anstecken des Eherings bei der Hochzeit ist so ein Ritus, bei dem beide in eine – zugegebenermaßen – sehr exklusive Gruppe aufgenommen werden.

Nichts anderes passiert im Job. Ein Handschlag besiegelt den Geschäftsabschluss; den Einstand feiern die, die jetzt dazugehören. Etwa, indem sie alle aus der Abteilung oder der Etage zu ein paar Snacks und einem Umtrunk (bei Alkoholausschank vorher fragen, ob das Usus ist!) am späten Nachmittag einladen. Bei solchen Riten mitzumachen, ist Pflicht. Neben aller Symbolik steckt dahinter stets ein heimlicher Test: Kann der/die Neue im Team spielen? Sich integrieren, unterordnen und über sich lachen? Oder ist es ein eitler Fatzke, steifer Kontaktallergiker? Falls ja, führt das irgendwann zu einem Ritual des Missfallens: der Kündigung.

5. Februar
Zieh an, zieh an! – Kleider machen Leute

Schon immer drückte Kleidung aus, wer zu einer gesellschaftlichen Gruppe oder Schicht gehört – und wer nicht. Bis zum Ende des 18. Jahrhunderts wurden verbindliche Kleiderordnungen für die einzelnen Stände durch Landesherren, Reichstage oder Stadträte erlassen. Die modernen Dresscodes dagegen sind Konventionen, stillschweigende Übereinkünfte seitens eines Gast- oder Arbeitgebers. Sich nicht daran zu halten, führt nicht selten dazu, dass die Karriereaussichten des Kleiderrebellen sinken: Er zeigt so, dass er die Hierarchie nicht anerkennt. Man muss also wissen, wann man bewusst und ungestraft gegen Dresscodes verstoßen kann. Und dazu muss man sie kennen:

Casual: Gehobene Freizeitkleidung, gebügelte Baumwollhose, Polohemd und Jackett oder offenes Hemd und Pullover über der Schulter.

Smart Casual: Meist bei Einladungen, die unmittelbar nach der Arbeit beginnen. Hier ist konservative Geschäftskleidung erwünscht, Herren können die Krawatte abnehmen. Die gehobene Variante *Business Attire* erlaubt den Männern farblich auch Blau oder Braun, dafür sind Anzug und Krawatte ein Muss. Korrekt gebunden reicht die Krawatte exakt bis zur Gürtelschnalle – nicht länger, nicht kürzer. Frauen tragen in beiden Varianten Kostüme oder Hosenanzug.

Informal: Vor allem bei Abendveranstaltungen. Damen tragen halblange, elegante Kleider; Herren dunkelgraue oder schwarze Anzüge.

Black Tie: Wird ebenfalls zu Abendanlässen oder zum Dinner verlangt. Er trägt einen schwarzen Smoking, Hemd mit verstärktem Kragen und Doppelmanschetten, Kummerbund und Einstecktuch, schwarze Fliege, schwarze Schuhe. Sie trägt eine schwarze lange Robe, Abendtasche (kleiner als der Kopf). Die Accessoires dürfen farbig sein.

White Tie: Die Garderobe für hochoffizielle Abendanlässe und Bälle. Er: Frack und Lackschuhe in Schwarz, weiße Weste mit tiefem Ausschnitt, Stehkragenhemd mit verdeckter Knopfleiste, weiße

Fliege. Sie: bodenlanges Abendkleid in Schwarz, Weiß oder Grau (Schultern bei Ankunft bedeckt!). Schuhe: zu einem langen Ballkleid geschlossene Schuhe, dazu Seidenstrümpfe; zum Ball im Sommer können hohe Sandaletten getragen werden – dann aber ohne Strümpfe.

Cocktail: Zu Partys und Vernissagen ab 16 Uhr. Er: hochgeschlossener dunkler Anzug, Hose mit Bügelfalte, helles Hemd, dunkle Krawatte, lässige Schnürschuhe. Sie: klassisch – das kleine Schwarze. Schultern, Dekolleté und Bein (erst ab Knie) dürfen gezeigt werden.

6. Februar
Gefahr im Anzug – Dresscodes fürs Jackett

Peinlich, aber wahr: Die meisten Stilfehler im Büro machen Männer bei ihren Jacketts – bei den Knöpfen. So schließen Sie diese richtig:

- Zweireiher: werden immer geschlossen! Egal, wie heiß es ist.
- Jackett mit zwei Knöpfen: ein Knopf geschlossen, wahlweise der untere oder der obere.
- Drei-Knopf-Sakko: die beiden oberen Knöpfe geschlossen oder nur der mittlere.
- Vier-Knopf-Sakko: Die beiden mittleren oder die drei oberen Knöpfe werden geschlossen.
- Fünf-Knopf-Sakko: alle Knöpfe bis auf den untersten zu.
- Frack: wird immer offen getragen.
- Weste: Alle Knöpfe bis auf den untersten bleiben dauerhaft zu.

Wer sich hinsetzt, darf alle Knöpfe öffnen – mit Ausnahme des Zweireihers. Der bleibt immer zu. Beim Aufstehen – etwa um jemandem die Hand zu geben – werden die Knöpfe vorher wieder geschlossen. Stilecht werden unter einem Sakko niemals kurzärmlige Hemden getragen, denn die Hemdmanschette muss unter dem Ärmel herausschauen. Die perfekte Länge ist erreicht, wenn die Ärmel des Sakkos knapp über dem Handrücken an der Daumenwurzel

enden und die Hemdmanschette circa einen Zentimeter heraus-
schaut. Der Hemdkragen ragt ebenfalls einen Zentimeter aus dem
Anzugkragen.

7. Februar
Schuh-Down –
Falsches Schuhwerk ist ein beruflicher Stolperstein

Schuhe sind Verräter. Ausgelatschte oder ungepflegte Galoschen
enttarnen jedes noch so perfekte Outfit als pure Verkleidung. Das
kann sogar ein Stolperstein für die Karriere sein: Es verrät einen
offensichtlichen Blender. Der perfekte Schuh ist ein Maßschuh aus
Pferdeleder. Wer sich diesen Luxus nicht leisten kann, muss trotzdem nicht stillos durch den Büroflur stapfen. Zur Standardausstat-
tung – die gibt es auch als Konfektionsware – gehört wenigstens ein
Paar schwarzer Schnürschuhe. Besonders geeignet ist der *Oxford*,
der geht im Büro zum Nadelstreifenanzug genauso wie zu Staats-
empfängen. Er ist glatt und hat eine schlichte Kappe. Weitere Klassiker sind:

Der Full-Brogue oder Budapester: Passt in Schwarz zu Anzügen aller
Art, wirkt aber stets konservativ. Das Typische an ihm ist das
Lochmuster auf der geschwungenen Kappe wie an den Seiten-
flügeln. In Braun passt er zu Sportanzügen, Tweed, Flanell und
Cord.
Der Semi-Brogue: Eignet sich zu gemusterten Anzügen und weichen
Anzugstoffen. Seine Kappe ist glatt, weist aber bereits dezente
Lochmuster wie beim *Brogue* auf.
Der Derby: Hat eine offene Schnürung, die Seitenteile sind auf das
Vorderteil genäht, das Vorderblatt geht in die Zunge über. Die ju-
gendliche Variante des Derby ist der *Norweger*.
Der Loafer: Ein Halbschuh, in den man bequem hineinschlüpfen
kann, wie in Slipper oder Mokassins. Er gehört ausschließlich in
die Freizeit!
Der Monk: Ist ein Schuh mit Schnallen. Zu konservativer Garderobe
passt er nicht, im Büro oder zu *Casual* aber durchaus.

Der schönste Schuh nützt jedoch nichts ohne entsprechende Pflege. Und dazu brauchen Sie Schuhspanner. Jeder Schuh sollte nach dem Tragen sofort eingespannt werden, damit sich keine Falten bilden. Idealerweise sind die Spanner aus unbehandeltem Zedernholz. Dann nehmen sie unangenehme Gerüche und Feuchtigkeit auf. Schweißflecken am Außenleder kann man mit Zitronensaft entfernen. Bei hellem und empfindlichem Leder eignet sich Trinkmilch. Lackschuhe dürfen nicht mit Schuhcreme eingerieben werden, sonst werden sie blind. Auch hier hilft Milch. Glycerin hält das Lackleder elastisch.

8. Februar
Schulterschluss – Kleine Stilfibel für Frauen

Im Gegensatz zu Männern gesteht man Frauen im Geschäftsleben mehr Freiheiten zu. Das darf nicht darüber hinwegtäuschen, dass auch ihre Garderobe Konventionen unterliegt, etwa: Alles, was sexy wirkt, gehört nicht ins Büro. Es reduziert die Trägerin auf ihre erotische Ausstrahlung und lässt sie unseriös erscheinen. Allgemein gilt:

Kostüme: Seit 1880 gibt es sogenannte Schneiderkostüme. Den Durchbruch feierten Blazer und Rock jedoch 1954 durch Coco Chanels Entwürfe. Damals wie heute ist der Rock klassisch knielang. Auch Miniröcke sind inzwischen üblich, sie sollten aber nicht kürzer als eine Handbreit über dem Knie enden.

Hosen: Hat die Hose eine Bügelfalte, sollte diese sichtbar bleiben. Jeans sind für Beschäftigte in Anwaltskanzleien, Banken, Versicherungen und Steuerberatungen weniger geeignet. Bei Kundenbesuchen, Besprechungen auf Geschäftsführerebene und Bewerbungsgesprächen werden Jeans ebenfalls nicht gern gesehen.

Blusen/T-Shirts: Die Farben von Blusen oder T-Shirts, die unter Kostümen getragen werden, sind variabel. Beide sollten nicht über dem Busen spannen, transparente Stoffe und ein tiefes Dekolleté gehören eher ins private Umfeld. Ebenso schulterfreie Tops. Spaghettiträger sind im Büro tabu, es sei denn, Sie behalten den Blazer an. Das gilt auch, falls ein Body unter dem Kostüm getragen wird.

Strümpfe: Sind bei Kundenterminen Pflicht – auch im Sommer mit knielangen Röcken oder zum Hosenanzug. Die Farbe richtet sich nach der Farbe des Rock- oder Hosensaums.

Schuhe: Zur klassischen Garderobe gehören geschlossene Schuhe – auch im Sommer! Das Zeigen von Zehen wird in einigen Branchen und Kulturen als erotisches Signal interpretiert. Sling-Pumps (die hinten offen sind) oder Pumps sind das Maximum an möglicher Fußfreiheit. Die Absätze sollten nicht höher als sechs Zentimeter sein.

Accessoires: Maximal fünf sichtbare Accessoires zum Business-Outfit, lautet die Faustregel. Also: Ohrringe, Kette, Uhr, zwei Ringe. Handtaschen wie Gürtel sollten farblich zu den Schuhen passen.

9. Februar
Stilblüte – Höflichkeit siegt

Wenn er losplaudert, verdorren anderen die Sätze auf der Zunge. Ausgerechnet der Gemahl der englischen Königin, Prinz Philip, gilt als König der Fettnäpfchen und unhöfischen Entgleisungen. Einmal zum Beispiel erkundigte sich der Herzog von Edinburgh bei einem Bahnarbeiter nach dessen Aufstiegschancen: »Ach, da müsste schon mein Boss sterben«, murmelte der Arbeiter, worauf Philip antwortete: »Genau wie bei mir.« Nicht weniger legendär seine Frage an die australischen Ureinwohner: »Bewerft ihr euch immer noch mit Speeren?« Philip mag in seiner Tollpatschigkeit zwar ruhen wie in einem Faraday'schen Käfig. Aber er kann sich das leisten – Sie nicht! Gute Umgangsformen sind nichts, was man nur im Bedarfsfall zückt. Stil hat man oder nicht. Und wer beruflichen Erfolg anstrebt, braucht gute Manieren.

Die Hinwendung zur Etikette hat Gründe: Dem Einzelnen hilft die Kinderstube beim Aufstieg; den Unternehmen helfen manierliche Mitarbeiter, um sich bei den Dienstleistungen von der Konkurrenz abzuheben. In einer Umfrage unter 600 Führungskräften sahen 87 Prozent der Manager einen unmittelbaren Zusammenhang zwischen persönlichem Erfolg und gutem Benehmen. Fast drei Viertel waren der Ansicht, dass gute Umgangsformen Geschäftsergebnisse positiv beeinflussen. Und je stärker sich Bewerber in ihrer fachlichen Qualifikation angleichen, desto mehr geben gute Manieren den Ausschlag.

Manieren funktionieren wie Rettungsringe: Für den Moment verhindern sie den gesellschaftlichen Untergang. Stilsicher wird aber erst, wer das Prinzip dahinter versteht – Respekt und Toleranz. Etikette ist, den anderen in seinem Anderssein nie das Gesicht verlieren zu lassen und eine angenehme Atmosphäre zu schaffen. »Gutes Benehmen ist eine Haltung«, sagt Moritz Freiherr Knigge, Nachfahr des Haltungspatrons Adolph Freiherr Knigge. In den kommenden Tagen möchte ich Ihnen ein paar Ideen für diese Haltung liefern. Es sind Konventionen – keine Gesetze. Aber sie helfen Ihnen, parkettsicherer zu werden.

10. Februar
Speise-Art – Benimmregeln für Geschäftsessen

Mit keinem anderen Bereich verbinden wir so stark gutes Benehmen: Tischmanieren haben die größte Außenwirkung und sind ein häufiger Stolperstein. Diese Kernregeln sollte jeder beherrschen:

Alkohol: Darf ohne Angabe von Gründen abgelehnt werden. Selbst der Gastgeber kann Alkohol ausschenken und Wasser trinken. Wird vor dem Essen ein Aperitif gereicht, wird dieser nicht mit an den Tisch genommen, das erledigen Kellner. Die eingedeckten Gläser am Tisch werden von rechts nach links verwendet, Besteck von außen nach innen. Alle Gläser werden am Stiel angefasst oder im unteren Drittel. Angestoßen wird nur mit Wein, Champagner oder Sekt. Bei Geschäftstreffen ist zunicken vornehmer.

Couvert-Brot: Das vor dem Essen gereichte Brot wird gebrochen, nie wie eine ordinäre Stulle mit Butter bestrichen und dann gegessen! Allein richtig ist, das Brot in mundgerechte Happen zu brechen, jedes Stück einzeln zu bestreichen und mit der linken (!) Hand zu essen.

Speisearten: Suppen sind Minenfelder: nicht pusten, nicht schlürfen, nicht mit dem Brot tunken, Löffel nur mit der Spitze zum

Mund führen! Fisch: Wird er im Ganzen serviert, gilt: zuerst mit dem Fischbesteck Flossen entfernen, dann von Kopf bis Schwanz die Filets teilen, den Fisch aufklappen und die Gräten in einem lösen. Sie kommen auf einen Extrateller. Geräucherter Fisch dagegen wird mit normalem Besteck gegessen. Ebenso Hähnchen. Nur wenn es nicht anders geht, darf Geflügel in die Hand genommen werden. Und keine Angst vor Hummer: Das Scherenfleisch wird mit den Zacken der Hummergabel herausgezogen, der Rest mit Messer und Gabel gegessen.

11. Februar
Hofzeiten – Knigge-Regeln für Gesellschaften

Damals am Hof von Ludwig XIV.: Auf Geheiß des französischen Königs wurden überall *Etiquettes*, kleine Zettel und Schildchen verteilt, die höfische Ge- und Verbote enthielten, auf deren Einhaltung Ludwig großen Wert legte – die Geburtsstunde der Etikette. Bis heute formen solche Gebräuche den Umgang, wenn Menschen Hof halten – etwa bei Geschäftsessen, Empfängen oder Partys:

Pünktlichkeit: Ist höflich, Überpünktlichkeit ist grob unhöflich. Etwas verspäten (maximal eine halbe Stunde) darf man sich bei Firmenfesten, Cocktailempfängen, Modeschauen oder Einladungen, auf denen »c. t.« (cum tempore) vermerkt ist. Bei »s. t.« (sine tempore) erscheinen Sie auf die Minute genau.

Gastgeschenke: Gehören zum guten Ton. Blumensträuße werden immer mit einer Begleitkarte, nie im Einwickelpapier überreicht und mit beiden Händen entgegengenommen! Treffen Paare aufeinander, überreicht der Mann der Gastgeberin den Strauß.

Tischordnung: Ist zu respektieren. Den Platz zu wechseln, gilt als ausgesprochen unfein. Der Ehrengast sitzt immer rechts neben dem Gastgeber. In Deutschland darf er auch links neben der Gastgeberin sitzen. Das macht ihn allerdings zu ihrem *Tischherrn*: Der ist verpflichtet, ihr den Stuhl heranzurücken.

Büfetts: Sind bei Geschäftsessen verbreitet. Eröffnet werden sie immer vom Gastgeber. Am Büfett selbst wird weder genascht noch gegessen. Teller bitte nicht überhäufen! Lieber mehrmals gehen (neuen Teller verwenden!). Das gilt entgegen landläufiger Meinung nicht als gierig. Das sind dafür jene Gäste, die andere beim Beladen überholen. Wer Manieren hat, übt sich in der wartenden Schlange im Smalltalk.

12. Februar
Erstkontakt – Stilregeln für die Kommunikation

Auch beim Kommunizieren gilt das Gesetz des abnehmenden Grenznutzens: Ab einem gewissen Punkt bringt zunehmender Aufwand weniger Erfolg. Nicht nur das *Worüber* verrät Stil und Kinderstube, sondern auch das *Wie* und *Wie viel*:

Begrüßen: Hierzulande grüßt zuerst, wer den anderen zuerst sieht. Im Geschäftsleben dominiert noch die Praxis: Der Rangniedere grüßt den Chef und der Ranghöchste den Gast – egal, ob Mann oder Frau. Und allein der Ranghöchste entscheidet, ob zum Gruß die Hand gereicht wird.

Vorstellen: Kann man sich selbst mit vollem Namen und gegebenenfalls Funktion – aber nie in der dritten Person: »Ich bin Herr XY …«. Ansonsten übernimmt diese Funktion der Gastgeber. Beim Vorstellen gilt: der Ranghöchste zuerst; bei Gleichrangigen Alter vor Jugend und Frauen vor Männern.

Telefonieren: Wer anruft, grüßt und stellt sich vor; wer angerufen wird, meldet sich mit Nachnamen oder mit Vor- und Nachnamen. Die meisten Fauxpas passieren jedoch mit dem Mobiltelefon: Laute, obszöne und pseudo-witzige Klingeltöne manövrieren jeden ins Aus. Diskreter ist der Vibrationsalarm. Wer an öffentlichen Orten telefonieren muss, spricht leise und nennt keine Namen – man weiß nie, wer mithört. Sind Gäste anwesend, sollte man den Anruf wegdrücken. Das signalisiert sonst: Du bist mir weniger wichtig als ein Anruf.

E-Mails: Sind – trotz Kürze – wie handschriftliche Briefe zu behandeln, enthalten Anrede und Schlussformel, richtige Rechtschreibung und Grammatik. In E-Mails fehlen Körpersprache und Sprachmelodie, die im Gespräch manchen Satz entschärfen. Deshalb eskalieren Dialoge per Mail leichter. Eine gewählte Sprache ist deshalb unverzichtbar: Wer sich verbal auf sein Gegenüber einstellen kann, beweist zudem soziale Kompetenz, stellt emotionale Nähe sowie Vertrauen her.

13. Februar
Betriebsart – Benimm im Büro

Gute Umgangsformen bestehen darin, zu verbergen, wie viel man von sich selbst und wie wenig von den anderen hält, soll der französische Regisseur Jean Cocteau bemerkt haben. Die Wirkung von guten Manieren geht darüber hinaus. Sich formvollendet zwischen Kollegen, Chefs und Geschäftspartnern zu bewegen, steigert das Ansehen. Um nicht unangenehm aufzufallen, sollte jeder Folgendes beherzigen:

Visitenkarte: Wird erst gelesen und nicht gleich weggesteckt. Pluspunkte sammelt, wer auf Titel achtet, die mündlich nicht vorgestellt wurden: »Sie haben promoviert?! Interessant …« Bei Geschäftstreffen übergibt der Gast zuerst seine Karte an den Ranghöchsten. Nur wenn die Hierarchie nicht erkennbar ist, werden die Karten reihum verteilt.

Duzen: Darf nur der Ranghöhere anbieten, nicht zwingend der Ältere. Und es darf auch abgelehnt werden. Dann allerdings mit einer charmanten Begründung: »Vielen Dank für das Vertrauen, aber das *Sie* würde mir die Zusammenarbeit erleichtern.«

Privatsphäre: Ist zu respektieren. Wer ins Büro eines Kollegen stürmt und lospoltert, verletzt dessen Schutz- beziehungsweise Distanzzonen. Also: zuerst anklopfen und fragen, ob man stört. Andernfalls bietet man einen späteren Termin an oder bittet um Rückruf. Für den Plausch auf dem Flur gilt eine Distanz von einem Meter als angemessen. Ein Abstand von 60 Zentimetern wird von den meisten als Intimzone gewertet und bleibt Freunden vorbehalten.

Pünktlichkeit: Ziert den höflichen Menschen – auch wenn ihr Gegenteil das Vorrecht der Herrscher ist. Falls man sich dennoch verspätet, bitte keine wortreichen Entschuldigungen: Ein kurzer Satz reicht. Der wird nur zur Kenntnis genommen und nicht kommentiert.

Danken: Was selbstverständlich klingt, wird leider oft vergessen. Auch im Büro, wo Aufträge und Anweisungen zum Alltag gehören, unterstreichen *Bitte* und *Danke* gegenseitigen Respekt. Der wahre Profi schafft, dass sie nicht wie hohle Phrasen klingen.

14. Februar
Love & Order – Büroflirts und ihre Gefahren

Es gibt keinen Ort, wo man vor der Liebe sicher wäre. Amors Pfeil trifft wann und wen er will. Auch im Büro. Das aber ist heikles Terrain. Das Thema Büroflirt nährt Phantasien vom Fummeln im Fahrstuhl, von Kopulationen am Kopierer und Promiskuität statt Produktivität. Wie Soziologen herausgefunden haben, ist der Arbeitsplatz neben Freundeskreis und Ausbildung die drittgrößte Partnerbörse. Bis zu 35 Prozent aller Ehen bahnen sich hier an. Denn hier findet zusammen, was zusammenpasst: Interessen und Bildung der Kollegen ähneln sich, zudem gibt es innerhalb von Abteilungen so etwas wie eine erzwungene Intimität: Die Teammitglieder geben zwischendurch Privates preis. Potenzielle Partner kaufen also nicht die Katze im Sack. Mit der Folge, dass hier angebahnte Ehen statistisch länger halten.

Obacht: *Never fuck the company!*, lautet ein Bonmot, das in beiden Bedeutungen wörtlich genommen werden darf: Weder sollte man seinen Arbeitgeber betrügen, noch arglos mit Amouren umgehen. Job und Privatleben sind bei dieser Konstellation schwer zu trennen, Konflikte also programmiert. Zweitens: Büroliebespaare sitzen in einem Glashaus. Alles, was sie tun, wird genau beobachtet, und die Kollegen erfahren so womöglich mehr Privates, als sie sollten. Hinzu kommt: Vorteile, die beide aus der Verbindung ziehen, haben stets einen Hautgout von Vetternwirtschaft. Drittens: Solange alles läuft – prima. Was aber, wenn es zum Bruch kommt? Fast immer wird dann aus Liebe eine verhängnisvolle Affäre. Das belastet das Betriebsklima und führt oft dazu, dass eine(r) der beiden den Job verliert.

Personalprofis raten Büropärchen deshalb das: Solange beide nicht sicher sind, dass die Beziehung hält, sollten sie die Affäre diskret behandeln. Kein Knutschen im Gang, kein Poussieren in der Kantine. Offenbart sich das Paar, sollten sich beide einigen, dass sie im Büro *nur Kollegen* sind. Erst nach Feierabend sind sie wieder Liebende. Büroklatsch ist ein Karrierekiller: *Warum bleibt Susanne länger als sonst auf der Toilette? Müssen die ständig Händchen halten?!* Dahinter formieren sich schnell Zweifel an der Arbeitsleistung. Das Beste ist, klare Regeln zu vereinbaren und im Büro so weit wie möglich auf Distanz zu bleiben. Beziehungsprobleme bleiben sowieso Privatsache!

15. Februar
Gegenwind – Weise Worte

»*Es gibt zwei Möglichkeiten, Karriere zu machen: Entweder leistet man wirklich etwas, oder man behauptet, etwas zu leisten. Ich rate zur ersten Methode, hier ist die Konkurrenz bei Weitem nicht so groß.*«

[Danny Kaye, Oscarpreisträger]

»*Wenn ein Drache steigen will, muss er gegen den Wind fliegen.*«

[Aus China]

»*Die Weisheit eines Menschen misst man nicht nach seinen Erfahrungen, sondern nach seiner Fähigkeit, Erfahrungen zu machen.*«

[George Bernard Shaw, Schriftsteller]

»*Die Anzahl unserer Neider bestätigt unsere Fähigkeiten.*«

[Oscar Wilde, Schriftsteller]

16. Februar
Zielfahndung – Wie Sie erreichen, was Sie wollen

Es gehört zu den Gesetzen, die ewig gelten: Starke Persönlichkeiten eiern nicht herum. Wer seine Karriere anstoßen will, der trifft konsequente Entscheidungen – auch in eigener Sache. So gewinnen Sie Klarheit im Kopf und Hartnäckigkeit im Handeln. Die folgenden Fragen verhelfen zu mehr Durchblick bei den eigenen Zielen:

• Was genau (!) möchten Sie erreichen?

_____

• Was möchten Sie ändern, verbessern?

_____

• Beschreiben Sie: Warum ist Ihnen dieses Ziel so wichtig?

_____

• Welche Bedürfnisse würden damit befriedigt: mehr Selbstwert, Freiheit, finanzielle Sicherheit?

_____

• Angenommen, Sie würden nur 80 Prozent erreichen – wie würden Sie sich fühlen?

_____

• Was müssten Sie tun, um dieses Ziel zu erreichen?

_____

• Worauf müssten Sie dafür verzichten? Könnten Sie das?

_____

• Wie überwinden Sie sonst Zweifel und Ängste?

_____

• Was hält Sie in diesem Augenblick ab, damit zu beginnen? (Die Fragen sind es nicht – das war die letzte für heute.)

_____

17. Februar
Liebesdienst – Irrtümer über die Arbeit

jan

feb

mrz

In Robert Zemeckis Spielfilm *Verschollen* mimt Tom Hanks den Vielarbeiter Chuck Noland. Er ist Controller beim Logistikunternehmen FedEx, reist kreuz und quer durch die Welt, empfindet seine Arbeit als ungeheuer befriedigend und schöpft aus ihr wesentliche Impulse für den Alltag. Ein Flugzeugabsturz spült ihn jedoch auf eine einsame Insel. Und wieder sind es die Arbeit und der tägliche Kampf ums Überleben, die ihn ausfüllen und ihn – zumindest anfangs – die Einsamkeit ertragen lassen.

Es ist kein Zufall, dass dieser Noland in einem US-Film spielt. Im Selbstverständnis des Durchschnittsdeutschen wäre er erst als Aussteiger aufgeblüht: Besitzer einer eigenen Pazifikinsel mit Hängematten-Panorama, ein Job mit freier Zeiteinteilung und ein Basketball-Kumpel namens Wilson, der nie widerspricht. Toll. Hierzulande ist Arbeit so etwas wie Muskelaufbau: Sie muss weh tun, sonst bringt sie nichts. Viele reden verächtlich vom *Workaholic* und meinen damit den Narren, der ohne Arbeit nicht leben kann. Der Leistungswillige steht auf Augenhöhe mit Alkoholikern. Und trifft sich die Riege der leidenden Angestellten, dann reden sie davon, wie lange einer noch *arbeiten* muss und wie er danach *leben* will. Arbeit und Leben werden zu Konkurrenten, die es – Work-Life-Balance sei Dank – gegeneinander abzuwiegen gilt. Unfug!

Wer arbeitet, lebt – da gibt es keinen Gegensatz. Leben und Arbeit können wunderbar symbiotisch verbunden sein, einander stärken und befruchten. Manchmal trifft man Menschen, die nicht mehr arbeiten müssen. Sie lassen sich – mit wenigen Ausnahmen – in zwei Gruppen einteilen: Die einen erfreuen sich an Spaßmaßnahmen wie Heli-Skiing in Kanada oder Segeln in der Ägäis, doch schon nach kurzer Zeit fühlen sie sich leer und sehnen sich nach einer Aufgabe. Die anderen arbeiten weiter, stellen Neues auf die Beine – und sind deutlich zufriedener. Die Ursache dafür ist ihre Arbeit und nicht etwa – wie viele fälschlicherweise annehmen – die Höhe ihrer Vergütung. Auch für den Literaturnobelpreisträger Thomas Mann war Arbeit schwer und oft genug »ein freudloses und mühseliges Stochern«, aber nicht zu arbeiten – »das ist die Hölle«.

Manche wünschen sich, ihre Sorgen lösten sich wie Nescafé in heißem Wasser: sofort. Viele Berufseinsteiger zum Beispiel wollen möglichst sofort Verantwortung übernehmen, um ihren Status und Job zu sichern. Dahinter steckt ein tückischer Denkfehler. Einfluss ist keine Folge von Verantwortung, so wie Sicherheit keine Rücksicht auf Hierarchien nimmt. Solche Leute meinen, Erfolg wird übertragen und verdient – durch Mentoren, durch Leistung. So weit nicht falsch, doch die weitaus wichtigere Verantwortung vergessen sie: die für sich selbst. »Was ist der Mensch?«, fragte Viktor Fankl: »Er ist das Wesen, das immer entscheidet, was es ist.« Diese Verantwortung ist weder übertragbar, noch kann sie entzogen werden. Dafür verlangt sie von jedem, sich bewusst zu entscheiden: ob man bei einem Unternehmen anheuert oder nicht; ob man eine Aufgabe übernimmt oder nicht; ob man sich einen neuen Job sucht oder nicht. Jeder hat eine Wahl. Jederzeit.

Viele treffen bloß keine, weil ihnen die Konsequenzen zu unbequem sind oder zu ungewiss. Vielleicht haben sie schon lange gespürt, dass mit dem Unternehmen etwas nicht stimmt. Haben gespürt, wie der Job immer wackliger wurde oder sie selbst immer unzufriedener. Aber sie haben nichts dagegen unternommen. Dabei hätten sie rechtzeitig beginnen können, etwas dagegen zu unternehmen, Kontakte zu knüpfen etwa, sich weiterzubilden und den Arbeitsmarkt nach Alternativen zu sondieren. Sie hätten sogar den Absprung ins Ungewisse und in die Selbstständigkeit wagen können. Haben sie aber nicht. So haben andere für sie entschieden. Doch die Verantwortung dafür tragen sie immer noch – nur jetzt für die Folgen. Keine Entscheidung zu treffen, ist eben auch eine Entscheidung!

Diese Einsicht ist nicht bequem. Und sie klingt auch ein wenig abgedroschen. Trotzdem beherzigen sie nur wenige. Dabei ist sie essenziell für den Erfolg: Glück ist keine Glückssache. Es ist das Ergebnis von selbstverantwortlichem, entschiedenem Handeln.

19. Februar
Scheinwert – Ein bisschen Show muss sein

»*Manchmal habe ich das Gefühl, Äußerlichkeiten sind für das Fort-kommen wichtiger als Leistung.*«

»Zumindest sind sie gleichwertig. Einer der wesentlichen Erfolgs-schlüssel ist, mit anderen kommunizieren zu können. Wenn heute in Stellenausschreibungen soziale Kompetenz, Teamfähigkeit, Prä-sentationsstärke oder Empathie verlangt werden, dann steckt da-hinter immer auch Kommunikationsstärke. Auch Umgangsformen und Kleidungsstil sind nichts anderes als Kommunikation – nur nonverbal.«

»*Sich an Dresscodes zu halten, reicht doch völlig aus.*«

»Zumindest fällt man nicht negativ auf. Kleidung sagt aber nicht nur, wer du bist – sie sagt, wer du werden möchtest. Damit ist nicht etwa übertriebener Firlefanz bei einer Bewerbung gemeint. Im Job aber zeigst du mit deinem Äußeren, in welche Hierarchieebene du passt. Beruflicher Aufstieg ist wie ein Hypothekendarlehen: Erst muss man Sicherheiten bieten, dann bekommt man Kredit. Wer schon optisch wie ein Antikörper wirkt, den stößt das Immunsystem auf Dauer ab.«

»*Ist das etwa ein Plädoyer für optische Hochstapelei?*«

»Hochstapler haben genau deshalb Erfolg: Sie spiegeln die Erwar-tung ihrer Umwelt, passen sich in Sprache, Kleidung und Stil per-fekt an und werden so ohne Argwohn assimiliert. Jedoch nur kurz-fristig. Darum müssen sie nach ihrem Bluff sofort abtauchen, und darum zählt im Job auch die Leistung. Solange die Leute diese aber nicht kennen, muss wenigstens die Verpackung ansprechen. Das ist wie beim Kauf eines Buchs: Die meisten beurteilen es nach seinem Cover. So ganz falsch liegt man damit nicht.«

Groß. Hauptsache groß. Wer sich die regelmäßig publizierten Ranglisten der beliebtesten Arbeitgeber anschaut, stellt eine Dominanz der Konzerne fest. Absolventen der Wirtschafts- oder Ingenieurwissenschaften wollen zum Beispiel vor allem zu Automobil- und Konsumgüterherstellern oder Strategieberatungen. Nur zu mittelständischen Familienunternehmen wollen sie kaum. Dabei sind diese Arbeitgeber unterschätzt, denn sie bieten einige der interessantesten Jobs, die es auf dem Arbeitsmarkt gibt. Wer auch immer dort anheuert, findet einen Grad an Kollegialität, wie er nur selten in Konzernen anzutreffen ist. Die Mitarbeiter sind eher Familienmitglieder als Kostenstellen, und Führungskräfte haben in der Regel einen direkten Zugang zu den Anteilseignern und Entscheidern.

Das ist die eine Seite. Die andere: Wer sich für ein Familienunternehmen entscheidet, muss wissen, dass es dort weniger Kontrollmechanismen gibt, die in den meisten Konzernen für Fairness bei Beförderungen sorgen. Eher herrscht dort Vetternwirtschaft. Die Eigner können sich deutlich mehr Eskapaden leisten als in einer börsennotierten AG. Schließlich ist es ihr Geld und ihr Unternehmen. Wer mit wem kann und wem der Inhaber gerade gewogen ist, entscheidet deshalb viel stärker über Wohl und Wehe von Karrieren. Das heißt nicht, dass es in Aktiengesellschaften nicht auch parteiisch zuginge. Aber unterm Strich sorgen hier Betriebsregeln, Betriebsräte und Aufsichtsräte dafür, dass Mitarbeiter eine Stimme haben.

Das schmälert die Vorzüge der Familienunternehmen zwar, ist aber nicht dramatisch, wenn Sie sich darauf vorbereiten: Bevor Sie dort einen Arbeitsvertrag unterschreiben, sollten Sie klären, wie viele Vettern auf eine Beförderung scharf sind – insbesondere auf Ihre Stelle. Ebenso sollten Sie Berichte über den oder die Inhaber nachlesen, gerade im Hinblick darauf, wie gefährlich es ist, deren Meinung nicht zu teilen. Vor allem wenn Sie weiter oben in der Hierarchie einsteigen, ist es klug, mit dem Arbeitsvertrag ein ordentliches Abfindungspaket auszuhandeln. Kommt es später zum Konflikt, stärkt das Ihre Verhandlungsposition indirekt – oder sichert Ihnen eine hübsche Schmerzzulage im Falle eines vorzeitigen Abschieds.

21. Februar
Die Tat im Anfang – Die ersten 90 Tage im neuen Job

Das Schöne an neuen Berufsabschnitten sind die Chancen, die sie bergen. Man kann sich frischen Ideen und Herausforderungen stellen, hinzulernen, sich weiterentwickeln … oder auf die Nase fallen. Die ersten 90 Tage in einem neuen Job stellen nicht selten die entscheidenden Weichen für den späteren Erfolg. Deshalb gelten für sie besondere Regeln.

Der klassische Fehler: Kaum befördert, schwillt manchem der Kamm. Der eine wird unnahbar, überheblich oder autoritär, andere poltern durch die Flure und unterstreichen ihre Position mit dem, was in dieser Situation am meisten schadet: Aktionismus.

Ein Rennen beginnt erst nach dem Warmlaufen! Beobachten Sie, stellen Sie Fragen, hören Sie zu, um Mitarbeiter und Situation besser zu verstehen: Wie ist der Zustand der Abteilung? Warum ist der Vorgänger gegangen? Welche nächsten Schritte sind geplant? Ebenso wichtig: Wo liegen meine besonderen Stärken? Welche sind für diese Aufgabe wesentlich? Worin liegen die besonderen Stärken des Teams? Weitere Stolpersteine sind das Erbe des Vorgängers, enttäuschte Mitbewerber um den Job sowie eifersüchtige Kollegen im Führungskreis. Hier gilt: schnell Schlüsselbeziehungen entwickeln. Zu oft straucheln Einsteiger an einem fehlenden Netzwerk.

Sobald man fester im Sattel sitzt, raten Profis, eine motivierende Vision zu entwerfen. Mitarbeiter wollen wissen, wohin die Reise geht. Sie wollen aber auch wissen, welche Rolle ihnen dabei zukommt. Um sich und die Kollegen vor Überforderung zu bewahren, gilt es, die richtige Balance zwischen Stabilität und Wandel zu finden. Managen ist kein Sprint, sondern ein Langstreckenlauf. Es kommt also darauf an, seine Kräfte richtig einzuteilen und Prioritäten zu setzen.

Kurzgeschichte – Spaß an der Arbeit reicht nicht

Wer mehr verdienen will und nach einschlägigen Tipps sucht, stolpert in vielen Büchern über diesen Rat:

Mache, was du liebst – und das Geld wird folgen!

Achtung: Dies ist lediglich die Readers-Digest-Version. Der vollständige Satz lautet:

Mache, was du liebst, arbeite hart, sehr hart,
sei leidenschaftlich, sei zielstrebig, sei offen für Neues,
engagiere dich mehr als verlangt, arbeite wirklich hart und
noch ein wenig härter – und das Geld wird folgen!

Ondurng – Wie Schreibtischchaos die Karriere killt

Ncah eienr Stidue der Cmabirdge Uinertvisy ist es eagl, in wlehcer Rehenifloge die Bcuhstbaen in Woeretrn vokrmomen. Huaptschae, der esrte und ltzete Bcuhstbae snid an der rhcitgien Setlle. Der Pionier der Verdrehungsforschung, der Linguist Graham Rawlinson, konnte bereits 1976 nachweisen, dass die Stellung einzelner Buchstaben in der Mitte von Wörtern kaum Einfluss auf deren Lesbarkeit und Verständlichkeit hat. Es ist ein Plädoyer für babylonischen Sprachtumult und gepflegte Unordnung. In Ihrem Büro sollten Sie sich jedoch davor hüten!

Von wegen das Genie beherrscht das Chaos: Versiffte Kaffeetassen, meterhohe Papierstapel und vertrauliche Dokumente, die offen herumliegen, sind Führungskräften ein Graus. 70 Prozent aller Manager bevorzugen Mitarbeiter mit ordentlichen Schreibtischen, so eine Umfrage des britischen Psychologen Cary Cooper. Dahinter steckt ein handfestes Vorurteil: Ein unaufgeräumtes Pult steht für eine desolate Persönlichkeit. So jemand ist weder strukturiert noch zielorientiert, hat weder Ehrgeiz noch Führungsqualitäten. Womöglich ist das Quatsch. Das haben Klischees so an sich. Genauso wie die Eigenart, sich hartnäckig zu halten.

Deswegen, deshalb und darum: Misten Sie Ihr Büro regelmäßig aus und hinterlassen Sie es jeden Abend akkurat! Schon im eigenen Interesse: Sollte den Arbeitsplatz mal jemand anders nutzen, so kann derjenige keine Horrorgeschichten von lebendem Kaffeesatz erzählen. Zweitens: Kommt Ihr Chef zufällig vorbei, behält er seinen guten Eindruck von Ihnen. Merke: Ondurng ist das hlabe Leebn!

24. Februar
Kontrastmittel – Profilieren Sie sich nie auf Kosten anderer!

Neulich rief wieder so einer an. Mit aufgeregtem Timbre kam er direkt zum Punkt: »Sie waren das doch, der diesen Artikel vergangene Woche veröffentlicht hat?! Darin schreiben Sie über XY. Wir machen dasselbe schon seit zehn Jahren, nur viel besser. Höhöhö. Außerdem ein bisschen anders, nämlich so und so und so. Darüber müssen Sie jetzt aber auch was schreiben, hören Sie?! Warum haben Sie eigentlich nicht gleich über uns geschrieben?«

Weil der andere pfiffiger war. Sympathischer sowieso. Deshalb. Da ist jemand, der hatte eine gute Idee, war schneller und vermarktet sich besser. Belohnt wird er mit Erfolg. Das muss man anerkennen können. Was hinter der Bitterkeit der Konkurrenz steckt, ist dagegen die schmerzliche Erkenntnis, dieselbe Chance nicht genutzt zu haben. Diese Leute wurmt nicht der Erfolg des anderen. Es ärgert sie, dass es ihr Erfolg hätte sein können.

Auch im Beruf muss jeder hin und wieder auf sein Talent und sein Können hinweisen. Es ist aber ein Kardinalfehler, dies auf Kosten der Kollegen zu tun, Motto: *Loben Sie nicht immer den Müller. Was der kann, mache ich schon lange.* Na und?! Dann machen Sie es eben künftig besser! Profilierung auf Kosten Dritter ist der sicherste Weg in die Isolation. »Jeder, der einen anderen schlechter macht, wird es dadurch selbst«, mahnte der römische Philosoph Lucius Annaeus Seneca. Das Leben ist nicht gerecht, Chefs schon gar nicht. Vielleicht hat sich Müller nur besser verkauft. Das ist nichts Unanständiges, sondern ein lobenswertes Kunststück. Wer meint, er könnte sich verbessern, indem er die Erfolge anderer kleinredet, schießt sich ins eigene Knie. Denunzianten kann keiner leiden. Und Vergleiche hinken.

Es ist eine eherne Regel, dass das Bessere das Gute verdrängt – nicht aber das besser Geredete! Vergeuden Sie also keine Zeit mit Profilierungsblabla. Machen Sie Ihr eigenes Ding – besser, schneller. Heute.

25. Februar
Leerstück – Von Versprechen und Versprechern

In dem Film *Falling down* geht Michael Douglas in die Filiale eines Boulettenbraters und bestellt ein Frühstück. Leider ist es kurz nach 11.30 Uhr, und Frühstück gibt es nur bis halb zwölf. Die Strategie des Filialleiters ist *Nulltoleranz*. Douglas muss ein normales Menü bestellen. Deshalb klinkt er völlig aus und nimmt die Fast-Food-Filiale samt Gästen als Geisel. Die Szene, die sich anschließt, ist legendär: Douglas bestellt einen Hamburger, packt ihn aus und vergleicht die Schnellnahrung mit dem Foto über dem Tresen: Das Brötchen in seiner Hand ist nicht kross, sondern labberig; der Salat nicht knackig, sondern oll; das Fleisch nicht saftig, sondern trocken. Er zeigt auf die Reklame und fragt den Manager: »Kann mir jemand sagen, was mit diesem Bild nicht stimmt?«

Produktenttäuschung. Es ist das Schlimmste, was ein Unternehmen seinen Kunden antun kann. Kunden haben dafür ebenfalls Nulltoleranz und kaufen nicht wieder. Die Mikropolis eines Unternehmens funktioniert genauso:

Versprechen Sie nie mehr, als Sie halten können!

Weder bei der Übernahme eines Projektes, noch bei einer Beförderung, geschweige denn im Vorstellungsgespräch. Sie schüren damit nur unrealistische und schädliche Erwartungen. Beim ersten Mal wirkt die selbstverschuldete Enttäuschung vielleicht noch nicht schlimm. Aber mit jedem weiteren Mal unterhöhlt sie das Vertrauen in Sie. Sie mutieren zum Blender – ohne äußeren Zwang. Bei allem

Verständnis für Selbstvermarktungs-Tamtam und Konkurrenz-druck: Stapeln Sie gerade anfangs nicht zu hoch. Unterschätzt zu werden, hat viele Vorteile – und sei es nur, dass Sie Kollegen und Chefs überraschen können: positiv.

26. Februar
Machtgedanken – Wie Gedanken wirken

Manchmal passieren Dinge wie im Märchen. Bei der Fußball-WM 2006 war das so. Der Start war für die deutsche Elf alles andere als rühmlich. Genau 100 Tage vor WM-Beginn scheiterte die Truppe um Trainer Jürgen Klinsmann im Länderspiel gegen Italien mit einem 1:4. Die Medien nannten es »Debakel« und forderten Klinsmanns Kopf. Die Kicker fühlten sich wie Luschen, nicht wie angehende Weltmeister. Und genau daran arbeitete nun ihr Trainer. Immer wie-der zeigte er seinen Jungs den Trailer des Kinoerfolgs *Das Wunder von Bern*. Ein beeindruckendes Stück Film, das seine Wirkung nicht ver-fehlte: Die Deutschen wurden zwar nicht Weltmeister wie 1954, aber Dritter und schrieben *das* Sommermärchen des Jahres 2006.

Der Mensch denkt täglich über vieles nach. Die meiste Zeit davon erstaunlicherweise über sich selbst: Wir reflektieren unser Verhalten, analysieren es, kritisieren uns, loben uns, schmieden Pläne. Doch dieser innere Dialog hat enorme Auswirkungen: Er prägt unser Han-deln und unsere Gefühle zu 95 Prozent. Sogar die Körperhaltung wird davon beeinflusst. Beobachten Sie einfach mal, wie Sie unter Stress reagieren: Die meisten senken das Kinn, die Schultern hängen schlaff herunter, der Rücken ist gekrümmt, das Gesicht versteinert. Vielen kann man so mit etwas Übung ansehen, was sie denken.

Gedanken haben Macht. Wobei es keinen verwundern wird, dass vor allem negative Gedanken unheilvolle Kräfte entwickeln. Schon der Talmud warnt: »Achte auf deine Gedanken, denn sie werden Worte. Achte auf deine Worte, denn sie werden Handlungen. Achte auf deine Handlungen, denn sie werden Gewohnheiten. Achte auf deine Gewohnheiten, denn sie werden dein Charakter.« Achten Sie auf Ihre Gedanken! Selbst wenn Sie Murks gemacht haben – man kann aus allem lernen. Wo Schatten ist, ist auch Licht.

Unternehmenswert – Gute Chefs sind zweitrangig

Manager lassen sich in zwei Kategorien einteilen – solche, die Macht ausüben, und solche, die Einfluss haben. Einen positiven vor allem. Für Typ zwei arbeitet jeder gern. Deshalb suchen sich viele vor allem einen netten Chef. Falsch! Die Güte des Unternehmens ist wichtiger als die des Vorgesetzten. Denn ist der Laden wirklich gut, wird entweder die Geschäftsleitung oder der Wettbewerb den schlechten Chef entlarven und an die frische Luft befördern. Für alle, die bis dahin durchgehalten haben, brechen dann goldene Jahre an. Sie haben ihre Loyalität und Leistungskraft bewiesen und werden nicht selten befördert. Demütig durchzuhalten ist nicht nur eine Tugend, es ist eine Charakterschule, die alle großen Führungskräfte absolvieren mussten. Ich kenne jedenfalls keinen, der im Lauf seiner Karriere noch nie für jemanden schuften musste, der launisch, gemein oder einfach inkompetent war. Solchen Bossen gegenüber seine Pflicht zu erfüllen, steigert nur die Widerstandskräfte. Und wer den Arbeitgeber wechseln möchte, fährt mit dem Ruf, aus einem Spitzenunternehmen zu kommen, deutlich besser: Nach dem letzten Chef fragt kaum einer.

Umgekehrt birgt die Kombination *starker Chef – schwaches Unternehmen* einige Tücken. Zunächst sorgt eine vorbildliche Führungskraft dafür, dass die Arbeit trotz mittelmäßiger Umstände Spaß macht. Das Büro mutiert zum zweiten Zuhause. So weit, so gut. Doch talentierte Manager bleiben selten verborgen, in mittelprächtigen Unternehmen strahlen sie heraus wie Leuchttürme. Eher früher als später werden sie deshalb abgeworben. Dann sind die guten Chefs weg und man selbst hockt in einem schwachen Unternehmen. Sich von einem Unternehmen mit bescheidenem Ruf bei einem erstklassigen zu bewerben, ist schwer. Umgekehrt nie ein Problem.

28. Februar
Helden-Halali – Vorsicht mit Kopfprämien

»*Klasse, mein Chef hat eine Prämie ausgelobt: 3000 Euro für denjeni-gen, der ein Nachwuchstalent empfiehlt, das bei uns einen Arbeitsvertrag unterschreibt. Und ich kenne da einen, den …*«

»*… du noch nicht ansprechen solltest!*«

»*Was soll falsch daran sein, ein paar Euro extra zu verdienen?*«

»Nichts. Es geht aber nicht um 3000 Euro, es geht um deinen Ruf. Denn du empfiehlst jemanden. Angenommen, der Kandidat bewährt sich im ersten halben Jahr, doch dann stellt sich heraus, dass er fauler ist als Fallobst. Man wird dich fragen, aus welchen Gründen du ihn angepriesen hast. Die meisten Menschen reagieren in dieser Situation übrigens völlig falsch. Sie sagen: Das konnte ich nicht ahnen; so gut kannte ich den nicht. Der Satz macht es nur schlimmer!«

»*Wieso denn das?*«

»Weil der Chef völlig zu Recht fragen wird: Sie haben uns Homer Simpson empfohlen, den Sie gar nicht genug kannten, und dafür 3000 Euro kassiert??? Ich bin mir sicher, dass er nun überlegt, ob er dich zusammen mit Homer der Arbeitsagentur empfiehlt. Die nächste Gehaltserhöhung kannst du so lange vergessen, bis du min-destens die 3000 Euro wieder erwirtschaftet hast – plus Wiedergut-machung.«

»*Du übertreibst, sonst würde es solche Prämien nicht geben.*«

»Ich habe nicht gesagt, dass sie nicht funktionieren. Es sind aber Medaillen mit zwei Seiten. Wer einen Kandidaten anpreist, sollte vorher die Anforderungen des zu besetzenden Jobs kennen, genau-so wie die Person, die er ins Spiel bringt. Wer sich sicher ist, dass beides passt, darf sich gerne einen Bonus verdienen. Andernfalls: Klappe halten!«

Über Tage – Warum sich Selbstlosigkeit auszahlt

Tatsächlich dauert ein Jahr nicht bloß 365 Tage, sondern 365 Tage und etwas weniger als sechs Stunden. Würde man das ignorieren, wäre Sommer irgendwann im Dezember. Was für eine Konfusion! Deshalb hat Papst Gregor XIII. Ende des 16. Jahrhunderts den Schalttag eingeführt – den 29. Februar. Ihn gibt es in allen Jahren, deren Zahl durch vier teilbar ist, nicht jedoch durch 100 – mit Ausnahme von Jahren, die durch 400 teilbar sind, weshalb 2000 ein Schaltjahr war, 2100 aber keines sein wird. Und deshalb lesen Sie diese Geschichte auch nur alle vier Jahre. Oder weil Sie mogeln.

Vom 29. Februar kann man lernen, von Zeit zu Zeit etwas zurückzugeben, weil sonst Ordnungen aus den Fugen geraten. Oder weil man sonst eine gute Chance verpasst, an Status zu gewinnen. Selbstlosigkeit zahlt sich aus, fanden etwa die Psychologen Charlie Hardy und Mark Van Vugt von der Universität Kent heraus. Dazu teilten sie ihre Probanden in Gruppen ein, in denen einige Mitglieder Spenden und Schenkungen machten. Bei einer Gruppe wurden diese öffentlich gemacht, in der anderen nicht. Effekt: Die Gruppe, deren Spendierfreudigkeit bekannt war, erhielt höhere Zuwendungen. Zudem genossen die Altruisten in ihrem Team ein höheres Ansehen und wurden öfter zu Gruppenleitern gewählt. In einem Anschlusstest waren sie sogar die begehrteren Partner.

Anders formuliert: Erfolg verpflichtet. Zum Beispiel dazu, jenen zu helfen, die einem selbst nicht helfen können; jemandem einen Gefallen zu gewähren, der sich nicht auszahlen wird; Schwache in seiner Freizeit zu unterstützen, gerade weil sie sich nie revanchieren werden. Immer nur in reiche, berühmte oder mächtige Menschen Zeit, Kraft und Fürsorge zu investieren, ist nicht gut für den Charakter – obgleich die Reichen, Berühmten und Mächtigen oft diejenigen sind, die am ehesten Hilfe benötigen. Aber das ist eine andere Geschichte. Die heutige Geschichte ist, dass gelegentliches Geben erfolgreich macht – und glücklich. Nicht mehr, aber auch nicht weniger.

nov

dez

jan

feb

märz

Stärken stärken
Erfolg in der
täglichen Praxis

apr

mai

jun

jul

aug

sep

okt

1. März
Momentum – 20 Imperative des Erfolgs[*]

- Versuche nie aus der Menge hervorzutreten – meide die Menge!
- Verdienst ist käuflich – Leidenschaft nicht!
- Ignoriere die Meinungen anderer! Jeder hat eine andere.
- Vergleiche nie dein Innerstes mit schillerndem Schein!
- Keiner wird sich um deinen Erfolg kümmern. Dafür bist nur du verantwortlich!
- Je talentierter einer ist, desto weniger Requisiten benötigt er.
- Macht bekommt man nicht geschenkt. Macht wird ergriffen!
- Wenn dein Plan darauf basiert, entdeckt zu werden, wirst du vermutlich scheitern!
- Wer Niederlagen einkalkuliert, spürt sie weniger.
- Gib und nimm. In der Reihenfolge!
- Große Ideen werden überbewertet – sie müssen nur originell sein.
- Was immer du vorhast – investiere viel Zeit und Herzblut!
- Der beste Weg zu mehr Anerkennung ist, sie nicht zu brauchen.
- Sag nicht alles, was du weißt!
- Erhebe nie Emotionen über den Verstand – zieh sie aber zurate!
- Konzentriere dich auf den Weg, nicht nur auf das Ziel!
- Halte deine Versprechen!
- Sage »Ja« und meine es auch! Dasselbe gilt für »Nein«.
- Arbeite vor allem mit Menschen, die besser sind als du!
- Lies deine E-Mails, beantworte Anrufe, halte deinen Schreibtisch sauber!

2. März
Starksinn – Vergessen Sie Ihre Schwächen

Damals in Israel: Die Philister greifen an, doch keiner stellt sich dem mächtigen Seefahrerheer entgegen. Die hochgewachsenen Krieger des ägäischen Fünf-Städte-Bundes haben Goliath dabei – einen

---

[*] Zusammengestellt aus diversen Artikeln, Büchern und Zitaten.

schwerbewaffneten Riesen von über drei Metern Höhe. Nur einer bietet ihm die Stirn: der Jüngling David. Vermutlich war er nicht einmal halb so groß wie Goliath, zudem fehlte ihm jede Kampferfahrung, der Schafhirte war renommiert für sein Harfenspiel. Doch statt auf seine Unzulänglichkeiten zu blicken, konzentriert sich der Knirps auf seine Stärke – seinen tiefen Gottesglauben. So geht das biblische Duell in die Geschichte ein: Der Zwerg besiegt den Riesen mit einem Steinwurf. Nichts ist unmöööglich!

Wir alle werden mit Stärken und Schwächen geboren. Allerdings konzentrieren sich die meisten zu sehr auf Letztere. Ständig vergleichen wir uns, achten darauf, was wir schlechter oder gar nicht können, was uns misslingt und uns frustriert. Schon in der Schule lernen wir: Wer seine Defizite nicht ausmerzt, bleibt mindestens sitzen. Karriere macht so einer nicht. Das Gallup-Institut hat rund 1,7 Millionen Mitarbeiter in über 100 Unternehmen und 39 Ländern befragt und wollte wissen, was ihnen am meisten hilft, sich zu verbessern: die Kenntnis ihrer Stärken oder die ihrer Schwächen? Sie ahnen es: Das Gros fokussierte sich auf die Schwächen.

Die Folge ist, dass diese Leute enorme Energien aufwenden, um etwas nachzuholen, was sie eh nicht können, sie doktern an ihren Mängeln herum und betreiben doch nur Schadensbegrenzung. Kollektiviert sich dieser Irrglaube, manifestieren sich Thesen wie »Ein Team ist immer nur so stark wie sein schwächstes Mitglied«. Warum nicht den Spieß herumdrehen, die Stärken stärken und sich seine Schwächen leisten? Auch das wurde untersucht: Die Wahrscheinlichkeit, dass jemand nach oben kommt, weil er seine Stärke fördert, ist um 50 Prozent höher, als wenn er seine Schwächen repariert. Und die Schwächen? Kein Problem: Umgeben Sie sich mit Kollegen, die Ihre Schwächen kompensieren und Ihre Stärken herausfordern. Niemand muss alles gut können, aber jeder ist für etwas gut!

3. März
Kon-zen-tra-tion – Schluss mit Unterbrechungen

Das Nachrichtenmagazin *Der Spiegel* beschrieb das Regieren von Kanzlerin Angela Merkel einmal so: Das Lagezentrum schicke ihr alle drei bis fünf Minuten eine Nachricht. Im Bundestag lege sie dann irgendwann das Handy in die Schublade vor sich. Womöglich, um der Nachrichtenflut zu entkommen. Eine Viertelstunde soll Merkel das mal ausgehalten haben. Dann schaute sie wieder nach.

Auch wenn Sie und ich vielleicht gerade kein Land regieren müssen – unser Alltag ähnelt dem der Regierungschefin: Unser Arbeitstag ist eine einzige Abfolge von Unterbrechungen. E-Mails kündigen sich permanent im Posteingang an, mal klingelt das Telefon, mal das Handy, mal der BlackBerry, mal platzen Kollegen ins Büro. Nie gab es so viele Störungen wie heute. Das ist schädlich für Produktivität und Leistungskraft. Wissenschaftler der Universität in Kalifornien kamen 2004 zu dem Ergebnis, dass ein Büromensch sich gerade einmal elf Minuten seiner Aufgabe widmen kann, bevor er abgelenkt wird. Ein einziges intellektuelles Stop-and-go. Was noch schlimmer ist: Nach der unfreiwilligen Pause dauert es im Schnitt 25 Minuten, bis man den Faden wieder aufgenommen hat. Der Geistesblitz von vorhin ist da natürlich vergessen. Kein Wunder, dass mancher bei so viel Abschweifung irgendwann ganz cremig wird. Forscher des Londoner King's College wollten 2005 herausfinden, wie sehr. Sie bildeten zwei Gruppen, die mittelschwere Aufgaben lösen mussten. Die einen wurden parallel mit E-Mails malträtiert, die anderen bekamen Marihuana. Die Kiffer schnitten besser ab.

Um bei so viel Störfeuer nicht den Verstand zu verlieren, braucht es ein paar Regeln:

Erstens: Konzentrieren Sie sich auf das, was Sie gerade tun. Unterbrechungsforscher (die gibt es wirklich) haben festgestellt, dass sich Büroarbeiter genauso oft selbst ablenken, wie sie unterbrochen werden. Zwingen Sie sich also dazu, sich auf die aktuelle Aufgabe zu konzentrieren, statt in Gedanken schon bei der nächsten zu sein.

Zweitens: Haben Sie den Mut, Bitten auch mal mit einem Nein zu quittieren. Wenn Sie Prioritäten setzen, liegt der Erfolg darin, sich auch daran zu halten. Wer niemandem eine Bitte abschlagen kann, kommt zwangsläufig aus dem Trott. **Drittens:** Lesen Sie Ihre Mails nicht sofort. Es gibt bereits eine sogenannte Slow-E-Mail-Bewegung. Anhänger öffnen ihre Post nur noch zweimal am Tag. Dasselbe gilt für Anrufbeantworter oder Anrufe.

4. März
Still leben – Wie Sie Stress abbauen

Von wegen: Stress ist schlecht. Akute Belastungen sind sogar gesund. Sie machen uns leistungsfähiger. Und erst Anstrengung macht innere Befriedigung möglich.

Bei Stress schüttet der Körper die Hormone Adrenalin und Cortisol aus. Die Bronchien und Pupillen erweitern, die Blutgefäße verengen sich, der Puls beschleunigt, Sauerstoffversorgung und Denkleistung werden verbessert, der Verdauungsapparat wird gedrosselt. Binnen Sekunden stehen uns so sämtliche Energien zur Verfügung, um Spitzenleistungen zu erbringen – ob beim Wettkampf, einem Vortrag oder Verhandlungen mit einem schwierigen Partner.

Erst wenn Stress länger anhält, gehen seine Vorteile verloren. Der Körper reagiert dann mit Widerstand – Bluthochdruck, Magen-Darm-Störungen oder Tinnitus sind häufige Nachwirkungen. Langfristig können daraus schwere Erschöpfungszustände erwachsen – Angstattacken, Depression und Infektanfälligkeit inklusive. Der Grund dafür ist, dass der Körper bei Dauerstress regelrecht verlernt, richtig herunterzufahren. Als Gegenmaßnahme hilft Entspannen, Bewegung ist aber meist besser. Ein paar Minuten strammes Spazieren nach der Anspannung reicht schon.

Noch besser ist, den Stress erst gar nicht andauern zu lassen. So trivial es klingt: Die wichtigsten Gegenmittel sind Prioritäten setzen und Selbstdisziplin üben. Um permanenten Stress einzudämmen, brauchen Sie kein 20-Punkte-Programm abzuarbeiten. Eine positive Einstellung zum Druck ist bereits die halbe Miete. Den Rest erledigt Systematik. Um Probleme im Berufsleben zu lösen, gehen Sie ja auch systematisch vor. Warum also nicht bei Stress?

5. März
Plädoyer fürs Plaudern – Die Kunst des Smalltalks

Damals bei Hofe pflegte der Adel die Kunst der Konversation, des unangestrengten, eleganten Geplauders: der Sprezzatura. Es war die Kunst, eine interessante Geschichte zu erzählen, sie mit ein wenig Geist zu garnieren und als Amuse-Gueule darzubieten. Heute heißt das Smalltalk und ist alles andere als ein Privileg der oberen Zehntausend. Nur eins ist geblieben: Er ist noch immer ein Erfolgsschlüssel.

Die meisten Menschen fürchten sich vor einer Blamage, wenn sie auf Unbekannte zugehen und diese in ein Gespräch verwickeln sollen. Heraus kommt allenfalls: »Schönes Wetter heute.« Das ist zwar besser als stummes Abwarten, aber, nun ja, bedauerlich banal. Oder wie Oscar Wilde sagte: »Wann immer jemand mit mir über das Wetter spricht, denke ich stets, er meint etwas anderes.« Konversation soll interessant sein, nicht langweilen. Als Einstiegshilfen eignen sich Themen, die man mit dem Gesprächspartner gemeinsam hat: den Anlass einer Einladung, die Beziehung zum Gastgeber, das Ambiente, das Essen. Gute Themen sind solche, die gerade durch die Medien geistern – neue Trends, Kunst, Kultur, Kino. Auch das wohldosierte Kompliment taugt als Türöffner. Tabu sind dagegen Themen, die polarisieren: Politik, Religion, aber auch die eigenen Moralvorstellungen oder Privates. Vor allem aber: nie etwas von seinem Gegenüber erwarten. Eine solche Haltung wird unbewusst wahrgenommen und wirkt aufdringlich. Dasselbe passiert, wenn man dem inneren Zwang erliegt, jedem beweisen zu müssen, wie kommunikativ man ist. Smalltalk dient weder der Kontakt- noch der Jobanbahnung, sondern ähnelt in seinem Wesen allein guter Bildung: Sie führt zu Charme und Charisma, zu Witz und Esprit, ist aber völlig zweckfrei.

Wer das nicht kann, kann zumindest offene Fragen stellen (*Was hat Ihnen am Vortrag gefallen?*). Der Angesprochene hat so die Chance, seine Geschichte zu erzählen. Das stimmt ihn positiv, denn wir alle, das ergaben Studien, erinnern uns besonders gerne an ein Gespräch, wenn wir die meiste Zeit selbst geplaudert haben. Sollten Sie jedoch einen Zeitgenossen mit Maulsperre treffen, dann suchen Sie nicht Worte, sondern das Weite. Prosten Sie ihm zu und sagen Sie: »Ich glaube, es wird von uns erwartet, dass wir zirkulieren.«

»Wenn du eine Entscheidung treffen musst und du triffst sie nicht, ist das auch eine Entscheidung«, sagte der US-Psychologe William James. Entschiedenheit bedeutet mehr, als eine Wahl zu treffen. Sie sorgt dafür, dass man sich seiner Sache ganz verschreibt, keine Hintertürchen offenhält und seine ganze Kraft auf das Gelingen seines Ziels konzentriert. Wer sich entschieden hat, einen Marathon zu laufen, der kann nicht jeden Abend faul auf der Couch hocken, sondern muss täglich trainieren. Entschiedenheit bedeutet, bewusst zu wählen *und* zu handeln! Es gibt Studien, die zeigen, dass eine solche Haltung ungeheuer kreativ und produktiv macht. Wer lange zögert und zaudert, seine Entscheidungen hinausschiebt und sich – was noch schlimmer ist – treiben lässt, der verliert sowohl den Respekt der anderen als auch den vor sich selbst.

Entschiedenheit kann Betroffene allerdings auch zu Besessenen machen. Und diese Seite an ihr ist brandgefährlich. So sehr Terrier-Tugenden geschätzt werden – allzu große Verbissenheit wirkt immer unsouverän. Als Christoph Kolumbus den spanischen Hof davon überzeugte, seine Entdeckungsreise zu finanzieren, forderte er zugleich, den irrwitzigen Titel »Großadmiral des Ozeans« zu erhalten. Dabei erwies sich Kolumbus als navigatorischer Dussel. Statt eines Seewegs nach Indien entdeckte er Amerika. Glück im Pech: Das neue Land war ebenfalls reich und rettete vorerst seine Karriere. Wäre der forsche »Großadmiral« mit leeren Händen zurückgekehrt, hätte man seine Chuzpe wohl anders bewertet.

Nur Hasardeure setzen alles auf eine Karte. Entschlossenheit ist gut, Risikostreuung und ein Plan B sind besser. Anlageberater lernen das schon in der Grundausbildung. Das hat nichts mit Vollkaskomentalität zu tun, sondern mit Weitblick und Umsicht. Sosehr Sie sich einem Projekt, Ihrer Aufgabe oder dem Unternehmen verschreiben – behalten Sie immer ein Ass im Ärmel: eine Alternative, einen Notfallplan, einen Lückenbüßer – Hauptsache, Sie sind gewappnet, falls es anders kommt, als Sie oder Ihr Chef sich das gedacht haben. Mag sein, dass Medien mutige Macher im Nachhinein heroisieren. Sie übergießen aber auch jeden mit Häme, der glorreich scheitert. Seien Sie also entschieden, aber sparsam mit Ihren Assen im Ärmel!

7. März
Wichtig versus wurscht – Das Eisenhower-Prinzip

Dwight D. Eisenhower war nicht nur amerikanischer General und US-Präsident, er erfand auch eine Methode, Wesentliches von Unwesentlichem zu unterscheiden, was in beiden Jobs durchaus lebensverlängernd wirkt, wenn entweder Artilleriegeschosse oder wortreiche Lobbyistensalven niederprasseln.

Bei der Arbeit orientieren sich die meisten an dem, was Spaß macht, was Ruhm einbringt, wenig Druck verursacht, und so weiter. Die Bedeutung einer Aufgabe tritt dabei in den Hintergrund. Sie ist aber entscheidend. Eisenhowers Prinzip ist eine Mischung aus Zeitmanagement und Postkorbübung und steigert die Arbeitseffizienz. Unterteilen Sie dazu Ihre Aufgaben jeweils in zwei Kategorien: Sind sie wichtig oder unwichtig; eilig oder nicht eilig? Jetzt legen Sie ein Koordinatensystem für diese Kategorien an – oben *eilig*, unten *nicht eilig*, links *unwichtig* rechts *wichtig*. Dort tragen Sie Ihre Aufgaben ein. Den Quadrant unten links können Sie gleich wieder vergessen. Das sind die unwichtigen uneiligen Aufgaben. Die können Sie irgendwann mal erledigen. Die Aufgaben im Quadranten darüber (unwichtig, aber eilig) delegieren Sie. Die Aufgaben, die nicht eilig, aber wichtig sind (unten rechts), tragen Sie sich in Ihrem Kalender ein. Sie werden täglich abgearbeitet. Die Aufgaben oben rechts erledigen Sie noch heute! Sie sind wichtig und eilig. Tabellarisch sieht das dann so aus:

	unwichtig	wichtig
eilig	**Delegieren**	**Sofort erledigen**
nicht eilig	**Ablage**	**Terminieren**

Natürlich wäre es müßig, die Quadranten täglich anzulegen. Deshalb sollte das Prinzip irgendwann in Fleisch und Blut übergehen. Dann wissen Sie sofort, was zu tun, zu verschieben und zu lassen ist, haben weniger Stress, mehr Zeit und mehr Erfolg. Danke Dwight!

8. März
Cherchez la femme – Management ist männlich. Leider

So sieht's aus: Auf Chefsesseln bilden Frauen die Ausnahme. Hierzulande sind zwar 42 Prozent der Erwerbstätigen weiblich, aber nur elf Prozent der Toppositionen von Frauen besetzt. Vor allem in sogenannten Männerberufen. Und wie sich zeigt, liegt das häufig an den Frauen selbst: Schon früh entscheiden sie sich für Branchen, die bei ihren Geschlechtsgenossinnen beliebt sind – Konsumgüterhersteller, Medienunternehmen, Werbung. Hier konkurrieren dann nicht nur viele Frauen um wenige Spitzenjobs, sie konkurrieren auch mit Männern. Damit verschlechtern sich schon rein rechnerisch ihre Chancen.

Offenbar scheuen Frauen die mögliche Deklassierung. In einem Bericht der Bund-Länder-Kommission für Bildungsplanung und Forschungsförderung gaben rund 80 Prozent der Mädchen an, sie fürchteten, als Exotin in einem frauenuntypischen Beruf diskriminiert zu werden. Zudem fehlen ihnen die Vorbilder. Das ist wahr. Wahr ist aber auch: Zu oft und zu schnell fügen sich Frauen ins Rollenklischee. Einerseits wollen sie in ihren Berufen Geld verdienen, gleichzeitig rechnen sie damit, später die Kinder großzuziehen. Das grenzt ihre Berufsauswahl automatisch ein. Folglich achten sie mehr auf flexible Arbeitszeiten oder auf Teilzeitarbeit als auf ihre Karriereaussichten. Als Ergebnis driften Männer- und Frauenberufe immer weiter auseinander, bis hin zum Gehalt. Frauen werden für gleiche Leistung nicht nur bis zu 24 Prozent schlechter bezahlt, sie ziehen sogar das Gehaltsniveau herab. Sonja Bischoff, Professorin an der Universität Hamburg, konnte nachweisen, dass das Durchschnittsgehalt der Männer sinkt, wenn mehr als zehn Prozent Frauen in Führungspositionen sitzen.

Dahinter steckt allerdings kein Vorurteil, sondern oft unstrategisches Verhalten: Männer halten Informationen zurück oder setzen sie gezielt gegen Widersacher ein, um sich Vorteile zu sichern. Frauen pflegen lieber ihr Team und setzen sich für die Kollegen ein. Kurz: Männer mögen Machtspiele, Frauen ist das zu blöd. Es gibt unzählige Artikel, die sich mit diesem Phänomen beschäftigt haben. Der Tenor ist immer derselbe: Zu viel Fairness geht immer nach hinten los! Solange Ränkekämpfe über Karrieren entscheiden, bleiben Frauen nur zwei Alternativen: aussteigen oder mitspielen. Allein Letzteres führt an die Spitze.

Mehr dazu: Barbara Bierach, Das dämliche Geschlecht. Wiley 2002

9. März
Mehrwert – Ohne Tüchtigkeit kein Erfolg

Glaubt man dem Drehbuchautor Woody Allen, ist Dabeisein bereits 80 Prozent des Erfolgs. Allen neigt zum Exaltierten, darunter leidet seine Glaubwürdigkeit ein wenig. Doch im Kern hat er recht. Erfolg ist ein Rindvieh: Er gesellt sich gern zu seinesgleichen.

Trotzdem gibt es lernbare Eigenschaften, die erfolgreiche Menschen einen. Im Laufe des Jahres werden Sie einige kennenlernen, heute aber bereits die älteste und wichtigste: Tüchtigkeit.

Wer die Erfolgsleiter emporklettern will, muss mehr tun, als verlangt wird. »Vor die Tugend haben die Götter den Schweiß gesetzt«, dekretierte der altgriechische Dichter Hesiod. In der Schule oder im Studium reicht in der Regel eine Eins für höchste Weihen. Im Beruf aber müssen Sie über Erwartungen hinausgehen. Sie müssen nicht nur die Fragen beantworten, die Ihnen Ihr Prüfer stellt. Vielmehr sollten Sie ein paar Fragen und Antworten mitliefern, an die er bisher noch gar nicht gedacht hat. Ihr Ziel muss es sein, durch Ihre Kreativität, Ihren Eifer und Ihre Energie Ihren Chef cleverer, das Team effektiver und das Unternehmen wettbewerbsfähiger zu machen. Das ist kein Spaziergang. Aber eine Leiter kann man auch nicht mit den Händen in den Hosentaschen erklimmen. Falls Sie Ihr Chef also das nächste Mal um eine Einschätzung bittet, gehen Sie über Routinearbeit hinaus: Recherchieren Sie mehr Details, als ihm bekannt sind, hinterfragen Sie alles gründlicher, analysieren Sie, wie sich die Branche in den kommenden Jahren entwickeln könnte, und liefern Sie etwas ab, das sein Denken erweitert. Geben Sie Ihrem Boss etwas, das seinen Geist stimuliert und das er seinen Bossen präsentieren kann. So werden Ihre Ideen erst das Unternehmen und dann Sie nach vorne bringen.

10. März
Schiebelehre – Wenn nicht jetzt, wann dann?

Vom französischen Kanzler Henri François d'Aguesseau (1668–1751) wird erzählt, dass ihn seine Frau jedes Mal eine Viertelstunde warten ließ, wenn er sie zum Essen rief. Das mag nicht viel Zeit sein, aber es läppert sich. Also nutzte d'Aguesseau die Zwischenzeit und schrieb ein Buch über die Jurisprudenz. Es wurden vier Bände daraus. Bravo! Viele andere hätten solche Gelegenheiten vertagt.

Prokrastination nennen Wissenschaftler das. Wer daran leidet, verschiebt Wichtiges auf später: Aus dem Postfach solcher Aufschieber quellen E-Mails, bis der Systemadministrator mault, die Papierstapel auf dem Schreibtisch mutieren zu Wanderdünen. Oft haben solche Leute Schwierigkeiten, Prioritäten zu setzen, und leiden unter latenten Minderwertigkeitsgefühlen. Fälschlicherweise setzen sie Erfolg mit Selbstwert gleich. Da Erfolgserlebnisse bei größeren Aufgaben zu weit entfernt liegen, ziehen sie kleinere Aufgaben vor, die eine schnelle Belohnung versprechen. Langfristig aber sorgt die Aufschieberitis für Frust, weil man nie schafft, was wichtig ist. Dann beginnt ein Teufelskreis aus Aufschieben, Überforderungs- und Minderwertigkeitsgefühlen. Der chronische Handlungsaufschub kann aber auch Perfektionisten treffen: Sie schieben auf, weil sie Angst haben, ihrem Anspruch nicht zu genügen. Es gibt massenweise Ratgeber, die schnelle Hilfe für Plan- und Zeitlose versprechen und mit Disziplin und Checklisten gegen das terminliche Tohuwabohu anrücken. Vieles davon stimmt. Anderes kann man sich sparen. Deshalb die Essenz:

- Analysieren Sie, warum Sie bestimmte Aufgaben aufschieben! Prokrastination ist eine Gewohnheit, sie läuft automatisch ab. Ein Schritt in Richtung Besserung ist, sich sein Verhalten bewusst zu machen und die Gewohnheit zu durchbrechen.
- Zerlegen Sie große Aufgaben in kleine. Es ist wie mit dem physikalischen Gesetz der Trägheit: Ist ein schwerer Körper erst in Bewegung, wird es leichter, ihn in Fahrt zu halten.
- Seien Sie realistisch. Die Alles-oder-nichts-Haltung ist fatal: Oft reichen auch 80 Prozent vom Ideal.
- Belohnen Sie Ihr Tagwerk mit einem Highlight. Also einer Auf-

gabe, die Sie gerne machen und die Sie motiviert. So bleibt das gute Gefühl, viel geschafft zu haben – Angenehmes wie Akutes.

Mehr dazu: Marco von Münchhausen, So zähmen Sie Ihren inneren Schweinehund. Campus 2002. Marc Stolreiter, Aufschieberitis dauerhaft kurieren. mvg 2003

11. März
Knallgrau – Mut zur Imperfektion

Auf der Rennstrecke war er ein Besessener, ein unnachgiebiger Mister Zweihundertprozent. Michael Schumacher hat fast alle Rekorde der Formel-1-Geschichte gebrochen. Sein Charakter, seine Fahrweise spiegeln teutonische Tugenden: zielstrebig, pedantisch bis an die Schmerzgrenze, bisweilen rücksichtslos – auch gegenüber sich selbst. Perfektion war für ihn vielleicht die größte Leidenschaft.

Kompromisslosigkeit, immer der Beste sein zu wollen – das kann enorm motivieren. Häufiger aber führt es in einen Teufelskreis: Egal, was man erreicht, es ist nie genug. Die Suche nach Perfektion ist eine ewige Jagd, die niemals endet und deshalb oft in vermindertes Selbstvertrauen mündet oder dafür sorgt, dass man sich an Erreichtem nicht mehr freuen kann. Das Glück – es ist einem immer einen Schritt voraus. Nicht selten verbergen sich hinter der Perfektionssucht das unerfüllte Verlangen nach Beachtung oder Beifall, der Wunsch nach mehr Kontrolle und der Versuch, sich vor Schimpf und Schande zu schützen. Oft sind Perfektionisten willensstarke Menschen mit harter Schale, aber äußerst sensiblem Kern. Verstehen Sie mich nicht falsch: Stets sein Bestes zu geben und die Latte jedes Mal höher zu legen, ist nichts Falsches. Aber daraus entsteht leicht eine Abwärtsspirale aus Streben und Scheitern.

Ein wichtiger Schritt aus dieser Falle ist, zu erkennen, dass die Erwartungen (an sich oder andere) womöglich unrealistisch hoch oder unzumutbar sind. Fünfe auch mal gerade sein zu lassen, zeugt ebenfalls von Größe. Der zweite Fehler der Perfektionisten: Sie denken in Schwarz-Weiß-Kategorien. Wer nicht perfekt ist, wird automatisch zum Verlierer. Bei dieser Sicht erhalten aber menschliche Fehler ein zu großes Gewicht. Folge: Perfektionisten versuchen vorrangig, Fehler zu vermeiden, werden zunehmend risikoaverser und kontrollsüchtiger – bis sie nur noch auf der Stelle treten. Die britische Sängerin Mel C sagte mal von sich: »Ich war nie mit mir zufrieden, nichts erschien mir gut genug. Ich wollte immer perfekt sein. Am Schluss blieb mir nur der Gang zum Therapeuten.« Etwas Imperfektion spart sogar Geld.

12. März
Lockruf – Wie Sie garantiert zurückgerufen werden

Erinnern Sie sich noch an die Zeit, als Anrufbeantworter populär wurden? Anfangs traute sich kaum einer, mit den Maschinen zu sprechen, die Ansagen selbst waren ungelenk und verzerrt. Schließlich hatte jeder eine Mailbox, auch auf dem Handy, die Botschaften der Anrufer schrumpften auf die Nennung des Namens oder auf *»Ich bin's – ruf mich mal an!«*. Inzwischen schalten immer mehr ihre Mailbox ab. Sprachnachrichten sind zur Plage mutiert. Es gibt allerdings Untersuchungen, die zeigen, wann solche Botschaften nerven und wann Anrufer zurückgerufen werden. Die Regeln sind überraschend einfach:

- Als Erstes nennt man deutlich Vor- und Nachnamen, Funktion und die Firma, für die man arbeitet, dann langsam (!) die eigene Telefonnummer. Kein Mensch will sich digitale Hinterlassenschaften zigmal anhören, um die Nummer mitschreiben zu können. Es gibt Marketingprofis, die empfehlen, die Nachricht auf diese zwei Auskünfte zu beschränken: Name plus Nummer. Den Rest übernehme die Neugier. Angeblich liegt die Rückrufquote so bei 40 Prozent.
- Sagen, was man will. Nichts verärgert mehr als eine Nachricht, die nebulös bleibt. Ebenso wenig sollte man versuchen, per Nachricht etwas zu verkaufen: *»Sie wollen Ihre Krankenkassenbeiträge um 50 Prozent senken? Prima, da habe ich eine Lösung, wenn Sie mich zurückrufen unter ...«* Diese Nachricht wird zu 100 Prozent gelöscht.
- Langsamer und lauter sprechen als normal! Die Botschaft soll verstanden werden. Ein weiterer Trick ist, sich dazu aufrecht hin-

zusetzen, besser hinzustellen, und tief Luft zu holen, bevor man loslegt. Das klingt enthusiastischer und verleiht der Nachricht subtil Gewicht. Jemand, der sich anhört, als müsse er beim Reden seinen Kopf abstützen, motiviert niemanden zum Rückruf.

- Kurz fassen! Keine Nachricht sollte länger als 20 Sekunden dauern. Unmöglich? Von wegen. Schreiben Sie Ihren Text notfalls vorher auf und üben Sie ihn, bevor Sie anrufen. Es geht!

13. März
Mail mal wieder – Regeln für die elektronische Post

E-Mails forcieren Streit. »Die elektronische Post ist ein Pulverfass mit brennender Lunte«, sagt der US-Managementprofessor Ray Friedman. Denn bei der elektronischen Kommunikation fehlen viele Informationen: Tonfall, Gestik und Gesichtsausdruck fallen komplett weg. Das öffnet Spekulationen Tür und Tor: Was hat der andere wirklich gemeint? Steht da nicht etwas zwischen den Zeilen? Wo ist der Haken? Was als harmlose Anfrage gemeint war, wird vielleicht als freche Forderung missverstanden, sachliche Kritik zum Frontalangriff umgedeutet. Würde man demjenigen gegenüberstehen, ließen sich solche Kommunikationsunfälle an Körpersprache und Stimme ablesen und sofort korrigieren. Per E-Mail geht das nicht. Stattdessen hat der andere die Chance, sich in die knappen Worte hineinzusteigern, bis der Streit zur Vendetta schwillt. Studien belegen, dass Menschen dazu neigen, einen Affront mit gleicher Münze heimzuzahlen. Auge um Auge … Sie erinnern sich?!

Entschärfen lässt sich das mit ein paar Grundregeln für die Kommunikation:

- Erwidern Sie niemals Provokationen. Und verzichten Sie auf Humor und Ironie – der Empfänger kann das in der Regel nicht entschlüsseln. Setzen Sie lieber auf kurze klare Sätze, Freundlichkeiten und Smalltalk. Der verbindet.
- Vorsicht mit ungewöhnlicher Interpunktion oder Schreibweisen! Kleinbuchstaben können als Geringschätzung gewertet werden, Versalien wirken, als ob Sie schrien. Und mehrfache Satzzeichen

wie *!!!* haben stets etwas Aggressives. Genauso Füllwörter: *Ich frage mich, wie es dazu kommen konnte* bedeutet etwas anderes als *Ich frage mich wirklich, wie es dazu kommen konnte!*

- Bevor Sie die Mail abschicken, lesen Sie diese noch einmal durch: Würden Sie das dem Empfänger auch ins Gesicht sagen? Nein? Dann formulieren Sie es um!
- Hilft das alles nichts und der Konflikt eskaliert: Vergessen Sie E-Mails – und suchen Sie sofort das persönliche Gespräch!

14. März
Aufstandsbewegung – Was man von Verkäufern lernen kann

Mein Freund Daniel ist ein brillanter Verkäufer. Telefonmarketing, Kaltakquise, Klinkenputzen – hat er alles drauf. Das volle Programm. Er sucht zuerst den Nutzen seiner Kunden, passt sich ihnen verbal an, schafft eine Beziehungsebene, kommt schnell zum Punkt, spart sich dumme Verkäufersprüche und ist nie schlecht gelaunt. Ich bewundere ihn dafür. Seit ich weiß, dass er ein geübter Verlierer ist, sogar noch mehr.

Die meisten Menschen mögen Vorbilder. Sie vermitteln Ideale, geben Impulse und bieten Inspiration. Bei einer Umfrage der Unternehmensberatung Accenture gaben 80 Prozent der Befragten an, in ihrem Leben schon einmal ein Vorbild gesucht zu haben. Ich halte nicht viel von Heldenverehrung, die sich auf eine Person konzentriert. Karrierepfade lassen sich schlecht nachwandern, dafür sind sie zu individuell. Und Imitation führt selten an die Spitze. Allerdings lässt sich von erfolgreichen Menschen lernen: von jedem Archetyp etwas anderes. Und gute Verkäufer gehören dazu. In der Literatur kommen sie nicht besonders gut weg: Arthur Miller etwa zeichnet in seinem Drama *Tod eines Handlungsreisenden* das beklemmende Bild des erfolglosen Verkäufers Willy Loman. Der lebt in einer Scheinwelt und bringt sich am Ende um. »Geschieht ihm recht«, denken manche und assoziieren mit Verkäufern Drückerkolonnen und Strukturvertriebler, die gebrechlichen Omas mit dem Fuß in der Tür wahlweise Zeitschriftenabos, Staubsauger oder Versicherungspolicen verkaufen.

Dabei ist das nur die Oberfläche. Tatsächlich erleben Verkäufer tagtäglich Zurückweisung. Telefonhörer werden aufgelegt, Türen vor der Nase zugeschlagen, Hunde beißen zu. Bei jedem von uns würde das auf Dauer das Ego zerbröseln. Bei Verkäufern nicht. Jedenfalls nicht bei den guten. Sie spornt die Niederlage eher noch an. Die bange Frage, ob ihnen jemand einen Korb gibt, bringt ihnen den Kick. Unter einer Abfuhr leidet weder ihr Selbstwertgefühl, noch schwindet ihre Hoffnung. Sie sind Profis im Verlieren, Hinfallen und Wiederaufstehen. Bravo! Erster in der Beliebtheitsskala kann eh nur einer werden. Aber Sieger wird man, indem mal einmal öfter aufsteht als hinfällt.

15. März
Wegweiser – Weise Worte

»Viele erkennen zu spät, dass man auf der Leiter des Erfolges einige Stufen überspringen kann. Aber immer nur beim Hinuntersteigen.«

[William Somerset Maugham, Schriftsteller]

»Eine Erfolgsformel kann ich dir nicht geben; aber ich kann dir sagen, was zum Misserfolg führt: der Versuch, jedem gerecht zu werden.«

[Herbert Bayard Swope, Pulitzer-Preisträger]

»Viele sind hartnäckig in Bezug auf den einmal eingeschlagenen Weg, wenige in Bezug auf das Ziel.«   [Friedrich Nietzsche, Philosoph]

»Natürlicher Verstand kann fast jeden Grad von Bildung ersetzen, aber keine Bildung den natürlichen Verstand.«

[Arthur Schopenhauer, Philosoph]

16. März
Blödmannshausen – Die Gefahr der Überheblichkeit

Lehmann hat den Intelligenzquotienten von Bœuf Stroganoff. Karins Marketingideen entwickeln so viel Gravitation wie die Passagiere während eines Parabelflugs, und das limbische System von Chef Stronski verharrt im Evolutionszustand von Alf. Warum bin ich eigentlich die einzige Person in diesem Laden, die weiß, was zu tun ist?

Vielleicht haben Sie so schon einmal gedacht. Vielleicht auch zweimal. Nur bitte nicht öfter! Diese Geisteshaltung ist gefährlich. Natürlich begegnet man im Berufsleben immer wieder Menschen, die Murks machen und schlechte Einfälle haben. Womöglich ist so jemand sogar Ihr Chef. Dass Sie ihn deswegen für einen unfähigen Nichtskönner halten, ist verständlich, spricht aber gegen Sie.

Mag die Alle-sind-doof-außer-mir-Perspektive noch so realistisch sein; wer so denkt, betrachtet sich irgendwann als edles Opfer einer Mischpoke aus Versagern. Riskant! Solche Menschen werden unfähig, den Wert anderer Kollegen mit all ihren Macken und Fehlern anzuerkennen – ganz besonders, wenn diese hierarchisch über ihnen stehen. Sie werden arrogant, bitter und sind schließlich für kein Team mehr tragbar. Trotzdem sind sie selten dumm. Statt mit ihrem Intellekt aber dazu beizutragen, die Arbeitsabläufe zu optimieren, konzentrieren sich diese Leute auf die unbegreifliche Blödheit der Bosse und Kollegen. Was für eine Verschwendung von Ressourcen!

Falls Sie sich das nächste Mal dabei ertappen, alle anderen für dumm zu erklären, wechseln Sie lieber die Perspektive! Helfen Sie den Lehmanns, Karins und Stronskis, aus ihren Mängeln Triumphe zu machen – und werden Sie selbst zum Gravitationszentrum.

17. März
Streber! – Ohne Fleiß kein Preis

Ob nun Platon, Thomas Edison oder Bill Gates – sie alle haben eine Gabe, die sie bedeutend machte. Sie denken jetzt vielleicht an Intelligenz, an Erfindergeist, Kreativität und Mut. Die auch. Herausragender ist aber etwas anderes: Fleiß. Platon etwa gründete 387 v. Chr. die erste Athener Philosophenschule, eine der bedeutendsten Universitäten der Antike; Edison machte über 2000 Erfindungen, von denen 1000 patentiert wurden; Gates, nun ja, man weiß es, gründete 1975 das Unternehmen Microsoft und machte aus einem Garagenverkauf einen Weltkonzern. Ohne despektierlich zu sein: Mit Talent allein wäre das nicht gegangen.

Niemand vollbringt Großartiges ohne harte Arbeit. Kein Mensch ist das Opfer von auf natürliche Weise ungleich verteilten Talenten, aus denen nur wenige etwas machen können, während der Rest dabei mürrisch zuschaut. Die Botschaft ist nicht sonderlich populär, aber sie ist wahr: Begabungen sind gar nicht so ungleich verteilt. Unter dem Brennglas betrachtet, liegen die Unterschiede im Fleiß und im Charakter, in der Energie und im Eifer!

Die Voraussetzung ist natürlich, sein Ziel zu kennen. Es genügt nicht, fleißig zu sein – das sind Bienen auch. Die Frage ist vielmehr: Wofür sind wir fleißig? Fleiß hat keinen Selbstzweck, er ist nur Mittel zum Zweck. Fleiß (das Wort stammt vom althochdeutschen *Kampfeseifer*, von *Streiten*) bedeutet weiterzugehen, zielstrebig zu sein, nicht aufzuhören. Das hat viel mit Selbstbeherrschung und Disziplin zu tun. Und die sind für den Erfolg oft wichtiger als der Intelligenzquotient. Das sagen jedenfalls Angela Duckworth und Martin Seligman von der Universität von Pennsylvania. Die US-Psychologen untersuchten 2005 eine Gruppe von 300 Jugendlichen zwischen 13 und 14 Jahren. Bei einem ersten Test prüften sie, wie gut die Schüler in der Lage waren, Regeln zu befolgen, ihr Verhalten anzupassen und impulsive Reaktionen zu unterdrücken. Ergebnis: Wer das konnte, erreichte ein halbes Jahr später deutlich bessere Noten, fehlte seltener und steigerte seine Leistungen stärker als die übrigen Mitschüler. Bei einem zweiten Test ließen die Forscher die Schüler Intelligenztests absolvieren. Ergebnis: Der IQ hatte auf das Abschneiden nur halb so großen Einfluss wie ihre Disziplin.

Es gibt aktive Erfolgsstrategien, und es gibt vermeintlich passive. Deswegen werden sie in Ratgeberbüchern häufig vergessen, dabei sind sie keinesfalls weniger wirkungsvoll. Den richtigen Augenblick abzuwarten (siehe 20. April) oder zuzuhören sind zwei davon – und Letzteres hat nichts mit Schweigen zu tun! Gute Zuhörer stellen vielmehr klärende Fragen. Sie haken nach, wenn sie etwas nicht verstanden haben, und wiederholen mit eigenen Worten, was sie verstanden haben. Es geht ihnen darum, den anderen wirklich zu verstehen, seine Emotionen, seine Motive. Zuhörer lernen deshalb mehr und schneller als andere.

Die meisten brillanten Köpfe sind gute Zuhörer. Sie nutzen mehr als ihre Ohren. Sie halten Blickkontakt, achten auf Körpersprache, spüren vielleicht ein nervöses Fußwippen unter dem Tisch. Sie gehen auf den anderen ein, weshalb sich dieser ernst genommen fühlt. Sie unterbrechen den anderen nicht und vervollständigen auch nicht seine Sätze. Sie sind in der Lage, Stille auszuhalten, während der andere noch um Worte ringt. Selbst durch bewusstes Schweigen lässt sich ein Gespräch führen, weil das Souveränität dokumentiert und Vertrauen schafft.

Weil sie mehr denken als sprechen, produzieren Zuhörer zudem weniger Blödsinn. Überhaupt erkennt man gute Zuhörer daran, dass sie nur dann reden, wenn sie etwas zu sagen haben. Dafür hat das Gesagte umso mehr Gewicht. Dennoch entwickeln sie nie das Bedürfnis, ihre Weisheit oder ihren Rat weiterzugeben. Weil sie das nur tun, wenn sie darum gebeten werden, ecken sie weniger an und stoßen andere seltener vor den Kopf. Zuhörer erfassen also schneller Zusammenhänge, lernen mehr, wissen mehr, sie dominieren, ohne zu herrschen, und sind kaum angreifbar. Das verleiht ihnen enormen Einfluss. Mir ist kein Fall bekannt, dass sich jemand um Kopf und Kragen zugehört hätte. Was das Reden anbelangt, fallen mir eine Menge Leute ein. Und Ihnen?

19. März
Sprachpflege – Die Kunst, eine Rede zu halten

Rhetorik ist eine Kunst, die schon in der Antike gelehrt wurde. Für Aristoteles etwa war es die Kunst zu überzeugen, ohne zu überreden. Dabei muss sich die Rede nicht immer im Bereich der Wahrheit bewegen, oft genügt schon die Glaubwürdigkeit des Redners. Er soll das Publikum fesseln und interessieren, darf es unterhalten und amüsieren – nur nicht verführen und manipulieren. Es gibt zig Kniffe, wie sich ein Vortrag aufpeppen lässt: zum Beispiel direkt zur Sache zu kommen. Das Gros der Redner moderiert erst sich selbst, dann das Thema an. Falsch! Dasselbe gilt für ausschweifende Hinweise zum Verlauf des Referats. Damit wird jede mögliche Dramaturgie im Keim erstickt. Neugieriger macht, wer mit einer Anekdote einsteigt.

Bei der Sprache sollten Referenten darauf achten, Verben statt Substantive zu verwenden. Und betonen Sie die Verben, nicht die Hauptwörter! Das ist eine typisch deutsche Unsitte, bei der jeder Vortrag sofort an Schwung verliert. Zu viele Zahlen lassen ebenfalls die Aufmerksamkeit stocken. Dafür sorgt Sprachmelodie für Spannung. Heben und senken Sie die Stimme, werden Sie mal lauter und leiser, selbst kurzes Flüstern ist erlaubt. Hauptsache, Sie variieren und machen auch mal Pausen. Die steigern die Wirkung einer Aussage enorm.

Leider macht Lampenfieber die meisten Reden hektisch und monoton. Für die Zuhörer wird der Vortrag so zum akustischen Trommel(fell)feuer, die Sätze mutieren zu Bandwürmern. Schrecklich. Arbeiten Sie bewusst dagegen: Halten Sie Ihre Sätze kurz, pro Satz nicht mehr als zehn Wörter. Und wenn es komplizierter wird, verwenden Sie Sprachbilder. Technische Themen ohne Metaphern, Vergleiche, Parabeln lebhaft darzustellen, ist so einfach wie einen Pudding an die Wand zu nageln. Das war eine Metapher. Und schließlich: Das Publikum spielt bei jeder Rede die Hauptrolle. Jede Interaktion – ob Rückfrage oder Abstimmung – erhöht die Chance, dass etwas hängen bleibt.

20. März
10–20–30 – Die Wahrheit über Powerpoint

Neulich war ich auf einer Tagung mit mehreren Referenten. Jeder, wirklich jeder, unterstützte seine Präsentation mit Powerpoint. Der Erste zeigte 20 Folien animierter Redundanzen. Auf der letzten stand »Danke für Ihre Aufmerksamkeit«. Das war Wunschdenken. Der Zweite steigerte jeden Folienwechsel mit anderen Überblendeffekten. Perfekte Lichtspiele! Ich kann mich nicht erinnern, worüber er gesprochen hat. Der dritte Redner entschuldigte sich vorab für die viel zu klein beschrifteten Folien. Mehr weiß ich nicht – ich bin gegangen.

Mag sein, dass Powerpoint Vorträge erleichtert – aber nicht für das Publikum. Die meisten Leute behandeln diese Software wie einen Mixer: Oben kommt alles rein, was man schon immer sagen und zeigen wollte, unten kommt Mus heraus. Solche Präsentäter sind mehr in ihre Performance vernarrt als in ihre Botschaft und behandeln Vorträge wie Brainstorming-Protokolle. Glauben Sie lieber dem US-Präsidenten Dwight D. Eisenhower: »Was nicht auf einer einzigen Manuskriptseite zusammengefasst werden kann, ist weder durchdacht noch entscheidungsreif.« Ein guter Vortrag ist ein relevantes Extrakt. Nicht Vollmilch, sondern Kondensmilch!

Guy Kawasaki, ein gefragter Redner und Wagnisfinanzierer aus dem Silicon Valley, hat die sogenannte 10–20–30-Regel aufgestellt: Danach sollte ein guter Powerpoint-Vortrag nicht mehr als 10 Folien umfassen, nicht länger als 20 Minuten dauern und eine Schriftgröße von nicht weniger als 30 Punkt haben. Eine gute Regel! Die meisten Präsentationen arbeiten mit einer Größe von 12 Punkt. Das entspricht dem Standard der Textverarbeitungsprogramme, verursacht bei Vorträgen aber Augenkrebs: Oft sieht dann schon die dritte Reihe nur noch Flimmern. Auch wer zu viel Text auf eine Folie packt und diesen abliest, galoppiert seinen Zuhörern davon, weil jeder Mensch schneller vorlesen kann, als sein Publikum versteht. Davon abgesehen, entziffern die Leute sowieso erst, was auf der Folie steht, und hören dann zu. Schreiben Sie also nur die wichtigsten Punkte auf und nutzen Sie kurze Lesepausen für einen Schluck Wasser oder einen Blick auf Ihr Manuskript. Bei 20 Minuten kann das ja so lang nicht sein …

21. März
Bühnenanweisung –
Wie sich Lampenfieber überwinden lässt

Der Hals schnürt sich zusammen, der Mund wird trocken, die Hände nass, der eigene Puls pocht im Ohr. Man fühlt sich nackt und ohnmächtig – in einem Wort: Lampenfieber. Dabei gibt es vier Phasen:

1. Antizipation. Schon lange vor dem Ereignis werden nebulöse Horrorvisionen imaginiert.
2. Abwehr. Die Bilder lösen Fluchtreflexe aus. Die Situation wird völlig unrealistisch eingeschätzt, und der Redner merkt nicht mehr: eigentlich alles halb so schlimm!
3. Angst. Auf der Bühne rebelliert der Körper: Übelkeit, Herzrasen, Mundtrockenheit, Kurzatmigkeit, Schwindelgefühle.
4. Auswertung. Nach dem Auftritt folgt die Auseinandersetzung mit der Leistung: Viele sehen sich schlechter, als sie waren – und steigern so das Lampenfieber beim nächsten Mal.

All diese Phasen resultieren aus einem Kardinalfehler: Die Betroffenen konzentrieren sich zu sehr auf ihr Selbst, ihre Gefühle, ihre Scham, ihre Wirkung, ihre Ovationen. Alles Ballast! Während der Sprecher versucht, den Bammel vor der Begegnung mit den anderen zu kontrollieren, verliert er den Kontakt zum Publikum, und seine Wirkung verpufft. Der erste Schritt, Nervosität zu überwinden, ist, aus der Antizipation und der Angst realistische Szenarien zu formen: Was kann schon passieren? Was wären die Folgen? Aber auch Praktisches lässt sich klären: Wie sieht der Vortragsraum aus? Was kann ich vorbereiten? So wird aus der Angst Gewissheit, und davor muss man sich nicht fürchten.

Ein weiterer Fiebersenker ist, sich zu entspannen: Holen Sie noch hinter der Bühne tief Luft in Bauch und Brust. Dann schütteln Sie sich ordentlich aus. Sieht albern aus, hilft aber wirklich. Wiederholen Sie das mindestens zehn Mal, bis die Hände kribbeln. Was ebenfalls Wunder wirkt: Suchen Sie Kontakt zum Publikum. Anfänger sollten sich jemanden in der Menge suchen, der ihnen zulächelt oder zunickt. Im Zweifel ist das ein Freund, der sie heimlich unterstützt. Fortgeschrittene bauen ihr Publikum bewusst ein – indem sie Zwischenfragen stellen. Der Effekt ist enorm: Je stärker der Kontakt, desto geringer die Panik. Und sollte der rote Faden dennoch reißen, behalten Sie Ruhe: Eine Pause von fünf Sekunden wird als Betonung oder Denkpause gewertet. Brauchen Sie länger, fassen Sie einfach die bisherigen Ergebnisse zusammen. Und nehmen Sie Ihr Lampenfieber nicht so wichtig! Laut Studien dringt davon allenfalls ein Achtel nach außen.

22. März
Retourkutsche – So werden Sie schlagfertiger

Niccolò Paganini galt als einer der besten und berühmtesten Geiger seiner Zeit. Er war eine lebende Legende, ein Rockstar, der es zu großem Reichtum brachte. Als Komponist schuf der italienische Violinist Werke, die nur auf der G-Saite zu fiedeln sind – eine Technik, die ihm den Beinamen »Teufelsgeiger« einbrachte. Wohl auch, weil er den Ruf genoss, besonders herzlos und geizig zu sein. Als er eines Tages von einem Konzert in Wien mit der Kutsche heimfuhr, kam es zwischen ihm und dem Kutscher zum Streit. Letzterer verlangte für die Fahrt zehn Gulden. »Das ist ja unerhört!«, schimpfte Paganini. »Aber es ist nur der Preis, den Ihre Zuhörer heute Abend für eine Karte bezahlt haben«, beschwichtigte der Kutscher. »Stimmt«, erwiderte Paganini, »aber ich spielte das ganze Konzert auf einer einzigen Saite. Haben Sie mich etwa auf einem einzigen Rad hierhergebracht?«

Den meisten wäre diese Antwort, wenn überhaupt, Tage später eingefallen. Das ist auch der Grund, warum wir schlagfertige Menschen bewundern: Sie wirken überlegt und überlegen. Pech für alle, denen das Talent nicht in die Wiege gelegt wurde. Denkste! Jeder kann kontern. Ein großer, aktiver Sprachschatz ist dazu Voraussetzung. Ohne ihn gelingt allenfalls der Aufstieg zum Dampfplauderer. Lesen Sie also viel, reden Sie viel und üben, üben, üben Sie! Vor allem offensiver zu werden. Wer Angst hat, etwas Falsches zu sagen, wird nie schlagfertig. Der Journalist John Wilkes ist ein gutes Vorbild dafür. Als Lord Sandwich, Namenspatron des gleichnamigen Klappbrots, zu ihm sagte: »Sie werden eines Tages entweder an der Syphilis sterben oder am Galgen«, meinte Wilkes nur: »Das kommt darauf an, ob ich die Mätresse oder die Lebensprinzipien Eurer Lordschaft übernehme.«

Tempo entscheidet viel. Der Konter lebt von der Überraschung. Wer unter Beschuss gerät, den treibt jedoch oft die Schrecksekunde in die Defensive. Diese Starre zu überwinden, das ist die schwerste Lektion. Sie gelingt allein durch eine Art Immunsystem: Nehmen Sie nicht jeden Angriff persönlich! Sehen Sie verbale Balgereien als Kommunikations-Pingpong. Es gibt stets eine Revanche.

23. März
Wenn-dann – Zweifler erreichen kein Ziel

Wenn Sie zu den Menschen gehören, die alles sorgfältig abwägen, bevor sie loslegen, die stets alle Details prüfen und dennoch am Ende ein Haar in der Suppe finden, dann sollten Sie den Text zu Ende lesen.

Jeder kennt die Phrase *Wenn ich doch nur …, dann …!* Wenn ich doch nur mehr Verantwortung hätte, dann könnte ich mehr erreichen. Wenn ich mehr Macht hätte, dann würde sich hier einiges ändern. Wenn ich mehr Geld hätte, dann wäre ich glücklicher. Solche Wenn-dann-Phasen tauchen immer wieder auf. Meistens dann, wenn man mit sich und seiner Situation unzufrieden ist oder in einer beruflichen Sackgasse steckt. Wenn-dann-Phasen sind heikel. Ihr Unheil beginnt mit der Überzeugung, vor einem stünde ein unüberwindbarer Berg an Bedingungen. Wir sehen nur noch den Berg und nicht mehr den Gipfel. Nicht wenige verharren anschließend vor dem Hindernis, kehren um oder gehen lieber zahllose, vermeintlich leichtere Umwege.

Lassen Sie sich von Bedingungen bloß nicht ins Bockshorn jagen! Ein Gipfelsturm gelingt auch in Etappen. Überlegen Sie sich, wo Sie stehen und was als Nächstes getan werden müsste, um dem Ziel einen Schritt näher zu kommen. Und dann gehen Sie los. Schritt für Schritt. Basiscamp für Basiscamp. Tatsächlich ist es so: Wenn-dann-Typen erreichen nie etwas, Los-geht's-Typen alles.

24. März
Zweifelsfall – Wie sich Zwiespalt überwinden lässt

Gestern haben Sie gelesen, warum Zweifel hinterhältig sind. Heute lesen Sie, wie Sie diese überwinden. Wer immerzu pessimistisch denkt, hat meist eine verzerrte Wahrnehmung. Notorische Schwarzseher sind nicht mehr in der Lage, die Probleme aus einer neutralen Position mit genügend Abstand zu betrachten. Der beste Weg, Versagensängste zu überwinden, ist daher, sie zu verstehen. Die folgenden zehn Fragen helfen dabei:

1. Warum trauen Sie den Zweifeln mehr als dem ersten Impuls?
2. In welchen Situationen bekommen Sie Selbstzweifel?
3. Was genau lässt Sie so denken und fühlen?
4. Welche Meinungen oder Erfahrungen stecken hinter Ihrem Pessimismus: Sind es eigene oder die von Menschen, die Sie in der Vergangenheit geprägt haben: Eltern, Lehrer, Kollegen?
5. Wenn es nicht eigene Erfahrungen sind, was macht Sie so sicher, dass diese für Sie gelten?
6. Geben Sie den Zweifeln deshalb nach, weil Sie sich in der Rolle des Skeptikers sicherer fühlen?
7. Haben Sie Angst vor Kritik oder vor dem Scheitern?
8. Oder haben Sie moralische Zweifel? Ist das, was Sie vorhaben, ethisch bedenklich oder falsch?
9. Was müssten Sie tun, damit Sie Ihr Gewissen beruhigen?
10. Was hindert Sie, an sich und Ihre Möglichkeiten zu glauben?

Einer, den in seinen vielen Jahren im Gefängnis sicher viele Selbstzweifel geplagt haben, ist der südafrikanische Bürgerrechtler und spätere Präsident Nelson Mandela. Er hat sie offenbar überwunden und seine Erfahrung zu dieser wunderbaren Formel verdichtet: »Unsere tiefste Angst ist nicht, dass wir unzureichend sind. Unsere tiefste Angst ist, dass wir über die Maßen machtvoll sind. Es ist unser Licht, nicht unsere Dunkelheit, das uns am meisten ängstigt. Wir fragen uns, wer bin ich, brillant zu sein, großartig, talentiert und sagenhaft? Aber tatsächlich, wer bist du, es nicht zu sein?«

25. März
Hastplatz – Das ganze Geheimnis des Zeitmanagements

Fleiß ist aller Aufstieg Anfang. Das wissen Sie bereits seit dem 17. März. Leider lässt er sich objektiv nicht messen, so dass ihn in vielen Unternehmen ein anderes Instrument ersetzt: die Uhr. Anwesenheit – an Wochenenden oder bis spät in die Nacht – avanciert so zum Symbol für Leistungswillen und Leistungskraft. Der Fleißige, er arbeitet nicht effizient, sondern lange. Feierabend Fehlanzeige. Nicht selten wenden Führungskräfte rund 80 Prozent ihrer Energie für den Beruf auf. Das hat natürlich Folgen, zuerst für das Privatleben: Freunde gehen verloren, Ehen werden geschieden, Hobbys veröden, der Mangel an Bewegung führt zu gesundheitlichen Problemen. Über kurz oder lang nimmt sogar die Leistungsfähigkeit ab. Immer nur Vollgas geben – das verträgt selbst der stärkste Motor nicht. Das Burn-out-Syndrom ist nur eine Folge.

Um der drohenden Sinnkrise zu entgehen, stürzen sich einige in die Esoterik, finden aber auch bei Karma und Kabbala keine Ruhe. Kein Wunder: Nur ein Leben in Balance macht dauerhaft erfolgreich und glücklich. Der Ausweg, den manche Autoren anbieten, ist Zeitmanagement. Doch vergleicht man all diese Zeitgeister, kommt immer nur ein Rat heraus: Führe dein Leben, als wäre es ein Unternehmen! Ermittle deine Ziele, setze Prioritäten und halte dich konsequent daran – im Privaten genauso wie im Job! Das klingt banal und ebenso esoterisch, ist aber wenigstens pragmatisch. Erfüllung in Job und Privatleben zu finden, ist vor allem eine Frage der Konsequenz. Was in der täglichen Hektik, der Jagd nach Erfolg und Anerkennung, leider häufig ausgeblendet wird: Karriere ist nicht alles. Es gibt auch ein Leben vor dem Tod.

26. März
Vor Sorge –
Warum man sich von Erfolg nicht einlullen lassen sollte

Wenn man erst einmal in einer veritablen Notlage steckt, ist es meist zu spät. Das Leben verläuft nun mal nicht geradlinig, Karrieren erst recht nicht. Was die Krisenmeister jedoch von bedauernswerten Sitzenbleibern unterscheidet, ist die Vorsorge: Sie kümmern sich bereits an sonnigen Tagen darum, dass es irgendwann Regen gibt, und beherzigen drei wesentliche Regeln:

Sie trauen dem Erfolg nicht: Wem eine Aufgabe nach der anderen gelingt, der neigt dazu, sich damit zufriedenzugeben, und wird bequem. Die Vorstufe zur Degeneration. Das heißt nicht, dass man sich über Erfolge nicht freuen sollte – sie sind aber kein Ruhekissen! Vielmehr sollten sie Ansporn sein, seinen Verstand weiter zu schärfen – durch neue Herausforderungen.

Sie sorgen finanziell vor: Mein Freund Michael managt die Kreditabteilung einer Kölner Bank und wundert sich oft, wie wenig Geld sich Kunden für schlechte Zeiten zur Seite legen. Sie konsumieren lieber – neue Autos, luxuriöse Urlaube, etc. Dabei sollte jeder möglichst drei Monatseinkommen (netto) auf einem verzinsten Tagesgeldkonto anlegen. Allein schon, weil es ungemein beruhigt, dass man jederzeit 90 Tage ohne Job überwintern könnte.

Sie vermeiden den Tunnelblick: Die wenigsten entwickeln parallel zu ihrem Job eine Alternative. Dabei geht es nicht um einen heimlichen Zweiterwerb. Vielmehr ist das Ziel dieser Parallelwelt, seine weiteren Begabungen auszubauen. Diese Talente äußern sich oft in Hobbys oder ehrenamtlichen Engagements. Gut so! Ebenso schadet es nicht, Begabungen oder Hobbys so weit zu professionalisieren, um darauf vielleicht mal eine Existenz aufbauen zu können. Kommt dann die Krise im Beruf, fällt man nicht in ein Loch, sondern hat etwas, worauf man sich stützen kann. Und sei es nur eine psychologische Krücke.

Kritik ist immer unangenehm. Die meisten Menschen scheuen sie deshalb. Lieber gar keine Rückmeldung bekommen als eine schlechte. Hemmungen haben aber auch die Kritiker selbst: Wer dem anderen ehrlich sagt, was er von dessen Arbeit hält, riskiert Rache und Sympathieverluste – vor allem aber wieder Kritik. Wer andere zerpflückt, muss damit rechnen, selbst unter die Lupe genommen zu werden. Lob ist daher oft nur eine Art Selbstschutz. Und ein Indiz für Mittelmaß: Alle sind nett zueinander und folgen dem Prinzip leben und leben lassen. Ein innerbetriebliches Stillhalteabkommen.

Das schadet nicht nur dem Unternehmen, sondern auch individuell. Die meisten wollen lieber durch Lob ruiniert als durch Kritik gerettet werden, lautet ein bekanntes Bonmot. Ohne Kritik lernt man nicht mehr – weder wie man besser wird, noch wie man mit Kritik und Kritikern professionell umgeht. Gelungene Kritik ist immer ein Versuch zum Dialog. Beide Seiten sammeln und tauschen Argumente aus. Das macht ihre Entscheidungen hinterher umso besser. Und wenn die Kritik falsch ist, kann man sie immer noch ablehnen. Sie ist nicht weniger als eine Gelegenheit, um daran zu wachsen. Und die sollte jeder nutzen, indem er nicht die Nähe zu Fans, Jasagern und Philistern sucht, sondern zu seinen Kritikern.

Ein guter Kritiker wiederum ist in erster Linie am Fortkommen interessiert und daran, dass Entscheidungen durchdacht und begründet getroffen werden. Er beginnt nicht damit, seinen Standpunkt zu vertreten. Das wäre auch rhetorisch ungeschickt. Vielmehr versucht er alle alternativen Ideen und Hypothesen zu sammeln und einzubeziehen. Er wird versuchen, die Diskussion um die besten verfügbaren Informationen zu erweitern. Das beinhaltet auch mögliche Konsequenzen.

Weil er die bestmögliche Lösung anstrebt, wird er alle Positionen sorgfältig und präzise darstellen. Wertungsfrei. Deshalb wirkt ein guter Kritiker integrierend, nicht spaltend. Er ist in der Lage, die Beweggründe für den Zankapfel zu hinterfragen, zu interpretieren und bemüht sich um Werte und Würde der Beteiligten. Er hört ihnen aufmerksam zu, lobt auch mal, schüchtert niemanden ein.

Gute Kritiker verfügen über herausragende kommunikative Fähigkeiten. Sie können sich trotz zahlreicher Aspekte auf die Kernfrage konzentrieren – was meist Fragen beinhaltet wie: Was meinen Sie damit? Wie kommen Sie darauf? Wo führt das hin? Aus den so gewonnenen Argumenten leiten sie logische Schlussfolgerungen ab. Die müssen aber nicht in Stein gemeißelt sein. Kritiker bleiben selbst offen für Kritik und sind bereit, ihre Thesen auch wieder zu verwerfen, wenn sich bessere finden. Ihr Urteil ist somit nicht pauschal, sondern konkret, plausibel und den Alternativen mehrheitlich überlegen.

28. März
Über Sicht – Warum Feedback so wichtig ist

Nur die besten Freunde sagen einem die Wahrheit ins Gesicht. Das macht sie ja auch erst zu guten Freunden und ihr Feedback so nützlich. Zu wissen, wie man auf andere wirkt, im Guten wie im Schlechten, was beim Gegenüber ankommt, die Eigensicht mit der Fremdwahrnehmung abzugleichen, ist essenziell dafür, wie man sich weiterentwickelt. Das Gros der Karriereratgeber betont, diese unverblümten Rückmeldungen immer wieder einzufordern. Sie verhindern, dass man beim Lernen in eigenen, sich selbst perpetuierenden Erfahrungen verharrt. Alfred P. Sloan – er war von Anfang der Zwanziger- bis Mitte der Fünfzigerjahre Vorstand bei General Motors – soll am Ende einer Sitzung oft gesagt haben: »Gentlemen, ich gehe davon aus, dass wir über die vorliegende Entscheidung absolut einer Meinung sind.« Alle am Tisch nickten. »Dann schlage ich vor, weitere Diskussionen zum Gegenstand des nächsten Meetings zu machen, damit wir genügend Zeit haben, um uns eine abweichende Meinung zu bilden und so zu verstehen, worum es bei dieser Entscheidung überhaupt geht.«

Genial. Nur filtern Sie solche Rückschlüsse immer. Es sind persönliche Meinungen. Womöglich verfolgen manche mit ihrer Kritik nur eigene Ziele und versuchen Sie zu manipulieren. Davor müssen Sie sich unbedingt schützen. Aber bitte nicht kategorisch! Sobald unterschiedliche Leute dieselbe Meinung teilen, ist das ein gutes Indiz für einen wahren Kern. Hören Sie dabei ruhig auch auf Ihren Instinkt. Er trügt selten. Hauptsache, Sie betrügen sich nicht!

29. März
Falsche Bescheidenheit – Sparen Sie nicht mit Eigenlob!

Wer nicht wirbt, stirbt. Was für Produkte gilt, trifft auch auf Karrieren zu. Vor allem auf weibliche. Frauen tun sich im Vergleich zu Männern mit dem Marketing in eigener Sache nachweislich schwerer: Viele verhalten sich kollegial, scheuen aber die Bühne, schmücken sich ungern mit den Federn anderer, sondern weisen darauf hin, wer alles am Erfolg mitgewirkt hat. Und wenn andere sie ausnutzen, lächeln einige sogar noch. *Mona-Lisa-Syndrom* heißt das Phänomen in der Fachliteratur. Klingt harmlos, die Folgen sind aber alles andere als das: Noch immer verdienen Frauen in gleicher Position bis zu 24 Prozent weniger als Männer, nur knapp elf Prozent erreichen überhaupt Topjobs.

Schlechtes Selbstmarketing sorgt nicht nur für weniger Einkommen, es spielt auch eine Rolle beim Scheitern. In einer Umfrage des Bundesverbands Deutscher Unternehmensberater hielten 28 Prozent falsche Bescheidenheit für einen der Top-10-Karrierekiller. Die Psychologin Monika Sieverding von der Universität Heidelberg untersuchte, warum Männer bei Bewerbungen oft erfolgreicher sind. Heraus kam: Männer reden über ihre beruflichen Stärken im Schnitt eine Minute länger (3 Minuten 42) als Frauen (2 Minuten 50).

Bescheidenheit ist eine Zier – weiter kommt man ohne ihr: So eitel und unangenehm einem Selbstdarstellung vorkommt, wer nicht auffällt, fällt durchs Raster. Selbst die großartigste Leistung verpufft, wenn sie keiner mitbekommt. Dieses ständige Werben erfordert natürlich Fingerspitzengefühl, sonst driftet es leicht in Wichtigtuerei ab. Die Geschichte ist voll von Egos, deren Erfolg sie nicht vor übersteigertem Geltungsbedürfnis bewahrt hat: Alexander der Große etwa bezeichnete sich selbst als »Sohn des Zeus«, Katharina die Große weigerte sich, Briefe zu öffnen, die nicht an »Ihre Königliche Majestät« adressiert waren, und George Washington wollte unbedingt »Seine Hoheit der Präsident der Vereinigten Staaten« genannt werden. Hossa! Im Beruf sollte man definitiv subtiler vorgehen. Bewährte Wege sind etwa, bei größeren Aufgaben regelmäßig Zwischenberichte zu liefern und Fortschritte zu berichten. Oder sich in Meetings zu Wort melden. Allerdings nicht ständig, dafür aber mit ausgearbeiteten, frischen Ideen. Oder man bietet sein Wissen und seine Hilfe anderen Kollegen an. Das hat den Vorteil, dass diese später positiv über einen reden. Und Mundpropaganda wirkt sogar noch stärker als Eigenwerbung.

30. März
Gute Acht – Was Erfolgreiche eint

Gibt es Eigenschaften, die Menschen erfolgreich machen? Sicher. Allerdings ist die Frage eigentlich nur abendfüllend zu beantworten. Dazu fehlt hier aber der Platz, deshalb die Quintessenz:

1. *Selbstbewusstsein.* Menschen, die Erfolg haben, sind nahezu frei von Selbstzweifeln. Sie glauben uneingeschränkt an sich, ihre Visionen und das Gelingen. Dieses hilft ihnen auch bei Rückschlägen schneller wieder auf die Beine.
2. *Zuversicht.* Übertriebene Skepsis wirkt wie eine sich selbst erfüllende Prophezeiung: Irgendwann scheitert man tatsächlich. Zwar spürt jeder einen Fluchtreflex, sobald Probleme auftauchen, Erfolgreiche aber erzeugen eine Atmosphäre, in der dieser Reflex statistisch nur 1,13 Sekunden dauert.
3. *Ausdauer.* Hartnäckigkeit ist oft wichtiger als Können. Tatsächlich lassen sich viele Karrierefehler auf mangelnde Beharrlichkeit statt auf fehlendes Talent zurückführen.
4. *Leidenschaft.* Ohne Begeisterung nutzt auch Fleiß nichts. Enthusiasmus hilft, die schwersten Aufgaben zu bewältigen.
5. *Glück.* Es stimmt: Gewinner hatten allesamt Glück – sie waren zur richtigen Zeit am richtigen Ort und trafen die richtigen Menschen. Sie ergriffen ihre Chance aber auch.
6. *Lernfähigkeit.* Erfolgreiche lernen aus ihren Fehlern und begehen sie selten zweimal. Ebenso zeichnen sie sich dadurch aus, präzise zu analysieren, was sie stürzen ließ.

7. *Wagemut.* Gewinner schätzen den Wandel und fürchten sich nicht davor. Deswegen sind sie keine Hasardeure, aber stressresistente Typen, die Herausforderungen lieben.
8. *Genussfreude.* Es gibt so etwas wie Erfolgsfrust. Menschen, die daran leiden, fühlen sich schlecht, wenn sie schaffen, was sie sich vorgenommen haben, oder mehr erreichen als andere. Sie fürchten den Neid, aber auch den Erfolgsdruck, der danach auf ihnen lasten könnte. Das hält sie im entscheidenden Moment zurück. Gewinner genießen den Erfolg und kosten ihn aus.

31. März
Große Pause – Ein Test: Wie zufrieden sind Sie?

Karriere wird *gemacht.* Das heißt, Sie treffen jeden Morgen aufs Neue eine Entscheidung, wie es mit Ihnen weitergeht und ob Sie zufrieden sind. Sind Sie zufrieden? Dazu heute ein Quiz: Kreuzen Sie die Antworten an, die auf Sie zutreffen:

1. Ich mache das, was ich tun muss. Mehr bezahlt mir keiner. ☐
2. Ich sitze oft an meinem Schreibtisch und träume. ☐
3. Ich habe schon öfter blaugemacht. ☐
4. Ich komme häufig zu spät zur Arbeit. ☐
5. Ich beklage mich bei Freunden über meinen Job. ☐
6. Ich telefoniere zwar viel beruflich, plaudere aber lieber. ☐
7. Die Unternehmenswerte lebe und teile ich kaum. ☐
8. Wenn es geht, lege ich private Termine in die Arbeitszeit. ☐
9. Meine Kunden und Kollegen bedeuten mir relativ wenig. ☐
10. Von Sonntag auf Montag schlafe ich schlecht. ☐
11. Ich fühle mich tagsüber häufig lustlos und müde. ☐
12. Ich brauche morgens Zeit, bis ich mit der Arbeit starte. ☐
13. Ich verbringe viel Zeit im Büro mit privaten Dingen. ☐
14. Ich surfe während der Arbeit privat im Internet. ☐
15. Meine Pausen dauern länger, als sie sollten. ☐
16. Ich fange früh an, mich auf den Feierabend vorzubereiten. ☐
17. Bei Außenterminen lasse ich mir viel Zeit mit der Rückkehr. ☐
18. Ich langweile mich während der Arbeit. ☐

19. Beim Plausch mit Kollegen schlage ich nur Zeit tot. ☐
20. Das Schlimmste ist, wenn die Ferien zu Ende gehen. ☐

Zählen Sie nun die Anzahl der angekreuzten Antworten zusammen ...

Bis zu fünf Punkte: Alles im grünen Bereich. Vielleicht haben Sie gerade eine schlechte Phase. Und: Sie sollten mal wieder ausschlafen!

Bis zu 10 Punkte: Ihr Job füllt Sie kaum noch aus. Warum?

Bis zu 15 Punkte: Hoppla, arbeiten Sie überhaupt noch oder fristen Sie ein Dasein? Der Job bietet Ihnen kaum noch Perspektiven. Sie sollten über einen Tapetenwechsel nachdenken!

Über 15 Punkte: Was machen Sie noch hier? Sie haben bereits innerlich gekündigt! Entweder Sie arbeiten an Ihrer Motivation oder Sie kündigen.

april

Chefs, Kollegen, Rivalen
Das Geheimnis
der Mikropolitik

mai

jun

jul

aug

sep

okt

nov

1. April
Strahle, Mann! – Wie Humor die Karriere beflügelt

Zwei Männer sitzen in einem Flugzeug auf dem Weg von Los Angeles nach New York. Nach einer Stunde Flugzeit meldet sich der Kapitän: Eine Turbine hat den Geist aufgegeben, es bestünde aber kein Grund zur Panik. Auch mit drei verbleibenden Triebwerken käme man sicher an, nur würde sich die Flugzeit auf sieben Stunden verlängern. Nach einiger Zeit meldet sich der Pilot erneut: Noch eine Düse ausgefallen, keine Panik, allerdings dauere der Flug nun zehn Stunden. Noch später: Auch die dritte Düse streikt. Das Flugzeug kann jedoch mit einer Turbine in New York landen – in 18 Stunden. »Verdammt«, sagt da der eine Passagier zum anderen, »ich hoffe, die letzte Düse fällt nicht auch noch aus, sonst bleiben wir ewig hier oben.«

Humor ist, wenn man trotzdem lacht. Erst recht in solchen Situationen. Galgenhumor erhält nachweislich gesund. Denn er bremst die destruktive Kraft der Angst. Humor kann aber weitaus mehr. Er deeskaliert, entkrampft, kann Kritik abschwächen, Denkblockaden lösen und steigert sogar das Erinnerungsvermögen. 1977 fanden die Psychologen Robert M. Kaplan und Gregory C. Pascoe heraus, dass Personen sich eher an die Inhalte einer Rede erinnern, wenn diese mit Humor gewürzt war. Forscher der Universität Michigan wiederum untersuchten 1986 über 1000 Anzeigen und kamen zum Ergebnis: Humorige Werbung wird in 17 Prozent der Fälle öfter erinnert als normale. In einer Studie zum Thema Kündigung stellten die Wissenschaftler bereits 1985 fest, dass nur 15 Prozent der Mitarbeiter wegen Inkompetenz gefeuert worden waren. Die anderen hatten den Job verloren, weil sie mit den Kollegen nicht zurechtkamen und kommunikative Schwächen aufwiesen. Die befragten Personaler hielten Humor für den wesentlichen Kitt des Zusammenspiels.

Der Psychologe William Ruch gilt als einer der führenden Humorforscher. Er untersucht seit über 15 Jahren den Zusammenhang von Charaktereigenschaften und Witzvorlieben. Ergebnis: Wer Nonsens-Gags bevorzugt, ist eher kreativ und abenteuerlustig, aber auch exzentrisch bis chaotisch. Logikwitze-Liebhaber dagegen sind meist gewissenhaft und zuverlässig, aber auch intolerant und

apr

mai

jun

dogmatisch. Für Sigmund Freud war Humor eine »seelische Grundhaltung, die in den Missständen des Lebens menschliche Unzulänglichkeiten erkennt und lachend verzeiht«. Humor ist die Kunst, sich selbst und seine Probleme nicht so wichtig zu nehmen. Deshalb verleiht er Menschen Größe: Sie stehen über den Dingen. Zwar kann man Humor nicht lernen, dessen typische Haltung aber schon: Nehmen Sie nicht alles so bierernst!

2. April
Trio infernale – Das Drama der Mikropolitik

Krimis gehen fast immer so: Zuerst der Auftritt des Bösewichts. Ein übler Bursche, der seinen Opfern das Leben zur Hölle macht. Damit ihn das Publikum hasst, lässt der Autor die Opfer möglichst lange leiden. Dann Auftritt Held. Er rettet die Opfer, tötet den Schurken, und manchmal stirbt er dabei selbst. Dann nennt man das Drama.

Was das mit dem Job zu tun hat? Eine ganze Menge! 1968 entwickelte der kalifornische Psychologe Stephen Karpman das sogenannte Dramadreieck, um die Probleme zwischenmenschlicher Beziehungen zu beschreiben. Für ihn übernehmen Menschen drei ständig wechselnde Rollen – Verfolger, Opfer, Retter: Chef Meier beschuldigt die Mitarbeiter, dass sie schlechte Ergebnisse abliefern. So wird er ihr Verfolger, die Mitarbeiter seine Opfer. Nun springt Abteilungsleiter Schulze-Huber ein und rechtfertigt das schlechte Abschneiden – er ist der Retter. Daraufhin moniert Meier: »Wir müssen trotzdem Leute entlassen, der Wettbewerb zwingt uns dazu.« Jetzt macht er sich zum Opfer. Hätte Schulze-Huber seinen Laden im Griff, müsste es nicht so weit kommen. Meier ist jetzt dessen Verfolger. Daraufhin versuchen die Mitarbeiter, Schulze-Hubers Ruf zu retten. Und so weiter.

Das alles sind – trotz wechselnder Rollen – stabile Beziehungen. Aber sie belasten. Das Dramadreieck ist ein manipulatives System. Es spielt mit dem Hin- und Herschieben von Verantwortungen, mit Schuldzuweisungen, Enttäuschungen und dem schlechten Gewissen.

1. Typische Methoden des Verfolgers sind: besser wissen, kritisieren, kontrollieren, drohen, einschüchtern, demütigen.
2. Typische Verhaltensweisen des Opfers: sich für alles verantwortlich fühlen, hilflos und ohnmächtig sein. Opfer sind deshalb keinesfalls passiv: Sie zwingen andere mehr oder weniger subtil in die Verfolgerrolle und manipulieren durch das schlechte Gewissen.
3. Der Retter beherrscht das Drama. Doch auch er manipuliert: Er macht die anderen bewusst klein, damit er größer wirkt.

Dieses Beziehungstrio ist nichts weiter als eine neurotische Symbiose. Jeder versucht, aus seiner Rolle Anerkennung und Aufmerksamkeit zu gewinnen. Ein Teufelskreis. Doch es gibt Auswege: Machen Sie sich bewusst, welche Rolle der andere spielt und in welche er Sie zwingen will. Entlarven Sie das Spiel als solches und lehnen Sie die Ihnen zugedachte Rolle ab: Fühlen Sie sich als Opfer? Dann jammern Sie nicht – werden Sie unabhängig! Sollen Sie den Retter spielen? Dann nehmen Sie andere mit in die Verantwortung! Oder hören Sie auf, Ihre Hilfe aufzudrängen. Sollen Sie der Verfolger sein, dann ersetzen Sie negative durch konstruktive Kritik! Auch, falls Sie tatsächlich Verfolger sind.

3. April
A bis M – Das Abc der Diplomatie

Diplomaten können reden, ohne viel zu sagen, und sagen, was sie nicht meinen. Sie denken lieber zweimal nach, »bevor sie nichts sagen«, wie es Winston Churchill einmal beschrieb.

Von allen Künsten, Konflikte konfliktlos auszufechten, ist die Diplomatie die effektivste, aber auch die schwerste. Sie mäandert durch die Grauzone zwischen perfekter Rhetorik und gezielter Halbwahrheit. Wer sich beruflich oder privat über die Köpfe anderer hinwegsetzen will, erzeugt meist nur Gegenwehr. Ganz anders geht das mit verbalem Fingerspitzengefühl. Deshalb heute das Abc der Diplomatie (Teil 1):

Atmosphäre: Schaffen Sie ein gutes Gesprächsklima. Zeigen Sie dem anderen persönliches Interesse, bleiben Sie freundlich, lächeln Sie!

Beziehungen: Eine persönliche Ebene ist wesentlich für den Erfolg. Vertraulichkeiten fördern sie, taktisches Verhalten sabotiert sie.

Contenance: Wer Ruhe bewahrt, seine Gefühle im Zaum hält, stiftet Frieden, bevor der Konflikt eskalieren kann.

Durchspielen: Durchdenken Sie vorher alle Szenarien, dann können Sie diese nicht kalt erwischen. Zudem erweitert das Ihren Horizont.

Ehrlichkeit: Ein Diplomat darf weder lügen noch betrügen – er muss aber auch nicht alles sagen. Geben Sie also nur Informationen preis, die von Ihnen erwartet werden.

Fragen: Wirken stets freundlicher als Feststellungen mit Absolutheitsanspruch. Tabu sind jedoch Suggestivfragen.

Gesicht: Gegenseitige Wertschätzung hat oberste Priorität. Beide Seiten sollten ihr Gesicht wahren können. Jederzeit.

Hineinfühlen: Was ist das Motiv des anderen? Wo liegen seine Interessen? Wo seine wunden Punkte? Wie kann man ihn gewinnen?

Intention: Was ist Ihr Ziel? Wer nicht genau weiß, wohin er will, landet oft im Abseits. Auch wenn Umwege in der Diplomatie die Regel sind – den roten Faden dürfen Sie nie verlieren!

Jubel: Behalten Sie die Freude über Teilerfolge für sich, weil der andere sonst a) Zugeständnisse erwartet und ihn b) Ihr Sieg wie einen Verlierer aussehen lässt.

Kompromisse: In der Mitte treffen sich nur zwei halbe Verlierer. Besser, Sie suchen Lösungen abseits der mitgebrachten Vorstellungen.

Lernen: Wer andere übertrumpfen, belehren oder mit Wissen glänzen will, schadet sich. Passen Sie sich lieber Ihrem Gegenüber an.

Mimik: Jede noch so einstudierte Geste ist gefährlich. Wird sie entlarvt, gelten Sie als Falschspieler und Manipulator.

N bis Z – Das Abc der Diplomatie

Bisher haben Sie gelernt: Ein Diplomat, der sagt, was er denkt, hat sich versprochen. Oder wie es der Regisseur Boleslaw Barlog formulierte: Die Kunst der Diplomatie liegt darin, »so zu tun, als täte man nicht so«. Was Sie dennoch tun können – heute im zweiten Teil des Abcs der Diplomatie:

Nachgeben: In Sprache, Stil und Form jederzeit – in der Sache niemals! Diplomatie ist das Gegenteil von Tauziehen: Hier bewegen sich beide Seiten freiwillig aufeinander zu.

Ort: Je gespannter die Ausgangslage, desto neutraler sollte der Ort sein, an dem sich beide begegnen. Wer einen Heimvorteil nutzt, verhält sich zwar taktisch klug, aber diplomatisch tölpelhaft.

Pedant: Wer sich über Nickeligkeiten aufregt, hat schon verloren. Diplomatie lebt von leisen Tönen und Nuancen im Subtext.

Querfeldein: Die direkte Verbindung zwischen zwei Gipfeln ist nicht die Gerade, sondern die Serpentine. Umwege erhöhen zudem die Ortskenntnis. Verbergen Sie also stets Ihr wahres Ziel!

Rasanz: Nur ein Narr verschießt seine besten Argumente zu Beginn. Diplomatisches Verhandeln ist ein ständiges Ausloten, Abgleichen, Anpassen, Abwarten. Und Geduld ist bei diesem Spiel essenziell!

Spielraum: Diplomatie ist wie tanzen: Damit keiner dem anderen auf die Füße tritt, brauchen beide Bewegungsfreiheit – und Verhandlungsspielraum. Den eigenen lotet man natürlich vorher aus.

Taktgefühl: Wer Zuneigung signalisiert, obwohl er hart attackiert wird, macht sein Gegenüber mürbe und verdient sich Respekt.

Unterbrechen: Anderen über den Mund zu fahren, ist ein schwerer Affront gegen ihre Souveränität. Ausreden lassen ist klüger: So erfahren Sie vielleicht mehr, als dem anderen lieb ist.

Verlierer: Wo sie auftauchen, ist die Diplomatie gescheitert. Suchen Sie deshalb nie nur den eigenen Vorteil. Wer die Probleme des anderen mitlöst, schafft sich treue Verbündete.

Wiederholen: Regelmäßiges Zusammenfassen, was verstanden wurde und worüber Einigkeit besteht, betont Gemeinsamkeiten und

apr

mai

jun

vermeidet Missverständnisse. Verboten sind jedoch subtile Wertungen.

X-beliebig: Darf keines Ihrer Worte sein. Achten Sie auf jedes Missverständnis und formulieren Sie so exakt wie nötig und so wortkarg wie möglich, um die Angriffsfläche zu minimieren.

YES: Ein »Nein« erzeugt unnötige Differenzen. Besser ist das dosierte »Ja«, bei dem nur Teilen einer Aussage – oft den unwichtigen – zugestimmt wird.

Zuhören: In der Diplomatie geht es nicht um kluge Konter, sondern darum, den anderen das Gespräch scheinbar führen zu lassen.

5. April
Wieder Streit – Regeln für bessere Debatten

Schwelende Konflikte kosten Kraft, Zeit und Geld. Sie belasten die Zusammenarbeit und wirken sich negativ auf Gesundheit und Psyche aus. Streiten dagegen reinigt Beziehungen wie ein Gewitter die Luft. Einziger Schönheitsfehler: Nur wenige können richtig streiten. Schweigen, Schlucken, Verdrängen, Kleinbeigeben sind aber grundfalsch. Viele Auseinandersetzungen regeln sich schon dadurch, dass beide Seiten ihre Meinung vortragen und auch eine abweichende tolerieren. Toleranz ist beim Streit unabdingbar! Ebenso Selbstkontrolle und Einfühlungsvermögen: Es geht darum, die Art des anderen zu ertragen und sich gleichzeitig in ihn hineinzuversetzen, um ihn zu verstehen und den Konflikt zu deeskalieren. Folgende Regeln helfen, Spannungen abzubauen:

Auf Sprache achten! Männer streiten anders als Frauen. Während Männer in ihren Sätzen vor allem informieren, versuchen Frauen mit ihren Worten Harmonie zu erzeugen. Geht der Mann darauf nicht ein, fühlen sie sich zurückgewiesen und der Streit eskaliert.

Schauen Sie nach vorn! 90 Prozent der Auseinandersetzungen konzentrieren sich auf die Vergangenheit. Das ist selten konstruktiv, weil man sich dabei unweigerlich in Details verrennt.

Fragen statt sagen! Wer Behauptungen aufstellt, provoziert. Fragen dagegen lassen sich so stellen, dass sie keinen Vorwurf enthalten.

Das mindert atmosphärische Störungen. Umgekehrt: Rechtfertigen Sie sich nicht, stellen Sie Rückfragen: »Was wollen Sie damit sagen?«

Bleiben Sie konkret! »Das sehen alle so.« »Das ist doch logisch.« »Diese Idee ist totaler Schwachsinn!« Verallgemeinerungen sind sublime Attacken, die verletzen und Aggressionen schüren.

Überhören Sie! Richtig gelesen: Überhören Sie Beleidigungen, Unterstellungen, Unverschämtheiten. Das unterscheidet den Profi vom Laien. Natürlich muss man auf Vorwürfe eingehen – erst recht, wenn sie ungerechtfertigt sind. Aber nicht wenige Streiter sticheln, wenn sie merken, dass ihre Argumente nicht stechen. Gehen Sie darauf nicht ein! Allenfalls ein Ausflug in die Metaebene ist erlaubt: »Das war ein persönlicher Angriff. Lassen Sie uns bitte beim Thema bleiben …« Wer die Fassung verliert, hat schon verloren.

6. April
Rügendetektor – So wird Kritik nützlich

Im Austeilen, Zerpflücken und Finger-in-die-Wunde-Legen sind wir alle große Klasse. Kritik ist Legion, das macht sie mitunter so wertlos. Um wertvolle Kritik von schlechter Laune zu unterscheiden, gibt es jedoch einen Trick: Prüfen Sie, von wem die Kritik kommt und auf was sie sich bezieht.

Nehmen wir an, die Kritik ist berechtigt. Dann ist unerheblich, von wem sie stammt. Leugnen wäre absolut verkehrt. Sie haben Mist gebaut und sind aufgeflogen – stehen Sie dazu! Entschuldigen Sie sich, aber bleiben Sie sachlich und souverän. Einem theatralischen Ausbruch Ihrer Zerknirschung, wie in Japan üblich, möchte keiner beiwohnen. Gut, wenn Sie kurz (!) analysieren, wie der Lapsus passieren konnte und wie Sie gedenken, ihn künftig zu verhindern. Punkt. Ist die Kritik indes unberechtigt, gibt es nur eine Reaktion: Weisen Sie die Vorwürfe umgehend und begründet zurück! Beides ist wichtig: Zögern Sie zu lange, sieht es so aus, als könnte doch etwas dran sein. Liefern Sie keinen Gegenbeweis, verpufft die Replik.

Nun zum Absender: Falls die Kritik von einem Freund kommt – wunderbar! Ihm können Sie vertrauen. Stammt der Rüffel hingegen vom Chef, ist das schlecht, denn das schadet Ihrem Image. Bei einer berechtigten Rüge gilt Obiges: sofort zugeben, entschuldigen, Besserung geloben. In allen anderen Fällen: Bieten Sie dem Chef sachlich und ohne emotional zu werden Paroli. Das kostet zwar Kraft und Überwindung – er wird Sie aber allein wegen Ihrer Chuzpe respektieren. Handelt es sich um eine falsche Anschuldigung seitens Ihres Rivalen, der vorhat, Sie damit zu kompromittieren, gibt es wiederum zwei Alternativen: Erstens, der Typ ist bekanntermaßen ein fieser Wadenbeißer – dann ignorieren Sie ihn! Stört es den Mond, dass ihn der Wolf anheult? Eben. Zweitens, der Typ ist ein Prestige-Schwergewicht und verfügt über enorme Reputation im Unternehmen: Kontern Sie! Allerdings locker und amüsiert. Zeigen Sie ihm, dass Sie sich über so viel Aufmerksamkeit freuen. Schade nur, dass er diesmal falsch liegt. Für gewöhnlich treibt das solche Typen derart in Rage, dass sie ihren Angriff verstärken und eine immer armseligere Figur abgeben.

Zum Schluss zum Lob. Auch das ist Kritik – wenngleich positive. Die meisten Menschen reagieren darauf so: Sie werden rot, genieren sich und sagen:»Das war doch selbstverständlich.« Falsch! Sie waren große Klasse. Nehmen Sie den Strauß also mit einem kurzen »Danke« an. Alles andere könnte arrogant wirken und gäbe nur Anlass zur Kritik.

7. April
Killerkritik – Die schlimmsten Fehler beim Nörgeln

Ob man nun Menschen in einem Büro zusammensteckt oder Chemikalien im Glas mischt – das Ergebnis ist dasselbe: Sie reagieren. Und nicht selten kracht es dabei. Eine Streitkultur, in der Vorgesetzte und Mitarbeiter gleichermaßen Kritikfähigkeit demonstrieren, ist äußerst selten. Die Folge: Unbequeme Gespräche werden aufgeschoben – so lange, bis der Haussegen schief hängt, die eigene Unzufriedenheit zur Wut hochkocht und sich eine sachbezogene Lösung nicht mehr finden lässt. Nicht selten kommt es dann zu schlimmen Verbalentgleisungen. Sie wirken im privaten Umfeld genauso fatal wie im Job:

Tonfall: Kritikfähigkeit heißt nicht nur, souverän einstecken zu können, sondern auch, professionell auszuteilen. Wer nach der Devise handelt: *Was ich Ihnen schon immer sagen wollte*, bekommt garantiert eine Abfuhr. Formulierungen wie »Sie müssen …« oder »Warum haben Sie nicht …« sind Killerphrasen. Besser sind Ich-Botschaften: »In dieser Situation habe *ich* mich damals so gefühlt …«

Vorwürfe: Argumentieren Sie, aber lamentieren Sie nicht! Aus Kritik werden sonst Schuldzuweisungen, und die beenden in aller Regel das Gespräch. Eine betont neutrale Darstellung kommt besser an. Sie vermittelt außerdem Ehrgefühl und wahrt das Gesicht des anderen.

Moralappelle: Sind Ihre Argumente überzeugend, brauchen Sie keine Moral. Sind sie es nicht, hilft Moral auch nicht weiter. Plattitüden wie »Ich bin nicht der Einzige, der das so sieht …« gehen nach hinten los. Verlangt der andere Namen, ist das Argument dahin; nennen Sie Namen, gelten Sie als Petzer und Hitzkopf.

Respektlosigkeit: Es ist immer noch der Chef, der da vorne sitzt. Absolut tabu: sich lässig zurücklehnen, vertraulich werden, sobald der Chef einlenkt. Auch Ironie oder Sarkasmus wirken destruktiv auf die Gesprächsatmosphäre. Wer so diskutiert, disqualifiziert sich selbst.

Erpressungen: Vorsicht, Bumerang: Wer im Gespräch mit dem Betriebsrat droht oder die eigene Kündigung andeutet, sägt am eigenen Stuhl. Mit Erpressern macht man keine Geschäfte. Je nachdem, wie Ihr Chef gestrickt ist, nimmt er das Angebot an: »… und tschüss!«

Managermanager – So führen Sie Ihren Chef

Es bringt nichts, seine Wut runterzuschlucken. Auch nicht die über den Chef, seine Launen und dessen despektierlichen Habitus. Manager sind auch nur Menschen, die sich aber managen lassen. In der Betriebswirtschaftslehre heißt diese Perspektive *Unternehmensführung von unten*. Der Trick ist, die Vorlieben und Tabuthemen des Vorgesetzten zu erspüren und so die richtige Art zu finden, ihm eigene Interessen als die seinen zu verkaufen. Was ist Ihr Boss für ein Typ? Reagiert er eher auf persönliche Ansprache oder bevorzugt er E-Mails? Gibt es Tage, an denen er zugänglicher ist? Mag er Details oder den großen Überblick? Liebt er fertige Konzepte oder braucht er das Gefühl, am Ende selbst darin Spuren zu hinterlassen? Sobald man das weiß, lassen sich daraus leicht Strategien ableiten.

Die wichtigste: Zeigen Sie Ihrem Chef gegenüber immer Respekt. Bringen Sie – möglichst unterschwellig – zum Ausdruck, dass Sie ihn und seine Leistung wertschätzen, dass Sie nicht an seinem Stuhl sägen. Die meisten Manager haben gute Antennen für jede Form von Subversion und reagieren darauf aggressiv. Ihr Boss muss spüren, dass er sich auf Sie verlassen kann. Nehmen Sie seine Perspektive ein: Auch er hat meist jemanden über sich, dem er Rechenschaft schuldet. Wenn Sie ihm helfen, dort zu glänzen, hilft er auch Ihnen. Erwarten Sie umgekehrt aber nicht, dass er Ihre Gedanken kennt. Dazu fehlen ihm Zeit, Muße und manchmal das Talent. Ihn zu informieren, ist Teil Ihrer Erziehung. Halten Sie ihn regelmäßig über wichtige Projekte und Pläne auf dem Laufenden. Wenn er nicht immer alles parat hat, nehmen Sie ihm das bloß nicht übel oder gar persönlich!

Vereinfachen Sie die Dinge. Ihr Chef will nicht mehr Probleme haben, sondern weniger. Je chaotischer Sie vorgehen, je kryptischer ihre Vorschläge sind, desto weniger Zeit und Gehör wird er dafür haben. Zum Vereinfachen gehört auch, den Boss nicht mit Mikro-Problemen zu belämmern. Manchmal müssen Sie eine Entscheidung selbst treffen. Vermeiden Sie dennoch Überraschungen! Zwar sollte der Boss zuerst von Ihnen hören, wenn es klemmt. Die Fakten müssen aber stimmen. Panikmacher sind Chefs ein Graus. Solche Leute managen bald nur noch die Suche nach einem neuen Job.

9. April
Schwach matt – Der richtige Umgang mit unsicheren Bossen

Der Alte schleicht durch die Flure, als müsste er über jede Büroklammer persönlich Buch führen. Alles wird kontrolliert, Verantwortung praktisch nicht delegiert. Und wer nicht spurt, wird rasiert, kleingemacht, gedemütigt. Das geschieht so erratisch, wie seine übrigen Entscheidungen fallen. Nur sagen darf ihm das keiner. Zweifel an der Güte seiner spontanen Eingebungen wertet er als Angriff. Schon wer sich den Luxus einer eigenen Meinung gönnt, gilt als potenzieller Brutus, weshalb er allen regelmäßig klarmacht, wer der Boss ist …

So sieht er aus, der Idealtypus eines unsicheren Chefs. Seine nach außen getragene Härte dient nur einem Zweck: Selbstzweifel und Planlosigkeit zu kaschieren. Oft fühlen sich diese Menschen unglaublich einsam. Sie möchten geliebt werden, ihr Genie soll endlich erkannt werden. Weil das aber nicht geschieht, versuchen sie es mit Erpressung. Kaum etwas wirkt destruktiver als solche Chefs. Sie generieren ein Klima der Unsicherheit und beschäftigen ihre Belegschaft damit, sich gegenseitig über die Schultern zu schauen statt nach vorne. Im Grunde ist es das Beste, einen solchen Boss zu verlassen. Die Wahrscheinlichkeit, dass er den Laden an die Spitze führt, ist genauso groß wie sechs Richtige plus Superzahl, also 139 838 160 zu 1. Für den Fall, dass Flucht gerade nicht geht, sollten Sie zumindest zwei Strategien beherzigen:

- Zeigen Sie Respekt. Unternehmen Sie alles Erdenkliche, um ihn in seiner Stellung zu bestätigen: Zustimmung, Unterstützung, subtiles Lob. Helfen Sie ihm, seinen Job besser zu machen, ohne ihn herauszufordern.
- Wenn Sie meinen, ihn korrigieren zu müssen, dann machen Sie das auf keinen Fall öffentlich! E-Mail oder ein Vier-Augen-Gespräch sind die einzigen Optionen. Und die Kritik darf nicht negativ sein, also nicht: *Ihre Idee wird nicht funktionieren.* Bieten Sie lieber Alternativen: *Wie wäre es eigentlich mit …?*

Falls Sie nicht vorhaben eine Revolte anzuzetteln, ist es klug, unsichere Chefs weder zu verärgern noch weiter zu verunsichern. Der

Chef lenkt – und Sie lenken ein. Wie sagte schon Friedrich Hebbel: »Mit einem Menschen, der nur Trümpfe hat, kann man nicht Karten spielen.«

10. April
Tadel los! – Kritik am Chef ist nicht unmöglich

Kritik am Chef ist heikel. Die meisten Manager assoziieren Kritik mit Schwäche und reagieren dünnhäutig. Sie halten es mit Mark Twain: »Ich liebe Kritik, aber ich muss damit einverstanden sein.« Schade. Schließlich haben beide Seiten von einer differenzierten Würdigung nur Vorteile: Der Vorgesetzte sieht seine Entscheidungen durch eine andere Brille und vermeidet, den Kontakt zur Basis zu verlieren. Der Mitarbeiter hingegen profiliert sich als besonnener Berater und verbessert vielleicht sogar das Betriebsklima. Allerdings braucht es dazu solide Argumente, die richtige Vorbereitung und Taktik. So lassen sich selbst Chefs kritisieren:

Blickwinkel ändern: Beim Schach gewinnt derjenige, der vorausdenkt. Wer sich in die Lage des Chefs versetzt, baut nicht nur Ärger ab, sondern sammelt Argumente für die Debatte. Hilfreich: der Dialog mit Kollegen.

Emotionen zurückhalten: Je größer der Stress, desto stärker überlagern Instinkte eine rationale Auseinandersetzung. Ein kühler Kopf ist wertvoller. Dann bringt Sie auch nichts aus der Ruhe.

Termin machen: Zwischen Tür und Angel lässt sich nichts Substanzielles bereden. Suchen Sie einen Termin – einen, an dem der Vorgesetzte erfahrungsgemäß gut gelaunt ist.

Atmosphäre schaffen: Der Beginn des Gesprächs ist entscheidend – für Sie! Bemühen Sie sich um eine sachorientierte Ebene: »Sie sehen das so, ich sehe das so. Wie kommen wir da zusammen?« Auch nonverbale Faktoren – wie Kopfnicken oder Blickkontakt – zählen. Behalten Sie sich aber auch ein Quäntchen Selbstbewusstsein: Sollte der Chef mit den Gedanken woanders sein, hilft nur der Hinweis: »Wenn es jetzt nicht passt, finden wir einen neuen Termin.«

Richtig verpacken: Wer bei seinen Argumenten zeigt, dass er das Wohl des Unternehmens im Blick behält, hat beste Chancen für sein Anliegen. Auch Alternativvorschläge führen zum Erfolg. Vorgesetzte können sich dann das geringste Übel aussuchen und fühlen sich weniger unter Druck gesetzt.

Rückfragen stellen: Wer fragt, der führt. Fehlinterpretationen sollten sofort richtiggestellt werden. Wiederholen Sie, was angekommen ist. Ziehen Sie auch in Betracht, die eigene Meinung verändern zu lassen. Das wirkt versöhnlich.

11. April
Krawall im Kopf –
Wie sich zerrüttete Verhältnisse kitten lassen

Konflikte zwischen Mitarbeitern und Vorgesetzten gehören zum Alltag – aber auch zu einem der größten Probleme in Unternehmen. Brenzlig wird es dort, wo gelegentliche Reibereien und Meinungsverschiedenheiten chronisch werden. Wenn aus latentem Nichtmögen regelrechter Hass auf den Chef wird und hinter freundlicher Fassade Wut und Rachegelüste schwelen. Man muss kein Psychologe sein, um zu merken, dass im Laden etwas brodelt. Die Leute lachen nicht mehr über Scherze, schweigen oder sehen zu Boden, wenn man ihren Weg kreuzt, keiner fragt mehr um Rat.

Manager müssen solche Frühsignale erkennen und gegensteuern. Anonyme Mitarbeiterbefragungen liefern allenfalls Indizien – den regelmäßigen Kontakt zur Basis, das persönliche Gespräch mit den Mitarbeitern ersetzen sie nicht. Solche Spannungen lassen sich nicht durch Strenge, sondern allein durch Lob, Anerkennung und Respekt abbauen. Aber auch für Mitarbeiter gibt es Wege, ein zerrüttetes Verhältnis zu kitten:

- Gefühlsarme Chefs sind meist genauso unsichere wie eitle Menschen. Sie fürchten entweder ständig eine Palastrevolte oder jemanden, der an ihrem mühevoll inszenierten Image kratzt. Entsprechend stark ist ihr Kontrollbedürfnis. Entkrampfen lässt sich das nur, indem Sie einem solchen Boss geben, was er braucht:

Sicherheit, Lob, Recht. Nicht immer, aber oft genug. Besonders stark wirken aufrichtige (!) Einblicke in eigene Gefühle:»Ihr Vortrag hat mich gerade sehr beeindruckt.«

• Die zweite Strategie: Gewöhnen Sie sich ab, alles persönlich zu nehmen. Der Typ kann eben nicht anders. Sollte der Chef das nächste Mal wieder toben und rumnörgeln – und sei es nur wegen Lappalien: Machen Sie keine Affäre daraus! Entschuldigen Sie sich und geloben Sie Besserung. Das entwaffnet ihn. Die Erfahrung zeigt: Je schneller ein solches Eingeständnis kommt, desto schneller vergisst der Chef den Vorfall.

12. April
Klage und schweige –
So überbringen Sie schlechte Nachrichten

Schlechte Nachrichten zu überbringen, war in der Antike ein finaler Job. In 99 Prozent der Fälle endete er damit, dass der Bote seinen Kopf verlor. Die Sitten haben sich zwar geändert – das Problem für die Überbringer schlechter Nachrichten aber ist geblieben: Bad news machen unbeliebt. Sie zu verschweigen, beseitigt sie jedoch auch nicht. Im Gegenteil: Früher oder später kommt alles ans Licht – oft dann, wenn es besonders ungünstig ist. Zudem neigen unbeachtete Probleme dazu, größer zu werden. Die böse Botschaft rechtzeitig und richtig zu übermitteln, ist bis heute eine Kunst. Und das ist die gute Nachricht: eine, die sich lernen lässt. So:

• Haben Sie alle Fakten parat. Tragen Sie diese kurz und bündig vor – ohne Entschuldigungen.
• Geduld! Ertragen Sie eventuelle Wutausbrüche mit Fassung.
• Bieten Sie eine Lösung an, den Schaden zu begrenzen. Aber nicht sofort, das wirkt wie ein Schuldeingeständnis.
• Beweisen Sie Rückgrat – erst recht, wenn Sie der Schuldige sind. Auf keinen Fall andere oder Umstände dafür verantwortlich machen! Drücken Sie sich so neutral wie möglich aus, sprechen Sie von»wir«statt»ich«, besser von»man«.

- Sehen Sie zu, dass Sie bald eine gute Nachricht überbringen. Aber nicht am selben Tag. Das sieht verzweifelt aus. Besser am Ende der Woche, wenn sich alle wieder beruhigt haben.

Schlechte Nachrichten richtig zu empfangen, ist allerdings genauso schwer. Und ebenfalls lernbar:
- Bleiben Sie ruhig! Wenn Sie schon kochen, dann bitte nichts Halbgares. Bevor Sie Sanktionen erwägen, vergewissern Sie sich, dass Sie alle Fakten kennen, die zu dem Problem geführt haben.
- Bemühen Sie sich sofort um Schadensbegrenzung. Falls Sie ebenfalls einen Boss haben, geben Sie die Informationen so weiter wie oben beschrieben: kurz, präzise, emotionslos. Sollten Sie das Problem noch nicht bewältigen können, erklären Sie zumindest, welche Schritte Sie unternommen haben – und sei es nur, um solche Pannen künftig zu vermeiden.

Übrigens: Ein erstklassiges Unternehmen erkennt man daran, dass es nur Botschafter hinrichtet, die sich mit ihrer schlechten Kunde erheblich verspäten!

13. April
Pssst! – Offenheit ist ein Karrierekiller

Der deutsche Wald gilt als finster, rau und krank. Das trifft auf manches Betriebsklima ebenso zu. Die meisten von uns verbringen täglich acht Stunden mit Kollegen, fünf Tage die Woche, 220 Tage im Jahr. Wir trinken zusammen Kaffee, essen zusammen, feiern Geburtstage, gehen vielleicht abends noch gemeinsam weg. Im Grunde verbringen wir ein Drittel unseres Lebens mit Kollegen. Dabei bleibt nicht aus, dass offenherzig über Privates geplaudert wird – über Hobbys, die Kinder, den Urlaub, die Ehe. Nicht wenige quatschen sich dabei um Kopf und Karriere. Denn einiges davon sollte privat bleiben.

Jammern, insbesondere über finanzielle, sexuelle und eheliche Probleme, gehört nie ins Büro! Ebenso wenig sollte der Chef erfahren, ab wann Nachwuchs eingeplant ist. Zuverlässiger als mit einer angekündigten Auszeit kann man sich nicht von der Beförderungsliste schießen. So diskriminierend das ist: Keiner plant Projekte mit einer Fachkraft, die in absehbarer Zeit ausfällt.

Generell gilt für das Teilen von Informationen: Erkunden Sie, wer vertrauenswürdig ist! Wer kann ein Geheimnis für sich behalten? Wer gehört zu den indiskreten Plaudertaschen oder gar Intrigenspinnern? Das lässt sich recht leicht herausfinden: Geben Sie ein paar ungefährliche, aber vertraulich klingende Informationen exklusiv an einzelne Kollegen weiter und beobachten Sie, ob, wie und über wen diese die Runde machen.

Große Offenheit kann allerdings auch eine sublime Dominanzstrategie sein nach der Devise: *Ich erzähle dir ein Geheimnis, dafür schuldest du mir einen Gefallen.* Sich gegenseitig zu verraten, wo die Leichen im Keller liegen, ist der Kleber, der manch elitäre Zirkel zusammenschweißt. Aber das Spiel ist gefährlich. Menschen werden zunehmend weniger respektiert, je mehr sie von sich preisgeben. Ans Eingemachte zu gehen, erhöht kurzfristig die Aufmerksamkeit, senkt aber die Ehrfurcht. Nur ein Jedermann ist durch und durch transparent! Im Mikrokosmos Büro ein bisschen von sich zu erzählen, ist völlig okay. Wer aber in exponierte Positionen strebt, sollte mit allzu großen Offenbarungen haushalten. Mal ehrlich: Wann haben Sie zuletzt Vertrauliches heimlich weitergetratscht? Eben.

14. April
Hörensagen – Klatschen und Tratschen will gelernt sein

Sich aus Klatsch und Tratsch kategorisch herauszuhalten, ist anständig – aber dämlich. Flurfunk erfüllt gleich zwei wichtige Aufgaben: Er schweißt zusammen und verschafft einen wichtigen Informationsvorsprung. Klatsch ist ein regelrechter Balsam für das menschliche Hirn. Anfang 2006 untersuchte der Wissenschaftler Alex Mesoudi von der schottischen St.-Andrews-Universität dessen Wirkung und ließ dazu zehn Freiwillige vier kurze Texte lesen und anschließend aufschreiben, woran sie sich erinnerten. Dieses Exzerpt erhielten weitere Probanden, die diese Texte ihrerseits kondensierten. Nach vier Textgenerationen verglich der Forscher das

Ergebnis mit dem Ursprung: Im Gedächtnis besonders gut haften geblieben waren jene Passagen, die neben Personendaten auch pikante Details wie Lügen und Untreue enthielten. Sie wurden genauer wiedergegeben und auch umfangreicher als Texte, die ausschließlich Fakten zu einer Person transportierten. Mesoudis Fazit: Unser Hirn hungert nach deftigen Details und merkt sich diese leichter.

Ein Kinderspiel ist Flurfunk deshalb nicht. Um mitzufunken, gilt es zuerst, verlässliche Quellen von schädlichen zu unterscheiden: Wer schwätzt nur belangloses Zeug? Wer ist tatsächlich gut verdrahtet und frühzeitig informiert? Erstere sind zu meiden, Letztere mit guten eigenen Informationen zu versorgen. Denn solches Geben ermöglicht erst das spätere Nehmen.

apr

mai

jun

Für Klatsch ebenso essenziell ist dessen beiläufiger Charakter. Nichts ist abstoßender als ein parasitärer Kollege, für den man lediglich Informationswirt ist. Wer seine Kontaktleute anzapft, macht das besser unter einem guten Vorwand und zufällig – in der Kaffeeküche, in der Kantine oder zwischen Tür und Angel. Wer hingegen selbst Opfer von übler Nachrede wird und weiß, von wem sie stammt, hat zwei Optionen: Er kann den Urheber direkt darauf ansprechen und diesen mit Nachdruck bitten, das sofort einzustellen. Oder er spricht ihn indirekt darauf an: »Ich habe gehört, dass jemand dies und das über mich verbreitet. Haben Sie eine Ahnung, von wem das kommt? Dann werde ich demjenigen persönlich sagen, was ich davon halte ...« In den meisten Fällen verstehen Klatschbasen einen solchen Wink.

15. April
Mir nichts, dir nichts – Leichtes Spiel mit Fieslingen

Was ist besser: kooperieren oder betrügen? Die Frage wurde als *Gefangenendilemma* bekannt: Zwei Gefangene werden verdächtigt, eine Bank überfallen zu haben. Die Polizei verhört sie getrennt und macht jedem von ihnen ein Angebot: Wenn du gestehst und deinen Komplizen belastest, kommst du als Kronzeuge ohne Strafe davon. Dein Partner dagegen wandert für fünf Jahre in den Knast. Gesteht ihr aber beide, sitzt ihr jeweils vier Jahre ein. Für den Einzelnen ist die Sache klar: aussagen – und nach Hause gehen. Denn falls er die Klappe hält und der andere gesteht, fährt er für fünf Jahre in den Bau ein. Und verpfeifen sich beide gegenseitig, sind vier Jahre immer noch besser als fünf! Das Dilemma daran: Würden beide kooperieren und schweigen, erhielten beide einen Freispruch.

Also: kooperieren oder singen? Vor allem Spieltheoretiker haben sich damit beschäftigt. Ergebnis: Es hängt davon ab. Davon nämlich, wie oft die Testpersonen reagieren können, ob sie sich beispielsweise für einen Verrat rächen oder sich dem Verhalten des anderen anpassen können. Begegnet man sich nur einmal im Leben, bringt der Verrat tatsächlich am meisten. Deswegen gibt es etwa Trickbetrüger. In den meisten Fällen aber begegnet man sich zweimal. Und in diesem Fall setzen sich Kooperative durch. Der Politologe Robert Axelrod von der Universität Michigan programmierte Anfang der Achtzigerjahre dazu ein Computerturnier und spielte mehrere Strategien durch. Die erfolgreichste Taktik war die einfachste: *Tit for tat.* Sie wurde schon früher von Professor Anatol Rapoport von der Universität Toronto entdeckt und lässt sich salopp übersetzen mit: wie du mir, so ich dir. Dabei kooperiert jeder grundsätzlich, passt sein Verhalten aber stets dem anderen an. Versucht der andere, einen auszubeuten, macht man das mit ihm ebenso; spielt er wieder fair, wird nichts nachgetragen und alle spielen wieder mit. Die Grundregel dieser Taktik lautet: Sei nett, provozierbar, versöhnlich und durchschaubar.

Tit for tat können Sie immer da spielen, wo Sie verhandeln. Und Sie verhandeln öfter, als Sie denken! Mit Geschäftspartnern, mit dem Chef ums Gehalt, mit Mitarbeitern um deren Engagement, mit Kollegen um Informationen, mit dem Partner um Liebe und Zuneigung. Seien Sie nett, nicht nachtragend, aber ahnden Sie Falschspieler! So werden Sie weiter kommen als jeder Egoist. Vielleicht nicht sofort, aber langfristig. Der einzige Schönheitsfehler dieser Taktik: Handeln beide danach und kommt es zum chronischen Streit, folgt eine Vendetta. Dann steuern beide in eine Art Vergeltungsspirale. Als Ausweg bleibt dann nur spontane Vergebung. Erst wenn einer wieder kooperiert, wird die Abwärtsspirale unterbrochen. Oder kurz: Der Klügere gibt nach.

16. April
Lichtspiele – Gönnen Sie anderen Ihre Aufmerksamkeit!

»Manche spielen sich immerzu in den Vordergrund. Das nervt.«

»Alle Menschen konkurrieren in gewisser Weise um Aufmerksamkeit. In jedem Unternehmen gibt es einen Wettbewerb um das Rampenlicht. Sogar in Beziehungen. Man muss nur die Spielregeln kennen.«

»Welche Regeln sollen das wohl sein?«

»Angenommen, du hast gerade ein Projekt erfolgreich abgeschlossen. Dann wirst du das deinem Partner mitteilen, vielleicht sogar feiern. Du möchtest deinen Triumph auskosten, den Moment in der Sonne genießen. Von deinem Partner wäre es jetzt töricht, diesen Moment zu vermiesen, indem er selbst auftrumpft. Motto: Das ist noch gar nichts! Mir ist heute Folgendes passiert … Da ballen sich sofort Fäuste in Hosentaschen. Dasselbe gilt im Job.«

»Das sind doch kindische Eitelkeiten.«

»Absolut. Und nicht weniger kindisch und selbstsüchtig ist es, anderen ihren Triumph streitig zu machen. Benjamin Franklin hat einmal gesagt, es sei zwar wichtig, die richtigen Dinge zu sagen, aber viel schwieriger, die falschen Dinge ungesagt zu lassen.«

»Soll ich einem Prahlhans seinen Platz an der Sonne etwa lassen?«

»Exakt. Ist sein Ruhm berechtigt, schadest du dir selbst, wenn du versuchst, die Scheinwerfer zu dimmen. Das wäre kleinlich und egoistisch. Ist der Applaus dagegen unberechtigt, schaden sich diese Typen schon selbst genug. Die meisten Menschen haben ein gutes Gespür dafür, ob einer zu Recht auf seinen Lorbeer hinweist. Es ist nur eine Frage der Zeit, bis Hochmut solche Leute zu Fall bringt. Die Weisheit und Selbstdisziplin im Umgang mit der Eitelkeit anderer sind für den Erfolg weit unerlässlicher als eine kurze Zeit im Rampenlicht!«

apr

mai

jun

Dranbleiben – Wie viel Nähe zum Chef gesund ist

Die Wahrheit ist: Eine gewisse Nähe zum Chef fördert die Karriere. Über eine Beförderung entscheidet häufig Sympathie. Zwar behaupten Chefs regelmäßig, dass sie eigenständige Querdenker als Mitarbeiter schätzen. Jedoch nur, solange die ihre Autorität nicht untergraben. Die Frage, die sich daraus ergibt: Wie nah ist gesund? Oder zugespitzter: Zahlt sich rektoskopische Nähe zum Chef aus?

Die Antwort: mal so, mal so. Ob und wie Schmeicheleien wirken, hängt letztlich davon ab, wie der Boss gestrickt ist. Ein autoritärer Chef duldet in der Regel nur Jasager um sich, und unsichere Manager werden Widerspruch kaum ertragen können. Ihr Stuhl könnte dadurch gefährlich wackeln. Beide Typen umgeben sich am liebsten mit Höflingen. Also: ja. Nicht viel anders der kollegiale Chef: Zwar legt der großen Wert auf Teamplay und ein offenes Diskussionsklima, was auch gelegentliche Kritik einschließt. Aber wer auch immer ihm die Wahrheit ins Gesicht sagt, sollte bedenken: Auch Chefs sind nur Menschen. Kritik schmerzt immer, Lob und Bewunderung dagegen kann kaum einer widerstehen. Und nichts lässt Bosse mehr aufblühen als das Echo ihrer eigenen Großartigkeit.

Wer sich schon anbiedert, sollte ohnehin mehr die Kollegen im Blick behalten. Jemand, der sich zu offensichtlich der Gewogenheit des Chefs erfreut, wird schnell als Schleimer abgestempelt. So einem traut keiner. Günstlinge stehen immer unter Generalverdacht, Spion und Petze zu sein. Schließlich verdanken sie ihre Karriere nicht ihrer Leistung, sondern einem Privileg. Und selbst das muss verdient werden. Auch wenn dahinter ein Klischee steckt – einen solchen Ruf wird man nur schwer wieder los. Was folgt, ist Isolation.

Aber auch in der Gunst selbst steckt Gefahr: Sie macht blind. Irgendwann vergessen die Betroffenen, dass ihre Macht nur geliehen ist. Die Geschichtsbücher sind voll von Favoriten in der Gestalt des Hochmuts, des Stolperns und des freien Falls. Zeiten und Machtverhältnisse können sich schnell ändern. Wer sich zu stark an den Chef bindet, riskiert, dass dieser mit seinem Sturz die ganze Seilschaft in die Tiefe reißt. Der einzige Schutz: Suchen Sie weiterhin die Nähe zu den Kollegen, geben Sie von Ihren Vorteilen und vom Ruhm ab. Machen Sie anderen Führungskräften aber auch klar, dass Sie tatsächlich etwas auf dem Kasten haben und nicht nur vom guten Draht nach oben profitieren. Und suchen Sie ab und an die Distanz zum Boss: räumlich oder inhaltlich. Das dokumentiert Unabhängigkeit und verfestigt den Eindruck, dass Sie zwar ganz nah dran sind am Machtzentrum – aber nicht drin!

18. April
Chefs Liebling – Die Bürde, beliebt zu sein

apr

mai

jun

Favorit zu sein, war noch nie vorteilhaft. Im Sport wird der aussichtsreichste Wettkämpfer besonders attackiert, was auch für die *Favoritin*, die bevorzugte Mätresse eines Herrschers, gegolten haben mag. Selbst im Job ist der Status *Chefs Liebling* nicht gerade förderlich – auch wenn es danach aussieht. Bürofreundschaften sind immer ambivalent. Einerseits helfen befreundete Kollegen oder gar Vorgesetzte mit wertvollen Informationen, geben Rat und ehrliche Rückmeldungen über die eigene Leistung und rühren die Werbetrommel. Andererseits: Verkehren sich diese Beziehungen ins Gegenteil – aus beruflichen Differenzen oder privatem Streit –, sind die Folgen kaum kalkulierbar. Nicht nur, weil durch Bürokämpfe Produktivität, Kreativität und Arbeitsfreude sinken, sondern weil vorherige Vertrautheiten leicht gegen einen verwendet werden können. Die sprichwörtliche Leiche im Keller – sie steht spätestens jetzt im Schaufenster.

Nichts erzürnt Kollegen so sehr wie jemand, der offensichtlich vom Chef bevorzugt wird. Durch ihn fühlen sie sich automatisch zurückgesetzt, was sie mit Wut, Neid und Verstoßen quittieren. Umso mehr, wenn der Betroffene die Gunst durch Schleimen erworben hat. Solange einer als Favorit gilt, so lange wird er schwer Sympathien gewinnen. Jeder ist gut beraten, diesen Zustand so schnell wie möglich zu beenden. Der richtige Weg ist, allen Beteiligten klarzumachen, dass man trotz der aktuellen Beliebtheit seine eigene Meinung und innere Unabhängigkeit behält. Danach wäre es gut, mit dem Chef die Situation unter vier Augen anzusprechen. Das erfordert Mut, zeugt aber von Teamgeist, wenn Sie ihm sagen, welche gruppendynamischen Folgen seine Sympathiebekundungen haben.

Versichern Sie ihm weiterhin Ihre uneingeschränkte Loyalität, zeigen Sie sich dankbar für sein Vertrauen – aber betonen Sie Ihre eigene Lage, wenn sich die Kollegen missgünstig gegen Sie stellen. Berücksichtigen Sie dabei auch die Lage des Chefs. Manager, die sich einen Favoriten suchen, sind ihrer Basis oft entrückt, einsam, vielleicht sogar deprimiert. Der Verbündete gibt ihnen Sicherheit und emotionale Stabilität. Dabei versuchen sie ihn gleichzeitig mit ihrer Sicht der Kollegen zu infizieren – eine klassische Defensivstrategie. Wer das bei seinen Argumenten taktvoll beherzigt, erreicht sein Ziel schneller – und bleibt der Favorit für beide Seiten.

19. April
Helferhilfe – So tappen Sie nicht in die Gefälligkeitsfalle

Der wahre Mannschaftsspieler zeichnet sich angeblich dadurch aus, dass er seinen Kollegen bereitwillig hilft. Eine hübsche Vorstellung und in Teilen nicht ganz unbegründet. Derlei Hilfsbereite stehen aber in der Gefahr, ausgenutzt zu werden. Die Maschen reichen von Druck, Erpressung, Schmeicheleien bis hin zu vermittelten Schuldgefühlen und der obligaten Mitleidstour. Auch wenn es zum Leben gehört, hin und wieder seine Interessen zurückzustecken, an manchen Stellen muss man beherzt *Nein* sagen. Wer das nicht kann, sollte sich fragen, warum. Oft hat es diese Gründe:

- Angst vor den Konsequenzen. Insbesondere wenn hinter der Bitte der Chef steht. In vielen Fällen ist es nicht ratsam, dessen Wünsche auszuschlagen. Enttäuschte Chefs befördern nicht. Aber auch Vorgesetzte müssen lernen, wann Schluss ist. Ein gutes Argument ist, sie auf die Konsequenzen hinzuweisen: »Ich mache das, aber dann brauche ich mehr Zeit.«
- Furcht, nicht mehr gemocht zu werden. Besonders innerhalb der Familie fällt es vielen schwer, einen Gefallen abzulehnen. Aber auch im Job gibt es Kollegen, die ihre Sympathien davon abhängig machen, wer erledigt, was sie gern hätten. Hüten Sie sich vor solchen Menschen! Sie versuchen nur zu manipulieren, sind berechnend und selten dankbar. Anerkennungssucht führt ohne-

hin in eine Abwärtsspirale: Viele Gefälligkeiten mindern die Qualität der eigenen Arbeit, das mindert die Anerkennung, weshalb die Dienst-Dosis weiter erhöht werden muss.

- Ähnlich ist es mit der Angst, etwas zu verpassen: Natürlich geht man mit den Kollegen einen Kaffee trinken, obwohl dringend noch drei Anrufe erledigt werden müssten. Sich abzusondern, mag Gift für die Karriere sein – aber schlechte Arbeit ist es auch, und mal nicht dabei zu sein keine Schande.
- Akutes Helfer-Syndrom. Solche Menschen streben nach dem Gefühl, gebraucht zu werden. Die Vorstellung, ersetzbar zu sein, macht ihnen Angst. Ein Kurzschluss: Jeder Mensch ist ersetzbar! Das Helfer-Syndrom führt nur zu massivem Stress.

Tappen Sie nicht in die Gefälligkeitsfalle! Prüfen Sie Hilfsanfragen genau, und im Zweifel sagen Sie, dass Sie sich überrumpelt oder geschmeichelt fühlen, zeigen Verständnis für die Bedürfnisse des anderen, legen aber auch Ihre eigenen dar – und sagen: »Nein!«

20. April
Wartezeit – Geduld als Schlüssel zum Erfolg

Die Hinrichtung war ihnen gewiss. Der Sultan hatte die beiden Männer zum Tode verurteilt. Da ging der eine hin und bot dem Sultan an, seinem Lieblingspferd binnen einem Jahr das Fliegen beizubringen. Im Gegenzug möge er ihm das Leben schenken. Dem Sultan gefiel die Idee, der einzige Mann zu sein, der auf einem fliegenden Pferd reiten können würde. Er willigte ein. Da sprach der zweite Todgeweihte zu seinem Freund: »Was tust du da? Du weißt doch, dass Pferde nicht fliegen können!« Doch der antwortete nur: »Freund, ich habe mir vier Chancen geschaffen: Erstens könnte der Sultan im kommenden Jahr sterben, zweitens könnte das Pferd sterben, drittens könnte ich sterben und viertens könnte das Pferd tatsächlich fliegen lernen.«[*]

---

[*] Aus R. G. H. Siu, The Craft of Power. Krieger Publishing Company 1979

Die beste Strategie, die beste Idee, das beste Produkt nutzen nichts, wenn das Timing nicht stimmt. Das gilt umso mehr, wenn Sie andere kritisieren, Bestehendes verbessern wollen oder gerade in großer Bedrängnis sind, wie die beiden Todeskandidaten in der Geschichte. Der größte Feind, den Sie in einer solchen Situation haben, ist die eigene Ungeduld. Oder um es mit Salomo zu sagen: »Alles hat seine Zeit.« Stellen Sie sich vor, Sie haben etwas in Ihrem Unternehmen entdeckt, das Sie unbedingt ändern wollen. Was tun Sie?

a) Sie sagen es sofort dem Chef?
b) Sie sagen es seinem Chef?
c) Sie sagen es allen – per Mail, per Aushang, per Flurfunk?

So verkürzt, klingen alle drei Punkte nicht besonders klug, nicht wahr?! Trotzdem machen viele genau das: Ohne vorher zu prüfen, woher gerade der Wind weht, rennen sie zu Chef und Kollegen und keifen wie die Kolkraben. Die richtige Zeit abzuwarten, ist eine passive Erfolgsstrategie – eine der wichtigsten! Wie viel Zeit man hat, hängt oft von der eigenen Wahrnehmung ab: Wer im Stress ist, meint leicht, sie vergehe zu schnell und er hätte nicht genug davon. Das ist eine Illusion. Der richtige Augenblick, in dem man entscheiden und handeln muss, kommt oft viel später, als man selbst meint. Sich in Geduld zu üben, die Zeichen der Zeit zu erkennen, ist wesentlich weiser. Und manchmal schützt es sogar vor Hinrichtungen.

21. April
Wutprobe – So bekommen Sie, was Sie wollen

Der Chef, die Kollegen, die Schwiegermutter, das Fernsehprogramm – es gibt viele Dinge, die einen in Rage bringen können. Das Beste, was man dann tun kann, ist: Dampf ablassen. Das beugt nicht bloß Magengeschwüren vor, es hilft sogar der Karriere: »Wer seinen Ärger ausdrückt, erscheint dominanter und stärker«, sagt Professor Larissa Tiedens von der Stanford-Universität.

Sie hat dazu eine Studie durchgeführt und die Reaktionen von Studenten auf unterschiedliche Gesichtsausdrücke untersucht. Das

Ergebnis der Studie wurde später im *Journal of Personality and Social Psychology* veröffentlicht und zeigt: Menschen, die traurig dreinschauen, werden zwar als liebenswürdig eingestuft, jedoch gelten sie auch als schwach. Wer sich dagegen ärgert, wirkt stark und klug. Mehr noch: Diesen Personen gestanden die Studenten einen ausgeprägten Gerechtigkeitssinn zu sowie die Fähigkeit, ihre Dinge geregelt zu bekommen. Die Befragten vermuteten bei ihnen sogar einen höheren Status.

Natürlich sind unkontrollierte Wutausbrüche schädlich und können Mitmenschen das Leben zur Hölle machen. Problematisch ist daran aber nur der Langzeiteffekt: Daueraggressionen beschädigen Beziehungen. Richtig dosiert aber kann Wutschnauben kurzfristig die Chance erhöhen, im Ansehen zu steigen, von anderen bewundert, unterstützt, gewählt oder befördert zu werden. Es beweist Energie, Durchsetzungswillen und -kraft. Und es überrumpelt die anderen und zwingt sie so in die Defensive. Auch der Sozialpsychologe Professor Brad Bushman von der Universität von Michigan bestätigt: Wer ab und an ordentlich auf den Tisch haut, »bekommt meistens, was er will«.

22. April
Das kann ja eitel werden – Geben Sie gute Ideen weiter!

»Ich habe eine wirklich gute Idee und würde sie gerne meinem Chef vortragen.«
»Keine schlechte Idee, aber auch gefährlich.«
»Wie jetzt?!«
»Wenn du eine innovative Idee hast, kannst du damit natürlich Selbstmarketing betreiben – oder du gibst sie an Leute weiter, die du nicht leiden kannst.«
»Hast du gestern was Verdorbenes gegessen?«
»Nein, aber ist dein Boss eitel?«
»Jeder Boss ist eitel.«
»Deswegen! Eitelkeit ist die Innovationsbremse Nummer eins. Jeder Kreative steckt deshalb in einem Dilemma: Ist seine Idee nicht so gut, wie er meint, fällt das negativ auf ihn zurück. Ist sie aber bril-

lant, wird er seinen Chef damit düpieren. Denn die Idee stammt ja nicht aus dessen Hirnwindungen. Womöglich lehnt er sie schon deshalb ab. Tut er das nicht, strapaziert es zumindest sein Ego. Gibst du die Idee aber an jemanden weiter, den du nicht magst, schlägst du zwei Fliegen mit einer Klappe: Entweder deine Idee wird umgesetzt, was dir recht sein kann, oder du beschädigst subtil das Ansehen deines Rivalen und hast dabei noch was über deinen Chef gelernt.«

23. April
Kollege Kotzbrocken – So zähmen Sie Widerspenstige

Aus deutschen Büros gibt es unzählige Horrorgeschichten von Psychopathen, die auf den Nerven ihrer Kollegen La Paloma spielen, von destruktiven Kotzbrocken und Mistkerlen mit Macken und Mundgeruch. Meist hinterlassen sie ein emotionales Trümmerfeld, das jedes zivilisierte Arbeitsklima zerstört. Schlimm, aber nicht hoffnungslos.

Im Büro prallen regelmäßig unterschiedliche Temperamente und Arbeitsweisen zusammen. Aus Kollegen müssen zwar keine Kumpel werden – aber die Befriedung des Arbeitsumfeldes ist eine notwendige Aufgabe. Sonst sinken auf Dauer Motivation und Leistungsfähigkeit.

Wie das geht? Zuerst durch eine andere Wahrnehmung. Im Konfliktfall hält jeder zunächst bei sich Maß: Wie man sich selbst verhält, ist richtig; wer abweicht, verursacht schon Bauchgrimmen: »Der andere tut dies. Der andere tut das. Der andere ist ein hundsgemeiner Idiot«, denken sie. Helfen wird das nicht. Wer aber versucht, in dem anderen eine Bereicherung für sich selbst zu sehen, fährt besser. Hierin liegt sogar ein Grund für die Häufung von Widerlingen: Kotzbrocken sind ansteckend, sie infizieren andere mit Intoleranz. Mehr Verständnis füreinander stärkt dagegen die Immunabwehr.

Ansonsten gilt: hinterfragen statt heruntermachen! Auch wenn Sie sich angegriffen fühlen, schlagen Sie bitte nicht zurück. Das setzt nur eine Eskalationsspirale in Gang. Ebenso sollten Sie sich davor

hüten, den anderen zu maßregeln oder gar zu erziehen. Auf Vorwürfe wie Vorschriften reagiert jeder empfindlich. Wenn überhaupt,
gelingen Veränderungen nur mit sogenannten Ich-Botschaften:
Es hat wenig Sinn, den Büronachbarn dafür anzumaulen, dass er
immer polternd hereinstürmt oder sein Flurschwätzchen zu laut
führt. Wer dagegen versöhnlich anmerkt: »*Ich* habe gerade viel um
die Ohren, kann mich aber so nicht konzentrieren«, trifft eher auf
Verständnis. Je detaillierter man die eigene Situation beschreibt,
desto wirkungsvoller der Gedankenanstoß und desto größer die
Bereitschaft beim anderen, sich zu ändern. Frechheiten mit Freundlichkeit zu touchieren, ist sogar im eigenen Interesse. Diejenigen,
die ständig streiten, werden selten befördert. Freundliche Diplomaten nachweislich schon.

| 24. April
Wehrpflicht – Wie Sie auf Mobbing reagieren

Der ehemalige Leiter der Volksbank bekam von seinem Chef rund
7500 Euro Schadenersatz. Das Gericht (LAG Mainz 6 SA 415/2001)
sah es als erwiesen an, dass der ihn über Monate hinweg schikaniert
und seine persönliche Ehre massiv verletzt hatte. Nach einer Fusion
war der Mann von dem Vorgesetzten systematisch kaltgestellt worden: Er traktierte ihn mit erniedrigenden und schikanösen Anweisungen, nahm ihm die Sekretärin, den Schreibtisch und schließlich
das Büro weg. Ein klassischer Fall von Mobbing. Und gar nicht selten. Eine repräsentative Umfrage des Meinungsforschungsinstituts
TNS Emnid ermittelte 2007, dass jeder sechste Berufstätige in
Deutschland schon einmal gemobbt wurde. Genaue Zahlen kennt
natürlich keiner: Die meisten Opfer schweigen – aus Scham oder
Angst.
Der Begriff selbst kommt vom Englischen »to mob« und bedeutet
so viel wie *anpöbeln* oder *bedrängen*. Das können gezielt gestreute Gerüchte sein, zurückgehaltene Informationen, zerkratzter Autolack,
regelmäßige Gehässigkeiten oder offene Anfeindungen. Hauptsache,
das Opfer wird ausgegrenzt. Für die Betroffenen ist das Psychokrieg –
mit schweren Folgen: Manche werden krank, bekommen Schlafstö-

rungen, Depressionen, Migräne oder Magengeschwüre. Unter Mobbing fallen fortgesetzte Tätlichkeiten; sexuelle Belästigungen; Demütigungen; Diskriminierungen; grundloses Herabwürdigen der Leistung; vernichtende Beurteilungen; Isolation – auch von der betrieblichen Kommunikation; schikanöse Anweisungen, das Zuteilen nutzloser oder unlösbarer Aufgaben; Anweisungen für ehrmindernde Arbeiten; sachlich unbegründbare Häufung von Arbeitskontrollen sowie das Herbeiführen oder Aufrechterhalten eines Erklärungsnotstands. Eine solche Schikane muss mindestens einmal pro Woche und ein halbes Jahr lang auftreten, damit auch Juristen von Mobbing sprechen.

Häufig ist Mobbing die Folge schlechter Arbeitsorganisation: Mitarbeiter und Chef sind überlastet, unterfordert oder gelangweilt und kanalisieren ihren Frust auf ein Opfer. Oft trifft es die unsicheren, kontaktarmen, stillen Kollegen. Für sie beginnt dann ein Teufelskreis aus Isolation, Schikane und der Paranoia, hinter jeder zweifelhaften Geste könnte ein Komplott stecken. Bekommen Führungskräfte davon Wind, müssen sie eingreifen, denn sie haben eine arbeitsrechtliche Fürsorgepflicht. Heißt: Sie müssen Mobbern sofort Einhalt gebieten – durch Ermahnungen, Abmahnungen, Versetzung oder Kündigung. Aber auch die Gemobbten können sich aus der Misere manövrieren:

Ignorieren: Wenn Sie genug Freunde im Unternehmen haben und sicher sein können, dass Ihren Vorgesetzten der Querulant egal ist, dann zeigen Sie dem Mobber die kalte Schulter. Das durchkreuzt seine Pläne und trägt zur Deeskalation bei – dem wichtigsten Ziel bei Mobbing. Oft geben solche Typen schnell auf, wenn sie kein williges Opfer finden.
Angreifen: Gibt der Mobber nicht auf, müssen Sie aktiver werden. Sprechen Sie ihn erst unter vier Augen an, danach vor Zeugen. Ebenso können Sie den Betriebsrat einschalten. Offenbaren Sie sein Verhalten vor Publikum und machen Sie ihm klar, dass Sie notfalls juristische Schritte unternehmen. Sammeln Sie vor der Aktion ein paar stichhaltige Beweise. Zur Not, indem Sie den Büroterroristen in Sicherheit wiegen. Mobbing ist strafbar!
Rückzug: Wenn gar nichts hilft, bleiben Ihnen nur zwei Alternativen: der Gang zum Chef oder die Kündigung. Bei Ersterem ist wichtig,

dass Sie den Vorgesetzten auf seine Fürsorgepflicht aufmerksam machen und über interne Jobalternativen diskutieren. Bleiben Sie dabei sachlich! Wer sich ausheult und kleinmacht, ramponiert seinen Ruf. Und auch wenn Ihnen der Heldennotausgang *Kündigung* wie eine Niederlage erscheint – machen Sie sich klar: Ein Unternehmen mit einer Intrigantenkultur hat Sie nicht verdient. Und es geht um Ihre Gesundheit!

25. April
Buzz-Verstärker – Die Wirkung des guten Rufs

Mundpropaganda ist vielleicht die mächtigste Kommunikationsform in der Geschäftswelt. Was man sich über uns erzählt, prägt unseren guten – oder schlechten – Ruf: Kann man dem vertrauen? Ist er kompetent, hilfsbereit, ein netter Kerl? Werde ich von ihm profitieren? Oder wird er mir schaden? Im Englischen heißt solches Gerede kurz *Buzz* und hat zwei Funktionen: Es transportiert Informationen (*Hast du schon gehört ...?*) und bewertet diese (*Das ist Mist!*). Damit hilft es, sich in einer immer komplexeren Informationswelt mit relativ geringem Aufwand schnell zurechtzufinden und bessere Entscheidungen zu treffen – über Produkte oder Menschen.

Henry Mintzberg, Professor für Managementlehre an der McGill Universität in Montreal, hat die Tagesabläufe von Topmanagern untersucht und dabei festgestellt, dass kaum einer länger als eine Stunde an einer Sache arbeitete. Weit über 50 Prozent der Tätigkeiten nahmen weniger als neun Minuten in Anspruch. Eine andere Studie unter 160 britischen Managern ermittelte: Innerhalb von zwei Tagen schafften es diese nur einmal, sich länger als eine halbe Stunde ununterbrochen mit einer Sache zu beschäftigen. Es lässt sich leicht vorhersagen, dass solche Manager ihre Entscheidungen kaum von ausgiebigen Recherchen oder umsichtigen Planungen abhängig machen. Vielmehr werden sie auf unmittelbare Reize reagieren und sich auf Spekulationen und Gerüchte verlassen. Buzz eben.

Nun hat der amerikanische Buzz-Experte Jerry R. Wilson untersucht, wie sich Kundenerlebnisse verbreiten. Ergebnis: Positive Erlebnisse werden bis zu drei Mal weitererzählt, schlechte bis zu 33 Mal. Wer also jemanden vergrätzt, läuft große Gefahr, dass dieser das elf Mal häufiger weitertratscht als der Mensch, zu dem man gerade nett war. Was für ein Verhältnis! Weil in unserer schnelllebigen Welt kaum noch Zeit bleibt, vertrauensvolle Beziehungen zu den Menschen aufzubauen, mit denen wir arbeiten oder Geschäfte machen wollen, müssen wir ihnen dieses Vertrauen immer häufiger schenken. Das einzige Indiz, ob sie es auch verdienen, ist ihr Ruf. Die heutige Botschaft klingt deshalb vergleichsweise simpel: Achten Sie auf Ihren guten Ruf. Immer! Er haftet Ihnen ein Leben lang an. Ist er gefestigt, schützt er eine Zeit lang vor übler Nachrede und öffnet Türen, die sonst verschlossen blieben.

26. April
Smarte Bande – Regeln fürs Netzwerken

Die Zukunft gehört der Projektarbeit. Das prophezeien Arbeitsforscher unisono. Für jedes Projekt setzen sich neue, bewegliche Teams aus Spezialisten zusammen. Im gleichen Maß, wie flexible Arbeitsformen zunehmen, sinkt die Wahrscheinlichkeit einer lebenslangen Anstellung. Arbeitnehmer werden künftig zu vernetzten Einzelkämpfern, private Verbindungen deshalb immer wichtiger – bei der Suche nach einem Job genauso wie beim Erklimmen der Karriereleiter.

Mit Kungelei und Vetternwirtschaft hat das nichts zu tun. Netzwerken gehört heute zum guten Ton. Der Unterschied zwischen Netzwerken und wahllosem Maximieren von Kontakten ist allerdings die Systematik. Wer netzwerkt, baut zielgerichtet ein Beziehungskonstrukt auf und aus. Solche Kontakte verschaffen einen enormen Vorsprung: Die besten Jobs werden über Beziehungen vergeben, konnte der US-Soziologe Mark Granovetter 1974 nachweisen. *Strength of weak ties* nannte er das Phänomen: Wichtig bei der Jobvergabe sind vor allem Kontakte zu Leuten, die man nicht persönlich kennt, zu denen aber über gemeinsame Bekannte eine Verbindung besteht. Je größer das Netz, desto größer der Effekt. Karriereförderlich sind Beziehungsgeflechte aber nur, wenn die Ver-

bandelten nicht aus demselben Umfeld, Beruf oder Interessen-
bereich stammen. Sonst erzeugen sie nur »Echos«, wie Brian Uzzi,
Professor an der Kellogg School of Management, in seiner Netzwerk-
Studie beschrieb. Erst durch die unterschiedlichen Sichtweisen und
Sozialgruppen erweitert sich der eigene Wirkungsradius. Darüber
hinaus raten Profis zu diesen erprobten Netzwerker-Regeln:

Ziel bestimmen: Was erwarte ich von den Kontakten? Was will ich erreichen? Nur wer seine Ziele definiert, behält den Blick fürs Wesentliche und kann das auch anderen vermitteln.

Klasse statt Masse: Ein Netzwerk ist nur so wertvoll wie seine Mitglieder. Wen man in seinen privaten Zirkel aufnimmt, sollte von
den Zielen abhängen, nicht von der Statistik.

Erst geben, dann nehmen: Der beste Einstieg sind berufliche Gemeinsamkeiten und der Austausch von Wissen. Und zwar ohne eine
Gegenleistung zu erwarten. Auch mit Ratschlägen sollten andere
nur versorgt werden, wenn sie fragen.

Am Ball bleiben: Ist die Verbindung hergestellt, sollte sie vertieft werden – durch virtuellen Gedankenaustausch und (!) persönliche
Treffen. Kontakte müssen gepflegt werden.

27. April
60 Sekunden – Pitchen wie die Profis

Bei Werbern und Beratern heißt es *pitchen*: In einer Art Wettbewerb
müssen sie einen potenziellen Kunden binnen weniger Minuten
von ihrem Konzept überzeugen, um den Auftrag zu ergattern. Der
Begriff kommt aus den Hochzeiten der New Economy. Beim sogenannten *Elevator Pitch* mussten Gründer die Geldgeber in spe innerhalb von 60 Sekunden für ihr Geschäftsmodell begeistern – so lange,
wie eine Aufzugfahrt in einem Wolkenkratzer dauert.

Ob im Aufzug oder auf dem Flur – die Situation erlebt jeder auch
im Job: Man begegnet einem potenziellen Förderer und muss auf
sich aufmerksam machen sowie Sympathiepunkte sammeln. Für
diesen *Smalltalk Pitch* gibt es allerdings Regeln. Die erste klingt nur
trivial: Grüßen Sie zuerst. Das zeugt nicht nur von guter Kinder-

stube, sondern zeigt auch, dass Sie den Status des anderen anerkennen. Demutsbezeugungen schmeicheln jedem Ego. Tun Sie ihm den Gefallen! Aber Vorsicht mit zwischengeschlechtlichen Komplimenten. Sie sind vermintes Gelände, ihnen haftet der Hautgout einer sexuellen Anspielung an. Wesentlich unverfänglicher ist die Frage nach dem Wohlbefinden. Ein Karrierekiller ist, negativ über Dritte zu reden. Denunzianten sind selten Leistungsträger. Besser, Sie vermitteln in der Situation den Eindruck, Sie arbeiten gerade an einem aussichtsreichen Projekt. Beschreiben Sie in maximal fünf Sätzen, was Sie gerade machen, wie weit Sie damit sind und was das Unternehmen davon hat. Lächeln Sie dazu, seien Sie leidenschaftlich und ein wenig euphorisch – und Ihr Vorgesetzter wird Ihr engagiertes, produktives Talent in Erinnerung behalten.

Sollte der hingegen ein Thema anschneiden, das unangenehm ist, lässt sich das Gespräch leicht umlenken – mithilfe sogenannter Assoziationsketten: Dabei wird ein Stichwort aus der Frage herausgepickt, etwa das Wort »Verbesserungen«, und damit das Gespräch auf ein *verbessertes* Angebot eines Wettbewerbers gelenkt, von dem man neulich gelesen hat. Von da aus geht es weiter zu einem Buch, das gerade dazu erschienen ist und das natürlich noch einen anderen Aspekt enthält, und so weiter. Diese Technik beansprucht in der Regel Zeit. Bei einem zufälligen Gespräch lassen sich oft nur zwei solcher Haken schlagen. Zum Glück. So dauert auch diese Freischwimmübung nur 60 Sekunden.

28. April
Teilerfolg – Geiz ist gar nicht geil, sondern dumm

Es gibt ein interessantes ökonomisches Experiment, das als *Ultimatumspiel* bekannt wurde: Ein Spieler erhält, sagen wir, 100 Euro auf Probe. Er hat die Aufgabe, einen Teil an seinen Mitspieler abzugeben. Wie viel er abgibt, entscheidet er allein. Der Mitspieler bestimmt dafür, ob er das Angebot annimmt oder nicht. Stimmt er zu, erhalten beide die vereinbarten Anteile. Lehnt er ab, bekommen beide nichts. Beim Teilen gilt es also abzuwägen – zwischen maximalem Profit und Gerechtigkeit.

Wissen Sie, was passiert?

Die Mehrheit gibt freiwillig ab, um nicht leer auszugehen. Zahlreiche Durchläufe ergaben: Wer weniger als 30 Prozent abtrat, kassiert immer eine Abfuhr. Erfolgreich teilten die Spieler ihre Beute erst mit einem Verhältnis von 60 zu 40.

Daraus kann man zweierlei lernen: Altruismus, also die gefühlte Gerechtigkeit, lohnt sich mehr als nackte Profitgier. Wer anderen hilft oder wenigstens ein Stück entgegenkommt, kann auf deren gutmütige Revanche hoffen. Genauso funktioniert Klüngel: Eine Hand wäscht die andere.

Das Zweite: Je mehr man sich in einen anderen hineinversetzen kann, desto besser das Ergebnis. Bei dem Ultimatumspiel müssen Sie genau abwägen, wie unverschämt Sie gerade eben noch sein können, um möglichst viel nach Hause zu nehmen. Wenn Sie als Chef noch mehr Leistung von Ihren Mitarbeitern fordern (natürlich ohne Lohnausgleich) oder umgekehrt als Mitarbeiter eine Gehaltserhöhung herausschlagen wollen, ist es dasselbe: Je besser Sie in die Rolle des anderen schlüpfen, die Welt mit seinen Augen sehen, desto erfolgreicher werden Sie feilschen. Taktik ist nicht alles. Nicht der knallharte Verhandler, sondern der empathische Teiler hat die Vorteile auf seiner Seite. Und 60 Prozent sind besser als nichts!

29. April
Felonie, nie! – Warum Verräter aussterben

Temudschin, der spätere Dschingis Khan, schätzte kaum etwas mehr als Loyalität. Diese Liebe zum unbedingten Schwur zeigte sich 1206, als Dschamucha, der langjährige Freund des Mongolenherrschers, zu einem seiner erbittertsten Feinde avancierte. Zwischen beiden kam es zur Schlacht, die Temudschin nach drei Tagen für sich entschied. Dschamucha musste fliehen, wurde jedoch von seinen eigenen Gefolgsleuten gefangen und ausgeliefert. Sie erhofften sich eine hohe Belohnung. Doch zur großen Überraschung bot Dschingis Khan seinem Freund an, die Feindschaft zu begraben (was dieser ablehnte), und ließ dessen Häscher umgehend köpfen. Er sah in ihnen nur ehrlose Opportunisten.

Verrat hat sich noch nie gelohnt. Denn der Verräter steckt in einem unlösbaren Dilemma: Selbst wenn er nur willfähriger Helfershelfer war, wendet sich sein Protektor nach gelungener Tat meist von ihm ab. Die Gefahr ist zu groß, dass der Treulose eines Tages auch ihn verrät. Dass die Untreue zum Untergang führt, lässt sich sogar wissenschaftlich belegen – durch das sogenannte Gefangenendilemma (über das Sie schon am 15. April gelesen haben). Wissenschaftler der Universitäten Bonn und Harvard haben dieses Modell auf eine virtuelle Gesellschaft übertragen und am Rechner hunderte Male durchgespielt. Dabei gab es drei Verhaltenstypen: durchweg Loyale, Verräter aus Prinzip und Anpasser – solche, die mal schwiegen, mal verpfiffen. Nach jeweils zehn Runden bekamen die künstlichen Figuren Nachkommen, wobei ihr Fortpflanzungserfolg davon abhing, wie viele Gefängnisjahre sie bis dahin angehäuft hatten: Je mehr Gefängnis, desto wahrscheinlicher starben ihre Gene aus und neue Spieler tauchten auf. Und nun raten Sie, was passierte ...

Falsch! Würde das Spiel ewig dauern und die Population unendlich wachsen, würden sich tatsächlich der Verrat durchsetzen und die Loyalen aussterben. Das funktioniert jedoch nur in der Mathematik, in der Realität sind Bevölkerungszahlen beschränkt. Und in diesem Fall dominieren alle drei Strategien – in einer strengen Reihenfolge: Erst überwiegt die Kooperation, dann trumpfen kurzfristig die Verräter auf, schließlich siegen die Anpasser. Sie liefern die stabilste Gesellschaftsstrategie. Und die Moral von der Geschichte: Egal, wie verlockend die Aussicht auf den schnellen Sieg durch Verrat ist – lassen Sie es! Sie können nicht gewinnen, nur aussterben.

30. April
Lastenausgleich – Der Feiertagskollaps ist vermeidbar

Für die Kollegen ist es ein gern genutzter Anlass zum Feixen: »Wir brauchen gar nicht auf den Kalender zu schauen – wenn du anfängst zu niesen, ist es Freitag.« Oder ein Feiertag, so wie morgen. Vielleicht freuen Sie sich seit Wochen auf diesen freien 1. Mai, haben sich ein paar Brückentage genommen, um ein verlängertes Wochenende zu genießen. Tage ohne Termine, Telefonate, E-Mails. Endlich Ruhe. Doch es kommt anders: Sie werden krank.

Die Woche geht, der Schnupfen kommt – das kommt häufiger vor, als Sie denken! Manchmal gesellen sich sogar Fieber, Kopf- und Gliederschmerzen, Erschöpfung sowie Übelkeit dazu. Und das sind nur einige Symptome, die eine Studie der holländischen Tilburg Universität auflistet, die dieses Phänomen untersucht hat. In der Ruhe liegt tatsächlich ganz häufig Krankheit – *Entlastungsdepression* heißt das im Fachjargon, in den USA nennt man die Diagnose auch *Holiday Blues*.

Woran das liegt? Das Immunsystem stürzt ab. Wenn jemand unter großem Druck steht, schüttet der Körper jede Menge Hormone aus, die ihn tapfer durchhalten lassen, bis der Schreibtisch leer gearbeitet, die Präsentation fertig oder die Prüfung geschrieben ist. Warum der Organismus das so lange Zeit schafft, lässt sich medizinisch nicht erklären. Sicher ist nur, dass dieser Hormoncocktail zugleich das Immunsystem schwächt, so dass jede längere Anspannung den Körper auslaugt und danach kollabieren lässt. Bei den einen pünktlich mit dem ersten freien Tag, bei anderen zieht es sich noch, was auch die häufigen Montagsfehltage erklären kann.

Die Lösung: rechtzeitig runterkommen und weniger klotzen vor Feiertagen. Und ändern Sie Ihren Rhythmus nicht gleich am ersten freien Tag so rigoros: Schlafen Sie nicht bis in die Puppen aus – das bestraft der Körper mit Kopfschmerzen. Fahren Sie lieber allmählich zurück, frühstücken Sie gesund, mit viel Obst, und sorgen Sie für etwas Belastung durch leichten Sport. Eine halbe Stunde strammes Spazieren vor dem Frühstück reicht. So rasselt die Anspannung nicht von hundert auf null und Sie ersparen sich einen harten Aufprall.

apr

mai

jun

mai

Karriere machen
mit Kreativität

jun

jul

aug

sep

okt

nov

dez

1. Mai
Glücksrat – Zufriedenheit ist eine Attitüde

Hans hatte Glück. Er bekam einen Goldklumpen, tauschte ihn ein paar Mal, bis er einige Schleifsteine hatte, die ihn aber belasteten. Als sie in einen Brunnen fielen, war er erleichtert und zufrieden. Die meisten Menschen verhalten sich anders: Sie sammeln Lasten und werden doch nicht glücklicher. Was also macht Menschen glücklich? Der richtige Partner? Mehr Geld? Erfolg im Job? Gesundheit?

Die Frage ist so alt wie die Philosophie. Etymologisch taucht *Glück* bei uns zuerst um 1160 im Mittelhochdeutschen auf – als *g(e)lücke*. Es leitet sich vom Verb *gelingen* ab, das wiederum von *leicht* abstammt. Glück ist also ursprünglich etwas, das einem leicht gelingt. Seit den Sechzigerjahren wird die Frage von Wissenschaftlern intensiver erforscht. Ihre Untersuchungen kommen zu unterschiedlichen Ergebnissen, im Kern aber eint sie die Erkenntnis, die Hans schon im Märchen anwendete: Glück ist Einstellungssache, eine Attitüde – nichts, das man erkaufen oder kontrollieren könnte. Eine gute Nachricht, denn sie bedeutet, dass sich Glücklichsein lernen lässt – durch Unabhängigkeit von den Umständen. Ob man sich nun mit Religionen oder wissenschaftlichen Aufsätzen beschäftigt – die Wege zum Glück sind erstaunlicherweise immer dieselben:

Seien Sie dankbar! Wer nur auf andere schielt, sich vergleicht und versucht, ihrem Erfolg oder Besitz nachzuhecheln, wird nicht glücklicher. Seien Sie lieber dankbar für das, was Sie erreicht haben.

Memorieren Sie schöne Augenblicke! Ein Missgeschick kann einen Tag überschatten. Leider erinnern die meisten hauptsächlich Negatives und peinliche Momente und verdrängen so die schönen Zeiten. Besser, Sie genießen die Gegenwart und verplempern diese nicht mit Vergangenheitsgrübelei.

Seien Sie kreativ! Kreativität macht nachweislich glücklich. Und jeder kann sich täglich durch schöpferische Ideen ausdrücken.

Bewegen Sie sich! Wer seinen Körper bewegt, setzt Endorphine frei. Und die machen glücklich.

Lesen Sie Stoff, der inspiriert! Man muss nicht jeden guten Gedanken selbst entwickeln. Es reicht, sich täglich positive Ideen durch den Kopf gehen zu lassen. Die beste Methode dafür: lesen.

Nehmen Sie sich Zeit! Das ist nicht immer leicht, aber wirkungsvoll: Wer sich regelmäßig eine Auszeit nimmt, die nur ihm gehört, wird belastbarer – und zufriedener.

Seien Sie glücklich! Das klingt nur tautologisch. Sie können alle Punkte erfüllen, kreativ werden, sich bewegen, Gutes lesen und trotzdem griesgrämig bleiben. Glück und Zufriedenheit sind Entscheidungssache. Probieren Sie es aus: Seien Sie glücklich!

Mehr dazu: www.gluecksarchiv.de

2. Mai
Genius loci – Wie Geistesblitze entstehen

So viel vorweg: Es klingelt nicht, wenn der sprichwörtliche Groschen fällt. Aber es entstehen bei jedem Geistesblitz neue Verbindungen zwischen den beiden Gehirnhälften. Effekt: Das Gehirn erkennt das Neue als passend, und man selbst hat das absolut sichere Gefühl, es stimmt. Dahinter steckt ein komplexes Wechselspiel zweier Wissenssysteme im Kopf: Der linken Hirnhälfte werden Funktionen

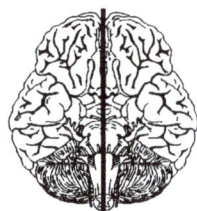

Links:	Rechts:
logisch	intuitiv
rational	ganzheitlich
analytisch	einfallsreich
quantitativ	konzeptionell
strukturiert	mitfühlend
kontrolliert	musikalisch
organisiert	mitteilsam
geplant	emotional

wie logisches Denken, Sprache und analytisches Denken zugeschrieben, der rechten Hemisphäre Musikalität, Kreativität und räumliches Vorstellungsvermögen. Dennoch arbeiten beide Denkbereiche dezentral – ein Schaltzentrum existiert nicht. Der Austausch findet vielmehr mittels chemischer Botenstoffe statt. Einer davon: Dopamin. Es übermittelt etwa die Befehle des Nervensystems an die Muskulatur, macht uns euphorisch und verstärkt unsere Assoziationskraft. Kurz: Es fördert Kreativität. Zu viel davon erzeugt allerdings Wirrwarr im Kopf. Einige Hirnforscher gehen heute davon aus, dass die Ausschüttung von Dopamin abhängig vom Umfeld ist – also von den Orten und Räumen, in denen wir leben oder arbeiten. Danach sei der Schreibtisch für kreative Gedanken ungeeignet: Mit ihm assoziieren wir Arbeit, Stress, Druck. Und das hemmt.

Dopamin-Kicks und schöpferische Kraft lassen sich aber durchaus steigern. Etwa durch mehr Abwechslung. Wer sich immer nur mit denselben Dingen beschäftigt, zwingt seine Gedanken in eine Einbahnstraße. Besser ist, seinen Horizont und seine Wahrnehmung ständig zu erweitern: etwa durch Lesen, Besuche in Museen, selbst das Umstellen des Schreibtisches kann schon inspirieren. Der Trick ist lediglich, eingefahrene Verhaltensmuster und Denkpfade bewusst zu verlassen.

Aber auch Unzufriedenheit kann Innovationsschübe auslösen. Viele Geistesblitze entstanden aus der Not: die Erfindung des Rades genauso wie die von Anti-Faltencremes. Wer satt ist, geht eben nicht mehr auf die Jagd. Die Folge: geistige Trägheit, das Hirn schaltet auf Standby. Frust in Maßen setzt dagegen oft ungeahnte Kräfte frei. Allerdings: Jeder Geistesblitz verpufft, wenn er nicht hartnäckig verfolgt wird. Gute Ideen haben viele. Nur wenige setzen sie auch um!

apr

mai

jun

3. Mai
Prinzip Öffnung – (Nur) So funktioniert Brainstorming

Irgendwann so um 1930 hatte Alex Osborn die Schnauze voll. In der von ihm mitgegründeten Werbeagentur BDO (später BBDO) gab es zig Meetings, die alles andere als inspirierend waren. Sie dauerten ewig, ermüdeten und hemmten jede Form der Kreativität. Sie waren der GAU für ein Unternehmen, das sein Geld damit verdient, kreativ zu sein. Osborn war sich der Bedrohung bewusst und erinnerte sich an die mehr als 400 Jahre alte indische Kreativitätstechnik des *Prai-Barshana*. Aus deren Mantra – *using the brain to storm a problem* – leitete er das heutige Brainstorming ab. Dabei geben die Teilnehmer eines Meetings eine Zeit lang spontan ihre Ideen zur Lösung eines konkreten Problems ab. Der anschließende Gedankensturm ist enorm produktiv – vorausgesetzt, alle halten sich an folgende Regeln:

- Keine Kritik. Jede Idee, egal, wie verrückt, ist willkommen.
- Masse statt Klasse. Was zählt, ist allein die Anzahl der Ideen.
- Kein Copyright. Das Weiterspinnen von Ideen ist erwünscht.
- Querdenken. Auch Abschweifen und Phantasieren ist erlaubt.

Brainstorming hat sich vielfach bewährt und kann sogar individuell angewendet werden. Allerdings wird die Methode häufig falsch eingesetzt, dann bleibt alles ein Sturm im Wasserglas. Entscheidend ist:

1. **Die Voraussetzungen müssen stimmen:** Die Kraft des kollektiven Gedankenaustauschs liegt darin, dass alle ungehemmt lossprudeln können. Wenn sie glauben, dass sie für ihre Vorschläge später gerügt werden, halten sie die Klappe. Ebenso muss ein Klima vermieden werden, das Vorschläge bewertet. Auch nach dem Brainstorming. Auszeichnungen für die beste Idee sind also kontraproduktiv.
2. **Der Prozess muss geführt werden:** Das klingt paradox, da es beim Brainstorming ja gerade darum geht, völlig frei zu denken. Ein Kurzschluss: Freiheit ohne Grenzen existiert nicht. Die Aufgabe des Gruppenleiters besteht darin, Freiheit zu erhalten, indem er andere beschränkt – etwa indem er Vielredner unterbricht.
3. **Erst stürmen, dann umsetzen:** Der Unterschied zwischen einem Ideenfeuerwerk und Innovation liegt in der Produktivität. Brainstorming fördert Kreativität, am Ende aber müssen daraus wenigstens Prototypen entstehen. Sonst verkommen solche Treffen zu Kaffeekränzchen und wirken demotivierend: Wenn Menschen merken, dass von ihren Vorschlägen nichts realisiert wird, stellen sie das Denken wieder ein.
4. **Nicht nur sammeln, sondern erweitern:** Brainstorming nur einzusetzen, um Ideen aufzuwirbeln, ist eindimensional. Wenn verschiedene Abteilungen oder Spezialisten unterschiedlicher Fachrichtungen daran teilnehmen, können sie ebenso voneinander lernen und Ressentiments abbauen.

4. Mai
Hahaha – Wer lacht, denkt komplexer

Es gibt drei Sorten von Mathematikern: Die einen können bis drei zählen, die anderen nicht. Mathematiker können über diesen Witz lachen. Auch über: Sei Epsilon kleiner null! Das ist ein Kracher. Ich will mich nicht über die Mathematik lustig machen. Ich habe große Achtung vor der Wissenschaft im Allgemeinen und ihrer Anhängerschaft im Besonderen. Interessant aber finde ich, dass Wissenschaftler bis heute nicht genau wissen, warum der Mensch lacht. Der französische Mathematiker Blaise Pascal erkannte zwar früh, dass Lachen von einer unerwarteten logischen Unstimmigkeit ausgelöst wird – also dem, was bei einem Witz die Pointe ausmacht. Man lacht aber nicht nur über lustige Dinge. Genauso gibt es das erleichterte, bittere oder böse Lachen, das hämische, schadenfrohe, schmutzige, verkrampfte oder gar krankhafte Lachen. Wer lacht, könnte an einem »momentanen Anfall von Tollheit« leiden, wie der italienische Dichter Giacomo Leopardi es nannte. Oder weil er einen drohenden Konflikt abwenden will. Letzteres ist gar nicht so dumm: Lachen steckt an. Eine Erkenntnis, die sich Sitcom-Produzenten regelmäßig zunutze machen, indem sie vorproduzierte Lachsalven (Branchenjargon: *canned laughter*) einblenden.

Lachen ist gesund. Gelotologen, also Wissenschaftler, die das Lachen (griechisch: gelos) erforschen, haben herausgefunden: Lachen baut Stress ab, stärkt Abwehrkräfte, hebt die Stimmung (weil der Körper vermehrt Glückshormone ausschüttet), senkt den Blutdruck und lindert Schmerzen. Es fördert sogar berufliches Fortkommen: Heitere Belegschaften sind gesünder, daher produktiver und nachweislich kreativer. Vor allem aber baut es soziale Beziehungen auf und hält sie zusammen: Wer von anderen gemocht oder befördert werden will, lacht über deren Witze, auch wenn diese partout nicht komisch sind. Der Harvard-Psychologe Daniel Goleman schreibt dazu in seinem Bestseller *Emotionale Intelligenz*, dass Heiterkeit helfen kann, komplexer zu denken, freier zu assoziieren und neue gedankliche Verknüpfungen zu entdecken. Lachen erhöht die geistige Flexibilität und trägt so zur Problemlösung bei. Linus Torvalds, Erfinder der Linux-Software, setzt den Spaß gar für gutes Programmieren voraus: »Die Leute müssen Quatsch machen dürfen.«

apr

mai

jun

Also lachen Sie und beflügeln Sie Ihre Karriere! Augenbrauen hoch, Nasenlöcher weit, der Jochbeinmuskel zieht die Mundwinkel nach oben, der Atem schießt mit bis zu 100 km/h durch die Lungen und bringt die Stimmbänder zum Wackeln. Bei Männern schwingen sie rund 280 Mal pro Sekunde, bei Frauen sogar 500 Mal.

5. Mai
Luftspender – Richtiges Atmen durchlüftet den Geist

Die meisten Menschen atmen falsch. Hektik und Stress lassen sie zu hastig und zu flach Luft holen. Dabei schieben sie nur verbrauchte Luft hin und her. Der Körper wird ungenügend mit Sauerstoff versorgt, Gewebe, Organe, vor allem aber das Gehirn werden schlecht durchblutet. Damit schädigen sie nicht nur den Zellstoffwechsel und ihre Immunabwehr, sondern beeinträchtigen ihre Konzentrationsfähigkeit. Richtiges Atmen liefert dem Körper rund 90 Prozent des Sauerstoffs, den er braucht, um seinen Säure-Basen-Haushalt zu regulieren. Tiefes Durchatmen hilft, bis zu 70 Prozent der über die Luft eingenommenen Gifte auszuscheiden, was wiederum Entgiftungsorgane wie Haut, Harnwege und Dickdarm entlastet.

Übertrieben? Mitnichten. Dass richtiges Atmen heilen kann, wussten bereits Gelehrte in Asien und im Orient vor rund 4000 Jahren. Ägyptische Grabinschriften sagen, dass die »Heilkunst mit dem Atem« derjenigen mit »dem Messer« oder mit »Pflanzensaft« überlegen ist. Wohlergehen und Luftholen hängen zusammen: Wer Stress hat, sollte erst einmal *tief Luft holen*; wer schockiert ist, dem *stockt der Atem,* und wer vor Wut kocht, soll *Dampf ablassen.* Das Problem ist, dass die meisten Menschen unbewusst atmen, im Ruhezustand bis zu 15 Mal pro Minute. Dabei werden mit jedem Atemzug rund 500 Milliliter Luft aufgenommen – wenn es richtig gemacht wird. Und das heißt: durch den Bauch atmen! Die meisten aber neigen bei Anspannung zur sogenannten Brust- oder Schulteratmung. Dabei bewegt sich nur der Oberkörper, Schultern oder Brustkorb heben und senken sich leicht, der Bauch wölbt sich nach innen. Auf Dauer kann das zu Kurzatmigkeit, Beklemmungsgefühlen und einer schlechten Haltung führen.

Gesünder ist die Bauchatmung. Jeder atmet so im Schlaf. Da die Lunge gerade im unteren Drittel gut durchblutet ist, kann sie so besonders viel Sauerstoff aufnehmen. Beim Ausatmen entspannt man automatisch, die Denkleistung verbessert sich. Setzen oder stellen Sie sich aufrecht hin, die Schultern gerade, legen Sie Ihre Hand auf den Bauch und versuchen Sie nur durch die Nase dorthin zu atmen – möglichst, ohne dass sich der Brustkorb hebt. Atmen Sie nach der 4–6–8-Methode: Langsam und tief einatmen, bis vier zählen, die Luft anhalten, bis sechs zählen, langsam durch den Mund ausatmen und bis acht zählen. Das Ganze wiederholen Sie mindestens fünf Mal. Mit der Zeit werden Sie die Hand nicht mehr brauchen. Dafür können Sie mit der Übung Stress genauso wegatmen wie Frust oder Wut. Und das ist keine windige Luftnummer!

6. Mai
Alles im Wunderland – Inspirierende Adressen im Netz

Lesen bildet. Vor allem das Internet bietet inzwischen einen reichen Fundus inspirierender Artikel rund um das Thema Job und Karriere.

 Seit dem ersten Erscheinen dieses Buchs gibt es dort auch ein gleichnamiges Blog dazu: *karrierebibel.de*. Dort können Sie nicht nur mit mir und anderen Lesern über die Themen diskutieren. Sie finden über 700 weitere Artikel, Interviews, Videos, Gastbeiträge, Tipps und Ratschläge für den beruflichen Erfolg. Hier eine Auswahl der bisher meistgelesenen Blogartikel, die Ihnen vielleicht schon heute helfen:

- *karrierebibel.de/das-abc-der-praesentation-so-praesentieren-sie-richtig-mit-powerpoint-co*
  Bevor Sie beim nächsten Vortrag Langeweile riskieren – lesen Sie, wie Sie mit Powerpoint & Co. überzeugend präsentieren können.
- *karrierebibel.de/gefaehrliche-schiebschaften-45-wege-gegen-prokrastination*
  Bekämpfen Sie Ihre Aufschieberitis – mit diesen 45 hilfreichen Tipps aus dem Netz.

- *karrierebibel.de/speise-art-das-knigge-abc-fuer-geschaeftsessen*
  Gerade beim Businesslunch kommt es darauf an, die Benimmregeln zu kennen. Hier finden Sie ein kompaktes Knigge-ABC für Geschäftsessen.
- *karrierebibel.de/heimvorteil-42-tipps-fuer-besseres-arbeiten-im-homeoffice*
  Zwei Drittel der Deutschen wollen laut einer Forsa-Umfrage lieber von zu Hause aus arbeiten, statt ins Büro zu gehen. Diese 42 Punkte können Ihnen helfen, im Homeoffice organisiert, motiviert und produktiv zu bleiben.
- *karrierebibel.de/die-liste-50-blogs-und-webseiten-fuer-job-und-karriere*
  Noch mehr Lesestoff finden Sie in dieser ständig aktualisierten Übersicht über rund 100 deutschsprachige Job- und Karriere-Seiten und -Blogs.
- *karrierebibel.de/die-us-liste-50-blogs-und-webseiten-fuer-job-und-karriere*
  Falls Sie lieber Englisch lesen: Dieser Link führt Sie zu den besten internationalen Business-Blogs.
- *karrierebibel.de/punkt-fuer-punkt-50-listen-fuer-den-erfolg*
  Sie mögen Tipp-Listen für jede Lebenslage? Lesen Sie diese Meta-Liste mit 50 Beiträgen und weit über 500 Ratschlägen zu Produktivität, Bewerbung, Psychologie oder Management.

7. Mai
Schneller Brüter – Wie wir kreativer werden

Beim Duschen kommen einem oft die besten Ideen. Genauso beim Joggen, beim Schlafen, sogar auf dem Klo. Gute Ideen werden regelmäßig weitab vom Schreibtisch geboren. Denn, so hat der Schweizer Psychiater und Kreativitätsforscher Gottlieb Guntern festgestellt: Entspannung und Zerstreuung sind das A und O, damit kreative Gedanken aufblühen können. Künstler, Dichter und Gelehrte suchten die Ablenkung vom Alltag schon immer in der Natur. Friedrich Nietzsche wählte das kühle Klima des Engadin, um *Also sprach Zarathustra* zu schreiben. Richard Wagner fand in den Gärten der Villa in Ravello die Inspiration für das Bühnenbild des 2. Aktes seiner Oper *Parsifal*. Und die ostitalienische Stadt Ravenna, direkt an der Adria gelegen, inspirierte schon Dante Alighieri, Lord George Gordon Byron oder Gustav Klimt.

Bis zur Adria müssen Sie nicht reisen. Oft sorgt schon ein einfacher Tapetenwechsel dafür, dass der Strom der Ideen nicht versiegt. Ein Spaziergang durch einen unbekannten Stadtteil, der Besuch einer entfernten Abteilung im Betrieb, ein neuer Weg zur Arbeit – all das kann helfen, die Welt mit neuen Augen zu sehen. Mihaly Csikszentmihalyi, einer der namhaftesten Kreativitätsforscher und ehemaliger Psychologe an der Universität Chicago, befragte einmal rund 100 kreative Persönlichkeiten, darunter Chemiker, Physiker, Nobelpreisträger, aber auch Schriftsteller oder Musiker, nach ihren Inspirationsquellen. Ergebnis: Es war vor allem die Umgebung, die Eingebungen provozierte.

Raus aus der Routine, und schon rappelt der Geist? Ganz so leicht ist das allerdings nicht. Ohne einen großen Wissensschatz kommt kein kreativer Kick. Um zwei alte Gedanken neu zu verknüpfen, braucht es erst einmal zwei alte. Ebenso spielt es eine Rolle, wie man die Zeit an einem inspirierenden Ort verbringt: Dazusitzen und sich auf ein Problem zu konzentrieren, bringt nichts. Wer gezielt überlegt, zwingt seine Gedanken in eine lineare und damit vorhersehbare Richtung. Bewegung ist besser. Das verlangt zwar ein gewisses Maß an Aufmerksamkeit, lässt aber der rechten und damit entscheidenden Hirnhälfte genügend Kapazitäten, Informationen zu Ideen zu verarbeiten. Auch dem Erfinder der Glühbirne, Thomas Alva Edison, war der Trick mit der körperlichen Unruhe nicht neu. Auf die Frage, wie er auf seine Ideen gekommen sei, antwortete er lakonisch: »Ein Prozent Inspiration, 99 Prozent Transpiration.«

8. Mai
Kekulés Traum – Warum Dösen erfinderisch macht

1864 entschleierte der deutsche Chemiker Friedrich August Kekulé von Stradonitz die Struktur des Benzolmoleküls. Der Legende nach kam das so: In der Nacht seiner spektakulären Entdeckung saß

Kekulé in seinem Sessel, sah den Holzscheiten im Kamin beim Verbrennen und seinen Gedanken beim Verklären zu, als seinen dösenden Geist eine Vision befiel: Kohlenstoff- und Wasserstoffatome tanzten vor seinen Augen; eine Schlange erschien, biss sich selbst in den Schwanz und bildete einen Ring. Daraufhin ordneten sich auch die Atome zu einer Ringstruktur. Kekulé erkannte die lang gesuchte Anordnung. Es war die Geburtsstunde der organischen Chemie.

Eine schöne Geschichte. Kekulé selbst erzählte sie 25 Jahre nach seiner Entdeckung. Allerdings war das gemogelt: Bereits 1861 wurde er durch einen Kollegen auf die Ringtheorie aufmerksam gemacht, er lehnte sie damals aber ab. Das Beispiel zeigt dennoch, wo Ideen häufig entstehen: beim Tagträumen. Der Dämmerzustand ist das Weckzeichen für die rechte Gehirnhälfte. Die linke, logisch ordnende Gehirnhälfte hat derweil Pause. Sie wird erst später wieder gebraucht, um aus den wirren Phantastereien eine brauchbare Idee zu formen. Wer sich zu lange mit einer Aufgabe beschäftigt, dessen Gedanken fehlt die Frischluft der freien Assoziation. Im Halbschlaf aber bekommt das Gehirn die nötige Zeit, damit es Informationen verknüpfen kann und so zur Keimzelle für gute Einfälle mutiert. Deswegen endet dieser Text auch hier. Tagträumen Sie lieber!

9. Mai
Auf den Hut gekommen – Vielfalt statt Einfalt

Meetings sind Minenfelder. Die meisten gehen mit Vorurteilen in ein solches Gruppengespräch: »Das wird wieder nichts.« »Meier, der alte Nörgler, macht sowieso alles schlecht.« »Kasuppke will sich nur in Szene setzen und ihre tollen Ideen durchbringen.« »Und Lehmann verheddert alle in Details!«

Wer so denkt, behält meistens recht. Das liegt aber nicht an einer prophetischen Begabung, sondern an der eigenen Perspektive und dem Phänomen der sich selbsterfüllenden Prophezeiung. Der britische Psychologe und renommierte Lehrer für kreatives Denken, Edward de Bono, hat dagegen die sogenannte Sechs-Hüte-Methode entwickelt. Er sagt: Wir lösen Probleme am effektivsten, wenn wir sie aus sechs verschiedenen Perspektiven betrachten. Jedem dieser Blickwinkel hat er sechs verschiedenfarbige Hüte zugeordnet:

- **Weiß:** Dieser Typ betrachtet die Fakten – nüchtern, analytisch, wertfrei. Er verschafft sich einen Überblick.
- **Rot:** Ein Bauchmensch. Dieser Typ ist nicht rational, sondern emotional, intuitiv. Er hört auf seine innere Stimme und bewertet die Fakten, etwa die des weißen Typs.
- **Schwarz:** Der Kritiker. Skepsis bestimmt sein Denken: Wo lauern unbedachte Risiken? Was spricht gegen das Projekt? Objektiv – nicht gefühlt!
- **Gelb:** Dieser Typ ist das genaue Gegenteil des Schwarzmalers. Er ist ein Optimist, sucht und formuliert Chancen. Jedoch ohne Euphorie. Die obliegt allein dem Typ Rot.
- **Grün:** Der Kreative hat immer Ideen. Die sind verrückt und nicht immer gut, aber dank seiner assoziativen Gedanken beflügelt er den Geist der anderen.
- **Blau:** Er ordnet alles, moderiert, dirigiert, entscheidet. Dieser Typ sucht das beste Ergebnis – das aber nicht zwingend auf seinem Mist gewachsen sein muss.

apr

mai

jun

Die Hüte helfen, selbst Teammitglieder aus einem anderen Blickwinkel zu sehen: Womöglich ist Meier kein Nörgler, sondern ein wichtiger Schwarzhutträger, der Sie vor großem Schaden bewahren kann; die grüne Kasuppke bringt Sie auf neue Ideen, während Lehmann als Typ Weiß dankbarerweise alle Fakten zusammenträgt, die Sie für eine gute Entscheidung brauchen. Selbst wenn nicht alle Farbtypen in einem Team vertreten sind, lassen sich mit dieser Technik kreative Prozesse anstoßen, indem Sie entweder a) verschiedenen Kollegen jeweils eine Farbe und Eigenschaft bewusst zuordnen, b) das Team nach genau diesen Stärken zusammenstellen oder c) alle mal reihum verschiedene Hüte aufsetzen (lassen). Nur nicht sprichwörtlich! Sonst sind die Kollegen vor Ihrer Karnevaltruppe bald auf der Hut.

Mehr dazu: Edward De Bono, Six Thinking Hats. Penguin 1990

10. Mai
Denk mal – Weise Worte

»*Das Leben ist das, was uns passiert, während wir planen, etwas anderes zu tun.*«
[John Lennon, Musiker]

»*Der Grund, warum manche auf der Erfolgsleiter nicht so recht vorankommen, liegt darin, dass sie glauben, sie stünden auf einer Rolltreppe.*«
[Unbekannt]

»*Urlaub machen ist immer gefährlich, weil sich vielleicht herausstellt, dass man keine Lücke hinterlässt.*« [Unbekannt]

»*Machen Sie sich erst einmal unbeliebt, dann werden Sie auch ernst genommen.*« [Konrad Adenauer, Bundeskanzler]

»*Wer meint, etwas zu sein, hat aufgehört, etwas zu werden.*«
[Sokrates, Philosoph]

11. Mai
Schlusseffekt – Mehr Erfolg durch Limits

Pünktlichkeit ist ein dehnbarer Begriff. Wenn jemand in eine andere Stadt fliegt, ist er pünktlich, falls er eine halbe Stunde vor Abflug am Gate steht. Wer hingegen abends auf eine Party eingeladen ist, kommt in der Regel immer noch rechtzeitig, wenn er eine Stunde später eintrudelt. Pünktlich erscheint da sowieso keiner. Mit Abgabeterminen ist es ähnlich. Es gibt Menschen, die erledigen alles auf den letzten Drücker. Vorher beschäftigen sie sich mit Kaffee trinken, im Internet surfen, telefonieren, flurfunken, so was. Deswegen wurden für sie *Deadlines* erfunden. Und tatsächlich: Gäbe es die letzte Minute nicht, »würde niemals etwas fertig«, wusste schon Mark Twain.

Dahinter steckt ein Prinzip, das der britische Historiker und Publizist Cyril Northcote Parkinson einst entdeckte und das seit 1957 als das sogenannte Parkinson'sche Gesetz bekannt wurde: Danach dehnt sich Arbeit in genau dem Maß aus, wie Zeit für ihre Erledigung zur Verfügung steht. Das Prinzip ist heute in der Makroökonomie genauso anerkannt wie in der Bürokratie. Denken Sie nur an Meetings: Stundenlang werden die Themen diskutiert, alle können mitreden, auch wenn sie keine Ahnung haben. Am Ende delektieren sich die Teilnehmer an den unwichtigsten Details. Aber fünf Minuten vor Schluss werden doch noch die wichtigen Beschlüsse gefasst. Warum nicht gleich so? Fragen Sie Parkinson!

Es gibt ein simples Gegenmittel, um dem Zeitverzug zu entgehen: Setzen Sie Limits! Halten Sie Meetings bewusst kurz und reglementieren Sie die Zeit. Nach einer halben Stunde ist Schluss – zack, aus. Sie werden sehen, Sie kommen nach einer halben Stunde zu denselben Ergebnissen wie nach einer Stunde. Nur können Sie in der gesparten Zeit bereits mit dem Umsetzen beginnen. Dasselbe Prinzip lässt sich auf größere Projekte anwenden, indem Sie diese in Etappen einteilen, in der Literatur oft *Meilensteine* genannt, und dafür exakte Zeitgrenzen festlegen. So kommen Sie dem Ergebnis näher, ohne kostbare Zeit und Arbeitskraft zu verplempern.

apr

mai

jun

12. Mai
Wider Wahl – Zu viele Alternativen machen unglücklich

 Interessant ist, dass immer mehr Wissenschaftler zu wissen glauben, was Menschen glücklich macht. Etwa der Psychologieprofessor Barry Schwartz vom Swarthmore College (Paradox of Choice: Why more is less), Martin Seligman von der Universität Pennsylvania (Authentic Happiness) oder der Harvard-Professor Daniel Gilbert (Stumbling on Happiness). Zusammengefasst geht aus ihren Untersuchungen Folgendes hervor: Männer sind nicht glücklicher als Frauen, aber Frauen haben starkere Gefuhlsschwankungen. Intelligente Menschen sind nicht glücklicher als dumme, jüngere nicht mehr als ältere, allenfalls umgekehrt finden sich mehr zufriedene Senioren. Dafür sind schöne Menschen latent glücklicher als unattraktive – genauso wie Verheiratete, religiöse Menschen und solche, die moderat trinken.

Eines aber bestätigen die Forscher unisono: Mit Geld lässt sich kein Glück kaufen. In einer Studie von 1978 konnte schon Philip Brinckman nachweisen, dass Lotteriegewinner keinesfalls glücklicher waren als Menschen, die durch einen Unfall schwerbehindert wurden. Er befragte dazu 22 Lottomillionäre, eine 22-köpfige Kontrollgruppe sowie 29 Unfallopfer. Die Quintessenz: Die Behinderten waren noch nicht einmal unglücklicher als die Menschen der Kontrollgruppe. Auch Barry Schwartz' Forschungen bestätigen das. Er zeigte sogar, dass viele Wahlmöglichkeiten – und Geld ermöglicht eine Menge davon – den Trübsinn steigern. Flankiert wird das durch ein Experiment von Sheena Iyengar von der Columbia-Universität: Sie platzierte in einem Delikatessladen sechs hochwertige Konfitüresorten und bot den Kunden an, diese zu probieren. Wer eine fand, die ihm schmeckte, bekam beim Kauf einen Dollar Rabatt. Die Woche darauf wiederholte Iyengar den Versuch – diesmal mit 24 Sorten. Jetzt probierten zwar mehr Menschen, aber nur drei Prozent kauften. Die Woche davor kauften 30 Prozent der Probierer. Wahl ist Qual.

Die Erkenntnis, dass weder viel Geld noch viele Alternativen glücklicher machen, mag Sie vielleicht nicht überraschen. Dafür aber, dass dies nur wenige beherzigen – sei es bei Gehaltsverhandlungen, beim Kleiderkauf oder beim Speed-Dating für Singles.

13. Mai
Duftnummer – Warum Gerüche erfolgreich machen können

Geld stinkt nicht – aber Erfolg duftet. Gerüche zielen direkt auf unser Gehirn und beeinflussen über das Limbische System Instinkte wie Hunger, Müdigkeit oder Sympathie. So fördert Zitronenaroma etwa die Konzentration, Lavendel hilft, mathematische Aufgaben schneller und fehlerfreier zu lösen, Vanille oder Ylang-Ylang können Stress abbauen, während Pfefferminz den Geist belebt.

Zahlreiche Menschen der Geschichte haben sich diese Wirkung zunutze gemacht. Kleopatra zum Beispiel ließ die Segel ihrer Schiffe mit Parfüm einsprühen, um ihre Wirkung auf Männer zu verstärken. Friedrich Schiller nutzte das nasale Doping und stellte sich einen fauligen Apfel auf sein Schreibpult. Heute gibt es Reisebüros, die Sonnencremearomen einsetzen, um ihre Kunden auf den Sandstrand einzustimmen. In Bäckereien animiert zarter Vanilleduft zum Kauf, und am Frankfurter Flughafen wirbelt die Klimaanlage Pfefferminz und Rosmarin in die Verbindungstunnel zwischen Gate A und B, um Flugangst abzubauen.

Gerüche manipulieren! Und Männer sind für solche Stimulanzen nicht nur anfälliger als Frauen, sie reagieren auch heftiger darauf. An der Universität Purdue untersuchte Professor Robert Baron die Wirkung von Parfüms in Bewerbungsgesprächen: Männliche Personaler stuften parfümierte Kandidaten als aufdringlich, weniger intelligent und unfreundlicher ein als diejenigen ohne Eau de Toilette. Frauen reagierten exakt umgekehrt. Noch stärker wirken indes Dünste, die unser Körper über den Schweiß ausscheidet. Mit ihm senden wir über *Pheromone* unsichtbare Botschaften. Diese chemischen Chiffres sollen in erster Linie anziehen und verführen, sie beeinflussen aber auch unsere Urteilsfähigkeit. So wurden beispielsweise Testpersonen Fotografien von Frauen, Männern, Tieren und Gebäuden gezeigt, die sie mit verschiedenen Attributen belegen sollten. Unter Einfluss des Pheromons Androstenol veränderte sich die Bewertung der Gebäude und Tiere kaum, die Menschen aber wurden prompt als sensitiver, intelligenter, attraktiver, freundlicher und vertrauenswürdiger eingestuft.

Das geht auch umgekehrt, Androstenon, der Gegenspieler von Androstenol, versprüht Aggression und Dominanz. Frauen finden diese dicke Luft anziehend. Während eines Experiments in einem Wartezimmer setzten sich Probandinnen auf jene Stühle, die zuvor mit Androstenon besprüht worden waren. Der Versuch wurde mit Telefonzellen wiederholt, und auch hier benutzten die Frauen die präparierten Zellen häufiger – und telefonierten länger. Die Männer reagierten exakt umgekehrt, offenbar weil sie ein bereits dominiertes Territorium meiden wollten. Es ist das Gesetz des Alpha-Gens: An der Spitze kann es nur einen geben. Wer im Beruf Dominanz ausstrahlt, überzeugt leichter Kolleginnen, zwischen zwei ähnlich veranlagten Männchen aber sind Machtkämpfe programmiert. Zwischen ihnen stimmt die sprichwörtliche Chemie nicht – falls sie sich überhaupt riechen können. Das einzig Gute daran: Nur etwa 60 Prozent der Bevölkerung nehmen Pheromone wie Androstenon überhaupt wahr. Zum Glück. Konzentriert riecht es nach Urin.

apr

mai

jun

14. Mai
Mind the map – Mehr Kreativität durch Gedankenkarten

Denken ist ein komplexer Prozess. Um Synergieeffekte zwischen beiden Gehirnhälften besser zu nutzen, entwickelte der Engländer Tony Buzan in den Siebzigerjahren die sogenannten Mindmaps oder Gedankenlandkarten. Im Gegensatz zu linearen To-do-Listen werden Gedanken hierbei bildhaft, in einer Art Baumstruktur aus Schlüsselworten sortiert. Im Grunde ein alter Hut. Schon der griechische Rhetoriker Simonides kannte um 500 v. Chr. die sogenannte Mnemotechnik. Dabei werden Redeninhalte mit Orten, Bildern oder Gegenständen im Vortragsraum gedanklich verknüpft. Schreitet man diesen Raum während der Rede vor dem geistigen Auge ab, kommt man komplett ohne Manuskript aus. Der spanische Philosoph Ramon Llull verband im 13. Jahrhundert Wort und Bild zu einer Art Wissensbaum. Mindmapping setzt jedoch noch einen Schritt früher an: Es soll helfen, Gedanken zu erkennen und zu strukturieren. So:

1. Beschreiben Sie das unlinierte (!) Papier im Querformat. So wird die Dominanz der linken Hirnhälfte (hierarchische Struktur: oben/unten) aufgebrochen. Entsprechend beginnt die Zeichnung in der Blattmitte – mit einem einprägsamen Symbolbild für das Projekt.

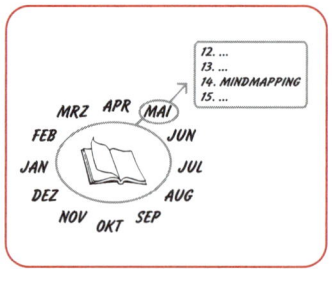

2. Davon ausgehend zweigen Ihre Assoziationen wie Äste ab. Diese Unterpunkte werden mit dem Zentralmotiv per Linien verbunden. Auch von diesen Schlüsselbegriffen gehen Exkurse oder Unterkapitel ab, bis eine Art Baumkrone entsteht, von der ringförmig Gedanken ausstrahlen. Benutzen Sie nur Schlagworte, keine Sätze! Und schreiben Sie diese in Versalien, so wird die rechte Hirnhälfte stimuliert, weil sie diese als Bild, nicht als Wort erkennt.

3. Um die Übersicht zu erhöhen, empfehlen Profis, Farben zu verwenden. Sie verbinden zusammenhängende Gedanken. Ebenso helfen Symbole oder Pfeile.

Die mehrdimensionale Darstellung hat mehrere Vorteile: Komplexe Aufgaben werden in übersichtlichere Einzelteile zerlegt. Unwichtiges kann von Wichtigem (später durch dicken Pfeil kenntlich machen) sofort unterschieden werden. Die Gedächtniskarte offenbart aber auch Lücken: Wozu gibt es viele Gedanken? Was wurde wenig durchdacht? Mindmaps eignen sich hervorragend, um Projekte zu strukturieren, Vorträge vorzubereiten oder ein Manuskript zu erstellen. Einziger Haken: Sie sind individuell. Auf Außenstehende wirken die Ideenkarten meist konfus, mit den Schlüsselwörtern assoziieren sie womöglich anderes. Für Teams gilt deshalb: Sollen alle damit arbeiten, muss die Karte gemeinsam erstellt werden.

15. Mai
Alles Banane – Wie Traditionen (negativ) wirken

In einem Käfig sitzen vier Affen. In der Mitte des Käfigs steht ein Holzpfosten, darüber hängt eine reife Banane. Um sie zu bekommen, müssten die Affen auf den Pfosten klettern. Nach einer Weile wagt der erste Affe sein Glück. Kurz bevor er die Banane erreicht, spülen ihn Wissenschaftler mit einem kalten Wasserstrahl vom Pfahl. Es dauert eine Weile, dann versuchen auch die anderen Affen ihr Glück. Sie alle fegt der Wasserstrahl hinweg. Das Experiment wiederholt sich einige Male, dann geben die Affen auf. Nun ersetzen die Forscher einen der Affen. Der Neue weiß noch nichts von der kalten Dusche und sieht nur die Banane. Doch als er auf den Pflock steigen will, halten ihn die anderen drei mit lautem Gekreische und körperlicher Gewalt zurück. Im Grunde eine soziale Geste. Danach ersetzen die Wissenschaftler mit jedem weiteren Testdurchlauf einen Affen nach dem anderen. So lange, bis vier Affen im Käfig hocken, die niemals mit kaltem Wasser bestrahlt wurden. Was passiert, ist: nichts! Kein Affe wagt jemals wieder den Pfosten zu besteigen. Kommt Ihnen das bekannt vor?

Traditionen beginnen so. Irgendwann weiß niemand mehr, warum man die Dinge so macht, wie man sie macht. Aber jeder ist davon überzeugt, dass es so richtig ist oder nur so geht. »Kann nicht spielen. Kann nicht singen. Leichte Glatze. Kann etwas tanzen.« So lautete der Kommentar einer Filmproduktion bei dem Casting von Fred Astaire 1928. Auf einem MGM-Memo nach der internen Premiere des *Zauberers von Oz* stand: »Dieses Regenbogenlied ist nicht gut. Nehmt es heraus!« Und die Chefin einer Modelagentur, die Marilyn Monroe 1944 ablehnte, gab ihr den Rat: »Sie sollten besser Sekretärin lernen oder heiraten.« So kann man sich irren. Lassen Sie niemals zu, dass Affen Sie davon abhalten, die Erfolgsleiter hochzuklettern!

16. Mai
Ritter der Schwafelrunde –
So werden Meetings produktiver

Meetings laufen so: Etwa acht Menschen sitzen um einen Tisch. Der Leiter bildet das Aufmerksamkeitszentrum und sitzt am Kopfende. Er beginnt mit Smalltalk. Die anderen hocken zurückgelehnt, gelangweilt oder vorgebeugt drumherum. Später versuchen die intellektuellen Primadonnen die Aufmerksamkeit auf sich zu lenken. Zwei Leute sagen gar nichts und beschränken ihren Beitrag auf Zustimmung oder Wiederholung. Klasse. Keiner ist so blöd wie alle zusammen.

Teamsitzung ist ein sakrosankter Begriff, dem die Attribute positiv, populär, produktiv anhaften. Was niemand zugibt: Meetings funktionieren nicht. Zuerst, weil die Zuständigkeiten oft völlig unklar bleiben: Soll die Runde nur Ideen sammeln oder diese umsetzen? Nicht selten ist das Team so sehr mit seiner Definition beschäftigt, dass für die Aufgabe kaum Zeit bleibt. Das Zweite: Meetingmitglieder sind Konkurrenten. Allen ist klar, dass sie sich kooperativ zeigen müssen. Gleichzeitig wissen sie, dass sie dabei ihr Image optimieren und Pluspunkte für künftige Runden sammeln können. Wer Argumentationsgeschick beweist, eigene Konzepte gut präsentiert, Moderationsstärke und Kritikfähigkeit demonstriert, ist vielleicht bald Teamleiter. Offenheit und gegenseitiges Vertrauen sind also begrenzt. Dummerweise bilden beide aber die Basis dafür, dass überhaupt kooperiert wird. Erfolgreiche Teamsitzungen sind deshalb selten. Am seltensten an der Unternehmensspitze, da heißen sie bloß so.

Damit Meetings den Hauch einer Chance haben zu funktionieren, gibt es nur eine Handvoll Regeln. Sie sind recht simpel, aber effektiv. Und ihre Einhaltung ist bis dato die Ausnahme, die sie bestätigt:

- Beginnen Sie pünktlich! Auch wenn nicht alle pünktlich sind – das nächste Mal sind sie es.
- Halten Sie die Teilnehmerzahl so klein wie möglich und so groß wie nötig! Laut Untersuchungen arbeitet ein Meeting mit mehr als acht Mitgliedern kaum noch effizient.
- Entwerfen Sie vorab eine Agenda und halten Sie sich daran!
- Setzen Sie Zeitlimits! Die besten Ideen kommen in den letzten Minuten. Sparen Sie Laberzeit.
- Fassen Sie die Ergebnisse zusammen und verteilen Sie diese an alle Teilnehmer – zum Beispiel per E-Mail. Dann gibt es später keine Missverständnisse.

17. Mai
Paraderolle – Wie sich das optimale Team zusammensetzt

Das Ergebnis war ernüchternd. Ausgerechnet das Team mit den intelligentesten, fachlich kundigsten Kursteilnehmern lieferte das schlechteste Ergebnis. Nicht sie gewannen den Wettstreit, sondern eine durchschnittliche Gruppe. Warum?

Der britische Psychologie-Professor Meredith Belbin analysierte in den Siebzigerjahren dieses Phänomen, das er am Henley Management College beobachtete. Dabei fand er heraus, dass für den Gruppenerfolg nicht der Scharfsinn des Einzelnen ausschlaggebend ist, sondern wie sich die Persönlichkeitsprofile im Team ergänzen und beeinflussen. Daraufhin identifizierte er neun Typen, die er 1981 zu einem Rollenmodell zusammenfasste, das inzwischen zu den Managementklassikern zählt. Demzufolge arbeiten Teams am effektivsten, wenn sie aus diesen neun verschiedenen Typen und ihren jeweiligen Stärken bestehen:

Rolle	Gruppenbeitrag	Stärken/Schwächen
Handlungsorientierte Rollen		
Koordinator	Er ist der ideale Teamleiter und fördert Entscheidungen.	ruhig, selbstsicher; aber: nur durchschnittliche Fähigkeiten
Weichensteller	Der Netzwerker bringt nicht nur neue Ideen, sondern richtet die Gruppe nach Bedürfnissen externer Schnittstellen aus.	enthusiastisch, neugierig, kommunikativ; aber: verliert schnell das Interesse und ist zu optimistisch
Macher	Er drängt die anderen zum Handeln, hat den Mut, Hindernisse zu überwinden.	dynamisch, pragmatisch, stressresistent; aber: ungeduldig, provokativ
Kommunikationsorientierte Rollen		
Erfinder	Er ist der Spinner der Truppe, bringt frische Ideen und denkt quer.	unorthodox, individualistisch; aber: oft abgehoben, ignoriert formale Vorgaben
Beobachter	Der Skeptiker untersucht die Vorschläge auf ihre Machbarkeit und verliert nie die Bodenhaftung.	zäh, nüchtern, strategisch; aber: wenig inspirierend und motivierend
Teamarbeiter	Als Helfer im Hintergrund verbessert er die Kommunikation und baut Reibungsverluste ab.	sensibel, sanft, kooperativ, diplomatisch; aber: selten entscheidungsstark
Wissensbasierte Rollen		
Umsetzer	Er setzt Pläne in die Tat um, verfügt über Organisationstalent und praktischen Verstand.	diszipliniert, pflichtbewusst, effektiv; aber: häufig auch unflexibel, eigensinnig
Perfektionist	Der Qualitätskontrolleur kümmert sich um die Details und vermeidet Fehler.	sorgfältig, gewissenhaft; aber: kontrollsüchtig, delegiert ungern
Spezialist	Er ist der Tüftler, steuert das nötige wie stets aktuelle Fachwissen bei.	selbstbezogen, engagiert; aber: verliert sich oft in technischen Details

Natürlich hat Belbins Modell Schwächen. Im Alltag kommt es kaum vor, dass Teams aus genau diesen Personen gebildet werden. Die Zusammensetzung richtet sich oft danach, wer gerade verfügbar ist, nach Hierarchie, nach fachlicher Kompetenz. Ebenso vernachlässigt Belbin, dass es so etwas wie Konkurrenzstreben, Sympathien und Aversionen zwischen Teammitgliedern geben kann, was deren gemeinsame Arbeit erheblich stört. Nützlich ist das Konzept dennoch, denn es schärft die Selbstwahrnehmung: Welche Rollen sind im Team schon besetzt? Welche passt zu mir am besten? Wer seine optimale Funktion für die Gruppe erkennt, kann seine Stärken ausspielen und seine Defizite gezielt ausgleichen. Die Wahrscheinlichkeit für Teamversagen sinkt nachweislich, je kleiner die Kluft zwischen Eigen- und Fremdwahrnehmung der einzelnen Mitglieder ausfällt.

18. Mai
Dummdidumm – Zur Schau gestellte Klugheit ist schädlich

Eine Sitzung. Lauter kluge Köpfe waren versammelt, sämtliche Überflieger des Unternehmens, dazu ein paar namhafte Unternehmensberater. Der Raum beherbergte einen akkumulierten IQ von 2000. Nichts passierte. Wenn sich so viel Brillanz ballt, kann man sicher sein, dass jedes erdenkliche Problem, jeder Fragen- und Ideenkomplex von allen Seiten be- und durchleuchtet werden. Das Ergebnis sind tadellose Theorie, analytische Anmut, null Umsetzung.

Intelligenz ist nicht alles. Unternehmen brauchen nicht nur analytische Brillanz, sondern Menschen mit der Energie, etwas zu bewegen. Scharfsinn, so sehr er geschätzt wird, ist auch ein Handicap. Persönlich sowieso, falls Sie smarter sind als Ihr Chef und er das merkt. Für das Unternehmen, falls viele unheimlich schlau sind, aber auch unheimlich viel klugschwätzen und dennoch wenig anpacken. Ich erinnere mich an einen Artikel, den ich vor einiger Zeit las. Es ging um Großbritannien. Die größte Gemeinsamkeit dortiger Unternehmer mit Erfolg war nicht etwa Mut oder Intelligenz. Es war Dyslexie. Einer, der an einer solchen Lesehemmung leidet, ist Richard Branson, der Gründer von Virgin. Der Mann erfindet ständig Neues, ist umtriebig, ein Macher. Nicht alles davon klappt, und manchmal hat er auch dumme Ideen. Na und?! Er macht einfach weiter – und hat Erfolg. Von dem deutschen Dichter und Physiker Georg Christoph Lichtenberg stammt der Satz:»Der Mann hatte so viel Verstand, dass er fast zu nichts mehr zu gebrauchen war.« Heute nennt man das Inselbegabung. Intelligenz, sagen wirklich Intelligente, ist die Fähigkeit sich anzupassen. Oder wie Kurt Tucholsky es formuliert:»Der Vorteil der Klugheit besteht darin, dass man sich dumm stellen kann. Das Gegenteil ist schon schwieriger.« Vorsicht ist immer gegenüber jenen angebracht, die ihre Schläue offensiv nach außen pellen. Ihnen geht es selten um die Sache, dafür umso mehr um sich. Sie suchen Bühnen, nicht Berufungen. Und selbst in Sachen Karriere stellt sich die Frage: Ist es wirklich ein Zeichen von Klugheit, andere wissen zu lassen, dass man schlauer ist als sie? Eben.

19. Mai
Disneys Düsentrieb – Anleitung zum Querdenken

Walt Disney verdanken wir nicht nur Micky Maus, Donald Duck und Goofy. Der US-Filmproduzent Walter Elias Disney entwickelte außerdem eine Methode, um Denkblockaden aufzuweichen. Ihren Durchbruch fand sie jedoch durch Robert Dilts, den Mitbegründer des Neuro-Linguistischen Programmierens, kurz NLP. Er stellte fest, dass Kreativität dadurch entsteht, dass unterschiedliche Persönlichkeitstypen zusammenwirken. Walt Disney nannte sie: den Träumer, den Realisten, den Kritiker.

Der Legende nach verdankt der Zeichentrickkönig seinen Erfolg diesem Trio, dem er in seinem Büro drei Sessel widmete, auf die er sich abwechselnd setzte – einen zum Träumen, einen zum Planen, einen zum Verbessern. Das kann man glauben oder nicht. Unbestreitbar aber ist, dass die Methode einzeln und in Gruppen funktioniert. Dazu schlüpft man selbst oder die Teilnehmer abwechselnd in diese drei Rollen. Der Träumer nutzt vor allem seine rechte Gehirnhälfte: Er denkt in Bildern, chaotisch und visionär, und lässt sich weder durch (logische) Regeln noch Traditionen einschränken. Der Realist konzentriert sich danach auf das Machbare – jedoch mit viel gutem Willen: Falls die Idee des Träumers umgesetzt würde, was wäre dazu nötig? Was würde es kosten? Welche Schritte müssten unternommen werden und in welcher Reihenfolge? Wichtig ist, dass der Realist stets vor dem Kritiker gehört wird. So bekommt die Vision die Chance, ihr Potenzial zu zeigen. Erst dann schlägt der Kritiker zu, stellt konstruktive (!) Fragen, prüft, analysiert und verbessert das vorläufige Ergebnis. Danach beginnt der Prozess von vorne, der Kritiker übergibt die Lösung zurück an den Träumer, der sie weiterspinnt, und so weiter. Sobald der Kritiker keine offenen Fragen mehr hat, der Realist von dem Gelingen des Projekts überzeugt und der Träumer von dessen Strahlkraft begeistert ist, liegt ein optimales Ergebnis vor.

Natürlich braucht es dazu weder drei Sessel noch peinliche Gruppenspiele. Das Rollenprinzip lässt sich auch in einer Art innerem Dialog absolvieren. Aus der Psychologie ist allerdings bekannt, dass Ortswechsel den Prozess beflügeln können, weil man so nicht nur gedanklich, sondern auch körperlich neue Standpunkte einnimmt. Bei einem Meeting die Stühle zu tauschen, könnte vielleicht albern wirken. Wenn Sie aber die drei Phasen auf drei Meetings verteilen und jedes Mal den Raum wechseln, unterstützen Sie den Disney-Effekt – und sind vielleicht bald so erfolgreich wie Onkel Dagobert.

20. Mai
Über Bände – Wann Bücher Karrieren beflügeln

Interessante Menschen haben alle eins. Prominente sowieso. Erfolgreiche auch, wobei nie ganz klar ist, wie sehr das eine mit dem anderen korrespondiert. Die Rede ist nicht etwa von einem kapitalen Ego, da gilt das zwar auch, sondern von einem eigenen Buch.

Schreiben sei wie Prostitution, befand der Dramatiker Moliere. »Zuerst macht man es aus Liebe, dann für Freunde und schließlich für Geld.« Zurzeit ist es vor allem ein florierendes Gewerbe. Es scheint, als wolle gerade jeder ein Buch veröffentlichen. Allein bei Books on Demand, einer Tochter des Online-Buchhändlers Libri, lagen bis Ende 2006 rund 15 000 Titel druckbereit auf dem Server.

Inzwischen sind es schon über 30 000. Die inhaltliche Bandbreite der selbstverlegten Literatur reicht von der Hausfrau, die Lyrik verfasst, über den Industriekaufmann, der glaubt, Einstein widerlegen zu können, bis hin zum Oberstudienrat, der sich mithilfe eines frivolen Romans erleichtert. Was die Mehrheit antreibt, ist aber weniger der Impetus, einen literarischen Meilenstein abzuliefern, als vielmehr der Wunsch, der Karriere auf die Sprünge zu helfen.

Kann klappen, muss aber nicht. Ein erfolgreiches Buch kann das Ansehen des Autors enorm steigern. Für Freiberufler und Berater wirken Bestseller wie Leuchtfeuer, die neue Mandaten anlocken. Und Berufsanfänger können sich so als Experten auf einem Gebiet einen Namen oder Headhunter auf sich aufmerksam machen. Dazu muss man allerdings wissen, dass Publikumsverlage oft einen Vorlauf von bis zu einem Jahr haben. Wer den Zeitpunkt verpasst, wenn der Verlag sein Programm für das kommende Halbjahr festzurrt, verliert viel Zeit. Aktueller Stoff ist dann meist schon kalter Kaffee. Verschätzen sollte man sich auch nicht mit dem Zeitaufwand: Mit sechs bis neun Monaten rechnen Profis für einen 200-Seiten-Band.

Und eines muss einem Autoren immer klar sein: Reich werden nur die wenigsten mit einem Buch. Das Gros der Fachbücher geht mit Auflagen von 3000 Stück an den Start, mit 5000 verkauften Exemplaren zählen manche schon zu Bestsellern. Große Vorschüsse sind da kaum drin. Stattdessen werden die Urheber mit fünf bis zehn Prozent am Umsatz beteiligt. Bei einem Buch für 19,90 Euro, das sich 500 Mal verkauft, sind das knapp 1000 Euro. Bei einem halben Jahr Vorbereitung mit täglich drei Stunden Schreibarbeit entspricht das einem Stundenlohn von 1,82 Euro.

Zudem kommen nur wenige bei einem der namhaften Verlage unter. Für die Mehrheit bleibt so oft nur die Alternative, ihr Werk im Eigenverlag zu veröffentlichen. Ob das ein Bestseller wird, hängt dann vor allem davon ab, was der Autor daraus macht. Also, ob er zum Beispiel Lesungen und Events rund um sein Thema organisiert, eine Webseite zum Buch betreibt und Pressearbeit macht. Nur: Hohe Auflagen sorgen zwar für Aufmerksamkeit; damit sie auch den beruflichen Aufstieg fördern, gilt allein eine Regel: Klasse vor Masse.

21. Mai
Taktgefühl – Finden Sie Ihren eigenen Rhythmus

Es gibt gute Zeiten. Und es gibt schlechte. Angeblich hängt das vom Biorhythmus ab. Die Anhänger dieser Lehre glauben, dass das Leben jedes Menschen von drei unterschiedlichen Rhythmen bestimmt wird: dem körperlichen (er dauert 23 Tage), dem emotionalen (28 Tage) und dem geistigen (33 Tage). Bei der Geburt schlagen alle drei noch im selben Takt, später überlappen und überlagern sie sich. So entsteht ein ewiges Auf und Ab von Leistung, Stimmung und Erfolg. Den eigenen Biorhythmus zu ermitteln, hat allerdings den gleichen Unterhaltungswert wie das richtige Horoskop zu finden. Beides ist blanker Unfug. Mit Ausnahme von Hormoneinflüssen lassen sich wissenschaftlich keine regelmäßigen, lebensbeeinflussenden Rhythmen nachweisen. Erst recht keine, mit denen man Vorhersagen für den günstigsten Zeitpunkt eines Gehaltsgesprächs oder Geschäftsabschlusses treffen könnte.

apr

mai

jun

Trotzdem gibt es bei jedem Menschen innerhalb eines Tages unterschiedliche Leistungsphasen, die auch in den darauf folgenden Tagen recht regelmäßig wiederkehren. Zumindest, wenn man nach einem bestimmten Takt schläft, isst, arbeitet und entspannt. Allerdings verschieben sie sich im Laufe der Zeit. Die Wissenschaft spricht dabei von den sogenannten *circadian rhythms*. Ihnen zufolge hat der tatsächliche Tagesrhythmus eines Menschen eben nicht genau 24 Stunden, sondern etwas mehr.

Auch bei Tieren haben Forscher diese innere Uhr beobachtet, die sich nicht an der Erdrotation orientiert, sondern davon leicht abweicht. Bei Tieren kann der Tag demnach zwischen 23 und 26 Stunden dauern, bei Pflanzen zwischen 22 und 28 Stunden. Den Grund dafür entschlüsselte 2001 Hiroaki Daido vom Kyushu Institute of Technology der Universität Osaka Perfecture. Er konnte nachweisen, dass der zeitversetzte Rhythmus Überlebensvorteile sichert. Würden Tiere täglich zur selben Zeit auf die Jagd gehen, wäre die Konkurrenz zu groß. Es gäbe so etwas wie eine biologische Rushhour. Wer dagegen von diesem Takt abweicht, hat weniger Wettbewerber, weniger Stress und mehr Erfolg. In einer Computersimulation, die Daido programmierte, war das Ergebnis noch drastischer: Die Arten, die sklavisch am Tagesrhythmus festhielten, starben aus.

Auf das Berufsleben übertragen: Festzementierte, einheitliche Pausen oder Kernarbeitszeiten können zu Stress und Produktivitätsverlusten führen. Deshalb ist der erste Schritt, seine innere Uhr genau kennenzulernen. Wohl jeder kann bei sich klare Leistungsschwerpunkte, entweder morgens, mittags oder abends, feststellen. Schwierige Aufgaben sollte man möglichst in diesen Zeitraum legen, den lästigen Kleinkram erledigt man dagegen besser in den Durchhängerphasen. Bei den meisten Menschen ist das übrigens zwischen 13 und 16 Uhr.

22. Mai
Glockenspiel – Machen Sie Ihre Ziele bekannt!

»Wie kommt es, dass manche Menschen ihre Ziele leichter erreichen als andere?«

»Das kann viele Gründe haben, relevant davon sind aber vor allem zwei: überhaupt ein Ziel zu haben – und dieses bekannt zu machen.«

»Ich soll meine Ziele an die große Glocke hängen?«

»Die kleine reicht auch. Aber seine Entscheidung öffentlich zu machen, bewirkt wiederum zweierlei: Andere Menschen setzen Erwartungen in einen und man selbst ebenfalls.«

»Und wenn man scheitert, wird es peinlich ...«

»... eben darum wirkt es! Jemandem von seinen Zielen zu erzählen, hilft, sich mental und emotional auf sein Ziel zu konzentrieren und alles daranzusetzen, um es zu erreichen. Das funktioniert wie bei Boxern, die vor dem Kampf sicherheitshalber schon mal ankündigen, wie sie ihrem Gegner später eins auf die Glocke zimmern. Das gehört zum Spiel. Entsprechend motiviert sind sie.«

»Mehr innerer und äußerer Druck als Schlüssel zum Erfolg?«

»Seine Ziele anderen mitzuteilen, ist kein Erfolgsgarant. Aber es ist ein gutes Indiz, wie sehr man sich seiner Sache verschrieben hat. Außerdem hilft es, die Ziele durch andere zu prüfen.«

23. Mai
Grenzerfahrung – Über die Neigung zu verharren

Verortete Bequemlichkeit heißt heute *Komfortzone*. In diesem persönlichen Wohlfühlbereich haben wir es uns gemütlich gemacht, reklamieren Privilegien, es herrschen Ruhe und Ordnung. Komfortzonenbewohner konservieren ihren passiven Affekt: Bloß nichts unternehmen, was Ruhe und Rituale stört! Der Mensch, das Gewohnheitstier.

Heimtückisch! Bewohnen wir solche Zonen zu lange, werden wir faul und träge; wir bleiben stehen, während sich alle anderen weiterentwickeln. Wie man aus dieser Falle herauskommt, beschäftigt Psychologen seit Dekaden. Vorläufiges Ergebnis: durch Bedrängnis. Die funktioniert aber nur, wenn die Herausforderung unsere Fähigkeiten gerade eben übersteigt. Nur wer die Aufgabe auch lösen kann, bleibt motiviert und erreicht den *Flow*. So nennt das der Kreativitätsforscher Mihaly Csikszentmihalyi. Ein Beispiel: Stellen Sie sich vor, Sie wollen ein völlig neues Projekt übernehmen. Einen großen Auftrag. Leider haben Sie von der Sache überhaupt keine Ahnung. Ihre Fähigkeiten liegen deutlich unter den Anforderungen, kurz: Sie sind hoffnungslos überfordert. Die Folge werden Frust und Versagensängste sein. Etwas Ähnliches passiert, wenn Sie eine neue Aufgabe übernehmen, die Sie in- und auswendig kennen. Diesmal liegen Ihre Fähigkeiten weit über den Ansprüchen: Sie sind unterfordert – und deshalb bald gelangweilt und genauso frustriert.

Die Lektion daraus: Veränderung gelingt nur in kleinen Schritten. Um erfolgreich seine wunderbar bequeme Chill-out-Zone zu verlassen und sich weiterzuentwickeln, muss jeder seine Grenzen genau kennen und Aufgaben so wählen, dass sie diesen nahekommen – besser: sie leicht überschreiten. Je öfter Sie diesen Prozess aus »Limits ausloten und übertreten« wiederholen, desto mehr wachsen Sie über sich hinaus. Wie ein Baum, der einen Ring zulegt, wenn er ein Jahr mit Sonne, Sturm und Schnee gemeistert hat.

apr

mai

jun

24. Mai
Augen zu und durch – Mehr Erfolg im Schlaf

René Descartes wusste, warum man vom *Morgengrauen* spricht. Der französische Mathematiker und Philosoph bekannte sich offen dazu, gerne bis mittags in den Daunen zu dösen. Geschadet hat ihm das nicht. Erst als er 1649 von Königin Kristina an den schwedischen Hof gerufen wurde, veränderte sich sein Leben dramatisch: Die Königin war eine ausgesprochene Frühaufsteherin, die von dem Langschläfer bereits gegen 5 Uhr in Philosophie unterrichtet werden wollte. Der Schlafentzug tat weder dem Denker noch seinem Immunsystem gut. Gut ein Jahr später starb Descartes an einer Lungenentzündung.

Schlafmangel bedroht Lebens- und Leistungskraft. Dennoch glorifizieren wir den Kurzschläfer und stigmatisieren die Schlafmütze als Faulpelz. Dabei sind Übermüdete gereizter, unaufmerksamer, machen mehr Fehler als Ausgeruhte, das räumliche Verständnis schwindet, Konzentration und Merkfähigkeit lassen nach, Reaktionsgeschwindigkeit und Entscheidungsstärke fallen ab. Aus der Forschung ist bekannt: Wer zu wenig schläft, bekommt seine Tagesaufgaben kaum noch geregelt, neigt zu Depressionen. »Wer fünf Tage lang nur vier Stunden schläft, erreicht ein geistiges Niveau, als wäre er 24 Stunden lang wach«, sagt der renommierte Schlafmediziner Charles Czeisler von der Harvard Medical School. Nach zehn Tagen wirkt der Schlafentzug bereits wie 48 Stunden Dauerwache. So jemand trifft keine intelligenten Entscheidungen mehr!

Gesunder Schlaf – er dauert durchschnittlich sieben Stunden – hat dagegen enorme Vorteile: Der Kopf leistet währenddessen Arbeit auf höchstem Niveau. Er lernt etwa – und das bereits kurz nach dem Einschlafen: Nach rund 15 Minuten fallen wir in den *Deltaschlaf*. Dabei schiebt das Gehirn die tagsüber gemachten Erfahrungen und gelernten Informationen aus dem Zwischenspeicher (Hippocampus) in den Langzeitspeicher (Neokortex). Es entsorgt den Infomüll, um Platz zu schaffen für neue Informationen. Gleichzeitig merken wir uns Fakten, Vokabeln, Geschichten. Deshalb sollte zum Beispiel, wer am nächsten Tag einen Vortrag halten muss, sich das Redemanuskript vor dem Schlafengehen noch einmal durchlesen.

Innerhalb von jeweils 90 Minuten wechselt sich der Deltaschlaf mit dem *REM-Schlaf* (Rapid Eye Movement) ab – der Phase, in der sich die Augen unter den geschlossenen Lidern schnell bewegen. In dieser Traumphase speichern wir vor allem prozedurale Fertigkeiten, also Fußball spielen, Radfahren, Malen. Die REM-Phasen dominieren morgens, deshalb sollte jemand, der eine Sportart erlernt, möglichst ausschlafen. Im Schlaf verknüpft unser Gehirn nicht nur Gelerntes, sondern fördert sogar neue Gedanken. Schlafen macht nicht nur schlau, sondern kreativ.

Wie Sie besser schlafen? Zuerst durch eine lockere Einstellung. Bewährt hat sich darüber hinaus:

- Regelmäßig schlafen! Gehen Sie möglichst zu einer bestimmten Zeit ins Bett. Rituale helfen ebenfalls. Das können 20 Minuten lesen sein, eine Viertelstunde Entspannungsmusik, ein beruhigender Tee oder Meditation.
- Bloß kein Druck! Wer binnen 20 Minuten nicht einschläft, sollte aufstehen und etwas machen. Nur nicht arbeiten und kein grelles Licht! Das signalisiert dem Gehirn: aufwachen!
- Keine Tabletten! Sie erleichtern das Einschlafen, wirken aber auf die kognitiven Prozesse störend. Zudem haben viele Nebenwirkungen. Allenfalls bei Jetlag ist gelegentlich eine Tablette erlaubt – aber nur Präparate mit den Substanzen Zopiclon, Zolpidem, Zaleplon.

25. Mai
Unterwegs – Weise Worte

»*Man kann niemanden überholen, wenn man in seine Fußstapfen tritt.*«
[François Truffaut, Regisseur]

»*Egal, wie weit der Weg ist, man muss den ersten Schritt tun.*«
[Mao Tse-tung, Mitbegründer der Volksrepublik China]

»*Gehen lernt man durch Stolpern.*« [Bulgarisches Sprichwort]

»Nicht das Beginnen wird belohnt, sondern einzig und allein das Durchhalten.« [Katharina von Siena, Kirchenlehrerin]

26. Mai
Neuland – Wie anpassungsfähig sind Sie tatsächlich?

Auf seinen Reisen begegnete Theseus vielen Feinden und Gefahren. Einer der Grausamsten in der griechischen Sage war der Straßenräuber und Sadist Prokrustes. Wer an seinem Haus vorbeikam, den zwang er hinein. Dort hatte er zwei Betten: ein viel zu kurzes und ein viel zu langes. Seine kleinen Opfer lud er in das übergroße Bett und sprach:»Freund, die Lagerstatt ist viel zu groß für dich. Lass sie dir passend machen.« Dann band er sein Opfer an das Bett und streckte es so lange, bis es starb. Die größeren Gäste fesselte er in das Zwergenbett und sagte:»Freund, die Bettstatt ist viel zu klein für dich. Lass sie dir passend machen.« Dann hackte er ihnen die Beine ab, bis nichts mehr herausragte. Als Theseus seinen Weg kreuzte, überwältigte er Prokrustes und tötete ihn auf die gleiche Weise.

Eine grausige Geschichte, sicher. Aber immer noch aktuell. Nur sind Prokrustesbetten heute aus einem anderen Stoff: Es sind Vorurteile, Klischees, Denkschubladen, in die wir andere Menschen zwängen und sie entweder zusammenstauchen, wenn sie uns zu groß werden, oder so lange aufblähen, bis sie die sind, die wir gerne hätten. Genauso gut können es Traditionen, Abläufe, Strategien sein, die wir unseren vorgefertigten Meinungen angleichen wollen. Wir selbst treten dabei auf der Stelle, weil wir meinen, die Welt müsste sich uns anpassen und nicht umgekehrt. Dabei verpassen wir eine gute Gelegenheit, die Welt in Dimensionen zu erleben.»Die wahren Entdeckungen«, schreibt Marcel Proust,»bestehen nicht darin, Neuland zu finden, sondern die Dinge mit neuen Augen zu sehen.« Einen Versuch ist es allemal wert …

27. Mai
Fehler frei – Perfektionismus hält nur auf

Es ist ein Fehler, keine Fehler machen zu wollen. Manche Menschen verschwenden ihr ganzes Leben bei diesem Versuch. Objektiv betrachtet, machen sie vielleicht wirklich seltener Fehler als andere. Aber sie bewerkstelligen auch weniger, weil sie viel Zeit aufwenden, potenzielle Fehler zu vermeiden. Karriere machen heißt: Entscheidungen treffen – und die können falsch sein. Na und?!
Natürlich ist es klug, hohe Ansprüche an sich und andere zu stellen. Aber nur, solange diese realistisch sind. Sonst wird man wichtige Entscheidungen immer wieder aufschieben, bis endlich alles so ist, wie man es gern hätte. Und das passiert nie oder der Zug ist längst abgefahren. Nullfehlertoleranz können sich nur Götter leisten. Oder deutsche Ingenieure: Lars ist einer meiner besten Freunde und Entwicklungsingenieur bei einem Kölner Autokonzern. Als er sich vor einigen Jahren ein Haus kaufte, musste er die Bude praktisch kernsanieren. Türen und Fenster waren aus dem Rahmen, der Estrich wäre auch als polnische Landstraße durchgegangen, und bei den Elektrokabeln konnte man nie sicher sein, ob sie nicht samt ihren Strömen davonkröchen. Lars hat vieles in Eigenleistung optimiert – dem Ingenieur ist nichts zu schwör! Und wie sich das für einen deutschen Präzisionsentwickler gehört, war er sehr gründlich. Ich habe ihm ein paar Mal geholfen und seine Sorgfalt und Akribie bewundert. Einmal haben wir drei Stunden gebraucht, um ein paar Deckenlatten exakt in Waage zu bringen, damit er hinterher eine Holzdecke daran befestigen konnte. Ich bin mir sicher, es gibt im Umkreis von 200 Kilometern keine perfektere Decke. Wenn ich ihn heute allerdings besuche, blicken wir manchmal an seine wirklich waagerechte Wohnzimmerdecke und denken, dass es 90 Prozent vom Optimum auch getan hätten.
Perfektionismus hält auf. Er führt zu einem Tunnelblick, bei dem sich die Betroffenen auf Details konzentrieren, die für das große Ganze nur geringe Bedeutung haben. Mängel können den Horizont erweitern: Ohne Fehler hätte Christoph Kolumbus nie Amerika entdeckt. Erfolgreiche Menschen zeichnen sich gerade dadurch aus, *dass* sie Fehler machen, weil sie einfach mehr machen als andere. Ein Irrtum ist nichts Schlimmes, wenn er sich nicht wiederholt und man

apr

mai

jun

daraus lernt. So wie der IBM-Gründer Tom Watson. Als einer seiner Mitarbeiter einen schweren Fehler beging, kostete ihn das 600 000 US-Dollar. Daraufhin fragte man Watson, ob er den Mitarbeiter nicht feuern wolle, was Watson vehement verneinte. Er sagte nur:»Ich habe gerade 600 000 Dollar in seine Ausbildung investiert. Warum sollte jemand anders diese Erfahrung gratis bekommen?«

28. Mai
Achtzigzwanzig –
Warum kleine Ursachen große Wirkung haben

Es war im Jahr 1853, als George Crum, Koch eines Hotels im amerikanischen Saratoga Springs, die Wut packte. Ständig nörgelte ein Gast über zu dicke Bratkartoffeln. Also nahm er die Erdäpfel, schnitt sie in papierdünne Scheiben und briet sie so knusprig, dass sie mit Messer und Gabel nicht mehr zu essen waren. Der Gast war dennoch begeistert – so landeten die allerersten Kartoffelchips der Welt als »Saratoga Chips« auf einer Speisekarte.

1992 erlebten amerikanische Forscher ihr blaues Wunder. Eigentlich wollten sie ein Medikament gegen Angina Pectoris (Brustenge) entwickeln. Doch das Zeug hatte Nebenwirkungen. Besonders bei Männern: Während der 10-tägigen Studie stellten die Wissenschaftler fest, dass die Probanden unter Einfluss der Pille eine Erektion bekamen. Zuerst war das peinlich, dann ein Milliardengeschäft – namens Viagra.

Kleine Ursache, große Wirkung. Egal, wie sehr sich einer anstrengt, oft sind es die Zufälle und Nebenwirkungen, die das entscheidende Quäntchen zum Triumph beitragen. Nicht 100 Prozent des Einsatzes entscheiden über 100 Prozent des Erfolgs, sondern in der Regel deutlich weniger. Genau genommen sogar nur 20 Prozent. Das sagt etwa der italienische Soziologe und Ökonom Vilfredo Pareto: Er untersuchte um 1906 die Vermögensverteilung in Italien und fand heraus, dass rund vier Fünftel des Vermögens bei rund einem Fünftel der italienischen Familien konzentriert waren. Daraus folgerte er, dass die Banken sich lieber um diese 20 Prozent kümmern sollten. Das *Pareto-Prinzip* oder die *80:20-Regel* wurde zum

Schlagwort und seitdem auf viele Bereiche übertragen. Etwa auf den Vertrieb, wo 20 Prozent der Verkäufer oft für 80 Prozent des Umsatzes verantwortlich sind, oder auf Lagerhäuser, wo 20 Prozent der Produkte oft 80 Prozent des Platzes beanspruchen. Die Formel *Achtzigzwanzig* ist inzwischen aus der Mode gekommen. Leider. Im Berufsleben wirkt sie noch immer. Allerdings leicht modifiziert. So findet beispielsweise Michael Gartner, Harvard-Dozent und Pulitzer-Preisträger, dass es oft nur 20 Prozent Jobmüll sind, die uns 80 Prozent des Spaßes an unserer Arbeit rauben. Seien es unproduktive Meetings, chaotische Chefs oder Primadonna-Kollegen. Aber es sind eben nur 20 Prozent! Jeder muss in seinem Beruf Dinge machen, die an seinen Kräften zehren und ihn frustrieren. Was zählt, sind aber letztlich die anderen 80 Prozent echte Leidenschaft.

29. Mai
Lichtspiele – Wir können mehr, als wir denken

Es ist das Jahr 1924. Die Manager von General Electric (GE) fragen sich, wie sie die Produktion optimieren können. Dank des Taylorismus haben sie jeden Arbeitsvorgang in viele kleine, optimierte Schritte zerlegt. Nun gehen sie ans Eingemachte und lassen ein paar Wissenschaftler untersuchen, ob sich eine Veränderung der Lichtverhältnisse auf die Leistung auswirkt. Die Versuche werden in den Hawthorne-Werken in Cicero/Illinois durchgeführt. Die Forscher informieren die Arbeiter darüber, was sie vorhaben. Dann wird es heller gemacht – und tatsächlich: Mit dem Licht steigt die Produktivität. Die Forscher sind baff und wiederholen das Experiment. Wieder informieren sie die Arbeiter, installieren zusätzliche Lampen – prompt steigt die Produktivität. Die GE-Manager freuen sich über Millionen Glühbirnen, die sie künftig verkaufen können. Dann macht ein Wissenschaftler einen Einwand, der das Kartenhaus einstürzen lässt: Was wäre, wenn die Leistung der Arbeiter nicht wegen des Lichts stieg, sondern weil sie sich beobachtet fühlten? Die Forscher wagen ein drittes Experiment. Erneut informieren sie die Belegschaft, dass sie den Zusammenhang von Licht und Leistung untersuchen wollen. Nur installieren sie diesmal keine neuen Lampen – sie lügen. Die Produktivität steigt trotzdem. Aus der Traum vom Glühbirnengeschäft.

Das Experiment ging als *Hawthorne-Effekt* in die Geschichte ein. Man lernte daraus zweierlei: Sobald Probanden wissen, dass sie beobachtet werden, können sie ihr Verhalten ändern, was das Ergebnis vieler Studien damals in Frage stellte. Für die Betriebswirtschaftslehre war es zugleich der Beweis, dass die Arbeitsleistung nicht nur von den Arbeitsbedingungen abhängt, sondern ganz wesentlich von sozialen und psychologischen Faktoren. Der Effekt zeigte aber auch, dass wir eine erlernte Ansicht über unsere maximale Leistungskraft haben und dass diese Grenze völlig willkürlich gewählt ist. Man darf annehmen, dass die Hawthorne-Arbeiter bereits unter Dämmerlicht ihr Bestes gaben. Aber jedes Mal, wenn die Forscher einen Versuch ankündigten, waren sie in der Lage, ihre Schaffenskraft zu steigern. Der Mensch hat also mehr Reserven, als er meint.

Und genau das ist das Dilemma persönlichen Wachstums: Wir wachsen nicht von alleine über uns hinaus, sondern erst wenn uns jemand herausfordert. Weil das aber anstrengt, meiden viele solche Piesacker. Lieber drehen sie das Licht ein bisschen heller.

30. Mai
Freigeist – Die größten Mythen über Kreativität

Am ersten Tag der Schöpfung hatte Gott die Idee mit dem Licht. Solchen Eingebungen sollte man folgen, denn die ersten sind oft die besten: Ohne Sonnenlicht gäbe es auf der Erde kein Leben.

Wir Menschen tun uns mit derlei Innovationen ungleich schwerer. Der Weg zum lichten Moment – er ist für uns oft ein geistiges Martyrium. Ob und wie er sich abkürzen lässt, haben viele helle Köpfe untersucht. Auch die Harvard-Professorin Teresa Amabile, die sich mit diesem Problem seit mehr als einem Vierteljahrhundert beschäftigt. Vor einer guten Dekade begann sie damit, rund 12 000 Tagebucheinträge von 238 Menschen auszuwerten, die an kreativen Projekten mitwirkten. Heraus kam einiges, was an den Mythen über Kreativität rüttelt:

- Viele Chefs, die Amabile vor der Studie befragte, sagten, sie wünschten sich mehr Einfallsreichtum im Marketing und in der Forschungsabteilung, jedoch keinesfalls in der Buchhaltung. Das sind gefährliche Stereotypen! Dahinter steckt die Idee, manche Mitarbeiter seien kreativ, andere nicht. Gute Manager sperren Kreativität nicht in ein Ghetto, sondern ermutigen jeden Mitarbeiter zu genialen Gedanken, auch Controller. Um Ideen eine Frischzellenkur zu verpassen, braucht es bloß ein wenig Expertise, dafür umso mehr Aufgeschlossenheit.
- Von wegen Druck fördert Kreativität! Amabiles Protokollanten waren im Wettlauf gegen die Zeit immer besonders unkreativ. Der Druck nahm ihnen die Gelegenheit, Ideen reifen zu lassen. Sogar nachhaltig: Selbst als der Druck nachließ, blieben die Mitarbeiter an den folgenden Tagen unproduktiver als gewöhnlich.
- Dasselbe gilt für Konkurrenzdruck. Wettbewerb mag das Geschäft beleben, für Innovationen ist er schädlich. So litt die Kreativität besonders, wenn Arbeitsgruppen untereinander konkurrierten statt zusammenzuarbeiten. Die geistreichsten Teams waren dafür jene, die genug Vertrauen zueinander hatten, um Einfälle offen zu diskutieren. Es ist die Freiheit, die Kreativität beflügelt. Mit ihr kommen Lichtblitze sogar bei Tag und Nacht.

apr

mai

jun

31. Mai
Blitzaktion – Die Macht der Intuition

Zehn Millionen. So viel sollte die Statue eines griechischen Jünglings kosten, die ein Kunsthändler dem Getty-Museum in Los Angeles anbot. Klar, bei einer solchen Summe kauft keiner die Katze im Sack. Also prüften die Kunstkenner den Marmor auf seine Echtheit, mit Elektronenmikroskop, Massenspektrografie, Röntgenstrahlen. Das volle Programm. Dann stand fest: Das Ding ist echt. Falsch! Noch bevor der Kaufvertrag unterschrieben wurde, warf der ehemalige Leiter des Metropolitan Museum of Art in New York, Thomas Hoving, einen Blick auf die Plastik. Sein Bauch sagte ihm: »Der Steinbube ist unecht.« Was Maschinen nicht enthüllen konnten – sein Bauch konnte es, in einem Augenblick.

Über die Macht der Intuition schrieb der New Yorker Journalist Malcolm Gladwell vor Kurzem den Bestseller *Blink!*. Wie Gladwell sind inzwischen viele davon überzeugt: Bauchentscheidungen sind keinen Deut schlechter als die des Verstandes, dafür aber zigmal schneller. So fand etwa die Psychologin Sian Leah Beilock von der Universität Chicago heraus, dass Profi-Golfspieler am besten spielen, wenn sie keine Zeit haben, über ihren Schlag nachzudenken. Nur bei Anfängern ist es umgekehrt. Gefühle vernebeln den Verstand keineswegs. Der Versuch dazu stammt von dem US-Neurologen Antonio Damasio von der Universität Iowa. Er schloss Probanden Anfang der Neunzigerjahre an eine Art Lügendetektor an und ließ sie mit präparierten Karten spielen. Das erste Kartenspiel warf große Gewinne ab, das zweite kleine. Beide Kartenstapel waren mit roten Karten durchsetzt, für die man Strafe zahlen musste. Der Trick: Im zweiten Stapel gab es weniger Strafkarten, langfristig lohnte es sich also, damit zu spielen. Ab der 50. Karte dämmerte das den meisten Probanden. Die Auswertung des Detektors brachte aber die eigentliche Sensation: Der Instinkt hatte die Probanden schon ab der 10. Karte gewarnt.

Es geht noch weiter. Der Amsterdamer Psychologe Ap Dijksterhuis erweiterte 2004 das sogenannte Poster-Experiment, das seine US-Kollegen Timothy Wilson und Jonathan Schooler 1991 durchgeführt hatten: Drei Studentengruppen mussten Kunstdrucke bewerten. Die erste Gruppe listete akribisch Für und Wider der Motive auf, die zweite entschied sich spontan, die dritte sah die Poster nur kurz, wurde dann abgelenkt und musste sofort danach ihr Lieblingsbild auswählen. Alle drei Gruppen durften ihr Lieblingsposter behalten. Wochen später riefen die Forscher bei den Studenten an – Ergebnis: Wer sein Traumbild dank Ratio erkor, war damit mehrheitlich unzufrieden; die Spontanentscheider waren noch glücklich mit ihrer Wahl – am glücklichsten aber waren die Abgelenkten. Bei ihnen übernahm das Unterbewusstsein die Bewertung. Und weil dessen Rechenleistung offenbar größer ist, trafen sie die bessere Wahl. Das vermutet auch der Bremer Hirnforscher Gerhard Roth. Er ermittelte, dass das Unterbewusste einige Millionen Informationen pro Sekunde verarbeiten kann, das Bewusstsein jedoch nur 0,1 Prozent davon.

Was das für Ihre Entscheidungen heißt? Von Kunstkenner Hoving und Golfforscherin Beilock lernen wir: Wenn Sie sich auf Ihrem

Gebiet auskennen, dann trauen Sie Ihrem Bauch; sind Sie Laie – machen Sie lieber Ihre Hausaufgaben und benutzen Sie den Kopf! Von den Psychologen Damasio, Dijksterhuis & Co. wiederum wissen wir: Je komplexer das Problem, desto klarer sieht das Unterbewusste, während der Verstand vernebelt wird. Also hören Sie in solchen Fällen besser auf Ihren Bauch!

Ein kleiner Selbstversuch zum Schluss: Welche Stadt hat mehr Einwohner – San Antonio oder San Diego? Richtig: San Diego. Wieder hat Sie Ihr Unterbewusstsein geleitet. Das sagte: Nimm das Bekanntere! Der Versuch ist nicht von mir. Der Berliner Direktor des Max-Planck-Instituts für Bildungsforschung, Gerd Gigerenzer, hat solche Fragen mehrfach gestellt. Auch in den USA. Die meisten Amerikaner tun sich mit der obigen Frage übrigens schwer – sie kennen beide Städte.

apr

mai

jun

feb

mrz

apr

mai

juni

Der Aufstieg
So klappt es mit
der Beförderung

jul

aug

sep

okt

nov

dez

jan

1. Juni
Tödliche Liftdosis – Das Peter-Prinzip

Manchmal fragt man sich ja schon, wie es dieser offensichtlich unfähige Typ auf den Chefsessel gebracht hat. Und diese Frage ist nicht einmal neu. Ihr gingen bereits 1969 die US-Autoren Laurence J. Peter und Raymond Hull nach und entdeckten dabei das Phänomen der Spitzenunfähigkeit, besser bekannt als das *Peter-Prinzip*. Es sagt: In jeder Hierarchie werden Beschäftigte so lange befördert, bis sie auf einen Posten gelangen, auf dem sie inkompetent sind. Folglich, so die Autoren, sei in Unternehmen jede Stelle irgendwann mit jemandem besetzt, der mit seiner Aufgabe völlig überfordert ist.

Das ist natürlich Satire. Trotzdem steckt in dem provokanten Fazit ein wahrer Kern: Ein Ingenieur wird Manager, weil er bisher gut organisieren konnte – und scheitert, weil er keine Menschen führen kann; ein Lehrer wird Schulleiter, weil er bisher ein guter Pädagoge war – und scheitert, weil er ein schlechter Verwalter ist. Zu dem Prinzip zählen aber auch Pseudobeförderungen. Etwa, wenn der Chef längst die Unfähigkeit seines Mitarbeiters erkannt hat und ihn auf einen Lamettaposten versetzt. Auf dem ist der Tropf zwar genauso unproduktiv, verbreitet durch sein Beispiel aber wenigstens Hoffnung: »Wenn dieser Trottel befördert wurde, habe ich ja vielleicht auch Chancen …«

Wenn es zwei sichere Wege in die Überforderung und Unzufriedenheit gibt, dann sind es übertriebener Ehrgeiz und Vetternwirtschaft. Beides sorgt dafür, dass man dort landet, wo man vielleicht hin will, aber nicht besser wird. Wie heißt es so wahr: Schuster, bleib bei deinen Leisten! Alles Unglück beginnt mit einer falschen Beförderung. Daran beteiligt sind immer zwei Seiten: der Mitarbeiter, der sich nicht selbstkritisch genug prüft, ob er für den neuen Job geeignet ist, und ihn selbstzufrieden annimmt. Und der Chef, der ihn befördert. Natürlich ist es nicht leicht, eine Beförderung auszuschlagen. Der Partner daheim wird es womöglich nicht verstehen, die Kollegen höhnen, der Chef denkt, man sei undankbar oder schlimmer: ein Schlaffi. Ganz vermeiden lässt sich das nicht. Besser, Sie umgehen einen drohenden Aufstieg durch schöpferische Unfähigkeit: Erschaffen Sie den Eindruck, dass Sie Ihre Stufe der Untauglichkeit bereits erreicht haben!

2. Juni
Prinzipienreiter –
Haben Sie Ihre Parkposition schon erreicht?

Gestern haben Sie über die Gefahren des Peter-Prinzips gelesen. Womöglich sind Sie, Ihre Kollegen oder Ihr Chef aber schon einen Schritt weiter. Falls Sie sich nicht sicher sind, ob Sie selbst oder andere die endgültige Parkposition erreicht haben, gibt es ein paar Indizien aus Laurence J. Peters Beobachtungen, die darauf schließen lassen:

Tabula-Gigantismus: Dieser Typ ist zwanghaft bemüht, stets einen größeren Schreibtisch, ein größeres Büro, einen dickeren Dienstwagen, … als die Kollegen zu haben.

Structurophilie: Zu Deutsch: die Bauwut. Infizierte beschäftigen sich krampfhaft mit der Planung, dem Umbau von Gebäuden oder Bürostrukturen ohne das geringste Interesse daran, welche Arbeit darin erledigt wird. Allerdings können diese Papiertiger mit ihren Kenntnissen und Korrekturmanövern andere perfekt von deren Arbeit abhalten.

Papyrophobie: Der Papyrophobe hasst Papier auf seinem Schreibtisch, weshalb dieser immer tipptopp aussieht. So erweckt der Saubermann den Eindruck, dass er alles sofort erledigt. So weit die Oberfläche. Die Wahrheit ist: Papier erinnert diesen Typ an Arbeit. Die hasst er noch mehr.

Papyromanie: Das Gegenstück zum Papyrophoben: Er hortet Berge von Papier auf seinem Schreibtisch und erschafft so das Image, mehr zu tun zu haben, als jeder andere bewältigen könnte. Tatsächlich ist dieser Chaot schon lange überfordert.

Rigor cartis: Die vornehmere Bezeichnung für Korinthenkacker. Diese Engstirnen müssen selbst den kleinsten Geschäftsvorfall oder Fehler in Richtlinien, Weisungen, Ablaufdiagramme übertragen. Sie haben ja sonst nichts zu tun.

Wankelmut: Der Klassiker im Heer der Überforderten. Diese Menschen sind unfähig, überhaupt eine Entscheidung zu treffen. Meist warten sie ab, bis sich die Probleme von selbst erledigen oder bis es zu spät ist. Entsprechend früh erreichen sie die Stufe ihrer Unfähigkeit: Meist ist es die erste.

3. Juni
Rein, rauf, runter, raus –
Karriere braucht eine spezielle Kultur

Berufliches Vorankommen und die damit verbundene Personalauswahl sind eine große Verantwortung, wenn nicht gar die wichtigste
Managementaufgabe überhaupt. Führungskräfte haben die Pflicht,
für ihre Mitarbeiter gewissenhaft die optimale Position zu finden,
weil diese sonst scheitern und dem Unternehmen Schaden zufügen.
Und je höher so jemand angesiedelt wird, desto größer der Unfug,
den er dort treiben kann.

In meinem Bekanntenkreis gibt es einen Mann, der es durch
Erbschaft und Eloquenz zu einem protzigen Coupé und einer ex-
ponierten Position in einem internationalen Konzern gebracht hat.
Ich halte ihn für einen begnadeten Redner und Schöngeist. Er ist
brillant, wenn es darum geht, Menschen zu verführen; bei der Frage, wie man Menschen führt, ist er leider völlig ahnungslos. Dummerweise ist das sein eigentlicher Job. So hat er schon zahlreiche
Talente vergrault, die Fluktuation in seinem Bereich ist hoch. Vermutlich ist es nur noch eine Frage der Zeit, bis man auch ihm
nahelegt, zu fluktuieren. Schade. Der Mann ist ja nicht völlig talent-
frei.

Tatsächlich zwingt das Peter-Prinzip, die Gefahr der Beförderung
bis zum Scheitern, zu einer Unternehmenskultur, die das Wechseln
aus offensichtlich falschen Positionen jederzeit und ohne Gesichtsverlust ermöglicht. Was nichts anderes bedeutet, als dass es bei beruflichen Veränderungen nicht immer nur aufwärts, sondern auch
ab- oder seitwärts gehen können sollte. Allein im eigenen Interesse – um nicht die Freude und die Eignung für den Job zu verlieren.
Bergsteiger machen es vor: Manchmal ist ein Schritt zur Seite oder
ein Schritt zurück der bessere (und sichere) Weg zum Gipfel.

apr

mai

jun

4. Juni
Stubenzocker – Wie Sie Ihr Büro zum Aufstieg nutzen

Es war eine Sendung über Pauschaltouristen. Genauer: über Deutsche im Cluburlaub. Es ging um Krieg und Niederlage, um Frust und Verzweiflung, um Handtücher und Poolliegen. Wann immer der territorial sinnende Teutone eine nackte Poolliege entdeckt, muss er sie mit einem Badetuch belagern. Hans-Dieter, den Protagonisten dieses fesselnden Kulturreports, übermannte dieses Verlangen regelmäßig gegen 6 Uhr morgens, wobei er ausgefallene Strategien entwickelte, um den besten Plätzen neben der Poolbar näher zu kommen und damit seinen Status zu steigern. Ich habe mich selten mehr geschämt, sein Landsmann zu sein.

Dabei geht es in Büros nicht anders zu. Dort sind es zwar keine Handtücher, mit denen die Bewohner ihr Territorium markieren, dafür aber gerahmte Bilder von der Familie, Auszeichnungen, Urlaubssouvenirs, Kunstobjekte, Bücher, Pflanzen, Chefsessel. All das zeigt nicht nur, dass dieser Raum besetzt ist, sondern drückt ebenso den Rang des Bewohners aus. Mit der Einrichtung dokumentiert er nonverbal Selbstverständnis und Anspruch. So konnte der US-Psychologe Samuel D. Gosling von der Universität Texas nachweisen, dass Fremde Charaktereigenschaften aus der Einrichtung von Schlafzimmern und Büros ablesen können. Die Probanden sahen sich dazu Räume für wenige Minuten an, achteten auf Möbel und Dekor und schrieben den Bewohnern anschließend Eigenschaften zu. Bemerkenswert daran: Ihre Aussagen stimmten nicht nur mit der Selbsteinschätzung der Zimmerbewohner überein – sie trafen sogar exakter zu als die Urteile von Freunden, die diese seit Jahren kannten. Wer man ist und sein will, verraten die vier Wände bereits innerhalb weniger Augenblicke. Nutzen Sie das und erhöhen Sie so subtil Ihr Prestige:

Kunst an der Wand: Managerbüros sind heute voll mit abstrakten Bildern zeitgenössischer Künstler, um Offenheit und frisches Denken zu dokumentieren; Mittelständler hängen eher Ahnenporträts hinter den Schreibtisch, um Tradition und Verlässlichkeit auszudrücken. Wandschmuck hat eine starke Aussagekraft. Wer den Stil seiner Zieletage anpasst, teilt mit, wo er sich in der Hierarchie sieht.

Er kann aber auch bewusst eine eigene Form wählen, um Individualität und Kreativität zu betonen. Das muss aber dezent geschehen. Ist das Gemälde teurer als das beim Chef, gilt man schnell als Prahlhans.

Bücher und Auszeichnungen: Erstere sagen Besuchern, womit man sich beschäftigt; Letztere, worin man gut ist (oder war). In beiden Fällen geht es um intellektuelle Expertise. Wer nur Fachliteratur in den Regalen sammelt, neigt womöglich zum Tunnelblick. Einen inspirierenden Gesprächspartner erwartet man hier nicht. Genauso wenig einen Leistungsträger, wenn in den Regalen Titel stehen à la *Nieten in Nadelstreifen*, *Chefs und andere Idioten* oder *Endlich aussteigen*.

Accessoires: Hier entscheidet sowohl die Summe (zu viel Krimskrams wirkt unordentlich, unfokussiert) als auch die Auswahl: Ein paar Aktendeckel, auf denen »streng vertraulich« steht, eine elegante Tischunterlage, ein teurer Füller, Fotos nicht nur von der Familie, sondern auch von wichtigen Menschen, die man kennt – all das deutet auf Einfluss und Geschmack hin. Die Spielzeugsammlung aus Überraschungseiern dagegen sagt: Hier haust ein Eierkopp. Was aber nicht heißt, dass Sie den Raum so nüchtern gestalten sollen, dass man darin eine Operation am offenen Herzen durchführen könnte.

Anordnung: Ein Schreibtisch kann eine Barriere sein oder ein Ort, an dem zwei Menschen zusammenkommen. Sitzen Besucher tiefer oder schlechter als der Bürobewohner, wird automatisch Hierarchie aufgebaut. Sind die Regale einsehbar oder durch Glas- oder Holztüren abgeschirmt? Nur Ersteres spricht für Extraversion, Offenheit, Selbstvertrauen. Oder frei nach dem Psychotherapeuten Paul Watzlawick: Sie können Ihr Büro nicht davon abhalten, nicht zu kommunizieren.

Mehr dazu: Johannes M. Lehner, Walter O. Ötsch, Jenseits der Hierarchie. Wiley-VCH 2006

Reifeprüfung – So überstehen Sie ein Assessment-Center

Sie sind der Vorstand eines führenden Unternehmens der Musikbranche. Der Markt wird bedroht durch Piraterie und sinkende Umsätze. Entwickeln Sie eine neue Strategie!

Eine solche Aufgabe könnte Ihnen im Assessment-Center (AC) gestellt werden. Mittelständler nutzen sie vorrangig zur Personalauswahl, Konzerne unterstützen damit auch die Personalentwicklung. Manchmal befragen die Prüfer sogar Vorgesetzte, Kollegen und Kunden eines Kandidaten. Der Rundumeindruck, der so entsteht, heißt in der Fachsprache *360-Grad-Feedback*.

Bei den Tests geht es in erster Linie um die Balance zwischen Auftreten und Ausstrahlung. Gelassenheit ist deshalb der zentrale Rat aller Profis, genauso wie alle Zeitangaben unbedingt einzuhalten. Los geht es meist mit einer Selbstpräsentation. Darin soll sich der Kandidat kurz und prägnant vorstellen. Sind Sie Bewerber auf einen konkreten Job, müssen Sie zudem Bezug auf die ausgeschriebene Stelle und das Unternehmen nehmen. Anschließend gilt es, seine persönlichen Stärken und Erfolge im Vortrag prominent zu platzieren – als Einstieg oder als Höhepunkt zum Schluss, beides wirkt. Rückfragen der Prüfer zu Schwächen sind Usus – also vorbereiten! Überlegen Sie, welche Aufgaben Ihnen schwerfallen: Was tun Sie, um diese Schwächen in den Griff zu bekommen? Wer solche Fragen souverän beantwortet, sammelt Pluspunkte.

An die Präsentation schließt meist eine Gruppendiskussion an. Die Themen stammen oft aus dem aktuellen Wirtschaftsgeschehen. Fachwissen wird selten erwartet, dafür umso mehr Teamgeist. Auf keinen Fall sollte jemand den eigenen Standpunkt durchpauken, sondern ein gleichberechtigtes Gespräch führen. Wer sich zu stark in Szene setzt, kassiert allerdings Minuspunkte. Besonders gerne sehen es die Beobachter, wenn sich ein Kandidat die Namen der Mitbewerber merkt und sie damit anspricht. So findet er schneller Verbündete und zeigt Integrationskraft.

Den Abschluss bildet ein ausführliches Gespräch mit den Beobachtern. Darin spiegeln sie ihre Eindrücke und fragen nach der Selbsteinschätzung. Das ist die Chance, missglückte Übungen gerade zu rücken und gute Ergebnisse zu unterstreichen. Understatement ist dabei Trumpf – keiner will Eigenlob, aber auch nicht übertriebene Selbstkritik hören. Besser ist es, kritische Anmerkungen bereits während des AC umzusetzen. Das beweist Lernfähigkeit. Und beschweren Sie sich nie über die hirnrissigen Übungen. Spielverderber bekommen keine zweite Chance.

6. Juni
Salto morale –
Nette Menschen mag jeder, nur nicht befördern

apr

mai

jun

Nehmen wir meine Freundin Claudia. Eine gutaussehende Blondine Anfang 30, groß, schlank, sportlich und ein außergewöhnlich warmherziger Mensch. Sie arbeitet als Account-Managerin in einem Konzern. Wenn man mit ihr redet, schenkt sie einem stets ein freundliches Lächeln, nickt oder streicht sich durch die Haare, und wenn man mit ihr diskutiert, sagt sie Sachen wie *»Vielleicht könnten wir uns darauf einigen, dass …«* oder *»Dafür habe ich vollstes Verständnis …«*. Kein Mensch würde Claudia verdächtigen, aggressiv zu sein, berechnend oder strategisch. Allerdings vermutet auch keiner, dass sie besonders durchsetzungsstark wäre. Sie hat viel Liebreiz und ist nett. Zu nett.

In ihrem Umfeld gilt sie als beliebte und talentierte Mitarbeiterin. Aber im täglichen Wettbewerb um Macht, Status und Posten zieht sie damit den Kürzeren. Nettsein zahlt sich im Beruf nicht aus. Um es ganz deutlich zu sagen: Manchmal hat es mehr Vorteile, ein Mistkerl zu sein. Das fängt schon bei der Hilfsbereitschaft an: Denjenigen, die anderen ihre Hilfe allzu bereitwillig zukommen lassen, zollen die meisten weniger Respekt als jenen, die zögern oder ab und an Nein sagen. Es ist das Gesetz von Angebot und Nachfrage: Was leicht zu haben ist, hat weniger Wert. Wer sich dagegen vornehm zurückhält und rarmacht, wird von Bittstellern umringt. Die Netten werden zwar schnell gemocht, denn sie machen das Leben leichter. Sie bieten aber auch keinerlei Reibungsfläche. Deswegen verbinden viele mit ihnen bald nur noch ein Gefühl: Langeweile. Wer uns gelegentlich ärgert, provoziert, schockiert, zum Lachen und zum Wutschnauben bringt; wer uns mal austrickst und rechts überholt –

vor dem haben wir Hochachtung. Vielleicht werden er oder sie nicht unsere besten Freunde, aber solche Leute, davon ist jeder überzeugt, werden es weit bringen. Kontroverse Menschen sind im doppelten Wortsinn aufregend. Sie stimulieren andere und schöpfen ihre Möglichkeiten voll aus. Das macht sie durchsetzungsstark, zuweilen rücksichtslos, in jedem Fall aber empfiehlt es sie für Führungspositionen, wo man es ohnehin nicht allen recht machen kann. Manager werden für Entscheidungsstärke bezahlt, nicht für Beliebtheit.

Nicht, dass Sie mich missverstehen: Dies ist kein Plädoyer fürs Schweinsein. Durch und durch destruktive Mistkerle sorgen stets für mieses Klima und eine hohe Personalfluktuation. Ihre Gräueltaten vertreiben Kunden, rauben anderen die Energie und bremsen Kreativität. Dieses Extrem zahlt sich nie aus! Ganz anders die Grauzone: Wer anderen nur dann und wann einen Stein des Anstoßes bietet, kommt allemal weiter als ein Wattebällchen.

7. Juni
Goldene Zeiten – Timing ist alles

Man kann vieles richtig machen – und trotzdem scheitern: Der Termin mit dem Chef steht seit drei Wochen, die Gehaltsverhandlung ist perfekt vorbereitet, im Gespräch werden vergangene Leistungen sowie der Mehrwert für das Unternehmen betont. Trotzdem würgt der Chef die Debatte ab, er habe gerade selbst eine Budgetkürzung erfahren. Alle müssen sparen. Und wo man gerade zusammensitzt: Wie sieht es eigentlich bei der eigenen Abteilung aus? Sparpotenziale???

Timing ist alles. Zur rechten Zeit am rechten Ort sein, die Zeichen der Zeit erkennen, die Gunst der Stunde nutzen, den rechten Augenblick abpassen, wissen, was die Stunde geschlagen hat – wer im Leben, in der Liebe und im Job bestehen will, muss das beherrschen. Orchestermusiker ohne Timing klingen wie der Einsteigerkurs für musikalische Früherziehung; Börsenspekulanten ohne Gespür für den richtigen Moment steigen entweder zu spät ein oder verkaufen zu spät.»Nichts auf der Welt ist so mächtig wie eine Idee, deren Zeit gekommen ist«, orakelte Victor Hugo, und man möchte hinzufügen: Nichts lässt sie grandioser misslingen als schlechtes Zeitmaß. Es gibt Dinge, die dulden keinen Aufschub – andere verlangen geradezu danach.

Manchmal hat Timing mit Zufall zu tun: Sie verpassen Ihren Flieger und treffen in der Wartelounge einen Mann, der auf der Suche nach einem Geschäftsführer ist – jemandem wie Sie. Das ist Glück. Aber selten. Viel öfter ist Timing eine Frage von Gespür. Erfolgreiche Menschen entwickeln früh Antennen dafür, wann es besser ist, die Klappe zu halten oder selbige aufzumachen. Und sie wissen, dass es nicht gut ist, mit dem Boss über mehr Gehalt zu sprechen, wenn der gerade schlechte Laune hat. Zum Timing zählt aber auch das Tempo. Rechtzeitig fertig werden können viele. Dumm nur, wenn Ihr Konkurrent parallel ein glänzenderes Projekt abschließt. Schlauer wäre, schneller zu sein und die Abschlussrede zuerst zu halten. Oder etwas später, um dem anderen die Schau zu stehlen. Schließlich lässt sich auch die Gunst der nächsten Stunde nutzen.

8. Juni
Gerüchtsvollzieher – Tratschmäuler machen keine Karriere

Die Klatschtanten, das sind immer die anderen. Vor allem sind sie weiblich, denn dem Weibe haftet der Nimbus an, beim Umgang mit Informationen besonders generös zu sein. Ein Klischee – und ein falsches noch dazu. Das Gerüchteverbreiten ist allen Menschen gleichsam angeboren. Zu Urzeiten war es sogar überlebenswichtig, wie der US-Psychologe Frank McAndrew vom Knox College in Illinois behauptet: Wer etwas Schlechtes über bedeutende Personen enthüllte, stieg im Status und verbesserte seine Chancen, sich fortzupflanzen. McAndrew untermauerte seine These durch folgendes Experiment: Er gab über 100 Studenten Klatschzeitschriften zu lesen und fragte sie anschließend, welche Artikel sie sich gemerkt hatten. Ergebnis: Männer konzentrierten sich auf die Verfehlungen männlicher Stars, Frauen bevorzugten Negatives über ihre Geschlechtsgenossinnen. Beide interessierten sich für Storys, bei denen mögliche Rivalen schlecht wegkamen – ein reiner Überlebenstrieb.

Der Kabarettist Willy Reichert hat einmal gesagt:»Klatsch ist die feste Verbindung zwischen zwei losen Zungen.« Was geflüstert wird, glauben viele sofort. So verbreitet sich die Indiskretion oft schneller als der Schall. Heimtückisch! Nicht selten entpuppt sich das kurzfristige Überlegenheitsgefühl, etwas zu verkünden, was noch keiner weiß, als Pyrrhussieg. Erstens, weil immer etwas vom Dreck am Werfer kleben bleibt. Zweitens, weil lästern nicht gerade von einem noblen Charakter zeugt. Drittens, weil sich die Mitteilung als unwahr herausstellen kann. Dann gilt der Urheber entweder als Lügner oder als Wichtigtuer. Beides schlecht. Kaum etwas schadet der Laufbahn so sehr wie das Image einer verorteten undichten Stelle.

Im Top-Management wird Geschwätzigkeit gar zum Karrierekiller. Mangelnde Diskretion diskreditiert jeden aussichtsreichen Führungsanwärter, weil jeder vermuten muss, dass er seiner Neigung an empfindlichen Stellen nachgibt. Schon König Salomo warnte seine Eleven:»Wer als Schwätzer umgeht, plaudert Geheimnisse aus. Darum lasse dich nicht mit einem ein, der viel redet.« Daran hat sich bis heute nichts geändert. Wenn Sie das nächste Mal mit jemandem in der Kaffeeküche stehen, der über die Nachfolge des Chefs spekuliert oder über die falschen Schritte der Geschäftsleitung mutmaßt, dann hören Sie aufmerksam zu, nicken interessiert, Sie wollen ja auch kein Spielverderber oder Außenseiter sein – aber halten Sie die Klappe. Beteiligen Sie sich bloß nicht am Spekulationspingpong … Es sei denn, Sie haben eine Top-Skandalstory – dann rufen Sie bitte mich an!

9. Juni
Reifegrad – Wird man zum Chef geboren oder gemacht?

Wird man zum Chef nun geboren oder gemacht? Und kann man das Führen lernen? Die Fragen stellen sich viele, die die Karrierestufen emporstürmen wollen. Und die Antworten lauten: ja und ja.

Deutlich wird das an den Eigenschaften, die Führungsqualität ausmachen. Die wichtigste ist die Kunst, in guten wie in schlechten Zeiten mit ungebrochenem Elan Mut zu beweisen. Ein guter Anführer geht immer voran, kann aber andere auch mitziehen und motivieren – das ist die zweite Begabung. Drittens: Ohne Leidenschaft geht nichts. Es gibt auf diesem Planeten keinen erfolgreichen Manager, der seinen Beruf nicht mit Herzblut ausübt. Die vierte Eigenschaft: Biss. Solche Menschen eiern nicht herum. Sie wissen, was sie wollen, und sagen »Ja« oder »Nein«. Punkt. Danach lassen sie nicht mehr locker, ziehen ihre Sache bis zum Ende durch. Terrierqualitäten – der fünfte Charakterzug eines Spitzenmanagers.

Die ersten drei Eigenschaften – Mut, Leidenschaft, Begeisterungskraft – hat man oder nicht. Darin stimmen die meisten Managementtrainer überein. Die letzten beiden lassen sich dagegen lernen. Biss und Durchhaltevermögen hängen im Wesentlichen von Selbstvertrauen und Erfahrung ab. Je öfter Sie mit schweren Herausforderungen konfrontiert worden sind und festgestellt haben, dass Sie Ihr Ziel erreichen können, desto entschlossener werden Sie auch künftig handeln. Diese Ergebnisse werden Sie wiederum bestärken. Ich behaupte sogar: Wer auf diese Weise selbstbewusster wird, durchhält und seine Ziele erreicht, der wird im Laufe der Zeit auch mutiger, leidenschaftlicher und für seinen Beruf glühen. Und diese Leidenschaft ist das, was andere Menschen bewundern, was sie anzieht und mitreißt. Insofern hat jeder die Chance, die ersten drei Eigenschaften zu leben. Es ist nur eine Frage des Durchhaltens und Reifens.

10. Juni
Kennzeichen – Aufstieg ist eine Folge der Markenbildung

Für welche Qualitäten und Talente wollen Sie bekannt sein? Welcher Arbeitgeber ist bereit, dafür entsprechend zu zahlen? Das sind die Schlüsselfragen für jeden, der seiner Karriere Schub verleihen will. Im Kern geht es dabei um Markenbildung in eigener Sache und um Renommee. Es unterscheidet Sie von Mitbewerbern, hebt Ihren Status und gibt Ihrer Laufbahn eine Art Leitplanke, in welche Richtung Sie sich entwickeln können. Zum Aufbau einer Eigenmarke gibt es zig Rezepte. Auch viele ungesunde. Die bewährten aber sind diese drei:

- Bleiben Sie authentisch! Egal, welches Image Sie gerne hätten – es muss zu Ihnen passen und Ihren Stärken entsprechen. Man ist noch lange kein Superheld, nur weil man sich selbst für super hält. Achten Sie bei der Auswahl der Attribute aber auch auf das, was der Markt künftig sucht und wo die Zahl der Wettbewerber klein ist. Gefordert werden zwar oft Generalisten, befördert dann aber doch die Spezialisten.
- Steigern Sie Ihren Bekanntheitsgrad! Damit ist nicht gemeint, jedem zu erzählen, was Sie alles draufhaben. Das ist peinlich. Suchen Sie sich stattdessen Aufgaben, wo Sie Ihre Qualitäten voll entfalten können. Bauen Sie Kontakte aus, etwa über das Internet, und lassen Sie andere an Ihrem Wissen und Können partizipieren. Seien Sie großzügig, aber nicht verschwenderisch. Achten Sie stets auf die Güte Ihrer Unterstützung und haben Sie Geduld. So etwas bleibt nie ohne positive Wirkung.
- Entsprechen Sie auch optisch Ihrem Image! Oft entscheiden nur Sekunden darüber, was wir von einem anderen Menschen denken, was wir ihm zutrauen, ob wir ihn sympathisch finden. Diverse Studien zeigen: Dieses Bild ist erstaunlich treffsicher. Noch viel treffsicherer, als es sich langjährige Freunde von uns machen. Achten Sie also unbedingt auf Ihre äußere Erscheinung, Ihre Gesten, Ihren Habitus! Sie prägen Ihr Image mehr, als Sie denken.

11. Juni
Heldentat – Erwarten Sie das Unerwartete!

Das Kundenprojekt muss nächste Woche fertig werden, sonst drohen saftige Vertragsstrafen. Alle verfügbaren Kräfte arbeiten mit Hochdruck daran – dann bricht eine Sommergrippe aus. Zwei wichtige IT-Mitarbeiter liegen mit Fieber im Bett. Der Boss fängt an, sich mit der Insolvenz auseinanderzusetzen, da kommen Sie: Rein prophylaktisch haben Sie Kontakt zu drei Zeitarbeitsunternehmen aufgenommen. Alle drei können noch heute qualifizierte Ersatzkräfte schicken. Ihr Chef atmet auf, am Ende der Woche erhalten Sie einen satten Bonus.

Noch drei Stunden bis zum Meeting. Wenn Ihr Unternehmen diesen Kunden angelt, ist der Umsatz für das kommende Jahr gesichert. Da klingelt das Telefon: Die Druckerei, die sich um sämtliche Präsentationsmappen kümmern sollte, sagt kurzfristig ab. Keine Kapazitäten. Und das merken die jetzt erst??? Eine Katastrophe!!! Ihr Chef kreist unter der Decke. Die Kollegen heucheln Anteilnahme und spielen Panik. Nur Sie nicht. Sie gehen zu Ihrem Schreibtisch, holen eine Liste mit alternativen Anbietern hervor, die binnen einer Stunde eine angemessene Broschüre liefern können. Natürlich haben Sie auch die Konditionen und Gestaltungsunterschiede gecheckt …

Sie ahnen längst, welche Botschaft hinter diesen Fiktionen steckt. In jedem Unternehmen wird geplant, konzeptioniert, organisiert. Nur: Manche Dinge lassen sich nicht planen. Aus Zufällen oder unglücklichen Verkettungen entstehen leicht Katastrophen. Die wenigsten machen sich darüber Gedanken. Chefs sowieso nicht, deren Aufgabe es ist, kühne Pläne zu schmieden. Jedenfalls meinen sie das. Es ist aber auch so: Jede Krise bietet enorme Chancen, sich zu profilieren. Diese Wirkung steigert sich noch einmal, wenn niemand damit rechnet, dass es einen Notfallplan gibt. Vielleicht erscheint es Ihnen als Zeitverschwendung, im stillen Kämmerlein das Unerwartete zu erwarten und nach getaner Arbeit noch ein paar Krisenstrategien zu entwerfen. Vielleicht kommen diese nie zum Einsatz. Das ist Pech. Falls aber doch, schlägt Ihre Stunde. Ich kenne Karrieren, die darauf basieren, dass die Betreffenden einen Trumpf im Ärmel behielten, den sie im richtigen Moment ausspielten. Betrachten Sie es als Investition. Es lohnt sich!

12. Juni
Zu Ruf –
Wie Reputation entsteht und warum sie so wichtig ist

Ein tadelloser Ruf ist wie Magie: Er ist in der Lage, den Geist zu verzaubern oder zu vernebeln. Das wusste auch Chuko Liang. Der Heerführer des Shu-Reiches während des chinesischen Krieges der Drei Königreiche galt als überaus gerissen. Diesen Ruf pflegte er, wo er nur konnte – und eines Tages zahlte sich das aus: Sima Yi, einer seiner Gegner, marschierte mit 150 000 Mann auf Liangs Stadt zu.

Dessen Armee weilte in einem fernen Lager, so dass nur 100 Mann zur Verteidigung blieben. Eindeutig zu wenig. Also befahl Liang seinen Leuten, sich zu verstecken, die Fahnen einzuholen und die Stadttore weit zu öffnen. Er selbst zog sich ein taoistisches Gewand an und spielte auf der Stadtmauer gut sichtbar Laute. Als Sima Yi näher kam, meditierte Liang unbeeindruckt weiter. Die Stadt lag offen vor dem feindlichen Heer. Es war ein Leichtes, sie einzunehmen. Zu leicht. Schließlich saß dort oben der listenreichste Fallensteller seiner Zeit. Aus Furcht zog sich Sima Yi unverrichteter Dinge zurück.

Reputation schützt vor Attacken und schüchtert Konkurrenten ein. Heute genauso wie vor rund 1700 Jahren. Wir leben im Zeitalter der Inszenierung und der medialen Selbstdarstellung. Ob als Bewerber, Kollege, Chef oder Geschäftspartner – wir alle werden längst anhand unserer Referenzen beurteilt. Bei einer Studie unter Managern in Österreich und Deutschland kam heraus, dass Reputation zu rund 40 Prozent über Karrieren entscheidet – gleich an mehreren neuralgischen Punkten: bei Bewerbungen, Beförderungen, in Jobkrisen und bei Jobverlust. Das Problem am *guten* Ruf ist nur: Er wird lediglich im Bedarfsfall nachgefragt. Peinlichkeiten und Missgeschicke dagegen tratschen die Leute von sich aus weiter. Der *schlechte* Ruf – er läuft den Betroffenen sprichwörtlich voraus, oder wie es die Wiener Reputationsforscherin Susanna Wieseneder* auf den Punkt bringt: »Die Leute lästern lieber als sie loben.«

Aus der Forschung ist bekannt, dass Reputation durch drei Faktoren auf- oder abgebaut wird:

- durch Vertrauenswürdigkeit, die einen berechenbar und verlässlich macht,
- durch Erwartungskonformität, wenn einer seiner Rolle möglichst entspricht, sowie
- durch etwas Besonderes, das ihn unverwechselbar und bewunderungswürdig erscheinen lässt.

Alle drei Punkte lassen sich steuern, durch Gerüchte allerdings auch zum Nachteil manipulieren. Deshalb ist es wichtig, auf mögli-

---

* Susanna Wieseneder, Reputationsmanagement. Hanser 2006

che Intrigen umgehend zu reagieren: indem man die Sache schnell aufklärt, sich starke Partner sucht, die helfen, die Wahrheit zu verbreiten, sowie den Urheber ausfindig macht und ihn zur Rede stellt. Besser wirkt sogar, ihn bloßzustellen, denn das beschädigt seinen Ruf und erschwert (s)eine Retourkutsche. Reputation baut sich nur langsam auf und auch wieder ab. Damit sich das Bild eines Menschen verfestigt, muss er eine Handlung mindestens fünf Mal wiederholen!

apr

mai

jun

13. Juni
Lernwarte – Der MBA ist kein Erfolgsgarant

Für jede Karriere gilt, dass sie auch anders hätte verlaufen können. Nur im biografischen Rückblick meinen manche, dass es so kommen musste. Daraus werden dann angeblich förderliche Ausbildungsstandards abgeleitet – erst recht, wenn sich damit viel Geld verdienen lässt. Der Master of Business Administration (MBA) gehört dazu. Das postgraduelle Studium wurde lange als internationaler Bildungsstandard und Karriereturbo für eine handverlesene Managementelite gepriesen und von den USA euphorisch nach Europa exportiert. Inzwischen sinkt seine Attraktion wieder – aus vier Gründen:

Der Titel wird inflationär angeboten. Allein in Deutschland gibt es über 200 Studiengänge, die mit dem Abschluss locken. Doch nicht überall, wo MBA draufsteht, ist auch ein seriöser Abschluss drin. In Europa finden sich längst schwarze Schafe unter den Anbietern. Wenigstens ein bisschen Sicherheit versprechen drei renommierte Gütesiegel: das der Association to Advance Collegiate Schools of Business (AACSB), der European Foundation for Management Development (EFMD) und der deutschen Foundation for International Business Administration Accreditation (FIBAA). Das ändert allerdings nichts daran, dass manche Studieninhalte in Wirtschaft und Wissenschaft umstritten sind. So werden an vielen Business Schools hauptsächlich Simulationsspiele und Strategieübungen absolviert. Die aber brächten nur starrköpfige Unternehmenslenker, keine Manager hervor, so der Vorwurf der Kritiker. Außerdem finde bei vielen Angeboten kaum ein Erfahrungsaustausch zwischen Praktikern unterschiedlicher Berufszweige statt. Dabei sollte der MBA ursprünglich einmal Fachfremde für das Management fit machen. Zum Schluss: Der Titel ist teuer. In der Vergangenheit sind die Preise für MBA-Programme popularitätsbedingt in die Höhe geschossen, die Karriereaussichten aber nicht. Einer Umfrage der Personalberatung Kienbaum zufolge bringt zum Beispiel ein »Doktor« mehr Gehalt als ein MBA. Deshalb sollten alle, die mit dem Gedanken spielen, einen solchen Titel zu erwerben, zuvor mit spitzem Stift rechnen und folgende Fragen beantworten:

• Bringt mich die Ausbildung weiter? Was wird vermittelt?
• Wird der Titel in meiner Branche geschätzt?
• Welche Alternativen kommen infrage: ein zweijähriges Vollzeitprogramm, ein einjähriger Kompakt-MBA, ein berufsbegleitender Executive-MBA?
• Ist die Business School international renommiert? Über welche Gütesiegel verfügt sie? Wer hat hier schon studiert? Sind gute Leute dabei? Geben sie über ihre Zufriedenheit Auskunft?
• Bekomme ich dafür unbezahlten Urlaub oder ein Sabbatical? Wer trägt die Kosten? Und vor allem: Rechnet sich das – etwa mit einem Gehaltsanstieg?

Ein MBA kann wertvoll sein, muss aber nicht. Informieren Sie sich gründlich, vergleichen Sie alle Angebote genau, und entscheiden Sie erst dann! Manchmal reichen auch ein paar relevante und renommierte Wochenendseminare.

14. Juni
Erfolgsgrad – Für wen sich der »Doktor« lohnt

Zunächst die Fakten: Die Deutschen promovieren gern. Laut einer OECD-Studie liegt der Doktor-Anteil bei den über 25-Jährigen hierzulande bei 1,8 Prozent, der Durchschnitt beträgt 1,0 Prozent. Rund 37 Prozent der deutschen Top-Manager führen ein »Dr.« im Namen. Die Kollegen von Kienbaum fanden heraus, dass Promovierte im Schnitt 30 Prozent mehr verdienen als Manager ohne Doktorwürde. In bestimmten Branchen ist der Titel mit hohem Prestige verbunden. Im Bankgewerbe etwa, bei Versicherungen, in der Beratung oder in der Automobilbranche kann er die Karriere beschleunigen. Das alles spricht für eine Promotion.

Dagegen spricht: Promovieren ist Knochenarbeit, kostet viel Zeit und Nerven. Im Schnitt dauert es zwei Jahre, bis man die höchste akademische Auszeichnung erlangt. Bei Uniabsolventen verzögert sich so der Berufseinstieg erheblich. Während dieser Zeit muss man an seiner Dissertation über lange Strecken selbstständig und strukturiert arbeiten und hohe Frustrationstoleranz mitbringen. Rund ein Drittel aller Doktoranden bricht deshalb vorzeitig ab. Darüber hinaus gibt es das Handicap Doktor. Verfügt der Chef zum Beispiel nur über Abitur, kann der Titel bei ihm Komplexe auslösen. Hinzu kommt der Wettbewerb mit dem Master of Business Administration (MBA), der manchen als praxisnäher gilt (siehe auch 13. Juni).

Der Königsweg ist daher oft die berufsbegleitende Promotion. Hier übernimmt in der Regel der Arbeitgeber anfallende Kosten und stellt den Doktoranden für die erforderliche Zeit frei. Allerdings sollte jeder genau auf das Dissertationsthema achten: Je spezieller es an den Arbeitgeber und die Branche gebunden ist, desto weniger nutzt einem der Titel bei späteren Jobwechseln. Die Kernfragen sind daher: Welches Ansehen genießt der Titel in meiner Branche? Bekomme ich die Auszeit? Wie kann ich sie finanzieren? Vor allem: Warum will ich überhaupt promovieren? Geht es nur um das Prestige, liegt die Chance zu scheitern statistisch bei 90 Prozent.

15. Juni
Bringschuld – Überholt zu werden, ist ein Alarmzeichen

»Inzwischen ziehen selbst Kollegen, die nach mir gekommen sind, beruflich an mir vorbei.«

»Falls das nur so ein Gefühl ist, vergiss es. Vereinzelte Selbstzweifel sind normal. Ist es ein objektiver Fakt, hast du ein echtes Problem.«

»Aber das sind doch bloß Grünschnäbel ...«

»… die befördert werden, während du dich nicht weiterentwickelst. Das allein wäre schlimm genug. Dahinter aber steckt vielleicht noch mehr: Du sitzt auf einem angesägten Ast. Dein Chef hält offenbar keine großen Stücke mehr auf dich. Er zieht andere vor – jüngere, ambitionierte Leute, denen er zutraut, die künftigen Herausforderungen zu bewältigen. Dir traut er das offenbar nicht mehr zu.«

»*Das ist aber jetzt starker Tobak. Ich mache meinen Job gut!*«

»Aber nicht gut genug. Was jetzt zählt, ist, ein Comeback zu starten. Zeig deinen Vorgesetzten, dass du genug Leidenschaft und Energie hast, mehr zu leisten, als gefordert wird. Was immer du zu tun hast – tu es besser als vorher. Überrasche Kollegen und Chefs durch Eifer und Elan. Mach auf dich aufmerksam und engagiere dich bei Aufgaben, die nicht populär sind, dafür aber wichtig. All das dient nur einem Zweck: das Vertrauen in dich wiederherzustellen.«

»*Und wenn sich dadurch nichts ändert?*«

»Dann gibt es nur eine Lösung: Wechsle das Unternehmen und spring ab, bevor man dich vor die Tür setzt. Und im nächsten Job solltest du von Anfang an an dem Ruf arbeiten, dass man mit dir jederzeit rechnen kann – und muss.«

16. Juni
U-Turn – Ab wann Leistung schadet

Das Geheimnis der Managersprache besteht bekanntlich darin, dass sie mehr verbirgt als enthüllt. Nur manchmal entlarvt sie sich als Hülse, etwa dann, wenn Manager Sachen sagen wie:»An der Spitze wird die Luft immer dünner. Das Einzige, was dann noch hilft, ist ein langer Atem.« Oder:»Leistung ist Erfolg.« Blödsinn.

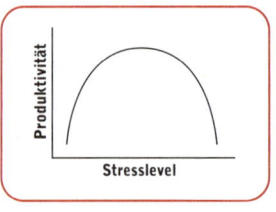

Leider glauben trotzdem viele, wenn sie nur schneller und härter arbeiten würden, erzielten sie bessere Ergebnisse. Was sie durch ihren überhöhten Selbstanspruch in Wahrheit erzielen, sind aber mehr Druck, mehr Stress und weniger Zeit. Und irgendwann sogar ein

Leistungsleck. Das entdeckten die Psychologen Robert Yerkes und John D. Dodson schon 1908, woraus sie die gleichnamige Yerkes-Dodson-Kurve formten, die wie ein umgedrehtes U aussieht. Sie beschreibt, dass mit wachsendem Einsatz und wachsendem Stress zunächst die Produktivität eines Menschen steigt – jedoch nur bis zu einem Scheitelpunkt, dem Leistungsoptimum. Danach bringt Mehrarbeit gar nichts. Im Gegenteil: Die Produktivität fällt nur noch schneller – bis hin zum Burn-out-Syndrom, also dem totalen Ausgebranntsein.

Yerkes/Dodson lieferten damit ein Plädoyer für smarteres Arbeiten. Nicht wie viel wir machen, sondern wie und wann wir etwas machen, entscheidet über unseren Erfolg. Bei einem Wettlauf bekommt der Sieger eine Prämie von 10 000 Euro, der Zweite nur noch 5000 Euro. Der Sieger erhält also doppelt so viel Preisgeld wie sein ärgster Verfolger – jedoch nicht, weil er auch doppelt so schnell gelaufen wäre! Er war vielleicht nur eine Nasenlänge voraus. Es ist die Effizienz der Mittel, die den Sieg bringt! Das eigene Stressoptimum zu finden, ist daher der erste Schritt zu größerer Produktivität. Der zweite besteht darin, sein Leistungshoch nach oben zu verschieben. Denn die Kurve ist in ihrer Form veränderbar, etwa durch mentales Training oder durch regelmäßige Pausen, wenn der Stresslevel zu stark ansteigt, sowie durch körperliche Fitness. Produktivität ist erlernbar wie das Durchschauen von Managerfloskeln.

17. Juni
Scheinwert – Wie man positiv auffällt

Erfolg ist eine Frage der Erinnerung. Denken Chefs über Beförderungen nach, haben sie nur wenige Köpfe vor Augen – diejenigen, die bisher positiv aufgefallen sind oder deren Gesicht sie kennen. Er ist nun mal so: Der Mensch glaubt lieber an ein Image, als dass er aus Erfahrungen lernt. Der US-Wissenschaftler Mauricio Delgado von der New-York-Universität wies das in einem amüsanten Experiment nach: Er gab seinen Probanden einen Dollar, den sie entweder behalten oder an eine fiktive Person abgeben konnten. Gaben sie ihn ab, bekam ihr Geschäftspartner drei Dollar dazu, von denen er wiederum etwas zurückgeben oder den ganzen Gewinn behalten konnte. Vor ihrer Entscheidung lasen die Probanden erfundene Lebensläufe ihres Gegenübers. Und obwohl die Teilnehmer darauf hingewiesen wurden, dass Verhalten und Lebenslauf keineswegs übereinstimmen mussten, wurde durchweg als Günstling ausgewählt, wer einen guten Leumund besaß. Der Haken: Leumund hin, Leumund her – viele behielten den Dollar einfach. Nach mehreren Durchläufen ging den Probanden zwar ein Licht auf, doch selbst jetzt teilten sie lieber mit den vermeintlich Vertrauenswürdigeren. Image ist alles!

Bei der Frage, wie das Marketing in eigener Sache aussehen soll, gehen die Meinungen jedoch auseinander. Die von Henry Ford postulierte Maxime *Tue Gutes und rede darüber* wird heute modern abgeleitet in: *Tue Gutes und lass andere darüber reden*. Eigenlob müffelt eben immer leicht nach Prahlerei. Aber auch so können Sie sich in das Gedächtnis des Chefs bringen: Tauchen Sie in Meetings auf, sagen Sie etwas Gutes – aber bitte nur was Gutes. Blabla disqualifiziert.

Auch bisherige Erfolge sollten Sie immer wieder erwähnen, subtil in einem Nebensatz (»wie damals bei meinem Projekt …«). Und bemühen Sie sich lieber um wenige große Erfolge als viele kleine. Die prägen sich nämlich kaum ein.

Auch regelmäßiger Smalltalk hilft. Aber bitte nie ohne Fingerspitzengefühl! Solche Gespräche funktionieren wie ein Flirt: Die Absicht dahinter darf der andere nie spüren. Halten Sie sich also an die Maxime: Man muss mit dem anderen so lange sprechen, bis er mit sich reden lässt.

18. Juni
Großtraumbüro – Mehr Erfolg durch Einbildung

Pygmalion von Zypern ist ein einsamer, verbitterter Bildhauer. Frauen und Prostituierte bescheren ihm schlechte Erfahrungen. So zieht er sich zurück und schnitzt sich eine Frau aus Elfenbein – Galatea. Die Statue wird ein wunderschönes, nahezu menschliches Wesen, voller Anmut und köstlicher Form, eine Traumfrau, in deren Anblick sich Pygmalion unsterblich verliebt. Da fleht der liebeskranke Künstler die Göttin der Liebe, Aphrodite, an, sie möge Galatea zum Leben erwecken. Und tatsächlich: Als er wie üblich die Statue liebkost, wird sie Mensch. Schon bald erwidert auch Galatea seine Liebe, und die beiden heiraten. So weit der Pygmalion-Mythos, den Ovid schildert. Das antike Epos eines begnadeten Bildhauers, der bekommt, was er begehrt, ist zugleich Vorbild und Namensgeber für einen Effekt, der heute zwar vielen bekannt ist, den aber nur wenige in ihrem Beruf anwenden. Leider.

1968 führten die Psychologen Robert Rosenthal und Lenore Jacobson einige Experimente an US-Schulen durch. Dabei teilten sie einigen Lehrern mit, dass sie aufgrund bisheriger guter Leistungen im kommenden Schuljahr eine Klasse übernehmen dürften, die sich aus den intelligentesten und besten Schülern zusammensetze. Nach Ablauf des Schuljahres waren diese Klassen deutlich besser als die anderen, ihre Noten, selbst der IQ der Schüler, lagen rund 20 Punkte höher. Nur: Die Psychologen hatten gelogen. Die Klassen setzten sich gar nicht aus den Besten zusammen, sondern aus einer Zufallsauswahl. Weil aber die Schüler selbst glaubten, zu den Besten zu gehören, und auch die Lehrer ihnen mehr zutrauten, stieg die Leistungs- und Lernkurve. In die Literatur ging dieser Versuch als Pygmalion- oder Rosenthal-Effekt ein. Auf den Beruf angewendet, bedeutet er zweierlei:

Für Sie selbst: Entscheidend für den persönlichen Erfolg ist, was Sie über sich denken und was Sie sich zutrauen. Das hat nichts mit dem esoterischen *Du-schaffst-alles-was-du-willst-wenn-du-nur-fest-daran-glaubst-tschakka!*-Quatsch zu tun. Ihre Ziele müssen schon konkret und realistisch sein. Aber die Art, wie Sie über sich denken und wie exakt Sie den Weg zum Ziel imaginieren, beeinflusst Ihr Handeln, Ihre Ausstrahlung und somit den Erfolg. Der mehrfache französische Olympiasieger im alpinen Skilauf, Jean-Claude Killy, etwa war vor einem Rennen lange verletzt und konnte nicht trainieren. Am Abend vor dem Wettkampf, so berichten die Psychologen Paul Tholey und Kaleb Utecht, ging er den Slalomparcours so lange vor seinem geistigen Auge durch, bis er ihn in optimaler Linie beherrschte. Am nächsten Tag gewann er das Rennen.

Für Führungskräfte: Die meisten Interpretationen des Pygmalion-Effekts konzentrieren sich auf die Schüler – und vergessen die Lehrer. Dabei hatte ihr Vertrauen ebenso entscheidenden Einfluss auf das Ergebnis. Der Erfolg einer Klasse oder eines Teams hängt nicht zuletzt davon ab, was Vorgesetzte ihren Leuten zutrauen. Keiner wagt große Schritte, wenn er glaubt, mit Zwergen zu wandern.

19. Juni
Stellungswechsel – Regeln für Aufsteigertypen

Es hat vielleicht etwas gedauert, aber irgendwann hat man Ihnen Personalverantwortung übertragen. Glückwunsch! Ob Aufstieg und Teamwechsel gelingen, hängt jetzt vor allem von Ihrem Verhalten ab. Dabei werden typischerweise fünf Situationen unterschieden:

Der Aufsteiger: Sie avancieren vom Kollegen zum Chef. Aus dem gewachsenen *Du* wird – zumindest theoretisch – ein formales *Sie*. Die Kollegen reagieren darauf unterschiedlich: Die Bandbreite reicht von Wohlwollen bis hin zu Neid und Skepsis. Bei aller Ambivalenz bleibt ein Problem: Aufsteiger sind Insider, sie kennen die Stärken und Schwächen des Teams nur zu gut. Folglich sind sie entweder zu hart, weil sie fair bleiben wollen, oder zu weich, weil sie nicht autoritär wirken wollen. Was Sie jetzt tun müssen: ein klares Bekenntnis zu alten Freundschaften und zur neuen Rolle. Das hilft Spannungen abzubauen. In kurzer Zeit sollten klare Richtlinien festgelegt werden: Was bleibt? Was wird anders?

Der Quereinsteiger: Seiteneinsteiger kommen, weil das Know-how im Unternehmen fehlt. Konkurrenten fühlen sich also zurückgesetzt, Kollegen durch externe Profis bedroht. Das Klima ist reserviert bis explosiv. Weil ein Beziehungsnetz im Unternehmen fehlt, sollten als Erstes anstehende Aufgaben und der Aufbau eines internen Netzwerkes gleichwertig verfolgt werden. Starten Sie nicht zu schnell, sondern erkunden Sie die internen Regeln und suchen Sie Verbündete.

Der Nachfolger: War der Vorgänger beliebt, begegnet man dem Neuen mit Vorsicht oder gar Ablehnung. War er es nicht, richten sich alle Hoffnungen auf seinen Nachfolger. Deshalb: Würdigen Sie in jedem Fall Ihren Vorgänger, machen Sie aber auch deutlich, dass

Sie eine völlig andere Person sind. Schaffen Sie klare Ziele und finden Sie schnell zu einer eigenen Form.

Der Überflieger: Die Gerüchteküche kocht – wer so schnell aufsteigt, hat entweder gute Beziehungen oder einen schlechten Charakter. Der anschließende Zyklus: Mitarbeiter distanzieren sich; der Senkrechtstarter hält sich stärker an Vorgesetzte und wirkt so noch arroganter. Lassen Sie es nicht so weit kommen: Arbeiten Sie trotz aller Reserviertheit konsequent an Schlüsselbeziehungen. Machen Sie deutlich: Es geht nicht um Ihre Karriere, sondern um das Team.

Der Sanierer: Weil das Unternehmen in der Existenzkrise steckt, sind schnelle, radikale Schnitte unvermeidlich. Widerstand, Verunsicherung und Angst vor Jobverlust prägen das Klima. Hinzu kommt der Druck durch Politik und Medien. Für Sie heißt das: Überblick verschaffen, Zeichen setzen und die neue Strategie konsequent durchziehen. Krisenmanager sollten nicht vor personellen Veränderungen an strategischen Stellen zurückschrecken. Allerdings muss das Konzept für alle transparent bleiben – vor allem für die Presse.

20. Juni
Klasse Gesellschaft –
Qualität beginnt an der Unternehmensspitze

Unkraut vergeht nicht. Das Phänomen, das die Botanik schon lange kennt, treibt uns im Job ebenso zur Weißglut. Dort begegnen wir Menschen, die mehrheitlich dumme Entscheidungen treffen, sich mit falschem Lorbeer schmücken, an intellektueller Diarrhö leiden – und trotzdem regelmäßig die Karriereleiter hinauffallen. Der Grund dafür ist eine ungesunde Unternehmenskultur und ein starkes Indiz für eine Klassengesellschaft an der Spitze. Es ist ein ehernes Gesetz: A-Leute umgeben sich mit A-Leuten; B-Leute mit C-Leuten. In den besten Unternehmen sind wahre Spitzenkräfte nie allein, sie wirken wie Magneten, ziehen automatisch weitere Top-Talente an und umgeben sich gerne mit ihnen. Sie schätzen es, sich gegenseitig herauszufordern, zu inspirieren und voneinander zu profitieren. Eine Art Kartell nach oben. Zweitklassige Manager dagegen, die B-Leute, haben stets etwas zu verlieren. Sie müssen fürchten, dass ihre Mittelmäßigkeit irgendwann durch einen Besseren offenbar wird. Schlimmstenfalls verdrängt er sie von ihrem Posten. In der Folge kaschieren sie ihre Mängel – meist durch Arroganz und Diktatur – oder sie minimieren die Gefahr, indem sie sich mit Menschen umgeben, die mehrheitlich unterlegen sind, also mit C-Leuten. Wenn in einem Unternehmen auffällig viele Schaumschläger, Hundertsassas und Chefzäpfchen aufsteigen, ist das ein untrügliches Zeichen, dass weiter oben nicht zwangsläufig Einsteins Eleven regieren.

Wer also nicht ständig anderen in den Sattel helfen mag, sollte sich mit den wirklich guten Leuten im Unternehmen kurzschließen oder dieses Unternehmen verlassen.

21. Juni
Chr … zzz … – Mehr Erfolg im Schlaf

Heute schon ein Nickerchen gemacht? Sollten Sie aber. Und zwar nicht nur, weil heute internationaler Tag des Schlafes ist. Ein Schläfchen zwischendurch, das zeigen Studien, verkürzt Reaktionszeit, erhöht Aufmerksamkeit und geistige Leistungskraft.

In unseren Breitengraden genießt das Nickerchen keinen guten Ruf, viele assoziieren es mit Faulheit. Zu Unrecht. Das kleine Schlafintermezzo wirkt Wunder. Besonders sinnvoll ist es für viele am späten Mittag. Der Mensch ist ein rhythmisches Wesen und erlebt im Laufe des Tages verschiedene Hochs und Tiefs: Die meisten von uns fallen nach der Mittagspause ins Leistungsloch, so zwischen 13 und 16 Uhr. Zwar können wir gegen die Natur ankämpfen, aber das rächt sich: durch mehr Fehler, langsameres Tempo und mehr Unfälle. Die Zahl der übermüdungsbedingten Verkehrsunfälle steigt nachmittags deutlich an. Mit Kaffee lässt sich die Mattheit zwar kurzfristig vertreiben. Sobald die aufputschende Wirkung aber nachlässt, fühlt man sich noch müder.

Der Kurzschlaf wirkt nachhaltiger. Und hat prominente Vorbilder: Bekennende Tagesschläfer waren der englische Premier Winston

Churchill sowie US-Präsident John F. Kennedy oder Napoleon Bonaparte. Albert Einstein, ebenfalls ein bekennender Nickerer, soll dazu einen Schlüsselbund in die Hand genommen haben, der nach einiger Zeit herunterfiel und ihn so wieder weckte. Natürlich ersetzt Dösen keine regelmäßige Bettruhe. Aber es kann Lösungen fördern. Der Lübecker Schlafforscher Jan Born etwa ließ Probanden mehrere Zahlenkolonnen umrechnen. Was er nicht verriet: Für die zweite Hälfte der Aufgaben musste man nur die ersten Ergebnisse spiegelbildlich in die Lösungsfelder eintragen. Einige erkannten den Trick. Andere gingen schlafen. Kurz darauf stieg die Wahrscheinlichkeit, dass sie den Dreh durchschauten – von 23 auf 59 Prozent!

Falls Sie also heute an einer Lösung laborieren – gönnen Sie sich ein Nickerchen. Wer will, kann vor dem Wegdämmern einen Kaffee trinken – der wirkt nicht so schnell, dass er das Einschlafen hemmt, gibt aber Schub bei der anschließenden Erweckung. Nur zu lange sollte das Dösen nicht dauern: Wer zu tief wegsackt, schläft sich müde. 20 bis 30 Minuten reichen völlig.

apr

mai

jun

22. Juni
Halbzeit – Was Sie bisher gelernt haben

Geschafft! Mit der gestrigen Lektion haben Sie den halben Kurs, das halbe Buch und ein halbes Jahr absolviert. Zeit also für eine Zwischenbilanz, was Sie bisher gelernt haben:

- Sei kein Klon – zeige Charakter!
- Sei provozierbar, versöhnlich und durchschaubar!
- Alles Unglück beginnt mit einer falschen Beförderung.
- Auch ein Schritt zur Seite kann nach oben führen.
- Mache deine Ziele bekannt!
- Setze Limits!
- Wechsle die Perspektive!
- Leiste mehr, als verlangt wird!
- Sei der, der du werden möchtest!
- Halte deine Versprechen!
- Unterschätze nicht die Macht deiner Gedanken!

- Überbringe keine schlechten Nachrichten!
- Achte auf deinen Ruf!
- Nimm nichts persönlich!
- Riskiere Feler!

23. Juni
Inkognito – Urlaub im Büro ist keine Lösung

Wer Kinder hat, freut sich aufs Büro. Besonders an Montagen oder nach einem Urlaub. Nur weniges ist nervenzehrender, als tagelang Spongebobs Abenteuern zuzuhören oder sich von einer Meute verkleideter Indianer durch Wohnung, Haus oder Garten scheuchen zu lassen. Wie herrlich entspannend ist es da, in überfüllten Zügen zur Arbeit zu pendeln, sich einen dünnen Kaffee aus dem Automaten zu ziehen und frühmorgens den ersten cholerischen Anfall des Chefs zu erleben. Der hat womöglich auch so ein Wochenende hinter sich.

Geoffrey Godbey, Professor an der Penn-State-Universität, hat herausgefunden: Sobald ein Paar Kinder bekommt, verbringen die Männer mehr Zeit im Büro. Natürlich sei denkbar, räumt Godbey ein, dass die Väter ihre Familie versorgen wollen und sich deshalb intensiver um Job und Karriere kümmern. Genauso wahrscheinlich sei aber auch: Die Männer machen dort Urlaub von daheim. Vorsicht! Flucht ist keine Lösung.

Ein Manager, zweifacher Familienvater und begeisterter Segler, erzählte mir dazu eine Parabel. Bei der Seefahrt ist es so: Wenn Sturm aufkommt und man diesem nicht mehr ausweichen kann; wenn die Wellen höher und höher schwappen, ist das Beste, was man tun kann, das Schiff in den Wind und in die Wellen zu drehen. Was folgt, ist zwar ein harter Ritt über Wogen und Gischt, aber so kommt man am ehesten heil aus dem Sturm. Genauso würde er es auch im Job und daheim machen: Wenn er merkt, ein Unwetter kündigt sich an, dann flieht er nicht, sondern geht das Problem geradewegs an. Oder wie er sagt: »Man ist weder produktiv, noch fühlt man sich gut dabei, wenn man den Montag zum Inkognitosonntag deklariert.«

24. Juni
Rollentausch – Hinter jeder Beförderung lauern Fallen

Nach 90 Tagen ist entweder alles gelaufen oder alles läuft. Diese Frist gilt als Bewährungsprobe für Menschen in einem neuen Job – besonders aber für jene, die zum ersten Mal eine Führungsposition erklimmen. Während dieser Zeit entscheidet sich nicht nur, ob der Neue geht oder bleibt, sie bringt auch die entscheidenden Weichenstellungen für den Erfolg der kommenden Jahre. Das sagen Managementtheoretiker, die so etwas seit Jahren untersuchen. Sie sagen allerdings auch: Fast jeder Dritte scheitert bei dem Rollenwechsel vom Mitarbeiter zum Chef. Denn meist enden Personalkonzepte und Trainings da, wo die Probleme entstehen: am Tag des Jobantritts.

Je höher die Position, desto weniger kommt es auf Fachqualifikation oder Spezialwissen und umso mehr auf Managementfähigkeiten und die Persönlichkeit an. Viele fühlen sich bei dem Versuch, den richtigen Ton zu treffen, als sollten sie auf einem Trampolin steppen. Besonders junge Chefs tun deshalb gut daran, zuzugeben, dass auch sie sich noch in einer Lernphase befinden. Ein Rennen beginnt schließlich erst nach dem Warmlaufen. Was Jungmanager, die befördert wurden, ebenfalls in die Bredouille bringt: Sie führen die Auszeichnung auf ihre bisherigen Leistungen zurück – und machen weiter wie bisher. Das ist fast immer falsch. Um ihre Unsicherheit zu maskieren, umgeben sich andere mit einer intellektuellen Aura und betreiben das, was zu diesem Zeitpunkt am meisten schadet: Aktionismus. Ein Problem, mit dem sich Neulinge von außen typischerweise stärker rumschlagen. Ohne interne Vergangenheit, ohne Kenntnis der Firmenkultur und ohne Netzwerk müssen sie schnell Erfolge schaffen. Dabei mutieren sie zu sogenannten *bossy idiots* – zu allürischen Chefidioten. Wilde Ad-hoc-Reformen ruinieren aber nicht nur das Vertrauen der Mitarbeiter, sie mindern ebenso langfristig jede Glaubwürdigkeit.

Erschwert wird der Job durch Mitbewerber, die übergangsweise gebeten wurden, die vakante Position auszufüllen. Dass solche Interimsvertreter einen Anspruch erheben, kommt relativ häufig vor. Ein gefährlicher Bumerang wäre es jetzt, den Übergangenen links liegen zu lassen. Schweigen reicht schon, um Stimmung gegen sich zu machen. Der einzig richtige Weg ist, denjenigen einzubinden

apr

mai

jun

und ihm eine verantwortungsvolle Aufgabe zuzuweisen. Das appelliert an seine Ehre und gibt ihm etwas von der Achtung, die er sich erhofft hat. Gerade der Beziehungsaufbau in den ersten Tagen entscheidet über die Karriere. 90 Tage sind dafür ausreichend – wenn Sie beobachten, Fragen stellen, zuhören und die Chance nutzen, sich selbst und die Mitarbeiter besser kennenzulernen, um gute Pläne zu schmieden. Entscheidend ist allerdings diese Reihenfolge!

25. Juni
Bandenwesen – Wann Seilschaften schaden

Manches Unheil fängt harmlos an. Da wechselt einer seinen Job oder kommt in eine andere Abteilung und eine höhere Position. Natürlich sieht er das als Gelegenheit, um zu zeigen, was in ihm steckt. Doch dann wird es einsam an der Spitze, und unser Aufsteiger entwickelt das Bedürfnis, Verbündete um sich zu scharen – ein Stück Heimat, ein Stück Sicherheit, ein paar ehemalige Kollegen. Die kennt er seit Jahren, vertraut ihnen blind, weiß, dass sie über wichtige Fähigkeiten verfügen. Außerdem kann er so manchen Gefallen verzinsen …

Eine verführerische Idee. Und eine tückische, die böse enden kann. Entscheidend ist die Frage, worin der neue Job besteht: Wer zum Beispiel Feuerlöscher spielt, der braucht in der Tat ein Team, auf das er sich verlassen kann. Der Faktor Zeit dominiert solche Rettungsmissionen. Hat es unser Held mit einer eingeschworenen Belegschaft zu tun, die sich jedem Wandel verweigert, wäre es klug, fähige Ex-Kollegen um sich zu sammeln, die zu 100 Prozent hinter ihm stehen und mitziehen, koste es, was es wolle. Nur so lassen sich die erwarteten Erfolge rechtzeitig realisieren.

Solche Ledernackenkommandos sind jedoch selten. In der Regel wird jemand, der in der Hierarchie aufrückt, eine relativ solide Abteilung übernehmen, die einfach nur einen neuen Kick braucht. Seilschaften braucht dann keiner. Nichts demotiviert ein bestehendes Team mehr als eine Alpha-Clique, die alles besser weiß, die Köpfe zusammensteckt und tuschelt. Das führt immer zu einer Zweiklassengesellschaft und mieser Stimmung. Die Leute arbeiten dann nur noch gegeneinander, teilen weder Ideen noch Wissen, und die einzige Herausforderung ist dann, den Schaden zu begrenzen.

Wer befördert wird, tut gut daran, die besten Leute in sein Boot zu holen. Vorher aber muss er seinen Job genau analysieren: Geht es darum, rasch etwas zu verändern, vor allem gegen Widerstände, dann sollten die Verbündeten Vertraute sein. Nur dann! In allen anderen Fällen ist es gescheiter, die Besten im bestehenden Team auszumachen und diese um sich zu scharen und zu belohnen. Das motiviert die Auswahl und spornt den Rest an. Vor allem vermeidet es Verdruss.

26. Juni
Kleine Welt – Vitamin B hilft. Aber nicht bei allem

Jeder kann mit jedem anderen über höchstens sechs Ecken in Kontakt treten – behauptet der Sozialpsychologe Stanley Milgram. 1967 untersuchte er die Funktionsweise sozialer Netzwerke. Sein Ziel war, herauszufinden, ob eine zufällig ausgewählte Person einen ihr völlig Unbekannten ausschließlich über soziale Netzwerke erreichen kann. Für den Versuch sollten Milgrams Probanden einer Zielperson einen Brief über einen gemeinsamen Bekannten weiterleiten. Falls das auf direktem Wege nicht möglich wäre, sollten sie den Brief jemandem geben, der dieser Person nähersteht als sie selbst. Dieser Bekannte und die folgenden sollten genauso vorgehen. Der erste Brief war bereits nach vier Tagen am Ziel. Binnen weniger Tage trudelten weitere Zuschriften ein, wobei im Schnitt nie mehr als sechs Stationen zwischen dem Absender und dem Empfänger lagen. Das Ergebnis wurde als *Kleine-Welt-Phänomen* bekannt.

Wissenschaftlich ist Milgrams These kaum haltbar, denn nicht angekommene Briefe blieben unberücksichtigt. Zudem beschränkten sich seine Experimente auf Nordamerika. Ob jemand aus Vanuatu die Chance hat, dieselbe Frau binnen sechs Kontakten zu erreichen, darf bezweifelt werden. Trotzdem fasziniert die Vorstellung, dass – zumindest theoretisch – jeder Reisbauer in China mit Madonna über sechs Ecken verbunden ist. Und es ist ja auch viel Wahres dran: Netzwerke können Enormes leisten. Rund ein Drittel aller europäischen Arbeitnehmer zwischen 16 und 29 Jahren finden ihre Jobs über Beziehungen. Das ergab eine wissenschaftlich haltbare Studie der EU-Kommission. Was gut ist für den Einstieg, kann später jedoch schaden. So wollten drei spanische Ökonomen wissen, wie sich das Vitamin B auf Karriere und Einkommen auswirkt. Dazu untersuchten sie knapp 2000 Fälle. Ergebnis: Die Profiteure privater Netze waren zwar durchschnittlich einen Monat kürzer arbeitslos als die ohne Beziehungen. Dennoch verdienten sie im Schnitt neun Prozent weniger. Der vermutete Grund: Bewerber mit Karrierehelfern schöpfen ihr Potenzial nicht aus und verzichten öfter auf die Suche nach einer besser bezahlten Stelle. Merke: Der schnelle Weg zum Job hat im Schnitt sechs Schritte. Erfolg braucht etwas mehr!

27. Juni
Schöner scheitern –
Sichere Wege in die berufliche Katastrophe

Eines Tages kommt ein armer Bauer namens Gordius auf einem Ochsenwagen nach Phrygien. Den Leuten dort hatte das Orakel vorhergesagt, dass ihr künftiger König auf einem Wagen komme. Zack, war Gordius den Karren los und phrygischer König. Zum Dank weihte er Zeus die Kiste und knüpfte zwischen Joch und Deichsel einen komplizierten Knoten. Es hieß, wer ihn lösen könne, werde einmal über Persien herrschen. Viele schlaue Leute scheiterten an dem Knäuel. Doch dann, es war gerade 333 Jahre vor Christus, kam Alexander der Große vorbei und haute den Knoten einfach mit dem Schwert durch. Alexander war uns in dem Punkt voraus: Die besten Lösungen sind erstaunlich einfach.

Die Wahrheit ist aber auch: Schläue schützt nicht zwingend vor dem Scheitern. Je mehr sich einer müht und in sein Ziel verbeißt, desto weiter entfernt er sich oft davon. Bisher haben Sie gelernt, Karriereknoten von gordischen Ausmaßen durchzuhauen. Weil das aber nur die halbe Wahrheit ist, lesen Sie heute, wie man sich todsicher in solchen Schlingen verfummelt und beruflich geradewegs in die Katastrophe steuert:

Düpieren: Sobald Sie befördert worden sind, lassen Sie enttäuschte Mitbewerber links liegen. Alles potenzielle Cäsarenmörder! Strenge und Misstrauen sind erstklassige Mittel, um sich der Basis zu entrücken.

Entmündigen: Wären die anderen wirklich so schlau, wie sie behaupten, wären nicht Sie deren Boss, sondern umgekehrt. Also halten Sie die Zügel straff. Entscheidungen sind Ihre hoheitliche Aufgabe. Es reicht, wenn Sie Verantwortung nur im Falle des Misserfolgs delegieren.

Filtern: Weil Sie smart sind und das bewiesen haben, müssen Sie sich nicht länger hinterfragen lassen. Also weisen Sie jeden an, Sie mit überflüssigem (Besser-)Wissen tunlichst zu verschonen. So bekommen Sie Katastrophen erst mit, wenn sie eingetreten sind.

Stören: Was interessiert Sie Ihr Geschwätz von gestern? Der Feind des Guten ist das Bessere. Falls Sie im Laufe einer Woche dreimal die Strategie wechseln – na und?! Sie machen hier die Regeln! Widersprüche halten den Geist frisch und die Belegschaft flexibel. Dass die so in unproduktiven Gehorsam oder die innere Kündigung abdriftet, sind Kollateralschäden.

Überschätzen: Wenn etwas hilft, dann allein Ihr sicheres Gespür. Wer wird sich schon von ein paar Fakten beirren lassen? Mähen Sie deshalb jeden Zweifel nieder. Die Zweifler am besten gleich mit. Die halten sowieso nur unnötig auf.

apr

mai

jun

28. Juni
Bleichgesicht – Das Problem der Mittelmanager

Manche Karrieren sind wie Hamburger: Von oben und unten wird gedeckelt und dazwischen gemäkelt – zu klein, zu lasch, zu blass. Exakt so fühlen sich Mittelmanager, Führungskräfte, die viele Mitarbeiter unter sich und einige Chefs über sich haben. Und egal, was die da oben aushecken – auf ihren Schultern lastet die Verantwortung für das Gelingen. Traurig, aber wahr: Viele dieser Manager machen gute Verbesserungsvorschläge, warnen vor Fehlentscheidungen und entwickeln verdienstvolle Strategien. An der Spitze hört ihnen dennoch keiner zu. Steigt dann der Druck im Kessel, trifft sie die Kritik der Basis als Erste. Kurzum: Es ist ein Knochenjob, der Brätling zu sein.

Trotzdem kommt jeder Aufstiegswillige früher oder später in diese Lage. Was also tun, wenn man es besser weiß, aber keiner zuhören will? Wenn feststeht, dass die neue Strategie viel Zeit, Kraft und Geld verschwenden wird, ohne viel zu bringen? Das sind die Optionen:

1. So weitermachen wie bisher – Klappe halten, bei allem mitziehen, applaudieren, wenn es gewünscht wird. Für alle, die zur Vorsicht neigen und eher froh sind, keine schweren Entscheidungen treffen zu müssen, ist das die beste Strategie.
2. Wer allerdings zu den Leuten gehört, die vom Schweigen Magengeschwüre bekommen, sollte sagen, wo es klemmen könnte – höflich, dezent, vielleicht sogar etwas devot. Der Grat zwischen Initiative und Insubordination ist schmal: Geht es gut, wird man gelobt, trotzdem haftet einem das Stigma des Rebellen an. Geht es schief, wird man gefeuert.
3. Die dritte Alternative: Suchen Sie sich einen neuen Job! Wer überzeugt ist, dass an der Spitze Hundertsassas regieren, wird früher oder später kündigen oder revoltieren. Beides schadet dem Ruf nachhaltig. Besser, man zieht vorher die Notbremse.

Für den Fall, dass Sie zu Typ 2 gehören und Ihren guten Gedanken die Freiheit schenken wollen, müssen Sie jedoch beweisen, dass Ihr Engagement dem Unternehmen dient und nicht der eigenen Profilierung. Zudem sollten überzeugende Beispiele und Marktstudien den Einwurf stützen. Selbst wenn die Adressaten Ihnen nicht folgen, werden sie so von Ihrer Sorgfalt beeindruckt sein. Wer nie riskiert, seine Meinung zu verteidigen, bleibt bleich. Und die Unternehmensleitung wird sich zu Recht fragen: *Where is the beef?*

29. Juni
Über Prüfung – Wie Sie Management-Audits meistern

Es soll Manager geben, die fahren absichtlich in Staus. Dort erfahren sie den Verlust von Kontrolle und schöpfen emotionale Kraft aus dem Zustand auferlegter Ausweglosigkeit. Das sind die Harten. Alle anderen meiden solche Lagen wie die Bild-Zeitung lange Sätze. Doch selbst für noch so Hartgesottene endet der Spaß, wenn sie zu so genannten Audits müssen. Solche Qualitätschecks für Manager entscheiden oft über Fortune oder Fiasko einer Laufbahn.

Meist basieren Audits auf Interviews. Intelligenz- oder Persönlichkeitstests, Rollenspiele und Praxissimulationen sind die Ausnahme. Entscheidend ist das Ziel: Geht es um eine Personalauswahl (Wer darf bleiben, wer muss gehen?) oder um eine Potenzialanalyse (Ist der Manager einem Job jetzt und in Zukunft gewachsen?)? Dabei wird die zu beurteilende Führungskraft entweder gleichzeitig von zwei Beratern ins Kreuzverhör genommen oder in zwei Terminen von je einem Interviewer durchleuchtet. Schauspielern ist sinnlos, das kann niemand so lange durchhalten. Auch mit abstraktem Geschwätz oder angelesenen Weisheiten lassen sich keine Auditoren beeindrucken. Blender entlarven sie mit Fangfragen. Was hilft, sind allein Ehrlichkeit und gute Vorbereitung.

Halten Sie also gute Antworten parat: Was machen Sie den ganzen Tag? Wie machen Sie das, und warum machen Sie das so? Wo hatten Sie Erfolg? Wo sind Sie gescheitert? Diese Fragen kommen fast immer. Antworten Sie nie abstrakt, sondern in Beispielen, Szenarien und Anekdoten. Je mehr äußere Umstände Sie schildern, desto plausibler wirkt die Entscheidung – auch wenn sie sich im Nachhinein als falsch erwiesen hat. In der Regel werden offene Fragen gestellt. Von guten Kandidaten werden schließlich Dialogfähigkeit und Initiative erwartet. Auch Rückfragen sind erlaubt.

Wer schlecht abschneidet, sollte Ruhe bewahren. Wenn Ihr Unternehmen schon Geld dafür ausgibt, Ihre Starken und Schwächen offenzulegen, ist es meist auch bereit, in Weiterbildung zu investieren. Ansonsten gilt: Jedes Feedback gibt Anhaltspunkte für die Zukunft. Vielleicht stellen Sie fest, dass Ihre Talente in einem anderen Job mehr Wert schaffen. Dann sollten Sie Konsequenzen ziehen – oder die Nummer mit dem Stau testen.

apr

mai

jun

30. Juni
Bekanntenkreis – Wie sich Erfolg vermehrt

Eliten bleiben gerne unter sich. Das Phänomen beobachten Soziologen schon lange und gaben ihm den Namen *Matthäus-Effekt* – in Anlehnung an ein Zitat aus dem Matthäus-Evangelium (25, 29): »Denn wer da hat, dem wird gegeben werden, und er wird die Fülle haben; wer aber nicht hat, dem wird auch, was er hat, genommen werden.« Auch wenn dieses Zitat von Kirchenkritikern und Christen oft missverstanden wird (es bezieht sich auf den Ertrag, nicht auf die Ausstattung), beschreibt es treffend ein unumstößliches Gesetz des Erfolges: Glück und Triumph stecken an. Der US-Soziologe Robert K. Merton formulierte 1968 dieses Prinzip der positiven Rückkopplung als *success breeds success*. Merton bezog seine These damals auf die Zitierhäufigkeit bekannter Wissenschaftsautoren: Er zeigte, dass prominente Autoren aufgrund ihres Bekanntheitsgrades häufiger zitiert wurden als unbekannte, was ihre Prominenz noch steigerte.

Derselbe Effekt lässt sich im Internet beobachten – bei Blogs. Das sind (meist) private Online-Journale, von denen es inzwischen knapp 60 Millionen weltweit gibt. Eines ihrer markantesten Merkmale ist, dass Leser die Beiträge kommentieren und sich untereinander verlinken und zitieren können, womit sich sowohl die Leserschaft vergrößert als auch der Blograng in den Suchdiensten verbessert. Eine Studie, die den Zitier- und Verlinkungsgrad der 100 erfolgreichsten US-Blogs untersuchte, kam zu dem Ergebnis: Die ersten zehn Prozent, die Alpha-Blogs, verlinken sich nahezu ausschließlich untereinander. Die nächsten 30 Prozent bilden kleinere Zirkel, verweisen aber regelmäßig auf die *Big10*, der Rest zitiert ehrfurchtsvoll die Alphas und Betas und bleibt unter sich. Wer hat, dem wird gegeben.

Keine Frage, das Gesetz stellt eine Hürde dar. Wer nicht zum elitären Zitierzirkel gehört, kann nicht davon profitieren. Ob Blogger, Forscher oder Berufseinsteiger – wer nicht zu den Vorreitern gehört, schafft es kaum aus eigener Kraft an die Spitze. Das heißt aber nicht, dass diese Pforten auf ewig verschlossen bleiben. Es beweist nur, wie wichtig Ruf und Bekanntheitsgrad sind. Beides zu steigern, hat unmittelbare Auswirkung auf die Karriere. Eine Ausnahme von dieser Regel gibt es nicht.

mrz

apr

mai

jun

juli

**Die Psychologie
des Erfolgs**

aug

sep

okt

nov

dez

jan

feb

1. Juli
Blender Alarm –
Warum unser Urteilsvermögen eine Illusion ist

Zwei Testgruppen bekommen eine mathematische Aufgabe. Die einen rechnen 8 x 7 x 6 x 5 x 4 x 3 x 2 x 1; die anderen 1 x 2 x 3 x 4 x 5 x 6 x 7 x 8. Allerdings haben sie nur fünf Sekunden Zeit. Also schätzen sie. Die erste Gruppe schätzt im Schnitt 2250, die zweite 512. Wer mit etwas Großem beginnt, erwartet auch große Ergebnisse und umgekehrt. Die richtige Antwort wäre übrigens 40.320 gewesen.

Studenten werden gebeten, auf dem Campus eine halbe Stunde lang ein Schild zu tragen mit der Aufschrift »Iss heute bei Joe's!«. Diejenigen, die einwilligen, sind der Meinung, dass 62 Prozent ihrer Kommilitonen das ebenfalls gemacht hätten. Die Verweigerer dagegen sind davon überzeugt, dass 67 Prozent genauso entschieden hätten. Kurzum: Man schließt von sich auf andere.

Die Psychologin Ellen Langer verkauft Lottoscheine an Mitarbeiter eines Unternehmens. Die erste Gruppe darf die Scheine auswählen, die zweite bekommt sie zugeteilt. Alle Scheine sind gleich viel wert und sehen identisch aus. Kurz vor der Ziehung werden die Mitarbeiter gefragt, zu welchem Preis sie die Scheine wieder verkaufen würden. Die Selbstwähler verlangen im Schnitt 8,67 Dollar, die Beschenkten 1,69 Dollar. Wer die Wahl hat, leidet also nicht nur Qualen – er leidet auch an der Illusion, den Wert einer Sache kontrollieren zu können. Zudem erscheint die Sache selbst wertvoller.

Drei Experimente, eine Schlussfolgerung: Jeder von uns ist manipulierbar, leicht abzulenken, blind für die Realität und auf bizarre Weise selbstgefällig. Kurz: Unser Urteilsvermögen können wir in der Pfeife rauchen. Das können Sie bedauern – oder sich zunutze machen, denn für Ihre Kunden, Ihren Chef und Ihre Widersacher gilt dasselbe. Also spielen Sie ruhig ein wenig mit deren Ego und vernebeln Sie deren Wahrnehmung. Die anderen machen es ja auch.

Mehr dazu: Tom Peters, Jenseits der Hierarchien. Econ 1992
http://psychology.ucalgary.ca/thpsyc/VOLUMES.SI/1991/1.1.Lopes.Lola.html

jul

aug

sep

2. Juli
Stress lass nach –
Schuld am Stress ist eine falsche Vorstellung

Ohne Stress wäre jeder Job auf Dauer ziemlich langweilig. Und genau das ist das Problem: Wir haben eine völlig falsche Vorstellung von Stress. Nahezu jeder kennt Situationen, in denen er sich überfordert fühlt und darauf mit Frust, Wut oder Ohnmacht reagiert. All das sind Anzeichen von akutem Stress. Doch krank müssen sie nicht machen. Tatsächlich »beginnt Stress im Kopf«, sagt Manfred Schedlowski, Psychologie-Professor an der ETH Zürich. Ein Beitrag zum Stressabbau ist deshalb, mit ein paar Stressirrtümern aufzuräumen:

Irrtum 1: Stress ist schlecht. Belastungen sind nicht nur natürlich, sondern gesund. Erst Anstrengung ermöglicht innere Befriedigung. Zudem fördert Stress die Leistungskraft. Erst wenn der Stress länger anhält, gehen die Vorteile verloren (siehe auch 4. März).

Irrtum 2: Jeder reagiert auf Stress gleich. Stressresistenz ist zu einem gewissen Grad angeboren. Laut Studien nehmen die Gene darauf bis zu 30 Prozent Einfluss. Schon Babys reagieren verschieden. Das zeigte ein Experiment der Universität von Maryland: Psychologie-Professor Nathan Fox nahm zwei Tage alten Säuglingen den Schnuller weg, die daraufhin natürlich losweinten. Einige beruhigten sich jedoch bald wieder. Fox beobachtete seine Probanden bis ins Erwachsenenalter – und siehe da: Wer als Säugling belastbarer war, blieb es auch im Alter. Lange Arbeitszeiten, hoher Leistungsdruck und häufige Veränderungen verursachen nicht zwangsläufig Stress. Studien beweisen: Erst die Kombination mit geringer Entscheidungsfreiheit und fehlender Anerkennung strapaziert die Psyche. Eine zweite Ursache ist *erlernte Hilflosigkeit*: Wer schon als Kind von den Eltern oder in der Schule längere Zeit überfordert wird und wem Erfolgserlebnisse fehlen, reagiert später auf Druck nicht mit Leistungswillen, sondern resigniert.

Irrtum 3: Gegen Stress hilft entspannen. Gestresste sind zur Muße oft gar nicht mehr fähig. Wer Stress abbauen will, sollte sich bewegen. Stress stellt den Körper auf höchste Leistungskraft und erhöhte Kampfbereitschaft ein. Die lässt sich im Bürosessel nicht wegmeditieren, sondern allenfalls wegschaukeln. Besser aber, man wird richtig aktiv: Wer akut unter Dampf steht, sollte ein paar Stockwerke auf und ab laufen oder geht eine Runde um den Block. Auch leichter Ausdauersport am Abend entlastet, 20 Minuten strammes Spazierengehen reichen schon.

3. Juli
Über Schrift – Die Psychologie der Handschrift

Es gibt Menschen, die schreiben klein und eng. Ihre Buchstaben hängen irgendwie schlaff nach unten durch, besonders das *g* und *p*, während das *t* und das *h* oben herum verkümmern. Zudem driftet ihre kleinwüchsige Klaue nach links. Falls Sie so schreiben: Lassen Sie das bloß keinen Graphologen sehen! Er könnte Sie für einen triebgesteuerten Menschen mit Komplexen und Hang zur Depression halten.

Wer schreibt, verrät sich. Schrift ist Körpersprache, sie ermöglicht einen Blick in Psyche und Persönlichkeit. Das sagen Graphologen. Ihre Methodik ist allerdings umstritten. Schriftanalyse gilt in Deutschland als esoterischer Hokuspokus. In Frankreich und Italien dagegen wird sie als ergänzendes Instrument bei der Bewerberauswahl geschätzt. Allerdings brauchen Gutachter für eine seriöse Analyse mindestens eine ganzseitige Schriftprobe mit Unterschrift. Wer aus weniger seine Schlüsse zieht, produziert tatsächlich Kokolores. Zudem müssen Gutachter wissen, wie alt der Schreiber ist, welches Geschlecht er hat und ob er Links- oder Rechtshänder ist. Das lässt sich aus der Schrift nicht erschließen, ist aber wichtig für deren Interpretation. Dann geht es ins Detail: Die Größenverhältnisse der Anfangsbuchstaben werden genauso untersucht wie der Schreibrhythmus, ob alle Buchstaben eines Wortes verbunden sind oder nur Teile, ob die Buchstaben mager oder voll wirken, ob sie sich nach links oder rechts neigen und wie groß die Wortabstände sind. Zum Schluss die Unterschrift. Sie offenbart, wer der Verfasser gerne wäre und wie er sich nach außen darstellt, entlarvt seinen Ehrgeiz und sein Ego.

Keine Rolle spielt dagegen, ob einer eine Sauklaue hat oder schön schreibt. Ein Narzisst etwa zeichnet sich durch übergroße Wortanfänge sowie auffällig linkslastige Schleifen aus; teamunfähige Menschen dagegen schreiben unregelmäßig, oft in Form spitz auslaufender Bewegungen. Die Schreibweise lässt sich sogar zu einem Ideal stilisieren: Der perfekte Manager schreibt demnach druckstark (Tatkraft und Belastbarkeit), vereinfacht die Buchstaben (Blick fürs Wesentliche) und verbindet sie originell (Logik). Faszinierend, oder?! Wer mag, kann sich im Internet (graphologies.de) ebenfalls einem kurzen – aber unwissenschaftlichen – Selbsttest unterziehen.

4. Juli
Schreib weise! – Wie die Handschrift gedeutet wird

Eine Schönschrift ist wie ein hübsches Kleid: Sie kann vieles kaschieren und ist kaum zu deuten. Alles andere aber, unleserliches Gekritzel oder Schreibschrift, entlarvt den Charakter seines Autors. Die Hauptindizien: die sogenannte Ober-, Mittel- und Unterlänge.

Die Mittellänge ist der Bereich, in dem die Kleinbuchstaben m oder e liegen, die Oberlängen bilden die der Buchstaben b, d, h, k, l und t, die Unterlängen g, j, p, q und y. Betonte Oberlängen verraten den Schriftgelehrten intellektuelle Interessen und wie begeisterungsfähig der Autor ist. Sind sie verkümmert, wird das als geistige Faulheit ausgelegt. In der Mittelzone wiederum drückt sich das Selbstwertgefühl des Schreibers aus. Je ausladender die Schrift, desto größer sein Ego. Ausgeprägte Großschreiber können stolz, großmütig oder aufgeblasen sein, andererseits auch voller Taten- und Freiheitsdrang. Aus den Unterlängen schließen Graphologen auf die Triebe sowie die materiellen und praktischen Interessen. Sind sie verkürzt, beweist das Durchsetzungsmangel und Antriebsarmut.

Ein weiteres Merkmal ist die Verbindung der einzelnen Buchstaben. Schriftgutachter unterscheiden dabei zwischen *Arkade*, *Girlande*, *Winkel* und *Faden*. Eine Arkade ist die bogenförmige Wölbung, wie sie etwa im Buchstaben *m* vorkommt. Weil sie oben geschlossen ist, symbolisiert sie Verschlossenheit und Zurückhaltung. Ein Arkadenschreiber ist schwer aus der Reserve zu locken und gibt nur ungern sein Innenleben preis. Das Gegenstück ist die Girlande, wenn das *n* wie ein *u* aussieht. Girlandenschreiber sind aufgeschlossene, kontaktfreudige, freundliche Menschen. Entscheidend ist allerdings, wie sehr die Girlande auseinandersteht: Weit und kelchförmig Schreibende geben ihr Wissen gerne weiter; sind die Bögen eng und tief, spricht das eher für einen gehemmten Eigenbrötler. Winkelschreiber wiederum malen ihre Konsonanten als Zickzacklinien. Wer so schreibt, gilt als willens- und durchsetzungsstark – manchmal aber auch als verbohrt und unduldsam. Von Fadenschreibern spricht man, wenn die Buchstaben *m* und *n* als waagerechte Striche (Faden) erscheinen. Sie sind oft Opportunisten, drücken sich gern vor schweren Entscheidungen, bleiben vage und versuchen, ohne größere Anstrengung ans Ziel zu kommen.

Ein drittes Kriterium ist die Schräglage. Eine überwiegend nach links geneigte Schrift wird als Selbstbezogenheit und Selbstbeherrschung interpretiert. Rechtsschrägschreiber dagegen gelten als warmherzig, ungezwungen und kontaktfreudig. Sie können sich aber auch durch Unbeständigkeit und mangelnde Disziplin auszeichnen. Schreiber, deren Handschrift senkrecht im Lot steht, gelten wiederum als besonnene nüchterne Menschen mit wenig Temperament.

Auch der Wortabstand sagt viel über den Autor. Klaffen große Lücken zwischen den Worten, spricht das für geistige Klarheit, große Übersicht und genügenden Abstand zu Dingen und Menschen. Enge Wortzwischenräume dagegen finden sich oft bei Menschen, die sehr emotional bis chaotisch sind. Ihnen fehlt die sprichwörtliche Distanz.

Mit den Anfangs- und Endbetonungen schließlich drückt der Schreiber sein Geltungsbedürfnis aus. Wer seine Wörter mit ausladenden Schnörkeln oder übergroßen Buchstaben beginnt, dokumentiert Stolz, Elan und Einsatzfreude – aber auch den Wunsch nach Größe und Anerkennung. Sind die Wortanfänge verkümmert, offenbart sich Bescheidenheit, Zurückhaltung, eventuell auch Unsicherheit. Die Endbetonung wiederum spricht für einen willensstarken Menschen mit Hang zur Opposition. Er besitzt in der Regel wenig Taktgefühl – ganz im Gegensatz zu Schreibern, deren Wortenden ruhig und klein auslaufen. Sie sind meist gute Diplomaten, aber auch leicht beeinflussbar. Es hat eben alles zwei Seiten. Wie ein beschriebenes Blatt Papier.

Klarsicht – Die Wahrheit ist oft ein Vexierbild

Das Internet ist voller denkwürdiger Geschichten: Eine Mutter fährt mit ihrem Sohn in der U-Bahn. Der Sohn läuft völlig verstört durch die Bahn, wirkt hyperaktiv, ist aggressiv, belästigt Mitreisende, pöbelt. Die Menschen reagieren immer gereizter, schütteln den Kopf. Irgendwann fasst sich ein Mann ein Herz und spricht die Mutter an: »Warum lassen Sie zu, dass sich Ihr Kind so danebenbenimmt? Sehen Sie nicht, dass Sie andere stören?!« Da antwortet die Mutter: »Es tut mir leid. Aber wir kommen aus dem Krankenhaus, in dem gerade der Vater meines Jungen an den Folgen eines Unfalls gestorben ist. Ich weiß leider überhaupt nicht, wie ich damit umgehen soll, und ich fürchte, mein Sohn weiß es auch nicht.«

Ein Satz – eine völlig andere Welt. Eben dachten vielleicht auch Sie, es geht in dieser Geschichte um Kinderstube, um Rücksichtslosigkeit oder die Kritik an einer Laissez-faire-Erziehung. Doch mit der Erklärung der Mutter erscheint alles in einem anderen Licht, Ihre Perspektive hat sich verschoben.

Die zweite Geschichte handelt von einem Vater, der mit seinem Sohn in die Stadt fährt. Der Sohn bleibt ständig stehen, sieht sich immer wieder Dinge an. Der Vater hat noch Besorgungen zu erledigen und so treibt er seinen Sohn an, zerrt ihn weiter und irgendwann platzt es aus ihm heraus: »Was ist denn jetzt schon wieder? Nun komm endlich, wir müssen weiter!« Typisch? Nehmen wir an, tags zuvor hätte die Schule bei diesem Vater angerufen. Der Schulleiter wäre am Telefon gewesen und hätte gesagt: »Wir haben heute einige Intelligenztests gemacht. Dabei kam heraus, Ihr Sohn ist hochbegabt. Er ist ein Genie.« Was, glauben Sie, wäre am Nachmittag passiert? Hätte der Vater wieder gesagt: »Los, du Träumer, wir haben nicht ewig Zeit!« Oder wäre er auch beim zehnten Mal stehen geblieben und hätte seinen Sohn neugierig gefragt: »Worüber denkst du gerade nach? Was siehst du?«

Unser Verhalten ist das Ergebnis, wie wir die Dinge sehen. Die Welt ist wie ein Vexierbild – und je nach Betrachtungsweise sehen wir einen Kelch oder zwei Gesichter. Es ist unmöglich, die Welt zu sehen, wie sie wirklich ist. Aber wir können entscheiden, ob wir die Dinge hinterfragen. Weniger pathetisch ausgedrückt: Wenn Sie ein

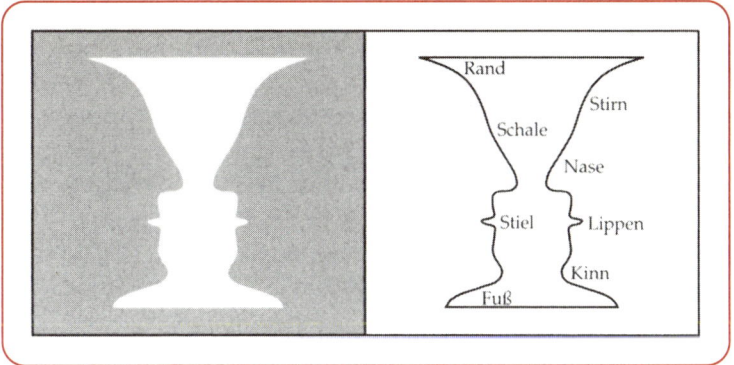

Problem haben, ist Ihr Problem vielleicht, dass Sie es als Problem betrachten. Es könnte auch eine Chance sein. Wie heißt es so schön: Wenn das Leben dir Zitronen schenkt – mach Limonade draus!

6. Juli
Spiel's noch einmal! – Warum Rituale Karrieren beflügeln

Rituale bewahren vor der Mühsal der Entscheidung, weshalb ihnen der Ruch des Überdrusses anhaftet. Nur stetiger Wandel weht frischen Wind in unser Bewusstsein: bloß nichts wiederholen, bloß nicht träge werden! Routinen gelten als die Inkarnation des Stupiden. Sie sorgen für Langeweile, hemmen Innovationen und zementieren den Status quo. Wer dagegen Risiken eingeht, aus Schablonen ausbricht, gilt als Held der Arbeit. Das ist nicht falsch, aber leider auch sehr schwarzweiß. Routinen haben durchaus Vorzüge.

Wir leben in einer komplexen Welt im Wandel. So müssen wir ständig umlernen, Prioritäten neu setzen, ein Leben lang flexibel bleiben. Das macht vielen Angst. Und hier helfen Routinen: Sie verringern die Komplexität, nehmen das Tempo raus, verhelfen zu einem besseren Überblick, geben Sicherheit und senken den Stresspegel. Während sich alles bewegt, bilden Rituale wichtige Konstanten. Sie machen sogar glücklich. Alle Menschen erfahren das bereits in ihrer Kindheit: Nichts ist schöner, als wenn Papa oder Mama regelmäßig vor dem Einschlafen eine Geschichte erzählen oder jedes

Jahr unterm Weihnachtsbaum dieselben Lieder singen. Zahlreiche psychologische Studien weisen nach, dass Rituale sinnstiftend wirken: Sie helfen Ordnung zu schaffen, bereichern Paarbeziehungen, sogar das Selbstvertrauen können sie steigern. Etwa, wenn wir merken, dass wir bestimmte Erfolge reproduzieren können – wie jedes Jahr einen Marathon zu laufen. Natürlich muss jeder bereit sein, solche Abläufe stetig zu hinterfragen und zu korrigieren, falls sie sich als überholt erweisen. Zu starr dürfen Bräuche nicht werden, sonst wirken sie wie ein zu enges Korsett.

Rituale können Sie zudem für die Karriere nutzen – in Form eines Habitus, einer Redeweise, eines Mottos, das Sie sich zu eigen machen und vor anderen möglichst oft wiederholen. Am besten natürlich subtil. Das mag anfangs vielleicht etwas ungewöhnlich und peinlich wirken. Auf Dauer aber entwickelt es sich zu einem unverwechselbaren Markenzeichen. Denken Sie nur an den Slogan »Fakten, Fakten, Fakten«. Ich bin sicher, Sie wissen sofort, von wem die Rede ist. Was erfolgreiche Menschen auszeichnet, ist ganz oft genau diese Unverwechselbarkeit. Fangen Sie also früh damit an, herauszufinden, welche Routinen Ihnen helfen und welche Rituale Ihnen gut stehen – und pflegen Sie diese mit entsprechender Verve.

7. Juli
Gefallenfalle – Das Wesen der Reziprozität

Es gibt Menschen, die haben Probleme damit, Geschenke anzunehmen, weil sie sich hinterher seltsam verpflichtet fühlen: Wenigstens ein *Danke* gehört sich. Oder vielleicht doch ein späterer Gefallen? Dahinter steckt das Prinzip der Reziprozität: Zahlreiche Soziologen konnten nachweisen, dass die Verpflichtung zur Gegenseitigkeit etwas zutiefst Menschliches und in vielen Gesellschaften Verankertes ist. Es ist das, was Netzwerke zusammenhält, Kumpanei und Klüngel befördert sowie hinter der Redensart *Eine Hand wäscht die andere* steckt.

Weil sie subtil wirkt, macht uns diese Reziprozität allerdings enorm anfällig für Manipulationen. Denken Sie nur an Gratisproben im Supermarkt: Verkäufer, die anbieten, doch »noch einen Happen« zu nehmen, spielen mit dem schlechten Gewissen und zwingen die arglose Kundschaft so in eine Gefälligkeitsfalle, die ganze Wurst zu kaufen. Der legendäre Supermarktpromotor Vance Packard beschrieb 1957 eine besonders perfide Masche, mit deren Hilfe er binnen weniger Stunden 500 Kilo Käse verkaufte – nur weil er die Kunden dazu aufgefordert hatte, sich Proben von beliebiger Größe abzuschneiden. Die Organisation amerikanischer Kriegsversehrter wiederum berichtete einmal, dass die Rücklaufquote ihrer Spendenaufrufe von 18 auf 35 Prozent stieg, wenn sie ihren Briefen kleine Präsente wie Postkarten beifügte. Der Trick: Geschenke erzeugen Verbundenheit – aber eben auch Schuldgefühle. Das belastet uns und motiviert, etwas dagegen zu unternehmen. Schließlich will keiner als Schnorrer dastehen.

Genauso heimtückisch wirken Zugeständnisse während einer Verhandlung. Sie üben auf den Nutznießer der Konzession Druck aus, sich zu revanchieren. Wer zuerst ein Opfer bringt, kann damit sogar den Zeitpunkt der Gegenleistung beeinflussen. Angenommen, Sie bitten Ihren Boss um zehn Prozent mehr Gehalt. »Unmöglich«, wird der antworten, was Ihnen allerdings längst klar war. Also bitten Sie ihn nach einigem Geplänkel wenigstens um ein Plus von sieben Prozent. Schon haben Sie ein Opfer gebracht, und Ihrem Boss wird es deutlich schwerer fallen, Ihre Bitte erneut auszuschlagen. Entsprechend werden bei Tarifverhandlungen zuerst immer überhöhte Forderungen gestellt, von denen sich hinterher herrlich leicht Abstriche machen lassen. Alles bloß Show? Nein, alles ein Spiel mit der Reziprozität!

Mehr dazu: Robert B. Cialdini, Die Psychologie des Überzeugens. Huber 2007

jul

aug

sep

8. Juli
Zelebritäten – Wie Sie mehr Charisma bekommen

Der Stoff, aus dem Legenden sind, der andere in den Bann zieht, der Menschen eine magische Aura und Strahlkraft verleiht, der Mitarbeitern Vertrauen einflößt, der die Sehnsüchte, Hoffnungen und

Wünsche anderer verkörpert und Religionsstifter und Diktatoren mit Wirtschaftsbossen, Feldherren und Comicfiguren vereint, der immer dann herhalten muss, wenn sich der Erfolg schillernder Persönlichkeiten nicht erklären lässt, und der deshalb als mythischer Karrierebeschleuniger gilt, dieser Stoff lässt sich prima beschreiben, aber kaum definieren. Es ist Charisma.

Charismatische Menschen sind die Schamanen der Moderne. Für Max Weber waren es die Leute, die nach der Entzauberung der Welt durch die Wissenschaft diese wieder verzauberten. Lange Zeit stand fest: Charisma kann man nicht lernen, man hat es oder nicht. Inzwischen hat die Wissenschaft das Phänomen intensiv erforscht und vier Eigenschaften kondensiert, die Charismatiker auszeichnen: *Inspiration*, die motiviert; *Individualität*, die imponiert; *Intellekt*, der ermutigt; *Idealismus*, der anspornt. Und: Jeder, so die Forscher, trage etwas davon in sich und könne es durch Training verstärken.

Egal, an welchen Eigenschaften Sie laborieren, achten Sie darauf, dass Sie Selbstsicherheit ausstrahlen und polarisieren. Beides lässt Menschen aus der Masse herausragen, macht sie souverän, wofür sie selbst von Widersachern bewundert werden. Sie beherrschen Statusgesten, wie etwa nie im Türrahmen stehen zu bleiben, sondern den Raum zu betreten; Gesprächspartner länger als normal anzuschauen und sich langsam zu bewegen. Und sie nutzen symmetrische Gesten, um Ruhe auszustrahlen. Entscheidend ist, sein Auftreten dabei stets ein wenig zu dramatisieren und so das Profil zu schärfen. Gemeint sind nicht exzentrische Auftritte, sondern das Zelebrieren kleiner, persönlicher Macken, die individuelle Qualitäten hervorheben. Solche Gesten müssen jedoch unbedingt nonchalant geschehen. In dem Moment, in dem jemand darüber nachdenkt, wie er auf andere wirkt, verliert er Authentizität. Und mit dem Charisma ist es dann vorbei.

9. Juli
Schreibübung –
Wer Gedanken notiert, verbessert sein Potenzial

Lesen bildet. Schreiben aber auch. Bereits in den Zwanzigerjahren untersuchte die Lernforscherin Catherine Morris Cox die Studientechniken von Genies. Sie verglich zahlreiche Biografien von herausragenden Geistern der Geschichte, darunter Albert Einstein, Sir Isaac Newton, Blaise Pascal, Thomas Edison oder Johann Sebastian Bach. Heraus kam: Viele zeichneten schon früh ihre Gefühle und Gedanken in Tage- und Notizbüchern auf oder schrieben darüber in Briefen an ihre Freunde und Familienangehörige. Aus anderen Studien weiß man, dass allenfalls ein Prozent der Bevölkerung seine Gefühle, Eindrücke und Erfahrungen schriftlich verarbeitet. Aber diejenigen, die Höchstleistungen vollbringen, gehören fast immer dazu.

Gehirnforscher sind sich heute sicher, dass Intelligenz nicht nur genetische Wurzeln hat, sondern durch die Interaktion mit uns selbst und unserer Umwelt gefördert wird. Wir trainieren und stimulieren neuronale Verbindungen, wenn wir unsere Gedanken aufschreiben. Umgekehrt: Jedes Mal, wenn man vergisst, einen guten Gedanken festzuhalten, ihn reifen zu lassen und zu Ende zu denken, trainiert man das Vergessen und mindert sein Potenzial.

Schreiben verbessert sogar das Bewusstsein, Denken und Durchdringen. Der russische Psychotherapeut Vladimir Rajkov entdeckte zum Beispiel die Methode des geborgten Genies: Dazu versetzte er seine Klienten in Tiefenhypnose und suggerierte ihnen, ein herausragender Kopf der Geschichte zu sein. Und tatsächlich: In diesem Zustand entwickelten seine Patienten annäherungsweise geniale Fertigkeiten. Der *Rajkov-Effekt* lässt sich sogar bei Menschen mit Persönlichkeitsstörungen beobachten – wie bei Dr. Jekyll und Mr. Hyde. Bevor Sie dies jedoch als esoterischen Schabernack abtun – viele wenden die Rajkov-Methode langst an. Nur klingt *Inspiration durch Vorbilder* deutlich weniger esoterisch.

jul

aug

sep

10. Juli
Gebärdensprache – Die Gesten der Macht

Manche meinen, wenn sie geschwollen reden, hält man sie für besonders intelligent. Das ist exaltierter Galimathias – Blödsinn! In Wahrheit offenbart die Sprachschminke nur eine ausgeprägte Profilneurose. Wer eine Sache wirklich durchdrungen hat, braucht sie nicht in komplizierte Worte zu kleiden. Die einfachen haben Schlagkraft genug.

So ist es auch mit Verhaltensweisen, die den Status heben sollen. Es sind entgegen landläufiger Meinung nicht in erster Linie die Kleider, die Leute machen. Das wird bei dem sogenannten Statusspiel deutlich. Dabei ziehen vier Spieler verdeckt Karten aus einem Stapel, die von eins bis vier durchnummeriert sind. Die Zahl entspricht einem fiktiven sozialen Rang mit eins als höchster Stufe. Ohne sich gegenseitig zu verraten, welche Karte sie gezogen haben, müssen sich die Spieler statuskonform verhalten. Für Nummer eins und vier ist die Sache leicht: Eins dominiert einfach alle, vier bleibt durchweg devot. Die beiden anderen müssen ihre Rolle dagegen erst finden. Das Interessante an dem Experiment: Schon nach kurzem Geplänkel ist sowohl für die Spieler als auch für etwaige Zuschauer die Rangfolge offenbar – und das völlig unabhängig davon, welche Kleidung die vier gerade tragen oder welche Worte sie wählen. Es sind ihre Gesten, die sie verraten.

So vermitteln etwa langsame, elegante Bewegungen, ein unverkrampft gelassenes (aristokratisches) Lächeln sowie eine aufrechte und stille Kopfhaltung hohen sozialen Status. Ebenso wirkt, wer sich beim Sitzen locker zurücklehnt, ruhig bleibt, kräftig und nicht zu leise spricht und symmetrische Gesten wählt – beide Beine fest auf dem Boden, beide Hände vor dem Körper, beide Arme auf der Sessellehne. Umgekehrt verrät jemand Unsicherheit und damit niedrigen sozialen Status, der beim Sitzen oder Stehen die Füße nach innen dreht oder artig nebeneinanderstellt. Wer schnelle, ruckartige Schritte macht, sich in seinen Stuhl kauert, die Hände beim Reden in die Hosentaschen steckt oder sich gar auf einem Sofa in der Mitte einkeilen lässt, macht sich ebenfalls klein. Ein Mensch mit Führungsanspruch würde wenigstens die Ecke wählen.

Selbst der Blickkontakt entscheidet über unseren Rang. Allerdings drückt nicht derjenige Dominanz aus, der seinem Gegenüber furchtlos und unentwegt in die Augen starrt, sondern derjenige, der nach dem ersten Blickwechsel zuerst wegschaut: Er kann es sich leisten, den anderen zu ignorieren. Der andere dagegen muss seine Nähe suchen und den Blickkontakt halten. Die Geste wirkt aber nur, wenn man nach dem Abwenden nicht zurückblickt.

11. Juli
Hörensagen – Warum Zuhören sogar körperlich anregt

Chef, Kollegen, Freunde, Partner – egal, mit wem Sie sich unterhalten:

Verbringen Sie mehr Zeit mit Zuhören als mit Reden!

Menschen, die während einer Konversation weniger Redezeit beanspruchen als ihr Gegenüber, werden durchweg als bessere und intelligentere (!) Gesprächspartner empfunden, sagen Studien. Zuhören hat aber noch einen weiteren Vorzug: Es ist Nahrung für das Hirn. Unsere grauen Zellen funktionieren wie eine Batterie, die sich durch elektro-neurale Reize aufladen lässt. So hat Giselher Guttmann, Neurologe an der Universität Wien, beobachtet, dass Gehirnströme, beziehungsweise kleinste Schwankungen von bis zu 30 Millionstel Volt, unsere Leistungsfähigkeit beeinflussen. Töne, Klänge und Geräusche senden indes dieses elektrische Potenzial bis ins Kleinhirn, das unsere Körperbewegungen sowie den Gleichgewichtssinn kontrolliert. Von dort aus wandern die Impulse bis in das Limbische System, das wiederum Emotionen und die Ausschüttung von Hormonen sowie anderer biochemischer Stoffe steuert. Zuhören kann also unseren gesamten Körper beeinflussen, anregen, anspornen – und das relativ unabhängig vom Inhalt.

jul

aug

sep

12. Juli
Waagestück –
Warum es Work-Life-Balance nicht geben kann

Work-Life-Balance ist wie Klimawandel: Jeder weiß, dass es ihn gibt, und bekommt deswegen ab und an ein schlechtes Gewissen. Trotzdem ändert sich nichts. Kann auch nicht: Der virtuose Ausgleich zwischen Beruf und Privatleben ist ein Mythos – an dem allerdings zahlreiche Trainer und Quacksalber kräftig verdienen, weil sie vorgaukeln, was nicht gelingen kann: dass das Lebensglück eine bloße Frage des geschickten Selbstmanagements sei. Natürlich lassen sich Prioritäten setzen, Pläne machen, Kalender und Listen führen. Das lindert vielleicht das Chaos auf dem Schreibtisch, aber ist deswegen schon ein Leben in Balance? Wohl kaum.

Das Leben ist schlicht nicht planbar. Wer versucht, es krampfhaft zu kontrollieren, erzeugt so nur neuen Stress: den, immer perfekt zu sein, immer geplant einen Erfolgsschritt nach dem anderen zu absolvieren. Bloß nie improvisieren müssen! Das muss schiefgehen. Schon der Begriff »Work-Life-Balance« ist ein Widerspruch in sich: Er erklärt Leben und Arbeit zu Gegensätzen. Ein gefährlicher Irrglaube. Untersuchungen zeigen: Nicht die Arbeitsmenge beeinflusst das Wohlbefinden, sondern die Art der Tätigkeit. Wer Erfolg hat, wird zufriedener, entspannt sich, das Selbstvertrauen steigt – und eben oft auch das Gefühl, ausgeglichen zu sein.

Schon Sigmund Freud erkannte, dass der Mensch von Natur aus unausgeglichen ist. Das sei ein wesentlicher Teil unserer Existenz, meinte er. Erst so entstehen Engagement und Kreativität. Zahlreiche Unternehmer, Manager oder Leistungsträger sind gerade deshalb so erfolgreich, weil sie von dieser inneren Unruhe getrieben werden und sich ständig verbessern wollen. Tatsächlich sind diese Menschen oft unglaublich produktiv – obwohl sie freilich alles andere als ein ausgeglichenes Leben führen.

Und mal ehrlich: Balance ist Jammern auf dramaturgisch hohem Niveau. Ausgeglichenheit ist eher eine Frage von Lebens-Episoden. Jeder Lebensabschnitt verlangt individuelle Entweder-oder-Beschlüsse: Mal wiegt der Beruf schwerer, mal ein privates Projekt, mal Familie, mal Freunde. Aber machen Sie sich deswegen keinen Stress! Solange die Waagschalen in Bewegung bleiben, leben Sie.

13. Juli
Passt partout – Der Dumme gibt nach

Der deutsche Dichter und Theologe Johann Peter Hebel (1760–1826) erzählt die Geschichte von einem Vater, der seinem Sohn die Torheit der Welt zeigen will. Er führt dazu einen Esel aus dem Stall und alle drei wandern in das nächste Dorf. Die Bauern verspotten das Trio und rufen:»Seht doch, diese Narren! Haben einen Esel und keiner sitzt drauf.« Kaum haben sie das Dorf verlassen, setzt sich der Vater auf den Esel, und der Sohn führt beide in das zweite Dorf. Wieder spotten die Bauern:»Was für ein Gespann! Der Alte reitet und der arme Junge muss laufen.« Kurz hinter dem Dorf tauschen Vater und Sohn die Rollen. Doch wieder schimpfen die Bauern:»Es ist nicht recht, dass der Alte laufen muss. Der Junge hat die kräftigeren Beine!« Nun setzen sich beide auf den Esel – der Vater vorn, der Junge dahinter. So reiten sie gemeinsam in die vierte Siedlung, und man ahnt es längst: Auch hier nehmen die Bauern Anstoß:»Pfui, ihr Tierquäler«, rufen sie.»Man sollte einen Stock nehmen und beide herunterschlagen!« Da erreichen sie das fünfte Dorf. Noch vor dem Eingang binden sie die Beine des Esels zusammen, fädeln sie durch eine Stange und tragen so den Esel auf ihren Schultern durch den Ort. Als die Leute das sehen, jagen sie alle drei fort.

Es allen recht machen zu wollen, wirkt wie Nervengift: Erst vernebelt es, dann lähmt es. Wer es versucht, wird sich zwangsläufig verzetteln, verliert sein Ziel aus den Augen, opfert obendrein sein Rückgrat und macht sich zum Esel. Auch wenn Anpassungsfähigkeit im Job Bedingung für persönlichen Erfolg ist und Flexibilität per se als positiver Wert gilt: Zu viel davon ist ungesund. Wer sich jedem Widerstand beugt, besitzt weder Standfestigkeit noch Durchsetzungskraft. So jemand wird andere nie anleiten: Er wird bereits geführt – von allen!

Die Versuchung ist manchmal groß, nachzugeben, um nicht kämpfen zu müssen. Die meisten aber verachten Anpasser und Wendehälse. Respekt und Anerkennung resultieren nicht aus dem Grad, wie sehr man sich verbiegen kann, sondern wie man Konflikte durchsteht. Geschichtsbücher wie Zeitschriften sind voll von Lobesarien auf Menschen, die für ihre Sache eingestanden sind – selbst wenn sie sich dabei irrten. Der Klügere gibt nach – wie dumm!

14. Juli
Was ihr wollt – Die Macht der Demut

Dem Mann ging es um nicht weniger als die Gründung des Bistums Bamberg. Heinrich II. liebte die ostfränkische Stadt seit seiner Kindheit. Seit er im Juli 1002 zum König gekrönt worden war, plante er, dort ein eigenes Bistum zu errichten. Doch gab es Widerstände, sogar aus der Kirche selbst: etwa durch den Bischof Heinrich von Würzburg, der dadurch seine eigene Macht bedroht sah. Bei der entscheidenden Kirchensynode im Jahr 1007 wandte Heinrich deshalb einen Trick an: Er erniedrigte sich. Vor den versammelten Mitgliedern warf er sich flach auf den Boden und verharrte dort, bis ihm der Erzbischof aufhalf, um die Versammlung überhaupt eröffnen zu können. Jedes Mal, wenn seine Gegner in der Sache gute Argumente ins Spiel brachten, warf er sich erneut zu ihren Füßen und steigerte so die Wirkung seiner eigenen Gründe. Die Rhetorik der Widersacher verpuffte, die Leute sahen nur noch Heinrichs demütige Geste. Am Ende bekam er sein Bistum.

Manchmal muss man dienen, wenn man führen will. Demut ist ein enorm unterschätztes Machtinstrument. Kaum einer rechnet damit, dass eine vermeintliche Offenbarung von Schwäche einlullen soll. Tatsächlich dienen öffentliche Erniedrigungen von Herrschern oft nur dazu, den eigenen Status zu heben und Machtansprüche durchzusetzen. So erklärte Bundeskanzlerin Angela Merkel noch vor ihrem Amtsantritt: »Ich will Deutschland dienen« und demonstrierte damit de facto ihre Macht, nicht weniger als einem ganzen Volk dienen zu können. Demut macht unverdächtig, weckt (bei Zuschauern) Sympathien – vor allem aber bricht sie Widerstände: Man tritt nicht den, der am Boden liegt. Schon Jesus wusste um die Wirkung der Unterordnung und prophezeite in seiner Bergpredigt: »Wenn euch einer auf die rechte Wange schlägt, dann haltet ihm auch die linke hin … und ihr werdet glühende Kohlen auf seinem Haupt sammeln.« Wer sich fügt, führt ganz oft. Nicht nur moralisch.

Auch wenn man sich dazu heute nicht auf den Boden werfen muss – das Kleinmachen beherrschen manche Chefs aus dem Effeff. Sie beklagen übervolle Terminkalender, nächtelange Verhandlungen und die ewige Gefahr, von Managerkrankheiten dahingerafft zu werden. Kurz: Der dienende Boss, er leidet an seiner Macht – und das macht ihn nicht nur achtbar, es taugt sogar als Ansporn. Tatsächlich lassen sich in den Konzepten zur optimalen Mitarbeiterführung zahlreiche Indizien finden, dass ein eifriger und engagierter Vorgesetzter mehr motiviert als ein ausgeprägter Machtmensch. Egal, ob Sie nun viel oder wenig Macht besitzen: Mit dosierter Demut lässt sich diese unauffällig steigern. Gerade am Anfang einer Karriere. Beobachten Sie Ihre Umwelt: Sie werden feststellen, wie viele diese Strategie anwenden.

15. Juli
Gewohnheitszier – Schön macht erfolgreich

Dem ersten Eindruck haftet eine schier unerträgliche Endgültigkeit an: Es gibt für ihn keine zweite Chance. Umso schlimmer, dass er nur ganze 150 Millisekunden benötigt, um sich zu manifestieren. So lange braucht das Gehirn, um einen optischen Reiz zu verarbeiten. Danach steht in Grundzügen fest, wer uns als leistungsfähig, zuverlässig und durchsetzungsstark erscheint und wer nicht. Weil wir von dieser ersten Wahrnehmung kaum abrücken, beeinflusst sie Karrieren enorm – andere und die eigene.

jul

Um uns in einer komplexen Welt zurechtzufinden, bilden wir Stereotypen: Schublade auf, Mensch rein. Erstaunlicherweise spielt gutes Aussehen dabei eine entscheidende Rolle. Viele Studien belegen den Zusammenhang zwischen Attraktivität und Erfolg. Wer gut aussieht, verdient bei gleicher Qualifikation bis zu fünf Prozent mehr als seine durchschnittlich attraktiven Kollegen, fand etwa Daniel Hamermesh von der Universität Texas heraus.

aug

Aber was ist schön? Laut Studien: eine glatte, intakte Haut, ein schlanker Körper, symmetrische Gesichtszüge. Bei Männern ein Verhältnis von Taillen- zu Hüftumfang zwischen 0,9 und 1,0. Das weist auf einen hohen Testosteronspiegel und damit auf körperliche Stärke hin. Bei Frauen liegt der Idealwert hingegen bei 0,7 – das signalisiert Fruchtbarkeit. Selbst Bildungsniveau und Körpergröße hängen empirisch zusammen: Deutsche Studenten sind im Schnitt drei Zentimeter größer als ihre Altersgenossen, die eine Ausbildung

sep

absolvieren. Männer, die größer als 1,82 Meter sind, verdienen später sogar knapp sechs Prozent mehr als ihre durchschnittlich hoch geratenen Kollegen, so Forscher von der Guildhall-Universität, die dazu 11 000 Berufstätige verglichen. Zum Karriereturbo wird gutes Aussehen gar, wenn es maskuline Merkmale aufweist: Jemandem mit einem markanten Kinn, breiten Schultern, kräftigen Augenbrauen oder einer eckigen Stirn werden im Job größere Führungsqualitäten zugesprochen. Für Frauen ist das ein Problem: Je femininer sie wirken, desto weniger traut man ihnen zu. Sie sollten deshalb mit weiblichen Reizen geizen. Das bestätigt auch eine Untersuchung der Mannheimer Soziologin Anke von Rennenkampff. Sie fand heraus, dass Bewerberinnen, die besonders weiblich wirkten, von Personalchefs ins Kreuzverhör genommen wurden; Kandidatinnen mit spitzem Kinn und Pferdeschwanz dagegen durften sich lange über ihre Erfolge auslassen.

16. Juli
Augenblick mal – Die Kraft des Augenspiels

Eine Drittelsekunde. Länger dauert der menschliche Lidschlag nicht. Alle 20 bis 30 Sekunden blinzeln unsere Augen, um Tränenflüssigkeit auf dem Auge zu verteilen und Schmutz wegzuwischen. Es ist ein Reflex, dem man kaum Beachtung schenkt. Zu Unrecht.

Körpersprache, Gestik und Mimik beschäftigen Psychologen seit Jahrzehnten. Dass sie unmittelbarer wirken als Worte, gilt als gesichert. Die Sprache der Augen kommt aber oft zu kurz, dabei ist sie ein Spiegel der Seele und verleiht dem Schau-Spieler große Wirkung. Wer redet, blinzelt häufiger als einer, der schweigt. Ist das umgekehrt, kann man davon ausgehen, dass sich der Zuhörer langweilt. Häufiges Augenklimpern wiederum, wie es Frauen gerne anwenden, wenn sie einem Mann Interesse signalisieren, ist in Wahrheit eine Unterwürfigkeitsgeste. Der starre, intensive Blick dagegen wird als Zeichen von Stärke und Charisma gewertet. Der Schauspieler Michael Caine soll jahrelang geübt haben, um bei Naheinstellungen kaum zu blinzeln.

Auch die Größe der Augen sagt viel über das gegenseitige Interesse. Der Volksmund spricht davon, *dem anderen schöne Augen zu machen,* und beschreibt damit, dass sich die Pupillen weiten und die Augenlider heben, wenn man andere sympathisch findet. Dieses Vergrößern des Augenfeldes wird als *brow-flash-response* bezeichnet und ist eine Sympathiegeste, die der Verhaltensforscher Irenäus Eibl-Eibelsfeld international nachweisen konnte. Große Augen strahlen Ruhe aus, verbreiten eine angenehme Atmosphäre – nicht nur unter Freunden oder beim Flirten. Gezielt eingesetzt, kann man so etwa die Aufmerksamkeit für seinen Vortrag erhöhen und kommt bei den Zuhörern besser an. Fernsehmoderatoren machen das ständig. Groucho Marx klebte sich sogar extra buschige Augenbrauen an, damit seine Augen größer wirkten – komischer war das ebenfalls.

Sein Gegenüber visuell zu fixieren, kann einschüchtern. Der prüfende Blick verunsichert. Entsprechend spielen viele Geschäftsleute beim Erstkontakt eine Art Augenmikado: Wer zuerst wegsieht, hat verloren. Danach ist klar, wer die schwächeren Nerven (oder etwas zu verbergen) hat. Dass die wenigsten Menschen einem längeren Augenblick standhalten, zeigt auch das Experiment, von dem Professor Donald Elman von der Kent-State-Universität 1977 berichtete: Forscher stellten sich an eine Ampelkreuzung und starrten Autofahrer bei Rot intensiv an. Ihre anschließenden Messungen ergaben: Die Begafften gaben bei Grün deutlich schneller Gas. Allerdings: Augen sind nicht alles. Lächeln konnte in beiden Versuchen den Fluchtreflex neutralisieren.

17. Juli
Musterarbeit – Warum wir so wenig aus Fehlern lernen

Der Schuss muss sitzen. Der alte Lemberg überträgt seinem fähigsten Mitarbeiter die Aufgabe, eine wichtige strategische Entscheidung vorzubereiten. Binnen fünf Tagen braucht er eine anständige Marktforschung, Selbstanalyse per Stärken/Schwächen-Chancen/Risiko-Profil. Kerner hängt sich voll rein und ist nach drei Tagen fertig. Sein Konzept wird umgesetzt – und floppt. Natürlich ist Lemberg fest davon überzeugt, dass man das alles hätte vorhersehen können, ja sogar müssen. Kerner, dieser Galgenstrick, hat den Laden ganz allein in den Dung geritten. Daran, dass auch er den Flop nicht vorausgesehen hat, denkt Lemberg nicht mal im Traum. *Hindsight bias* nennen Wissenschaftler das Phänomen, dass wir viel weniger aus Fehlern lernen, als wir meinen. Vielmehr glauben wir hinterher, das eingetroffene Ereignis schon lange geahnt zu haben. Lange Zeit haben Forscher geglaubt, der Mensch verhalte sich bei seinen Entscheidungen rational. Heute weiß man: Das ist Quatsch. Ob bei der Wahl des künftigen Berufs oder baldigen Bundeskanzlers – entscheidend sind unbewusste Routinen, die wir über Jahre antrainiert und die sich bewährt haben. Deswegen wählen manche Menschen seit Jahren CDU, kaufen grundsätzlich einen Mercedes, essen donnerstags Schnitzel-Pommes, und deswegen flirtet auch Dieter Bohlen seit Jahren mit dunkelhaarigen Schönheiten mit Schmollmund, schmalen Hüften und großen Augen.

Solche Stereotypen erfüllen allerdings auch einen guten Zweck. Vernünftige Entscheidungen funktionieren nur, wenn alle Informationen bekannt sind und genügend Zeit zum Abwägen bleibt. In der Realität kommt das so gut wie nie vor. Zeitdruck oder Halbwissen dagegen schon. Deshalb greifen wir dann auf bewährte Verhaltensmuster, auf Faustformeln zurück – und bleiben entscheidungs- wie handlungsfähig. Nur hat das mit Fortschritt eben herzlich wenig zu tun. Dazu kommt es erst, wenn wir uns darüber bewusst werden, dass wir Mustern und nicht unserem Verstand folgen.

18. Juli
Wie du mir, so ich dir – Gewinnen Sie durch Spiegeln

Manche Menschen haben einfach Glück. Sie sind ihrem Gegenüber auf Anhieb sympathisch. Alle anderen können nachhelfen – mit der Technik des Spiegelns: Wenn sich zwei Menschen mögen und verstehen, synchronisieren sie unbewusst ihre Worte und Körpersprache. Sie fährt sich mit der Hand durch die Haare, kurz darauf wischt er sich eine Strähne aus seinem Gesicht. Er verwendet häufig das Wort »faszinierend«, jetzt baut sie es ebenfalls in einen Satz ein. Dahinter steckt unser Bedürfnis nach Harmonie und Symmetrie.

An diesem spiegelbildlichen Verhalten lässt sich ablesen, wie harmonisch eine Beziehung oder ein Gespräch ist. Es lässt sich aber genauso einsetzen, um die Distanz zum Gegenüber oder dessen Vorbehalte abzubauen. Stellen Sie sich vor, Sie haben einen Termin mit Ihrem Kunden oder Chef. Der ist Ihnen gerade nicht wohlgesinnt und verschränkt die Arme. Ein klares Signal innerer Anspannung und Dissonanz. Versuchen Sie bloß nicht, ihm auf die Pelle zu rücken, womöglich mit übertriebener Freundlichkeit. Das bringt nichts! Stattdessen halten Sie Abstand und ahmen behutsam seine Körpersprache nach. Behutsam! Verschränken Sie ebenfalls die Arme und lächeln Sie. Bleiben Sie ruhig und freundlich im Ton. Schlägt er die Beine übereinander, machen Sie das nach einer Weile nach. Mit der Zeit wird Ihr Gegenüber unterbewusst Vertrauen gewinnen. Durch Ihre Körpersprache suggerieren Sie ihm Sympathie und Harmonie. Jetzt können Sie aktiver werden: Lockern Sie langsam die Körperhaltung, öffnen Sie Ihre Arme und beugen Sie sich vor. Folgen seine Bewegungen? Dann haben Sie ihn geknackt. Andernfalls ist das Band noch nicht reißfest. Strapazieren Sie es nicht! Überlassen Sie ihm noch eine Weile die Bewegungsinitiative – und wagen Sie später einen zweiten Anlauf. Das funktioniert mit Mimik und Sprache genauso. Sie können sein Sprechtempo, seine Sprechweise, Betonungen oder Wortwahl imitieren. Aber bitte nicht nachäffen! Das alles muss subtil geschehen. Üben Sie die Technik lieber mit Freunden, bevor Sie Ihren Chef knacken. Der Vater der Psychoanalyse, Sigmund Freud, saß übrigens genau aus diesem Grund am Kopfende der Couch, auf der seine Patienten lagen: So konnten sie ihn nicht sehen und wurden nicht durch seine mimischen Reaktionen oder Wertungen beeinflusst.

19. Juli
Das kann ja eitel werden –
So gewinnen Sie Verhandlungen

Vor einiger Zeit lernte ich einen Mann kennen, den es offiziell nicht gibt. Der Mann ist Ghost Negotiator, ein Verhandlungsprofi, spezialisiert auf Verhandlungen, bei denen sich beide Seiten festgebissen haben. Allerdings muss er dafür unsichtbar bleiben, so kann er das Geschehen besser kontrollieren und beeinflussen. Der Mann heißt Matthias Schranner und hat seinen Job bei der Polizei gelernt, wo er bereits Entführungen sowie Überfälle mit Geiselnahmen verhandelt hat. Seine Tricks sind keine Geheimwissenschaft, sondern oft nur angewandtes Wissen über die menschliche Natur. Drohungen etwa wenden nur Amateure oder Gorillas im Dschungel an. Profis wissen: Wer droht, versucht nur, etwas umsonst zu bekommen. Der Gorilla trommelt sich auf die Brust, weil ihm das Risiko eines Angriffs zu hoch ist. Der Kampf wäre anstrengend und Blessuren gewiss. Also droht er, vielleicht zieht der andere auch so Leine. Es ist also nichts weiter als Manipulation. Und darum geht es auch bei den anderen Techniken:

Nicht argumentieren! Beim Argumentieren geht es um die Suche nach der Wahrheit – bei Verhandlungen um den Erfolg. Hier gewinnt nicht, wer im Recht, sondern wer geschickter ist. Ganz unnütz sind Argumente indes nicht: Da mürbe Verhandlungspartner eher Eingeständnisse machen, lassen sich solche Runden mit Debatten herrlich in die Länge ziehen. Zudem erweckt man den Eindruck, an der Wahrheit interessiert zu sein.

Seien Sie verrückt! Wenn der andere glaubt, Ihre Druckmittel zu kennen, kann es helfen, gelegentlich als unberechenbar zu erscheinen. So jemand wird oft mit Konzessionen besänftigt. Denken Sie nur an den sowjetischen Regierungschef Nikita Chruschtschow: Während der UNO-Vollversammlung 1960 klopfte er so heftig mit einem Schuh auf das Rednerpult, dass alle dachten, er wäre übergeschnappt. Tatsächlich war der Tobsuchtsanfall reine Berechnung und der Schuh nicht einmal seiner, sondern extra dafür mitgebracht.

Initiative ergreifen! Wer reagiert, verliert. Verhandlungsprofis behalten immer die Initiative – etwa, indem Sie auf Fragen mit Gegenfragen antworten oder stoisch dieselbe Forderung stellen, egal was der andere anbietet. Oder sie schweigen. Das verunsichert jeden und zwingt ihn in die Defensive – und man selbst führt wieder.

Spielen Sie mit Stolz! Eitelkeit ist eine der größten menschlichen Schwächen. Am deutlichsten zeigt sie sich im Zwang nach Anerkennung und Aufmerksamkeit. Die Wahrscheinlichkeit, dass Sie am Verhandlungstisch jemandem begegnen, der gewohnt ist, seine Gesprächspartner wortreich zu dominieren, ist groß. Geben Sie ihm diesen Triumph! Je süßer er ist, desto eher wird er das Verhandlungsziel aus den Augen verlieren und Sie unterschätzen. Aus dem Hochgefühl der Überlegenheit wird er weniger entschlossen kämpfen oder – was genauso nützlich ist – unachtsam. Was sind schon zehn Millionen, die er Ihnen zugesteht, für das Glücksgefühl persönlicher Genugtuung?

Mehr dazu: Matthias Schranner, Der Verhandlungsführer. dtv 2006, Heinz-Georg Macioszek, Chruschtschows dritter Schuh. Ulysses 2003

20. Juli
Der aus der Reihe tanzt – Beharrliche haben mehr Erfolg

Wissen Sie, wie der Filmklassiker *Citizen Kane* 1941 entstanden ist? Beinahe gar nicht. Orson Welles konnte seinerzeit keine Geldgeber dafür finden. Es gab lediglich ein kleines Budget und das reichte gerade für ein Casting. Welles gab trotzdem nicht auf: Er lieh sich Geld, bettelte es zusammen. Darüber hinaus bewegte er ein paar Leute, für ihn Bühnenbilder zu bauen und Testaufnahmen zu machen. So entstand das erste Drittel des Films. Damit ging er erneut hausieren. Jetzt konnten sich die Finanziers vorstellen, ja sogar sehen, was sie am Ende erhalten würden. Das überzeugte sie. Und der Regisseur bekam das Geld, das er für die Vollendung des Films brauchte. Er wurde einer seiner größten Erfolge, weil …

… er nicht aufgab!
… er kreativ wurde und improvisierte!
… er das Ziel im Auge behielt!
… er daran glaubte, dass nichts unmöglich ist!

jul

aug

sep

Trauformel – Das Wesen der Angst

Der Wind blies ihnen eisige Flocken ins Gesicht. Der Boden war fest-
gefroren und der Schnee darüber knirschte mit jedem Schritt. Die
zehn Masseure waren auf dem Weg durch die Berge. Heimwärts.
Alle zehn waren blind und halfen sich, so gut sie konnten, über den
Pass. Aber ihre Beine zitterten vor Angst. Jeder Schritt war ein Schritt
ins Ungewisse. Wenngleich sie den Weg kannten, so wussten sie
doch um seine Gefahren und manch lauernden Abgrund. Die Hälfte
des Weges lag bereits hinter ihnen, da stolperte der Mann an der
Spitze und stürzte ab. Die anderen waren starr vor Schreck und
schrien verzweifelt. Da hörten sie die Stimme ihres Kollegen ein
paar Meter tiefer: »Habt keine Angst. Ich habe mir nichts getan. Es
geht mir jetzt sogar viel besser! Denn ich fürchte mich nicht mehr.
Bevor ich fiel, dachte ich: Was tue ich nur, wenn ich abstürze? Deshalb litt ich fürchterliche Angst. Nun aber bin ich ganz ruhig. Wenn
auch ihr eure Angst ablegen wollt, stürzt euch zu mir herunter!«

Die Geschichte stammt aus Japan, aus dem frühen 18. Jahrhundert und dem Buch *Hagakure. Der Weg des Samurai*. Darin sammelte
der zum Einsiedlermönch konvertierte ehemalige Samurai Tsune-
tomo Yamamoto rund 1300 Weisheiten und Anekdoten aus seiner
Epoche. Die meisten beschäftigen sich damit, Ängste und Widerstände zu überwinden. Ob sich diese Geschichte tatsächlich so zugetragen hat, ist unklar. Aber sie dokumentiert anschaulich das Wesen der Angst: Entscheidungen zu treffen, ob nun als Unternehmer,
Manager oder Mitarbeiter, ist immer ein Schritt ins Ungewisse. Was
uns lähmt, ist die Angst vor dem unbekannten Abgrund, dem Risiko des Misserfolgs. Dieser Abgrund sieht in der Phantasie oft viel
größer aus, als er in Wahrheit ist. Wer dann tatsächlich fällt, merkt
häufig, wie unnütz die Sorge vorher war. Ein Sturz ab und an kann
eine heilsame Sache sein!

22. Juli
Methatesiophobie – Das Wesen der Erfolgsangst

Es gibt sie tatsächlich, die Angst vor dem Erfolg. Sie hat nichts mit der Furcht vor Risiken oder Fehlern zu tun, sondern vielmehr mit Methatesiophobie, der Angst vor Veränderungen, die mit der Karriere automatisch einhergehen: Wer Erfolg hat, wird beklatscht und beachtet, steigt auf in Ansehen und Hierarchie. Nicht wenige setzt das unter Druck: Mit jedem Triumph steigen auch die Ansprüche an sich selbst sowie die Erwartungen von außen. Wie lange wird man dem gerecht werden können? Was bisher an Know-how ausreichte, reicht nun vielleicht nicht mehr. Alte, liebgewonnene Gewohnheiten muss man ablegen, Neues antrainieren. Andere legt der Erfolg fest – auf ein Thema, eine Rolle. Und was ist mit der Zeit? Wird noch genug für das Privatleben bleiben? Für die Familie? Für den Spaß?

Erfolg ist eine fragile Sache: Nur zu gern frisst er seine eigenen Kinder. Es ist härter, an der Spitze zu bleiben, als dorthin zu kommen. All diese Ängste und Zweifel können dafür sorgen, dass Menschen den Schritt nach oben nie wagen. Die Zukunft ist ihnen zu ungewiss, zu chaotisch, die Folgen fordern Konsequenzen, die sie nicht abschätzen können. Je länger sie darüber nachdenken, desto größer wird das Monster, das sie sich ausmalen. Aus der Psychologie ist bekannt, dass Ängste wachsen, je mehr man die Auslöser meidet. Das geht bis zur totalen Blockade.

Ein wesentlicher Schritt, sie zu überwinden, ist – wie bei jeder Adoleszenz – sich darüber klar zu werden, wovor man sich fürchtet: Ist das Szenario realistisch? Welche Gefühle versuche ich zu vermeiden? Welche Garantien habe ich denn heute? Je klarer das Bild wird, desto mehr lösen sich diffuse Sorgen auf. Ich meine allerdings keine Fünf-Minuten-Analyse! Nehmen Sie sich dafür Zeit – mindestens einen Tag, besser ein Wochenende oder länger. Erfolg ist letztlich eine Willensentscheidung, er beginnt mit zwei Worten: Ich will!

jul

aug

sep

Neid schafft Leid. Er hemmt den Fortschritt – den gesellschaftlichen wie persönlichen. Trotzdem ist der spontane »Neidimpuls« ein Bestandteil der menschlichen Natur, erkannte schon Immanuel Kant. Auch für die US-Psychologin Betsy Cohen, die einen Bestseller über Neid geschrieben hat, ist die Missgunst ein »ganz normales menschliches Gefühl«. Erst, wenn man sich dies nicht eingesteht, wird es gefährlich. Dann wirkt Neid zerstörerisch, macht krank und hässlich.

»Wir denken selten an das, was wir haben, sondern immer nur an das, was uns fehlt«, monierte Arthur Schopenhauer. Es verwundert nicht, dass die Einsicht ausgerechnet von einem Deutschen stammt. In Deutschland gärt der Neid. Niemand redet hier darüber, wie viel er verdient. Unternehmer schon gar nicht. Sie werden sonst als raffgierige Kapitalisten, Ausbeuter, Halsabschneider tituliert. Noch stärker aber kondensiert die Missgunst am Typus des Besserverdieners: jenen Menschen, die dem Anschein nach viel Geld bekommen, aber wenig dafür tun. 43 Prozent aller Westdeutschen und 59 Prozent aller Ostdeutschen verbinden mit ihnen spontane Antipathie, hat das Allensbach-Institut ermittelt. Dabei hat der Neid auch Positives: In seiner gesunden Form begünstigt er Ehrgeiz. Dann strengen wir uns mehr an. Das fördert Innovation, Fortschritt und beflügelt Karrieren. Leider ist das die Ausnahme. Die meisten ärgert, dass ausgerechnet der blöde Klotzkopp bekommen hat, was ihnen vermeintlich selbst zusteht. In der Folge versuchen sie seinen Erfolg zu reduzieren, schlimmstenfalls zu sabotieren. Sehr häufig treibt das beide in den Ruin.

Dabei haben Menschen, die unseren Neid aufflackern lassen, oft nur Chancen genutzt, die uns ebenso offenstanden. Um die gesunde Kraft des Neids zu nutzen, muss man sich das eingestehen und lernen, gönnen zu können. Aber auch, sich von übertriebenen Vergleichen mit anderen zu lösen. Alle paar Jahre ein neues Auto, das neueste Handy oder anderen Elektroschnickschnack, um mit dem Nachbarn mitzuhalten – das setzt uns unter zerstörerischen Druck. Je zahlreicher solche Vergleichsoptionen, desto unerreichbarer werden sie – und desto unglücklicher wird der Mensch. Neid essen Seele auf. Neid sorgt nicht für ausgleichende Gerechtigkeit. In gesundem Maß aber – und nur so – beschert er uns Vorbilder. Statt also in Besserverdienern, Bessergestellten und Besserkönnern Feinde zu sehen, wäre es besser, ihre Erfolgsstrategien abzukupfern und sie um Rat zu fragen. Völlig neidlos.

24. Juli
Nein! – Nihilisten wirken intelligent, sind aber die Pest

Kritiker lieben Teresa Amabile. Vor rund 20 Jahren machte die Professorin an der Harvard Business School darauf aufmerksam, dass Kritiker smarter wirken als Lobhudler. Zum Beispiel bei Buchrezensionen: Die Rezensenten kamen deutlich kompetenter rüber, wenn sie ein Buch verrissen – auch dann, wenn durch objektive Kriterien feststand, dass die positiven Besprechungen gehaltvoller waren. Das *Nein* erzeugt mehr Gewicht beim Zuhörer, mehr Seriosität als das *Ja*. Bestätigt wird das durch die Analysen von Kathleen Vohs, einer Marketing-Forscherin an der Universität von Minnesota. Sie fand heraus: Negative Reize haben einen größeren Einfluss auf unsere Emotionen, unsere Erinnerung und unser Verhalten als positive, deshalb schenken wir ihnen mehr Aufmerksamkeit. Evolutionär ist dieses Verhalten durchaus plausibel. Wer negative Nachrichten nicht beachtete, war im nächsten Moment vielleicht tot: »Da, Löwe! Lauf!«

So erklärt sich auch, warum es so viele Neinsager an die Spitze einer Organisation schaffen. Sie sind die idealen Zustandsverwalter, riskieren nichts und machen wenig Fehler. Oder wie der britische Historiker Cyril Northcote Parkinson anmerkte: »Der Neinsager hat wenig zu verlieren.« Für solche Menschen zu arbeiten, ist allerdings unglaublich frustrierend und ineffizient dazu, weil es kaum Sinn hat, viel Herzblut in ein Projekt zu stecken, das am Ende sowieso abgeschmettert wird. Nihilisten finden alles schlecht, lassen zigmal nachbessern und wirken auch noch intelligent dabei. Während sie von ihrer Ignoranz profitieren, investieren die Vasallen zunehmend Hirnschmalz in die Frage, wie sie das Konzept am Widerstand vorbeilavieren, statt sich mit dem Konzept selbst zu beschäftigen. Produktivität, Sie ahnen es bereits, sieht anders aus.

Da kann man nichts machen? Doch! Aber nur, indem man diesen Typus mit seinen eigenen Waffen schlägt. Ein *Ja* ist ihnen nicht abzutrotzen, dafür aber ein doppeltes *Nein*, was vielleicht auf ein *Ja* hinausläuft. Der Weg dorthin erfolgt in drei Schritten: Zuerst muss klar sein, dass die Autorität des Neinsagers zu keinem Zeitpunkt infrage gestellt wird. Er ist der Boss, basta. Danach gilt es, seine Ängste zu erforschen: Was fürchtet er am meisten? Der dritte Schritt ist ein Kinderspiel: Stellen Sie ihm drei Alternativen zur Wahl – die erste ist Ihr Favorit, die Folgen der beiden anderen indes so fürchterlich, dass er sie verneinen muss. Die zweite Erfolgsstrategie ist noch cleverer, macht Sie aber unsympathisch: Werden Sie selbst zum Neinsager.

25. Juli
Absichtsverklärung – Verführen will gelernt sein

Der Marquis de Sevigné ist verzweifelt. Schon lange betet er diese wunderschöne, junge Gräfin an, stellt ihr nach, bewegt sich in ihren Kreisen – und vermag sie doch nicht zu erobern. Sevigné ist genauso rasend wie ratlos, als er Ninon de Lenclos um Hilfe bittet. Sie ist eine der infamsten Kurtisanen im Frankreich des 17. Jahrhunderts und in Fragen der Liebe mit allen Tricks vertraut. Ihre Lektion: Verführung ist Krieg. Und die angebetete Gräfin ist eine Festung, die der Marquis mit der List und Umsicht eines Generals belagern und erobern muss. Zunächst soll er für Distanz sorgen, um sie auf eine falsche Fährte zu locken. Sein Interesse an ihr soll ihr Rätsel aufgeben: Ist er nur an ihrer Freundschaft interessiert oder an mehr? Danach folgt Stufe zwei: Der Marquis soll die Gräfin eifersüchtig machen. Bei einem der nächsten Pariser Feste soll er sich mit wunderschönen Frauen zeigen. Immer wenn ihn die Gräfin erspäht, wird er in Gesellschaft hinreißender Frauen sein. Die Gräfin würde nicht nur vor Eifersucht kochen – sie sähe im Marquis auch einen begehrten Mann. Sein Wert stiege.

Und so passiert es auch. Die Gräfin glüht vor Eifersucht und Neugier – und es folgt Stufe drei: Verwirrung. Der Marquis muss sich nun rarmachen. Er fehlt auf Anlässen, wo ihn die Gräfin erwartet, und taucht stattdessen in Salons auf, die er nie zuvor besucht hat. Die Gräfin ist jetzt außerstande, seine nächsten Schritte zu erahnen, den Marquis umgibt die Aura des Geheimnisvollen. Die Verführung ist perfekt. Doch dann begeht der Marquis einen schweren Fehler: Er besucht die Gräfin, folgt einem spontanen Impuls und gesteht ihr seine Liebe. Die junge Frau errötet, schweigt kurz und entschuldigt sich höflich. In den nächsten Tagen lässt sie sich verleugnen. Der Zauber ist gebrochen.

Die Geschichte lehrt zweierlei: In der Liebe wie im Job geht es oft um Suggestion. Denn ob Sie nun einen Mann, eine Frau, Kollegen oder einen Kunden umgarnen, damit diese tun, was Sie wollen – die Mittel sind dieselben. Es geht darum, den anderen auf falsche Fährten zu führen, ihn zu verwirren, zu faszinieren, zu unterhalten, um so seine Sympathie und Bewunderung zu gewinnen. Allerdings dürfen Sie nie Ihre wahren Absichten offenbaren! Selbst wenn intelligente Menschen die Manipulation ahnen, wirkt ein Geständnis wie eine Ohrfeige. Mit solchen Menschen geht man keine Verbindung ein.

26. Juli
Einzig, nicht artig – Nachfolger steigen nicht auf

Für Israel gibt es wohl keinen berühmteren Feldherrn als König David. Seine Karriere beginnt er als Hirtenjunge, er besiegt den Riesen Goliath, wird König und aus seinen zahlreichen Schlachten geht er immer wieder als Sieger hervor. Er unterwirft die Philister, holt die Bundeslade nach Jerusalem, bezwingt die Moabiter, besiegt den König von Syrien und setzt in seinem Reich Recht und Gesetz ein. Als sein Sohn Salomo Jahre später gekrönt wird, hat er es nicht leicht, in diese Fußstapfen zu treten. Als Kriegsherr kann er allenfalls eine Kopie abgeben. Darum wählt er eine andere Strategie, um sich zu profilieren. Weisheit. Er wird der König des Friedens und der Gerechtigkeit und geht damit ebenfalls in die Geschichte ein. Die Bibel sagt, dass es vor und auch nach ihm keinen Menschen gab, der weiser gewesen wäre.

Alexander der Große wählte einen anderen Weg. Er hasste seinen Vater, König Philipp von Makedonien. Der war vorsichtig, hielt große Reden, liebte den Wein und die Huren. Allerdings hatte er einen Großteil Griechenlands erobert. Um über dessen Schatten hinauszuwachsen, imitierte Alexander seinen Vater nicht – er wollte ihn übertreffen. So schuf er ein Reich, dessen Ausmaße bis heute legendär sind und die Visionen seines Vaters weit überstiegen.

Beide Männer, Alexander wie Salomo, wählten instinktiv die richtige Strategie: Sie versuchten erst gar nicht, großen Männern nachzufolgen. Kopien genießen nie dieselbe Verehrung wie Originale. Wer seinem Vorgänger nacheifert, muss doppelt so viel leisten, um sich einen Namen zu schaffen. Väter, die Großes erreicht haben, sind stolz darauf und beginnen, je älter sie werden, ihre Söhne durch Ratschläge zu dominieren. Kinder solcher Väter oder Nachfolger solcher Chefs haben nur zwei Alternativen: Entweder, sie werden vorsichtige, unterwürfige Genussmenschen, die das angehäufte Vermögen durchbringen – oder sie gründen ein eigenes Reich. Das heißt nicht, dass jeder Spross vollends zum Rebell mutieren müsste, um glücklich zu werden. Alle Fehler selbst begehen zu wollen, wäre töricht. Umgekehrt schützt der eigene Weg vor dem naiven Rat, jeder Erfolg ließe sich wiederholen. Weil sich Umstände nie gleichen, gelingt das nie!

27. Juli
Faulancer – Plädoyer fürs Nichtstun

Früher dachte ich, dass man Faulheit durch Intelligenz ausgleichen muss. Heute weiß ich: Beide bilden eine erfolgreiche Symbiose. Müßiggang gepaart mit Intelligenz hat große Innovationen hervorgebracht: das Rad zum Beispiel. Endlich musste der Mensch nichts mehr hinter sich herschleifen. Ähnlich ist es mit der Erfindung des Telegraphen, der Eisenbahn, der Elektrizität, der Fernbedienung.

Phlegmatische und intelligente Menschen werden allzu häufig unterschätzt. Tatsächlich ist es so: Sie können einfach nur dasitzen und machen deshalb weniger Fehler. Mehr noch: Während sie anderen bei der Arbeit zuschauen, studieren sie deren Fehler und lernen daraus. Nur Ehrgeizige machen ihre Missgriffe lieber selbst. Faule dagegen konzentrieren sich auf Vorhandenes und recyceln es.

Das spart Ressourcen und Zeit. Sie halten Ordnung, weil sie zum Suchen zu faul sind. Und sie sind kreativ, denn sie brüten unentwegt darüber, wie sich noch mehr (unnötige) Arbeit vermeiden ließe. Das macht sie unglaublich produktiv. Aus der Hirnforschung ist bekannt, dass Nichtstun, Nichtdenken, Nichtsehen und Nichthören nicht einfach nichts sind, sondern kognitiv messbare Aktivitäten. Wer sich gepflegt langweilt, schaltet seine linke, stets auf das Neue ausgerichtete Hirnhälfte ab und gibt der rechten, für Sinnlichkeit und Kreativität zuständigen Hälfte den Vorzug. Beim Faulsein werden also jene Denkareale stimuliert, die für den Charakter prägend sind.

Sicher engagieren sich Faulpelze kaum, dafür mischen sie sich aber auch weniger ein. Das macht sie zu angenehmen Zeitgenossen. Ihre Sätze sind kurz und aufgeräumt, ihre Sprache ist klar. Faule sind deshalb gefragte Redner. Die Besten schaffen es, ihr Publikum in nur 20 Minuten mitzureißen, und kassieren dafür 5000 Euro. Mit anderen Worten: Sie müssen allenfalls einmal pro Woche ein bisschen plaudern und können die restliche Zeit ein wohliges Leben führen. Die Könige unter ihnen halten übrigens immer dieselbe Rede. Das sind die Philosophen. »O Faulheit«, schriftstellerte schon Paul Lafargue, Schwiegersohn und Adept von Karl Marx, »erbarme dich des unendlichen Elends! O Faulheit, Mutter der Künste und der edlen Tugenden, sei du der Balsam für die Schmerzen der Menschheit!« Genug für heute.

28. Juli
Nettansatz – Die Schattenseite der Sympathie

Die meisten Menschen arbeiten lieber mit einem sympathischen Dummkopf zusammen als mit einem kompetenten Sozialkrüppel. Das legt eine Untersuchung der Organisationsexperten Tiziana Casciaro von der Harvard Business School und Miguel Sousa Lobo von der Duke-Universität nahe, die dazu die Arbeitsbeziehungen von rund 10 000 Arbeitnehmern analysierten. Die Leute sagen bei direkter Befragung zwar immer das genaue Gegenteil (*Das Können zählt – wenn der Kollege auch noch nett ist, umso besser*), bei der Analyse ihres tatsächlichen Arbeitsverhaltens aber fragen sie lieber den netten Kerl um Rat und Hilfe, und mit ihm wollen sie auch lieber eine Aufgabe lösen – selbst wenn er fachlich schwächelt. Sozialpsychologen kennen das Phänomen schon länger. Wir alle neigen dazu, die Nähe solcher Menschen zu suchen, die mit uns analoge Vorlieben, ähnliche Hintergründe und verwandte Charakterzüge teilen. Im Privaten sorgt das für Harmonie, in Unternehmen allerdings auch für gedanklichen Einheitsbrei. Teams, die sich aus Menschen zusammensetzen, die sich mehrheitlich mögen, bringen nur ein begrenztes Spektrum an Sichtweisen und Innovationen hervor. Erfolgreicher sind gemischte Teams – auch wenn es dabei öfter kracht. Natürlich haben beliebte Kollegen auch Vorzüge. Sie bauen zum Beispiel zwischenmenschliche Brücken – in Meetings genauso wie im gesamten Unternehmen. Das kann für Betriebsklima und -ergebnis durchaus entscheidend sein. Manager sind also gut beraten, solche liebenswerten Kameraden zu identifizieren und zu pflegen. Sie selbst sollten sich allerdings fragen, ob Sie sich nur noch mit Sympathen umgeben, weil das den Job angenehmer macht. Gelegentliche Reibungsverluste hin oder her – auf lange Sicht profitieren Sie von dem brillanten Bollerkopp mehr.

29. Juli
Wüst oder leer? – Ein bisschen Chaos macht kreativ

Alexander Fleming war nicht gerade der aufgeräumteste Typ. Als der schottische Bakteriologe im September 1928 aus dem Urlaub zurückkehrte, entdeckte er im Chaos seines Labors zwei Petrischalen mit Bakterienkulturen. Auf einer hatte sich Schimmel gebildet und die Kulturen dadurch unbrauchbar gemacht. Ärgerlich. Doch Fleming fiel auf, dass sich die Kulturen auf wundersame Weise von dem Schimmel fernhielten. Unter dem Mikroskop offenbarte sich ein Pilz, der bestimmte Bakterien abtötete – die Geburtsstunde des Penicillin.

Unordnung wird zu Unrecht von Arbeitsplätzen verbannt, ihre Eleven oft fälschlicherweise als Chaoten verunglimpft. Tatsächlich sind einige von ihnen enorm kreativ. Denn ausgerechnet das, was professionelle Aufräumer aus Büros und Wohnungen vehement vertreiben, fördert geistige Impulse: Tohuwabohu und Zettelberge. Ganz oft keimen überraschende Anregungen und neue Ideen, wenn Menschen aus festen Strukturen ausbrechen, wenn sie abgelenkt werden oder wenn sie nur halb an ihre aktuelle Aufgabe und halb an etwas anderes denken. Dann entsteht so etwas wie eine schöpferische Synthese. Nicht nur Schimmelpilze, auch Papierstapel sind häufig der Humus für solche Verbindungen.

Umgekehrt: Wer an einem aufgeräumten Schreibtisch sitzt, kramt im Schnitt 36 Prozent länger nach seinen Zetteln als der Chaot, schreibt zum Beispiel Eric Abrahamson, Professor an der New Yorker Columbia-Universität und Autor von *Das perfekte Chaos*. Ein ordentlicher Schreibtisch ist zwar gut für das Image – zu viel Ordnung aber kann blockieren.

Tatsächlich haben Genies und Chaoten zweierlei gemein: Sie beherrschen den Wirrwarr und bleiben flexibel. Nach Erkenntnissen von Psychologen arbeitet jeder Mensch am besten, wenn er sein individuelles Chaos-Level findet – und sei es nur die heimliche Rumpelkammer im Büroschrank oder die Krimskramsschublade im Schreibtisch. Das ist nichts anderes als eine natürliche Ordnung, die – zugegeben – auf Außenstehende planlos wirken kann. Psychologen raten sogar, im Alltag bewusst solche zeitlich limitierten Oasen der Konfusion zu pflegen. Für ihre Nutzer mindern sie den Ordnungsstress und geben ihnen zugleich Struktur – wenn auch eine höchst individuelle. Organisation ist eben ein Mix aus Struktur und Chaos. Denken Sie nur an die Genesis: Für Gott war das Chaos Inspiration. Aus ihm erschuf er das Universum. Warum nicht auch ab und an aus diesem göttlichen Quell schöpfen?

jul

aug

sep

30. Juli
Protzblitz – Stellen Sie Ihren Status bloß nicht zur Schau!

Mit den Statussymbolen ist das so eine Sache: Ob Dienstwagen, Eckbüro oder Firmenparkplatz nahe der Hauptpforte – Privilegien wirken nach außen und spiegeln den Platz in der Hierarchie. Besonders das Automobil: Es ist die beliebteste Wertmarke, in Führungskreisen verleiht der richtige Wagen die Aura von Größe, Macht und Noblesse.

Das Einzel- oder Eckbüro wiederum hat den Vorteil, dass es eine Art Machtterritorium markiert: je generöser der Leerraum, desto größer das Machtvolumen des Bewohners. Post-Chef Klaus Zumwinkel zum Beispiel bewohnt einen Großraum ganz alleine. Sein Machtsitz im 41. Stock des Bonner Posttowers misst stolze 98 Quadratmeter. Es gibt Familien, die mit weniger auskommen müssen. Mein Auto, mein Stellplatz, mein Büro – alles relativ. Ob derlei Erfolgsinsignien Wirkung zeigen, hängt am Ende davon ab, womit andere auftrumpfen können. Das belegt ein Experiment unter Harvard-Studenten: Befragt nach ihren Gehaltswünschen, hatten sie die Wahl zwischen einem Jahreseinkommen von 50 000 Dollar, während alle anderen die Hälfte davon verdienen würden, oder einem Jahreseinkommen von 100 000 Dollar, wobei dann alle Übrigen doppelt so viel verdienen. Sie ahnen es: Das Gros wählte die erste Alternative – lieber absolut weniger, wenn es relativ dem meisten entspricht. So viel zum Thema geistige Elite.

Bei allem Streben nach Prunk und Protz: Zu viel davon, und man erzeugt genügend Neid und Missgunst für späteren Verrat. Oder schlimmer: Man gilt als eitler Raffke. Dem Kern des Understatements wohnt indes der Wille zur Mäßigung inne. Je mehr einer über sich und seine glorreichen Taten spricht, seine Triumphe zelebriert, desto verdächtiger macht er sich, dass dahinter kaum mehr als ein aufgeblasenes Ego steckt. Großspuriges Auftreten müffelt eben verdächtig nach Eigenlob und Geltungssucht. Die Nonchalance, um seinen wahren Status allein zu wissen, besitzt dagegen nicht nur Größe, sie wirkt auch nachhaltiger.

31. Juli
Up durch die Mitte – Die Kunst, Sympathien zu wecken

Beruflichen Erfolg und soziales Ansehen gibt es nicht ohne politisches Geschick. Es ist die Kunst, indirekt Sympathien zu wecken und das eigene Können nur auf beiläufige, elegante Weise zu betonen. Es heißt, zu beeinflussen, ohne dass der Einfluss deutlich wird. Denn das könnte Neid und Gegenwehr schüren. Wie das geht? Vor allem so:

Hilfe anbieten! Indem Sie anderen unaufdringlich (!) Ihre Unterstützung offerieren, können Sie nebenbei auf Erfahrungen und Erfolge rekurrieren. Solange Sie dabei anderen helfen, ebenfalls erfolgreicher zu werden, werden sie es dankbar annehmen – und gleichzeitig Ihren Ruf verbessern.

Nie um einen Gefallen bitten! Nichts irritiert Vorgesetzte mehr, als eine Bitte abschlagen zu müssen. Das weckt nur Schuldgefühle und Groll. Bitten Sie so selten wie möglich um eine Vergünstigung. Statt sich zum Bittsteller zu machen, ist es klüger, sich die Vergünstigungen zu verdienen, so dass der Chef sie freiwillig gewähren kann. Ein absolutes No-go sind Bitten im Namen eines anderen.

Gefühle zeigen! Menschen, die emotional reagieren, wirken tatsächlich anziehender. Das heißt nicht, dass Sie vor Freude tanzen oder bei Wut völlig ausrasten sollten. Aber jemand, der spontan und im Rahmen Freude, Ärger, Anteilnahme, Betroffenheit oder gar Trauer ausdrückt, weckt Sympathien, wie etwa der US-Anthropologe Paul Ekman nachwies.

Anpassen! Es ist ein Irrglaube, mit jedem unabhängig von seiner gesellschaftlichen Stellung sprechen zu können. Untergebene werden das als Herablassung betrachten, Chefs als Anmaßung. Es zahlt sich nicht aus, sich seinem Herrn als Freund oder Intimus anzudienen. Er will keinen Freund anstelle eines Untergebenen – er will einen Untergebenen! Einnehmender ist, seinen Stil dem jeweiligen Gegenüber anzupassen: Benutzen Sie dieselben Vokabeln, gleichen Sie Ihre Körpersprache und Ihr Redetempo an. Effekt: Er wird sich in Ihnen erkennen und registrieren, dass die Chemie zwischen Ihnen stimmt.

Nie schlechte Nachrichten überbringen! Es liegt in der Natur des Menschen, das Unangenehme und Hässliche zu vermeiden, während er vom Angenehmen und von der Aussicht auf Vergnügungen angezogen wird. Kämpfen Sie also darum, dass die Bürde, eine schlechte Nachricht zu überbringen, stets einem anderen zufällt. Vermeiden Sie schlechte Botschaften, wo es geht – und Ihr Anblick wird Ihren Chef erfreuen.

apr

mai

jun

jul

august

Krisen meistern

sep

okt

nov

dez

jan

feb

mrz

1. August
Zufallshelfer – Erfolg heißt, Pannen zu nutzen

Der Unfall passierte im Jahre 1903. Der französische Chemiker Edouard Benedictus stieß in seinem Labor an ein Regal und eine Glasflasche zu Boden. Er hörte das Glas springen, aber es zerbrach nicht. Alle Scherben klebten aneinander. Da fiel ihm ein, dass er Nitrocellulose, eine Art flüssiges Plastik, in der Flasche gelagert hatte. Es war längst verdunstet, hatte aber einen eingetrockneten Film auf der Flaschenwand hinterlassen, der die Scherben zusammenhielt. Voilà, das Sicherheitsglas war erfunden. Klebt man mehrere solche Glas-Folien-Scheiben übereinander, entsteht sogar schusssicheres Panzerglas.

Jahre später, in den frühen Vierzigern, ging der Schweizer Ingenieur George de Mestral mit seinem Hund spazieren. Als er zurückkehrte, bemerkte er an seinen Hosen und im Fell des Hundes zahlreiche Früchte der *Arctium lappa*, der Großen Klette. Die Kugeln waren extrem nervig, da sie sich aus dem Fell nur durch Reißen entfernen ließen. Auch danach ließen die anhänglichen Dinger Mestral nicht los: Er legte sie unter sein Mikroskop und entdeckte winzige, elastische Häkchen, die selbst beim gewaltsamen Entfernen nicht abrissen. Rund acht Jahre forschte er an einer textilen Kopie des Prinzips, dann war der Klettverschluss fertig. 1951 meldete er ihn zum Patent an.

Eigentlich wollte Harry Cover einen synthetischen Spinnwebenersatz entwickeln, eine nicht-tödliche Waffe. Dummerweise pappte seine Erfindung an allen Apparaten, die damit arbeiten sollten. Das Cyanoacrylat verklebte Gewehre, Rohre, Schalter. Irgendwann dämmerte ihm, dass er etwas viel Besseres entdeckt hatte: einen Superkleber. 1958 wurde er zum Patent angemeldet. Da Cyanoacrylat im Nebeneffekt massive Blutungen stoppen kann, wurde der Superkitt bald von Notärzten eingesetzt, um offene Wunden zu verkleben. Im Vietnamkrieg rettete der Stoff vielen Soldaten das Leben.

Das alles ist zwar Jahre her, aber man kann die drei Entdecker immer noch »Scheiße!« rufen hören (ich glaube nicht, dass sie eine vornehmere Ausdrucksweise wählten). Ihre Erfolgsgeschichten begannen allesamt mit Pleiten, Pech und Pannen. Der Zufall spielte ihnen übel mit. So wie uns allen irgendwann. Der Unterschied zwi-

jul

aug

sep

schen Pechvögeln und Siegern ist nur: Letztere machen was aus dem Mist. Dumme Zufälle sind ein Happening der Möglichkeiten. Wer die Biografien der Erfolgreichen und der angeblich vom Glück Verfolgten studiert, stellt fest, dass viele zig Störfälle überwanden. Sie wählten nur jedes Mal einen anderen Zugang als die meisten: Sie waren aufmerksamer, neugieriger, analysierten die Umstände des Schadens gewissenhafter und nutzten ihn so zum Vorteil. Vor allem aber jammern solche Geister nicht. Allenfalls ein »Scheiße!« kommt über ihre Lippen. Aber das geht in Ordnung.

2. August
Weitermachen! – Weise Worte

»Der höchste Lohn für unsere Bemühungen ist nicht das, was wir dafür bekommen, sondern das, was wir dadurch werden.«

[John Ruskin, Sozialkritiker]

»Auch eine Enttäuschung, wenn sie nur gründlich und endgültig ist, bedeutet einen Schritt vorwärts.« [Max Planck, Nobelpreisträger]

»Der Beweis von Heldentum liegt nicht im Gewinnen einer Schlacht, sondern im Ertragen einer Niederlage.«

[David Lloyd George, Staatsmann]

»Es gibt mehr Leute, die kapitulieren, als solche, die scheitern.«

[Henry Ford, Gründer von Ford]

»Ausdauer wird früher oder später belohnt – meistens aber später.«

[Wilhelm Busch, Dichter]

3. August
Fallstudie – Die Kunst zu scheitern

Das Schöne am Leben ist ja, dass es nach dem Happy End weitergeht. Nach der Vergeblichkeit allen Herumwurschtelns allerdings auch. Zur Dialektik des Lebens gehören nun mal die Berg- und Talfahrten des Existenzialismus und die Zustände des freien Falls. Beide – Sieg und Niederlage – sind Seiten derselben Medaille: Handeln. Wer aktiv den Erfolg anpeilt, muss das mögliche Scheitern einkalkulieren und, was noch wichtiger ist, es überwinden. Nur wer nichts tut, kann nicht scheitern, er ist schon ein Versager.

Scheitern ist jedoch mehr als Misserfolg. Schlimmer: Es ist endgültig. Eine Art vorweggenommener Tod. Schon etymologisch haben wir ein gespaltenes Verhältnis zu dem Begriff: *Scheite*, das sind jene Brennholzstücke, die übrig bleiben, wenn ein Holzklotz in Stücke gehauen wird. Sie werden verbrannt und hinterlassen Asche. Das macht das eigene Versagen unglaublich destruktiv, blamabel, final. Und noch schwerer einzugestehen, weshalb viele ihren Absturz reflexartig interpretieren: Aus verfehlten Zielen werden Beinahe-Erfolge, aus verhunzten Strategien eine unglückliche Wende.

Dumm! Denn Scheitern ist wie Krebs: Wird es vorzeitig erkannt, ist vielleicht noch etwas zu retten. Selbst das ehrliche Eingeständnis nutzt dem Fortkommen, wenn man den Fall analysiert. Warum denselben Fehler zweimal machen? Warum nicht zugeben, dass auch Spitzenkräfte Mist bauen, und so an Glaubwürdigkeit gewinnen? Vom Scheitern der Bosse weiß sowieso jeder. Journalisten füllen damit täglich ihre Zeitungen. Ein wirklicher Neubeginn kann ohnehin nur dem gelingen, der beherzt Abschied vom Alten nimmt und den Blick nach vorn richtet. Es ist wie mit Verstorbenen: Erst werden sie betrauert, dann räumt man den Nachlass fort und kehrt zum Leben zurück. »Manche Menschen bleiben vielleicht nur durch ihr Scheitern in Erinnerung«, bemerkte einmal der französische Intellektuelle Henri Troyat. Auch das ist Unsterblichkeit.

jul

aug

sep

Der Mensch hält einiges aus. Schicksalsschläge, schwere Krisen und Krankheiten, Folter, Missbrauch, persönliche Katastrophen wie den Verlust seines Jobs oder – noch schlimmer – den eines geliebten Menschen. Nicht alle können damit gleich gut umgehen. Diejenigen, die es können, sind zäh und widerstandsfähig. Es sind Stehaufmännchen mit einer entscheidenden Eigenschaft: Resilienz. In der Psychologie werden damit Menschen bezeichnet, die seelisch in der Lage sind, Lebenskrisen ohne anhaltende Beeinträchtigung durchzustehen und schon in kurzer Zeit wieder zur Hochform aufzulaufen.

Aus der Desasterforschung (die gibt es wirklich) weiß man: Resiliente sehen das Unheil nicht einfach durch eine rosa Brille oder verdrängen ihre Probleme. Vielmehr gehen sie konstruktiv mit ihrem Schmerz, mit der Tragödie um. Sie sind in der Lage, sich selbst am eigenen Schopf aus dem Sumpf zu ziehen – eine Eigenschaft, die in unserem immer komplexeren Wirtschaftsalltag zunehmend wichtiger wird. Dazu gehört vor allem eine optimistische Grundeinstellung. Motto: Die Gegenwart ist zwar fürchterlich, aber es gibt auch ein Morgen. Widerstandsfähige Menschen akzeptieren die Situation, wie sie ist, beschönigen nichts, blicken aber weiterhin in die Zukunft. So bekommt die Krise erst gar kein Schwergewicht, sondern bleibt ein zeitlich begrenztes Ereignis.

Viele geraten bei Schicksalsschlägen in eine Art Opferstarre. Manche suchen gar die Schuld ausschließlich bei sich selbst, werden schwermütig, depressiv, passiv. Resiliente dagegen bleiben aktiv: Sie suchen nach Auswegen und bekommen so die Kontrolle über ihr Leben zurück. Sie analysieren die Ursachen der Krise und versuchen, sie aus einem anderen Winkel zu sehen: Was ist passiert? Was hat dazu geführt? Lässt sich das ändern? Ein weiterer Weg zu mentaler Stärke ist, an vergangene Erfahrungen anzuknüpfen: Gab es schon vergleichbare Situationen? Wie haben Sie damals reagiert? Was hat geholfen? Auch gute Freunde können helfen, Rückschläge zu überwinden. Und nicht zuletzt hilft eine Prise Humor. Lachen schafft Abstand und eine überlegene Perspektive. Humor ist eben, wenn man trotzdem lacht.

5. August
Kunstpause – Eine einfache Technik, Stress zu bewältigen

Es gibt Tage, die fangen schwach an und lassen dann stark nach. Beim Frühstück hüpft die Erdbeermarmelade vom Brötchen auf das weiße Hemd; auf der Fahrt ins Büro macht das Radarmessgerät blitzscharfe Aufnahmen; am Schreibtisch ergießt sich die Tasse Kaffee über wichtige Dokumente, die der Chef sehen will – in fünf Minuten. Coole Typen fühlen ihre Nerven jetzt ein wenig vibrieren. Die anderen gebärden sich wie Rumpelstilzchen auf Ecstasy: Sie lärmen, schäumen, toben. Die anderen, das sind die meisten. Sie haben häufig Stress.

Wer mag, kann aus einschlägigen Studien und Fachbüchern folgende Fakten sammeln: Seelische Belastungen nehmen seit Jahren zu. Zwischen 1997 und 2004 allein um 70 Prozent. Jeder fünfte Deutsche leidet heute unter Stress und den Folgen: Bluthochdruck, Kopfschmerzen, Schlaflosigkeit, erhöhtem Risiko von Herzinfarkten und Schlaganfällen, Depression. Schuld daran ist chronischer, nicht akuter Stress, also wenn auf die Anspannung keine Entspannung oder körperliche Bewegung folgt.

In vielen Fällen ist dieser Stress hausgemacht. Weil wir in unserer Multioptionsgesellschaft Angst haben, etwas Entscheidendes zu verpassen, erhöhen wir das Pensum. Zeitung lesen, Nachrichten glotzen, E-Mails checken, Kaffee trinken – alles gleichzeitig. *Multitasking* nennen Hirnforscher die zunehmende Vergleichzeitigung unserer Zeit und warnen, dass das Hirn ab einer bestimmten Reizdichte den Dienst quittiert. So ergab eine Studie des Londoner King's College, dass Menschen, die neben ihrer Arbeit fortwährend E-Mails lesen und schreiben, so arbeiten, als hätten sie einen um bis zu zehn Punkte geringeren Intelligenzquotienten. Zum Vergleich: Das Rauchen eines Joints verringert das geistige Potenzial allenfalls um vier IQ-Punkte.

Das Gegenmittel ist eine Art Pausentaste für die Stressauslöser. Zu dieser *Entschleunigung* finden sich zahlreiche Ratschläge, deren Lektüre mitunter in völligen Inhaltsleerlauf mündet. Simpel, aber enorm effektiv ist dagegen folgende Technik: Sobald Sie erkennen, wie der Stresspegel steigt, nehmen Sie sich eine kurze Auszeit. Konzentrieren Sie sich auf Ihre Körpermitte. Atmen Sie tief und lang-

jul

aug

sep

sam ein und aus. Versuchen Sie gleichzeitig, den Kopf klar zu kriegen. Erinnern Sie sich an ein schönes Erlebnis. Es soll Ihnen helfen, die aktuelle Erregung zu vergessen. Konzentrieren Sie sich nun auf den Auslöser: Was kann Ihnen schlimmstenfalls passieren? Eben! Das klingt zwar wie ein Mix aus Atemtechnik und Tai-Chi-Bummbaichi, ist aber die von Rollin McCraty entwickelte und anerkannte *Freeze-Frame-Methode*. Denn – das haben Wissenschaftler der Stanford Universität ermittelt – unsere Gedanken können körperliche Reaktionen steuern. Zuerst schalten wir mit der richtigen Atmung den Alarmmodus ab, durch positive Gedanken wird der Druck auf Körper und Geist gemindert, schließlich sieht alles nur noch halb so schlimm aus. So fangen selbst Probleme nur schwach an, bevor sie stark nachlassen.

6. August
Wort im Munde – So werden Sie schlagfertiger

Jeder kennt das: Der Chef oder Kollegen provozieren Sie mit einem Vorwurf, einer Unterstellung, einer Frechheit vom Typ »Besitzen Sie keine schöne Krawatte?« – und Sie sind erst mal perplex. Sprachlos. Der optimale Konter fällt Ihnen allenfalls drei Stunden später ein. Zu spät eben. Die meisten Menschen reagieren darauf so: Sie melden sich zu einem Schlagfertigkeitsseminar an. Nicht falsch, aber auch gefährlich: Im Büro gelten andere Regeln als bei einer hitzigen Debatte! Frechheit bringt hier allenfalls einen Pyrrhussieg. Wer versucht, andere mundtot zu machen, provoziert nur Rachegelüste. Büro-Rhetorik ist niemals Kampfrhetorik, vielmehr soll sie die eigene Souveränität demonstrieren und ein unangenehmes Thema beenden. Die Techniken dazu:

- Ein gelungener Konter braucht Humor. Der lockert auf und sorgt dafür, dass Ihre Retourkutsche taktvoll bleibt. Gewürzt mit einer Prise Charme und Selbstironie entkräftet man so nahezu jeden giftigen Spruch. Als der französische Staatspräsident François Mitterrand einst bei einer Rede von einem Kritiker immer wieder mit »Aufhören!« unterbrochen wurde, erwiderte er lakonisch:

»Ich würde uns beiden den Gefallen ja gerne tun, aber wir sollten in dieser Situation nicht nur an uns denken.«

- Unterstellungen vom Typ »Sie sind konfliktscheu, egozentrisch, nicht teamfähig …!« parieren Sie elegant mit der sogenannten Dolmetscher-Technik. Dazu wird der Vorwurf aufgegriffen, aber positiv umgedeutet: »Wenn Sie damit meinen, dass ich eigene Ideen entwickle und mich dafür starkmache – ja, dann bin ich nicht teamfähig.« Vorteile: Sie beleidigen niemanden, gewinnen Zeit, und Ihr Widersacher muss sich nun seinerseits erklären.

- Für Attacken, die an Ihrer Kompetenz rütteln (»Wieso ist das noch nicht fertig?«, »Sie müssen noch viel lernen!«), haben Sie zwei Alternativen: Stimmen Sie zu! »Deswegen bin ich ja hier – um von Ihnen zu lernen!« Falls Sie es mit einem eitlen Besserwisser zu tun haben, muss der jetzt konkret werden oder sein Vorstoß verpufft. Methode zwei: Übertreiben Sie maßlos! Stellen Sie dem Vorwurf ein noch schlimmeres Szenario gegenüber: »Klar bin ich noch nicht fertig. Oder soll ich einen Schnellschuss abliefern?«

- Eine weitere Strategie ist, die Verbalattacke kategorisch zurückzuweisen: »Das ist Ihre Version. Tatsache aber ist, dass …« Die Masche ist zwar nicht besonders originell, dafür zwingt sie das Gespräch zurück auf die Sachebene.

- Wem nicht sofort eine schneidige Antwort einfällt, der kann eine Rückfrage stellen. Auf Pauschalvorwürfe à la »Sie haben ja keine Ahnung!« antworten Sie: »Wie sähe ein Vorschlag von jemandem aus, der Ahnung hat?« Damit überwinden Sie die ersten Schrecksekunden. Die Technik hat aber zwei Nachteile: Sie wiederholt den Vorwurf und verstärkt ihn so. Zweitens: Falls der Provokateur einen besseren Vorschlag macht, stehen Sie noch dümmer da. Die Methode sollten Sie daher nur anwenden, wenn Sie sicher sind, es mit einem Blender zu tun zu haben.

7. August
Mut zur Muße – Warum im Urlaub so wenige entspannen

Es gibt Menschen, für die bedeuten Urlaub, Erholung und Familie nur eines: Stress. Die plötzliche Entspannung, die Stille des Landhauses in der Toskana, der freiwillige Machtverlust auf Zeit, überhaupt die viele freie ungeregelte Zeit halten sie vor lauter Überarbeitung kaum aus und wissen nicht, wohin mit sich und ihrer Energie. Also bleiben sie auch während der Ferien erreichbar, BlackBerry, Handy und Internet sei Dank. Den heißen Draht ins Büro rechtfertigen sie damit, sich so »Schocks bei der Rückkehr« zu ersparen. Andere gefallen sich in der Rolle des unersetzlichen Vollblutmanagers. Dabei ist genau das eher ein Zeichen für organisatorische Defizite und fehlende Delegationsfähigkeit. Mediziner warnen davor, den Job als Gepäck mit auf die Veranda oder an den Strand zu nehmen: Übertriebene Aktivität verhindert physische wie geistige Erholung! Wer so handelt, hetzt lediglich von einem Stress zum nächsten.

Im Urlaub geht es nicht darum, von 150 auf null runterzuschalten und seinen geschundenen Körper binnen zwei Wochen auf Vordermann zu bringen. Das ist genauso aussichtslos wie die Parkplatzsuche in Köln. Wer vor der Ruhepause noch das letzte Quäntchen Energie aus sich herauspresst, um dann schlaff und ausgebrannt in die Sonnenliege zu gleiten, begibt sich mitunter in Lebensgefahr: Die meisten Herzinfarkte finden von Sonntag auf Montag statt, die meisten Erkrankungen am Wochenende und im Urlaub! Deutlich besser beraten ist, wer einige Tage einplant, um körperlich und geistig allmählich abzukühlen. In der Arbeitsmedizin gilt ein Zeitraum von zwei, besser drei Wochen am Stück als ideal: Die erste Woche braucht der Körper, um sanft runterzuschalten, in der zweiten gewöhnt er sich daran, erst in der dritten tritt die Tiefenentspannung ein. Manche sind die Ruhe auch einfach nicht mehr gewohnt. Deshalb sollten Erholungsinseln schon in den Alltag integriert werden – durch regelmäßige Pausen, morgendliche Meditation oder leichte Ausdauersportarten.

Hauptsache, Sie trainieren abzuschalten. Nur nicht dauerhaft! Eine minimale Grauzellenbelastung muss selbst im Urlaub bleiben, betonen Hirnforscher: Schon 14 Tage tumbes Relaxen reduzieren die Hirnleistungskraft um 20 Prozent.

8. August
Ex und hopp – Wie Sie garantiert scheitern

Wäre Ziellosigkeit ein Kleidungsstück – sie wäre eine weiße Tennissocke. So wie die bleiche Fußbekleidung die weibliche Libido zerstört, wirkt das Fehlen von Zielen auf die Wertschätzung von Vorgesetzten und Personalern. Es ist ein Karrierekiller. Und nicht der einzige. Es gibt inzwischen zahlreiche Umfragen unter Personalberatern und Führungskräften, welche Eigenschaften und Verhaltensweisen den beruflichen Aufstieg verbauen. Teamunfähigkeit, Entwicklungsstillstand oder interne Spielregeln zu missachten, werden häufig genannt. Besonders desaströs aber sind diese:

Übertriebener Ehrgeiz: Wie mit vielen gesunden Dingen ist es auch mit dem Eifer: Zu viel davon, und er schadet. Im Übermaß macht Ehrgeiz verbissen, es entsteht ein Teufelskreis aus Frust (über alle, die nicht so sind) und sozialer Isolation. Irgendwann registrieren selbst Vorgesetzte, dass dieses krankhafte Verhalten dem Klima schadet. Aufstiegschancen können diese Leute abschreiben.

Selbstüberschätzung: Gerade Jobeinsteiger wollen vom ersten Tag an demonstrieren, was sie draufhaben. Ohne Rücksicht auf gewachsene Strukturen preschen sie los und wollen alles besser organisieren – und werden bald nur noch von sich selbst geschätzt.

Permanente Selbstzweifel: Wer kontaktscheu ist oder vor Kritik und Konflikten flüchtet, erlebt im Job eine Bruchlandung. Nicht nur bei den Chefs, sondern auch bei Kollegen gelten diese Typen als Weicheier. Verantwortung wird ihnen kaum anvertraut.

Dauerfrust: Wer mit hängendem Kopf durch die Büroetagen schleicht, als trage er die Last des Unternehmens auf seinen Schultern, stapft bald im Keller. Zertifizierte Spaßbremsen mag keiner. Erst recht in Krisenzeiten sind Typen gefragt, die Optimismus verbreiten, keine Endzeitstimmung.

Lästern: Es ist durchaus vergnüglich, mit Kollegen über Chefs und andere Evolutionsfehler herzuziehen. Doch hier verbirgt sich eine der größten Karrierefallen: die Gefahr, dass die kleinen Gemeinheiten an der falschen Adresse landen. Absolut tabu ist das Lästern per E-Mail. Die Schriftwechsel können bei Arbeitsrechtsprozessen ins Gewicht fallen. Reden ist nur Silber!

jul

aug

sep

9. August
Klettertour – Vorbild oder Trugbild?

Im alten China lebte ein Mann, der Darstellungen von Drachen über alles liebte. Alle seine Kleider, seine Möbelstücke, Fenster und Türen waren mit Drachen verziert. Das kam schließlich dem Drachengott zu Ohren. Und so erschien dem Mann vor seinem Fenster eines Tages ein wirklicher Drache. Der Mann starb sofort vor Angst.

[Chinesische Erzählung aus dem 18. Jahrhundert]

Es gibt Menschen, die gerne große Töne spucken. Sie schmücken sich mit den Insignien der Macht, des Glücks und des Erfolgs. Aber wenn es drauf ankommt, verkriechen sie sich. Ihr Können gleicht dem von Magiern: alles eine Frage der Ablenkung und der Illusion. Ein Narr, wer sich von Drachenbildern beeindrucken lässt und sich solche Menschen zum Vorbild nimmt.

10. August
Hochbürden – Wie Sie sich gegen Überlastung wehren

Umstrukturierungen sind Hochzeiten des Übergangs, des Provisorischen und des Klimawandels. Auf Dauer keine gute Phase: Mitarbeiter, die sich zwischen organisatorischem Niemandsland und Führungsvakuum wähnen, fahren die Ellbogen aus, um nicht unterzugehen. Dann kämpft jeder gegen jeden. Und mit dem Ausscheiden einiger wird die Arbeit nicht weniger, sondern wächst allen allmählich über den Kopf. Das Gefühl der Überforderung macht sich breit. Es gibt Studien, die zeigen, dass in Zeiten gefühlter Vorläufigkeit die Versuchung steigt, nur noch an sich zu denken und aus Angst um den Arbeitsplatz zu unlauteren Mitteln wie Mobbing zu greifen. Vorsicht!

Anhaltende Überlastung darf man weder hinnehmen, noch lässt sie sich durch Herumwurschteln mindern. Wer sich überfordert fühlt, sollte vielmehr den Chef um ein Gespräch unter vier Augen bitten – aber auch ganz genau überlegen, warum er überarbeitet ist. Gut ist, sein Arbeitspensum detailliert zu dokumentieren sowie aufzuzeigen, welche Aufgaben in letzter Zeit dazugekommen sind. Nur eins ist tabu: jammern. Wann immer Sie mit Ihrem Vorgesetzten über Ihre Arbeit sprechen – vermeiden Sie einen wehklagenden Ton und machen Sie ihm auch keine Vorwürfe über die aktuelle Lage. Sonst gerät er in die Defensive und die Gesprächsatmosphäre kippt. Wichtig dabei:

- Bereiten Sie das Gespräch inhaltlich vor. Analysieren Sie die Organisation Ihrer Abteilung und unterbreiten Sie konstruktive (!) Verbesserungsvorschläge. Zieren Sie sich nicht, auch Drückeberger zu benennen – die endgültige Beurteilung aber überlassen Sie Ihrem Boss.
- Argumentieren Sie sachlich. Nur wenige Vorgesetzte haben eine Killermentalität, oft können sie nur schlecht einschätzen, wie arbeitsaufwendig manche Prozesse tatsächlich sind. Ihr Vorgesetzter hat schließlich selbst ein Interesse daran, dass Abläufe reibungslos funktionieren.

Denken Sie daran: Ihr Ruf leidet mehr, wenn Sie Ihre Arbeit mehr schlecht als recht erledigen. Es ist besser, Sie sprechen den Chef darauf an, bevor er Sie zum Gespräch bittet.

11. August
Brandschutz – Wie sich Burn-out vermeiden lässt

Burn-out. Der Begriff füllte in den vergangenen Jahren zig Artikel. Allein im Internet finden sich über 26 Millionen Beiträge dazu. Als Urheber vermuten manche den britischen Autor Graham Greene, der 1961 in seinem Roman *A Burnt-Out Case* erstmals einen Berufstätigen seelisch ausbrennen ließ. Vielen Ärzten, Psychologen, Anti-Stress-Trainern und auch so manchem Scharlatan hat die Angst davor seitdem Aufträge verschafft. Dabei ist nicht jedes Zipperlein ein Zeichen für einen drohenden Zusammenbruch. Oft ist es nur ein Zipperlein.

Den echten Burn-out, also das totale Ausgebranntsein, zu bestimmen, ist schwer. Am ehesten lässt sich die Störung mit einer Batterie vergleichen: Wer daran leidet, hat keinen Saft mehr. Bis dahin ist es ein schleichender Prozess: Der Körper schüttet permanent und auf hohem Niveau Stresshormone aus. Das kann zu Durchfall, Kopfschmerzen, Schlafstörungen sowie Herz-Kreislauf-Erkrankungen führen. Man wird gereizter, kann sich nicht mehr regenerieren, macht Fehler. Dagegen anzukämpfen beschleunigt den Energieverfall nur noch. Irgendwann wachsen einem die Dinge über den Kopf. Alles geht schief, die Selbstzweifel nagen am Ego, man isoliert sich, fühlt sich überfordert, hilflos. Schlimmstenfalls wird daraus eine Depression.

Ursachen können sein, dass man sich unerreichbare Ziele gesteckt hat oder dass Lob für erbrachte Leistungen fehlt. Das macht Burnout so gefährlich: Nicht die Faulen leiden daran, sondern öfter die Engagierten, Leistungswilligen, die so zu Märtyrern ihres Anspruchs werden. Der Burn-out-Forscher Matthias Burisch nennt sie die »Selbstverbrenner«. Statistiken zufolge sind Frauen stärker gefährdet als Männer. Sie neigen dazu, es allen recht machen zu wollen, und sie stützen ihr Selbstwertgefühl öfter auf äußere Anerkennung. Wer oben genannte Symptome an sich beobachtet, sollte Hilfe in Anspruch nehmen. Darüber hinaus gibt es vorbeugende Maßnahmen:

• Kämpfen Sie gegen Ursachen, nicht gegen Symptome! Gegen Müdigkeit hilft nicht mehr Kaffee, sondern regelmäßige Pausen, regelmäßiger Schlaf, gesundes Essen und Ausgleichssport.
• Setzen Sie Prioritäten! Jeder Mensch hat gleich viel Zeit – man muss sie nur richtig einteilen. Was müssen Sie erledigen? Was sind die Zeitfresser? Wie können Sie die Zeit besser einteilen? Manches lässt sich delegieren.
• Überprüfen Sie Ihre Erwartungen! Genauso wenig wie Sie allen gefallen können, können Sie andere ändern. Machen Sie sich frei von übernommenen Statusbildern und Rollenmustern.
• Gehen Sie Konflikte offensiv an! Ungeklärtes runterzuschlucken oder in sich hineinzufressen, zermürbt und zehrt an der Leistungskraft. Entweder Sie bleiben Teil des Problems oder werden Teil der Lösung.
• Klären Sie Ihre Aufgaben! Überforderung entsteht, wenn berufliche Kompetenzen und Erfolgskriterien nicht klar definiert sind. Schaffen Sie sich emotionalen Halt durch Gewissheit.

12. August
Glanzleistung – Wege zu mehr Selbstwertgefühl

Victor Fleming ist der Regisseur des vielleicht erfolgreichsten Kinofilms aller Zeiten: *Vom Winde verweht* mit Clark Gable und Vivien Leigh. Dabei überstrapazierte der kreative Kalifornier, der seine Karriere übrigens als Autorennfahrer begann, nicht nur die Geduld mancher Kollegen am Set, sondern auch das Budget. Eines Tages fragte ihn sein dem Herzinfarkt naher Produzent, David O. Selznick, warum es denn nötig sei, dass Scarlett und ihre Schwestern fuderweise Unterröcke aus kostbarer, handgeklöppelter belgischer Spitze tragen müssten. Im Film und unter den Kleidern sähe das schließlich niemand. »Aber die Schauspielerinnen wissen es«, soll Fleming geantwortet haben. »Und weil sie wissen, dass die Unterröcke, die sie anhaben, sündhaft teuer sind, fühlen sie sich als die, die sie spielen sollen: verwöhnte, reiche Gutsherrentöchter.«

Besser kann man nicht beschreiben, wie Selbstwertgefühl funktioniert. Die einen nennen es positives Denken, andere intrinsische Motivation, wieder andere natürliche Autorität. Egal, wie Sie es nennen: Wenn Sie nicht an sich selbst und Ihre Fähigkeiten glauben, nicht überzeugt sind, dass Sie schaffen können, was Sie sich vornehmen, dann werden Sie in Ihrem Leben längst nicht so viel erreichen, wie Sie könnten. Erfolg strahlt man aus, Glanz und Glorie beginnen im Inneren. Und tatsächlich: Alle großen Persönlichkeiten der Geschichte hatten eines gemein: Sie glaubten an sich. Und das war nichts, was ihnen in die Wiege gelegt wurde. Sie mussten es lernen. Die Regeln dafür:

jul

aug

sep

- Hören Sie auf, sich mit anderen zu vergleichen!
- Schauen Sie auf das, was Sie können – jeder kann etwas!
- Nehmen Sie Komplimente mit Freude an!
- Entwickeln Sie sich weiter – mit Büchern, mithilfe eines Mentors, der weiter ist als Sie selbst!
- Pflegen Sie Beziehungen zu Menschen, die Sie mit ihrer positiven Haltung anstecken!
- Geben Sie sich nicht mit dem Erstbesten zufrieden!
- Machen Sie möglichst oft das, was Sie lieben!

Spaltprodukt – Warum ein Ehevertrag vernünftig ist

Heute Scheidung. Ich weiß, das Thema hätten Sie nicht erwartet. Es ist auch kein schönes: Scheiden tut weh. Außerdem treibt der Rosenkrieg nicht wenige in den persönlichen Ruin. In Deutschland wird heute nahezu jede zweite Ehe geschieden. Zur Agonie einer zerrütteten Partnerschaft kommen dann oft noch das Trauma der Trennung von den Kindern, das Gestalten eines neuen Privatlebens und ein erbitterter Kampf um lebenslange Zahlungspflicht. Zumindest Letzteres ließe sich vermeiden. 75 Prozent aller Deutschen auf Freiersfüßen verzichten auf einen Ehevertrag. Das ist besonders fatal für Mittelständler. Ein Unternehmer, der im gesetzlichen Güterstand der Zugewinngemeinschaft lebt, wird Ausgleichsansprüche im Scheidungsfall nur aus der Substanz des Unternehmens befriedigen können. Bei einer Zugewinngemeinschaft muss der Vermögendere die Hälfte des Überschusses, der während der gemeinsamen Zeit erwirtschaftet wurde, an den Partner abgeben. Grob gerechnet: Bringt ein Partner eine Million Euro in das Treuebündnis ein und macht daraus im Laufe der Zeit fünf Millionen, muss er im Scheidungsfall zwei Millionen Euro abtreten. Ähnliches gilt für den Unterhalt. Rechtlich stehen dem unterhaltsberechtigten Partner drei Siebtel des Nettoeinkommens des Exgatten zu. Je höher der Sozialstatus während der Ehe, desto höher die Ansprüche. Im Einzelfall gehören dazu auch Reitpferd und Cabriolet.

So unromantisch das klingt: Wer nicht von vorneherein Gütertrennung vereinbart, sollte zumindest eine sogenannte modifizierte Güterstandsvereinbarung treffen, bei der das eigene Unternehmen oder die Beteiligung daran für die Berechnung des Zugewinns außer Betracht bleiben. Vor allem Selbständige, Freiberufler oder sogenannte *Diskrepanz-Eheleute* (etwa ein Chefarzt, der eine Krankenschwester ehelicht) sollten aber immer einen Ehevertrag schließen. Wann ein solches Regelwerk vereinbart wird, ist variabel. Zu Beginn der Ehe haben die meisten noch rosarote Wolken im Kopf und nehmen das mögliche Unheil kaum ernst. Wer später darauf drängt, provoziert Argwohn: warum jetzt, wo doch alles in Ordnung ist? So gesehen ist kein Zeitpunkt optimal. Billiger aber ist der Abschluss zu Beginn der Ehe: Die Notarkosten berechnen sich nach dem verhandelten Vermögenswert. Die private Fusion – sie bleibt nun mal eine der bedeutendsten ökonomischen Entscheidungen, die man im Leben trifft.

14. August
Krisengipfel –
Wie sich Lebenskrisen auf die Gefühle auswirken

Endstation. Das war's. Der Schock nach einer Kündigung sitzt tief. Wie alle unheilvollen Gedanken wird dieser jedoch meist verdrängt. Leider. Trennungen sind immer schwierig und hochemotional. Wird eine Bindung einseitig aufgekündigt, sind die Reaktionen mit einem Rosenkrieg vergleichbar. Sie reichen von Paralyse und Trauer bis hin zu Wut oder Depression. Besonders bei Menschen, deren Job Lebensmittelpunkt ist, kommt es zum sogenannten Trennungstrauma. Für sie bricht eine Welt zusammen, weil sie sich nicht mehr über ihre Position, ihren Status, ihre Macht und ihren Arbeitsplatz definieren können. Psychologen kennen die anschließenden Pha-

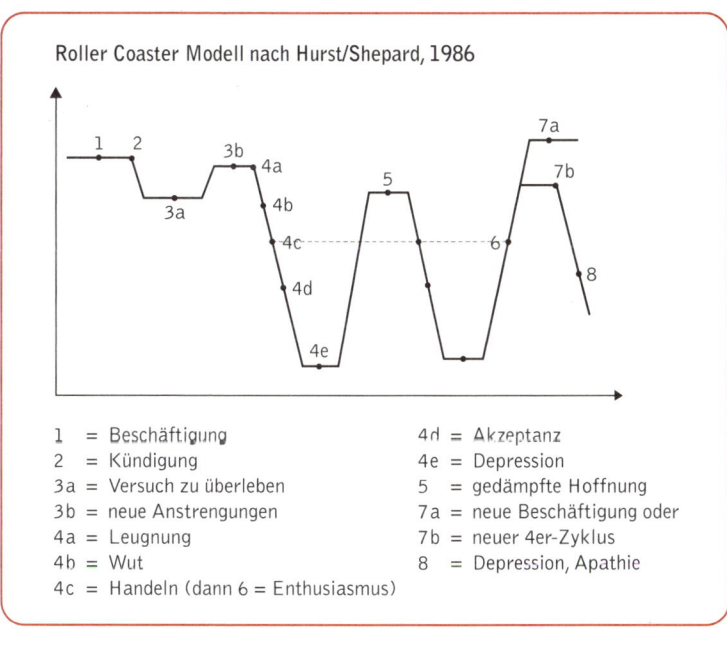

Roller Coaster Modell nach Hurst/Shepard, 1986

1 = Beschäftigung
2 = Kündigung
3a = Versuch zu überleben
3b = neue Anstrengungen
4a = Leugnung
4b = Wut
4c = Handeln (dann 6 = Enthusiasmus)

4d = Akzeptanz
4e = Depression
5 = gedämpfte Hoffnung
7a = neue Beschäftigung oder
7b = neuer 4er-Zyklus
8 = Depression, Apathie

sen, die Gekündigte unterschiedlich schwer durchleben, auch als *Roller Coaster Ride* – als Achterbahnfahrt der Emotionen (siehe Abbildung). Je nachdem wie viele Anstrengungen und Niederlagen folgen. Interessanterweise sind diese Phasen für Traumata typisch: ob bei Liebeskummer, dem Verlust eines Angehörigen oder eben dem des Arbeitsplatzes. Ein wirkliches Rezept, sie zu vermeiden, gibt es nicht. Aber sie lassen sich abmildern: Wer sich bewusst macht, welche Phase er selbst oder ein guter Freund gerade durchleidet, sieht zumindest wieder Licht am Ende des Tunnels und kann (sich) besser helfen.

15. August
Umfallunfall – Hinfallen kann jeder, aufstehen nicht

Es ist leicht, Dinge zu tun, die Spaß machen und die zu unmittelbaren Erfolgen führen. Es ist leicht, Wohlstand zu genießen und aufzusteigen. Aber es ist um ein Vielfaches schwerer, hinzufallen und wieder aufzustehen. Irgendwann gibt es bei fast jedem einen Crash. Ob man diesen selbst verschuldet hat oder über andere stolpert, ist unerheblich. Das Resultat ist dasselbe: Man liegt rücklings auf dem Boden und strampelt im luftleeren Raum ums nackte Überleben. In solchen Situationen scheiden sich die Geister in solche, die sich schnell berappeln, und solche, die weiterzappeln. Sie zeigen stets dieselben Verhaltensmuster:

- **Die, nicht ich!** Dass sie wütend sind über ihre Lage, kann jeder verstehen. Aber die Fehler nur bei Management, Politik und Umständen zu suchen, zeugt von wenig Souveränität und Distanz. Die Haltung ist zudem nach hinten gewandt.
- **Helft mir!** Wer glaubt, dass andere für die eigene Misere verantwortlich sind, wird nichts unternehmen, sondern setzt voll auf die Hilfe von anderen. So jemand nimmt alles mit, was ihm zusteht, macht aber längst nicht alles mit, was ihm angeboten wird.

Die Haltung, die dahintersteckt, ist nichts anderes als Egoismus. Wer nur seinen Vorteil sucht, Fehler abstreitet und andere für sein

Wohlergehen verantwortlich macht, wird zwangsläufig verbittern und beruflich wie privat scheitern. Jeder, der schon einmal gescheitert ist, weiß: Erfolg ist etwas Flüchtiges. Er ist besitzergreifend, aber auch launisch. Wer sich zu sehr daran klammert, den verlässt er. Auch wenn sich dieses Buch im Kern um den Erfolg dreht – machen Sie sich nicht davon abhängig. Lernen Sie lieber aus Niederlagen und stehen Sie wieder auf. Das ist der größere Erfolg.

16. August
Nichts ist unmöglich –
Seien Sie Unternehmer, nicht Unterlasser!

Ende des 17. Jahrhunderts war Panama die reichste Niederlassung Spanisch-Amerikas. Neben Cartagena bildete die Stadt das Sprungbrett für die spanischen Goldschiffe, die ihre Schätze nach Europa transportierten. Viele wertvolle Waren wurden in dieser hervorragend geschützten Festung umgeschlagen. Die Streitmacht des spanischen Gouverneurs verfügte über gigantische Kanonen, die ebenso gefürchtet wie legendär waren. Sie konnten Schiffe versenken, ehe diese in eigene Schussweite kamen. Panama war zum Bollwerk in den karibischen Gewässern ausgebaut worden, da dort zahllose Piraten ihr Unwesen trieben. Einer davon: Henry Morgan. Ein einfacher Mann aus Wales, den sein Mut, Ehrgeiz und strategischer Scharfsinn zu einem der berühmtesten Freibeuter jener Zeit machten. Drei Jahrzehnte lang versetzte er die spanischen Kolonien in Angst und Schrecken. 1671 ernannte er sich zum »Generalissimo der vereinigten Freibeuter von Amerika«. Seine Piratenflotte umfasste 36 Schiffe mit rund 2000 Mann Besatzung. Und sein Ziel für den nächsten Beutezug war Panama. Es war der Griff nach den Sternen, ein Himmelfahrtskommando. Piraten waren Seeleute, Experten im Umsegeln, Beschießen und Kapern von Schiffen. Kein Mensch hätte erwartet, dass sie an Land kämpfen. Dort verprassten sie ihre Beute und vergnügten sich mit Rum und leichten Mädchen. Genau dieses Klischee nutzte der Querdenker Morgan für seinen Coup: Er ließ den Großteil seiner Flotte weit von der Stadt entfernt an Land gehen und schlug sich in einem neuntägigen Fuß-

jul

aug

sep

marsch über den Isthmus zu der nahezu unbefestigten Landseite Panamas. Es waren eine kurze Attacke im nebligen Morgengrauen und ein schneller Sieg gegen die völlig überraschten Spanier. Keiner von ihnen überlebte. 1674 wurde Morgan für seinen spektakulären Angriff vom englischen König Charles II. zum Ritter geschlagen.

Morgan war nicht nur Haudegen und brillanter Stratege – er war ein Unternehmer, kein Unterlasser! Er ist ein Paradebeispiel dafür, dass nichts unmöglich ist, solange wir daran glauben. Indem er das genaue Gegenteil von dem tat, was alle erwarteten, indem er kreativ dachte, gelang ihm das *Unmögliche*. Wie oft lassen wir uns von scheinbar unüberwindbaren Mauern und Angst einflößenden Kanonen ins Bockshorn jagen? Wie oft laufen wir direkt auf ein Ziel zu, weil wir meinen, dass die beste Verbindung zwischen zwei Punkten die Gerade ist? Oft ist sie es nicht. Noch im 19. Jahrhundert glaubte der schottische Physiker Lord Kelvin, dass Maschinen, die schwerer als Luft sind, unmöglich fliegen können – bis Otto Lilienthal, die Brüder Orville und Wilbur Wright das Gegenteil bewiesen. Dass der Mensch nur ein knappes Jahrhundert später seine Füße schon auf den Mond setzen würde, hätten wiederum diese nicht geglaubt. Nichts ist unmöglich!

17. August
Kopf oder Zahl – Nützliche Fakten

Zahlen haben Macht. Große sogar. Egal, ob Sie einen Vortrag halten, Verbesserungsvorschläge machen oder ein Buch schreiben – ein paar valide Statistiken untermauern jede These. Mit ihnen lässt sich nicht nur trefflich manipulieren, manchmal sind sie auch das Einzige, was sich die Menschen von all den vielen Zeilen merken. Deshalb auch heute: ein paar Prozente. Vielleicht schmücken Sie damit eine Rede. Vielleicht ist es aber auch das Einzige, was Sie sich heute merken. Die Chancen dazu stehen jedenfalls fifty-fifty …

94 Prozent der Frauen halten Eigeninitiative für die beste Aufstiegsstrategie (Männer: 91 Prozent). Danach folgt der Erwerb

von Fachwissen mit 78 Prozent, Männer wollen jedoch lieber Erwartungen übertreffen (81 Prozent).

[The Catalyst/The Conference Board, 2002]

84 Prozent aller Menschen mit gutem Schlaf werden binnen sechs Jahren mindestens einmal befördert – Schlechtschläfer nur in 67,9 Prozent der Fälle.   [Johnson/Spinweber, 1983]

67 Prozent ihrer Arbeitszeit verbringen Top-Manager in Meetings.

[Strategie-Forum, Hannover]

62 Prozent halten Wahrhaftigkeit und Authentizität für die wichtigste Führungseigenschaft eines Managers.

[Akademie für Führungskräfte der Wirtschaft, 2003]

60 Prozent aller Erwachsenen lügen alle zehn Minuten bis zu drei Mal – die Männer, um voranzukommen, die Frauen, damit sich ihr Gegenüber besser fühlt.   [Universität Massachusetts]

50 Prozent der Empfänger von E-Mails verstehen nicht die Intention des Senders oder missverstehen seine Tonlage.

[New-York-Universität, Stern School of Business]

jul

33 Prozent der deutschen Arbeitnehmer sitzen in einem Einzelbüro, 27 Prozent teilen sich den Raum mit einem Kollegen, der Rest hockt in einem Mehrpersonenbüro oder Großraumbüro.

[Fraunhofer-Institut für Arbeitswirtschaft und Organisation, 2007]

aug

28 Prozent weniger Zeit benötigen Meetings, die mit visuellen Hilfen arbeiten. Sie erzielen in Abstimmungen zu 79 Prozent Einigkeit – ohne visuelle Hilfen sind es nur 58 Prozent.

[Wharton School of Business im Auftrag von 3M]

sep

22 Prozent der Kollegen würden einen guten Freund feuern, um ihren Job zu behalten.   [Business Week 8/2006, über 12 000 Befragte]

20 bis 35 Prozent aller Ehen bahnen sich im Büro an.

[Emnid, 2004]

10 Prozent der Mitarbeiter in den Industrieländern leiden an Angststörungen. Die Zahl der Erkrankungen stieg in den vergangenen sechs Jahren um 27 Prozent.

[Ruhr-Universität Bochum]

5 Prozent mehr verdienen Menschen, die sich im Büro regelmäßig selbst inszenieren. [Mayrhofer, Meyer, Steyrer, 2005]

18. August
Gierhaltung – Das schleichende Gift der Gier

»Wer gierig ist, wird Sklave eines Triebs, der den Verstand ausschaltet«, erkannte Sigmund Freud. Genutzt hat es nicht viel. Gier herrscht überall. An der Börse. Beim Glücksspiel. Im Büro: Wer dabei erwischt wird, nicht zwischen Mein und Dein unterscheiden zu können, bei der Spesenabrechnung zu schummeln oder bestechlich zu sein, fliegt meist fristlos. Oft geht es dabei um Summen, für die es nicht lohnt, Kopf und Kragen zu riskieren. Es geht um Kopierpapier, Filzschreiber oder Rumpsteaks. Dahinter steckt das Prinzip der *gelernten Sorglosigkeit*, wie es Dieter Frey, Professor für Sozialpsychologie an der Uni München, nennt: Erst klaut einer ein paar Kugelschreiber, dann nimmt er Druckerpatronen mit, schließlich lässt er den ganzen Drucker mitgehen. Weil das niemand kontrolliert, wird der Umgang mit Firmeneigentum immer großzügiger, bis die Grenze zur Untreue überschritten ist. Die Leute sehen den Reichtum ihrer Kollegen oder den ihrer Kunden und wollen auch ein Stück vom Kuchen abhaben. Erst nur eins, dann immer mehr. Nach Freys Erkenntnissen steigert sich das Verlangen in vier kleinen Schritten, die für Sie vielleicht ein kleiner Selbsttest sind: Kommt Ihnen ein Punkt bekannt vor? Dann sind Sie auf dem besten Weg, Ihren Job zu gefährden:

Das tut doch jeder! Klingt gut, ist aber nur eine dumme Ausrede. Wahrscheinlicher ist sogar, dass es eben nicht jeder tut. Da hilft auch nicht der Hinweis: Wer ohne Sünde ist, werfe den ersten Stein und so. Dumm, wenn man gerade nach Ihren Sünden sucht! **Es steht mir zu!** Sie haben sich zwei Monate intensiv um das Projekt gekümmert, bis in die Puppen geschuftet und dem Unternehmen einen Millionenumsatz eingehandelt. Was ist da schon eine läppische Druckerpatrone? Dann fragen Sie doch Ihren Chef! Vielleicht schenkt er Ihnen noch eine zweite Patrone dazu. Vielleicht aber auch nicht.

Die wissen nicht, was sie an mir haben! Wer so denkt, leidet höchstwahrscheinlich an Hybris – im Fachjargon auch *kognitive Dissonanz* genannt. Wer hart arbeitet, viel leistet, darf sich etwas gönnen. Kurze Erholungspausen, ein Plausch mit Kollegen – all das ist okay. Bedenklich wird es, wenn solche Konversationen zur Arbeitsflucht ausarten und Sie beginnen, während der Arbeitszeit privaten Geschäften nachzugehen.

Der Ehrliche ist der Dumme! Manche meinen: In dem Laden wirst du nur ausgebeutet. Also ist es nur fair, für ein wenig Ausgleich zu sorgen. Eine virtuose Umschreibung für Diebstahl.

Wie Sie sich vor diesem Selbstbetrug schützen? Durch kritische Selbstreflexion! Indem Sie sich selbst an die Kandare nehmen und sich guten Freunden anvertrauen, die Ihnen einen Spiegel vorhalten. Sie schärfen das Bewusstsein darüber, was geht und was nicht.

19. August
Partnerwahl – Coachs können helfen, aber nur die richtigen

Manchmal helfen Bücher nicht weiter. Egal, welche Aspekte ein Autor beleuchtet, manche Probleme sind so speziell, dass sie eine individuelle Lösung erfordern. Dann kann ein Coach helfen, also ein Fachmann, der Sie persönlich berät. So jemanden zu beschäftigen, ist keine Blamage. Viele machen das. Marktbeobachter rechnen mit rund 10 000 Trainern allein in Deutschland. Sie helfen beim Umgang mit Mitarbeitern und entwickeln Lösungen, um Konflikte, Stress oder Motivationsverlust zu meistern – per Gruppengespräch genauso wie in Einzelsitzungen. Verschwiegenheit ist oberstes Gebot. Und der Klient bestimmt stets die Ziele, Grenzen oder Tabus der Treffen. Wie lange ein solches Coaching dauert, hängt natürlich von dem Problem ab. Das können zwei Wochen sein oder ein halbes Jahr. Der vorher festgelegte Stundenplan sollte aber einen Zeitraum umfassen, in dem das Ziel erreicht werden kann. Ob Sie mehr über Ihre Stärken und Schwächen erfahren und daran arbeiten wollen, sich beruflich umorientieren oder im Umgang mit Machtspielen und ungeschriebenen Gesetzen Ihrer Branche souveräner werden wollen – Spezialisten gibt es für jedes Thema. Das Problem ist, den richtigen zu finden.

Gute Coachs erkennen Sie daran, dass sie Ihnen neutrale Rückmeldungen geben. Sie hören Ihnen zu, hinterfragen Ihre Motive und liefern Denkanstöße – keine Patentrezepte oder autoritären Anweisungen! Die Faustregel: Der Coach klärt die Richtung, der Wille zur Veränderung kommt vom Klienten. Trotzdem hat der Markt auch ein paar schwarze Schafe angelockt. »Coach«, genauso wie »Trainer« oder »Berater«, kann sich jeder nennen. Zwar gibt es Verbände, die sich um Qualitätsstandards bemühen, ein Versprechen gibt aber keiner. Und so werben manche mit wohlklingenden Titeln, andere mit Zertifikaten, die es nicht gibt oder die nichts wert sind. Wieder andere laden zu unverbindlichen Schnuppersitzungen und stellen diese in Rechnung, wenn kein Auftrag folgt. Dagegen gibt es kaum eine Handhabe, weil Sie vor Gericht schwer nachweisen können, nicht beraten worden zu sein. Kurz: Ohne systematische Suche geraten Sie höchstwahrscheinlich an den Falschen oder einen Scharlatan.

Bevor Sie sich jemandem anvertrauen, sollten Sie deshalb seine bisherigen Auftraggeber genau prüfen, notfalls sogar ein paar davon anrufen und deren Erfahrung mit dem Trainer erfragen. Ein guter Berater erklärt Ihnen genau seine Methodik: Was kann er leisten und wie wird er vorgehen? Seien Sie misstrauisch gegenüber jedem, der vollmundige und nebulöse Versprechen macht. Achten Sie lieber auf seine Erfahrung: Hat er selbst in der Wirtschaft, in Ihrer Branche gearbeitet? Kennt er die Probleme aus der Praxis? Und fixieren Sie unbedingt schriftlich die Honorare für Einzelsitzungen! Üblich sind 250 Euro pro Kurs, prominente Trainer verlangen deutlich mehr. Falls Ihnen diese Investition zu teuer ist, bleibt Ihnen zumindest die Option, sich einen Mentor zu suchen.

20. August
Eiliger Bund – So lassen sich Firmenfusionen überleben

Manager, könnte man meinen, holen sich ihre Inspiration bei Rosa-
munde Pilcher. Dort kommen Eheschließungen noch massenhaft
vor – wie seit einiger Zeit auch in der Wirtschaft: Kaum eine Woche
vergeht, in der nicht irgendein Unternehmen A mit Unternehmen B
den eiligen Bund der Firmenehe eingehen will – freundlich oder
feindlich ist egal. Ganz so sagrotansauber und watteweich wie in der
Pilcher-Prosa geht es dabei allerdings nicht zu. Für die Mitarbeiter
sind Fusionen unsichere Zeiten. Wenn Unternehmen verschmelzen, drohen Massenentlassungen. Schließlich will das Management
Synergieeffekte nutzen und Kosten sparen. Mit jedem Zusammenschluss entstehen aber auch Karrierechancen. Entscheidend sind
dann die eigene Leistungsbilanz und das Selbstmarketing: »Während
meiner Verantwortung als Vertriebsleiter stieg der Absatz innerhalb
eines Jahres um zehn Prozent.« Wer so konkret argumentiert, dokumentiert seinen persönlichen Mehrwert für das Unternehmen und
sichert seinen Job.

Wer bleibt oder gehen muss, ist auch eine Frage von Sympathien.
Deshalb sollte jeder rechtzeitig die Schlüsselfiguren identifizieren: Wer verantwortet den Fusionsprozess? Wer hat Einfluss? Die
Nähe zu solchen Leuten zu suchen, ist kein Fehler. In freundlichen
E-Mails oder Vier-Augen-Gesprächen lässt sich dezent Engagement
unter Beweis stellen – etwa, indem man sich für drängende Aufgaben anbietet.

Aber auch das kommt vor: Die Unternehmen setzen Doppelspit-
zen ein, um den besseren Kandidaten für die Position abzuwägen.
Das ist unangenehm und nicht wenige Mitbewerber spielen daraufhin mit fiesen Tricks. Sie nicht! Zeigen Sie Fairness und Teamfähigkeit. Ein Abteilungs- oder Bereichsleiter in spe sollte Kollegen unbedingt aktiv unterstützen und nicht versuchen, zu demoralisieren
oder zu intrigieren. Teamgeist wirft immer das bessere Licht auf
einen Manager. Wenn beide das Prinzip hochhalten, erhöht sich sogar für beide die Chance einer adäquaten Weiterbeschäftigung. Es
ist wie bei einer Ehe: Soll sie gelingen, muss man nett und fair zueinander sein.

jul

aug

sep

21. August
Reife Leistung – So bleiben ältere Arbeitnehmer gefragt

Es gibt zwei Typen Mittvierziger: Typ 1 ist Routinier. Er hat schon alles und jede Krise ausgesessen; er ist saturiert, latent selbstgefällig und vermeidet Konkurrenzsituationen, wo er kann. Warum aufregen? Geht doch auch so! Auf der anderen Seite steht der Aktivist. Er hat nie ausgelernt, sich nie aus der Affäre gestohlen und stellt sich neuen Herausforderungen, ist den Jüngeren ein Vorbild, steht ihnen mit Rat und Tat zur Seite, liebt sein Geschäft und ruft nicht nach Motivation durch andere. Sollten Sie jemals ab Mitte 40 ein Bewerbungsgespräch führen – seien Sie Typ 2!

Das Vorurteil, dass ältere Arbeitnehmer träge und nicht mehr ganz so leistungsfähig sind wie jüngere, hält sich nur deshalb so hartnäckig in den Personaletagen, weil sich auch Typ 1 so hartnäckig in den Unternehmen hält. Deshalb schenken Personaler auch den Faktoren Leistungsfähigkeit und körperliche Fitness bei Bewerbern jenseits der 40 besondere Aufmerksamkeit. Gepunktet wird allerdings an einer anderen Stelle: Teamfähigkeit und Berufserfahrung. In dem Alter ist keiner ein unbeschriebenes Blatt: Kundennetzwerke, Projekterfahrung, aktuelles Wissen, aber auch erprobte Führungsqualitäten sprechen für oder gegen einen Kandidaten. Manager müssen heute im Team funktionieren. Dies setzt voraus, dass sie Anpassungsbereitschaft an eine wechselnde Unternehmenskultur, aber auch gegenüber jüngeren Führungskräften signalisieren. Ebenso bei Gehaltsvorstellungen. Alter rechtfertigt kein hohes Salär. Was zählt, ist die Leistung.

Die Motive allerdings auch. Ältere müssen sich darauf einstellen, dass im Falle einer Bewerbung ihr Karriereplan für die nächsten 10 bis 20 Jahre hinterfragt wird: Was sind Ihre Lebensziele? Was wollen Sie noch erreichen? Wie ist Ihre private Situation? Wie hoch sind Einsatzbereitschaft und räumliche Mobilität? Keiner will einen Taschenträger heuern, der um 9.30 Uhr seine Stullen auspackt und um 18 Uhr das Licht ausknipst. Apropos Stullen: Kennen Sie Colonel Sanders? Der gründete die Fastfood-Kette Kentucky Fried Chicken – im Alter von 65!

22. August
Schluss mit listig – Wie man Intrigen pariert

Mit designierten Chefnachfolgern ist es wie mit einer neuen Beziehung. In den ersten Tagen verursachen sie ein euphorisches Gefühl. Dann lässt ihre Wirkung nach. Schlimmstenfalls fallen sie in Ungnade. Mal ist nachlassende Leistung daran schuld, meist aber mangelhafte Taktik. Wenn mehrere Kronprinzen um einen Posten buhlen oder wenn in einem Team Stellen abgebaut werden sollen und die Frage ansteht, wer gehen muss, dann herrscht Krieg. Dabei spielen Intrigen seit jeher eine Rolle. Deswegen muss man nicht zum Intriganten werden, aber die Spielregeln sollte jeder kennen.

Zu den beliebtesten Tricks unter Rivalen gehört das Streuen von Gerüchten: Wer mit Gerüchten über sich konfrontiert wird und den Urheber nicht ausmacht, kann sich nur schwer wehren. So gerät er in die Defensive, seine Energie wird mit Rechtfertigungen gebunden, und die Produktivität sinkt. Um das durchzustehen, braucht man ein starkes Nervenkostüm, sonst drohen Fehler – und die wird der Angreifer nutzen. Da hilft nur eins: Gehen Sie in die Offensive! Sprechen Sie Leute, die Gerüchte verbreiten, persönlich und unter vier Augen an. Auch wenn diese zunächst dementieren, leisten Sie damit Schadensbegrenzung. Wer sich ertappt fühlt, hält in der Regel die Klappe. Das Zweite: Machen Sie sich nicht zum Opfer! Gehen Sie gegenüber Kollegen offen mit dem Gerücht um und arbeiten Sie mit Belegen dagegen – allerdings unaufgeregt.

Der größte Fehler wäre, mit gleichen Waffen zurückzuschlagen. Hüten Sie sich davor, über Ihren Widersacher ebenfalls Gerüchte zu verbreiten. Das lässt Sie wie einen wutschnaubenden Stuhlbeinsäger aussehen. So jemand wird nicht befördert. Machen Sie lieber klar, dass solche Intrigen nur Ihre wahre Leistungskraft bestätigen: Neid muss man sich schließlich erst verdienen! Parallel sollten Sie andere von Ihrem Wissen und Können profitieren lassen. Das schafft Verbündete, die wiederum positiv über Sie reden und so den guten Leumund festigen. Stetig an seinem Ruf zu arbeiten, ist ohnehin eine Schlüsseltaktik. In der Soziologie ist der Effekt als *Dutch Admiral Paradigm* bekannt: Zwei niederländische Kadetten sollen sich, bevor sie in den Krieg zogen, geschworen haben, nur Gutes über die Taten des anderen zu berichten. Am Ende waren die beiden die jüngsten Admiräle der Niederlande. Denken Sie nur, wie überlegen es wirkt, wenn Sie selbst über missgünstige Kollegen etwas Positives sagen können!

23. August
Mach was draus! –
Wer auf Chancen wartet, verpasst sie garantiert

Der US-Unternehmensberater, Therapeut und Bestsellerautor Stephen R. Covey hat bereits 1990 in einem seiner millionenfach gelesenen Bücher *Sieben Wege zur Effektivität* beschrieben. Der erste ist der wichtigste: Seien Sie proaktiv! Ergreifen Sie die Initiative, bevor die Umstände Sie dazu zwingen zu reagieren.

Sie kennen bestimmt Murphys Gesetz. Es geht auf den US-Ingenieur Edward A. Murphy zurück, der 1949 eine Theorie entwickelte, die zur Legende wurde: Captain Murphy arbeitete damals auf einem kalifornischen Testgelände für ein Raketenschlittenprogramm der US Air Force. Bei einem teuren Experiment sollten 16 Sensoren auf einer Testperson befestigt werden. Doch jemand schloss die Sensoren komplett falsch an, so dass der Test fulminant in die Hose ging. Daraufhin sagte Murphy den berühmten Satz, der in die Geschichte einging: »Wenn etwas schiefgehen kann, geht es schief.«

Er gilt auch für Karrieren. Wenn Sie darauf warten, dass Ihnen etwas Gutes passiert, geht das schief. Wer nur erledigt, was sein Boss ihm aufträgt, ist nicht proaktiv. Er macht Dienst nach Vorschrift. Die Initiative zu ergreifen, ist auch mehr, als seinen Boss zu fragen, was noch anstehe. Das ist zwar schon eine Menge mehr, als die meisten tun. Zum Karriereturbo wird Initiative jedoch erst, wenn Sie machen, was zu tun ist, ohne darum gebeten zu werden oder danach zu fragen. Es bedeutet zu handeln, bevor ein Problem entsteht. Natürlich kann es nötig sein, dass Sie Ihre Pläne und Aktionen vorher abstimmen müssen. Selbstherrliche Mitarbeiter können großen Schaden anrichten – auch an ihrem Ruf. Alles in allem aber behauptet sich der Proaktive als mündiger Mitarbeiter und empfiehlt sich langfristig für höhere Aufgaben. Dieses Erfolgskonzept ist keinesfalls auf den Beruf beschränkt. Es lässt sich auf alle Bereiche übertragen – auch auf private Beziehungen: So wird Sie Ihr Partner sicher noch mehr wertschätzen, wenn Sie den Müll rausbringen, bevor dieser zum Himmel stinkt.

24. August
Rostschutz – Wer gefährdet ist, wenn umstrukturiert wird

Unternehmen trennen sich nicht von Managern, weil sie älter werden. Sie trennen sich von jenen, die entweder veränderungsresistent sind und ihr Team nicht begeistern können oder resigniert die Jahre bis zur Rente zählen. Kurz: Sie trennen sich nicht von Altmetall, sie trennen sich von Rost.

Kritisch wird es immer, wenn Unternehmen umstrukturieren. Dann haben diejenigen, die mit großer Verve auf Probleme hinweisen, die schlechtesten Karten – selbst wenn sie am Ende recht behalten. In diesen Phasen geht es darum, begeistert auf den Zug aufzuspringen, denn das Top-Management hat sich für diesen Weg entschieden. Das ist kein Einschleimen, sondern eine professionelle Einstellung! Die Weichen sind gestellt, der Zug ist abgefahren. Entweder man fährt entschieden mit – oder fällt vom Wagen. Jeder, ob jung oder alt, sollte deshalb darauf achten, vielseitig einsetzbar zu sein und es auch zu bleiben: Stellen Sie sich stets auf wandelnde Anforderungen und technische Neuerungen ein. Gut wäre auch eine Versetzungsklausel im Arbeitsvertrag. Wird der Arbeitsplatz wegrationalisiert, ist der Arbeitgeber gezwungen, denjenigen auf einem anderen geeigneten Arbeitsplatz einzusetzen.

Leitende Angestellte im juristischen Sinne, also solche mit Prokura oder die selbst Personal einstellen und entlassen können, sind dabei einer besonderen Gefahr ausgesetzt: Ihr Arbeitsverhältnis kann jederzeit grundlos gekündigt werden. Seien Sie daher skeptisch, wenn Ihnen beispielsweise vor einer Umstrukturierung diese Kompetenz eingeräumt werden soll – die vermeintliche Beförderung ist vielleicht der erste Schritt zum Abgang. Man kann aber auch ganz praktisch etwas für seinen Marktwert tun: durch Selbstmarketing. Zeigen Sie, dass Sie sich auf neue Herausforderungen freuen, und heucheln Sie zur Not ruhig etwas Begeisterung. Machen Sie klar, Sie sind nicht rostig, sondern rüstig!

25. August
... und du bist raus –
Wie sich Kündigungsfehler nutzen lassen

Für Arbeitsrechtler ist eine Kündigung nicht nur ein lukratives, sondern auch ein weites Feld. Juristen unterscheiden bis zu zehn und je nach Auslegung auch mehr Varianten. Die vier häufigsten sind:

• *Betriebsbedingte Kündigungen* bei Insolvenz, Restrukturierung und Betriebsverlagerung;
• *Verhaltensbedingte Kündigungen* wegen Leistungsmängeln, vertragswidrigen Verhaltens oder ungenehmigter Nebentätigkeit;
• *Personenbedingte Kündigungen* bei wiederholter Kurzkrankheit, Arbeitsunfähigkeit, Alkohol- oder Drogenproblemen;
• *Fristlose Kündigungen* wegen Störung des Betriebsfriedens, Beleidigung, tätlichen Angriffs, Diebstahls oder Betriebsspionage.

Spricht der Arbeitgeber eine Kündigung aus, ist das für die Betroffenen bitter. Häufig werden aber juristische Fehler gemacht, die dem Arbeitnehmer die Chance bieten, die Kündigung anzufechten. Wer eine schriftliche Kündigung erhält – nur diese gilt –, hat drei Wochen Zeit, beim Arbeitsgericht Widerspruch einzulegen. Wer den Prozess gewinnt, wird zwar selten auf seinen alten Arbeitsplatz zurückkehren, das Verhältnis zwischen Arbeitnehmer und Arbeitgeber wird dadurch nicht besser. Doch der Jobverlust wird zumindest finanziell abgemildert. Folgende Fehlerquellen lassen sich nutzen:

Die Kündigung muss immer ein dazu Berechtigter unterschreiben – in größeren Unternehmen der Leiter der Personalabteilung, in kleineren meist der Chef. Der Abteilungsleiter ist es womöglich nicht – nachhaken! Falls vorhanden, muss das Unternehmen den Betriebsrat einschalten und die Gründe für die Entlassung mitteilen. Hat der Bedenken, ist der Arbeitgeber verpflichtet, den Arbeitnehmer bis zu einer Entscheidung des Arbeitsgerichts weiterzubeschäftigen. Das Gehalt wird dann natürlich weitergezahlt.

Ob eine betriebsbedingte Kündigung gerechtfertigt ist, dürfen Gerichte nur eingeschränkt prüfen. Dafür können sie begutachten, ob die Gründe stimmen, die zum geringeren Arbeitsbedarf geführt haben. Die schlechte wirtschaftliche Lage reicht nicht! Der Unternehmer muss konkret erläutern, wie sich der Auftragsrückgang auf die Arbeitsmenge auswirkt und wie viele Arbeitskräfte überflüssig werden – im gesamten Unternehmen. Deshalb ist eine Kündigung unwirksam, wenn überzählige Arbeitnehmer an anderer Stelle weiterbeschäftigt werden könnten. Also: nur keine falsche Scham!

26. August
Wertsache – So überwinden Sie eine Kündigung

Seinen Job zu verlieren, ist keine Schande. Einerseits, weil sich die Unternehmen dank Globalisierung in immer kürzeren Zyklen an die Marktbedürfnisse anpassen und das zu stetigen Turbulenzen auf dem Arbeitsmarkt führt. Andererseits, weil sich die Arbeit selbst verändert – weg von der lebenslangen Anstellung mit vorgezeichneter Laufbahn, hin zu Projektarbeit und Patchwork-Karrieren.

Nur: Je länger die arbeitslose Phase dauert, desto problematischer wird sie bei der Jobsuche. Ein Arbeitgeber in spe wird sich fragen, warum demjenigen bisher nicht gelungen ist, eine neue Anstellung zu finden: Ist er ein problematischer Typ? Ist sein Wissen veraltet? Hat er soziale Defizite? Diese Mutmaßungen sind noch kein Grund, den Kopf hängen zu lassen, wenn es mal wieder länger dauert. Personalchefs kennen krisenbedingte Auszeiten, dennoch bohren sie nach: Wie haben Sie diese Zeit genutzt? Hier ist Angriff die beste Verteidigung: Im Lebenslauf sollte der Zeitraum mit *Arbeit suchend* beschrieben werden, nicht mit *arbeitslos*. Noch besser, wenn die Suche durch nachweisbare Aktivitäten gestützt wird. Das können freiberufliche Projektarbeiten sein, Fortbildungen, verbunden mit einem Auslandsaufenthalt. Hauptsache, Sie zeigen, dass Sie sich in der Zeit runderneuert und nicht auf der faulen Haut gelegen haben.

jul

aug

sep

Fast noch wichtiger ist, die Kündigung nie persönlich zu nehmen. Psychologisch wird sie so zum Tabuthema, über das man nicht mehr gut reden kann. Folge: Die Menschen schämen sich und verlieren rasant an Selbstwertgefühl. Das ist Gift für die Bewerbung. Personaler erkennen das prompt, und es schmälert den Wert eines Bewerbers. Egal, wie viele Absagen einer schon bekommen hat – das Wichtigste ist, sein Selbstbewusstsein zu wahren, die eigenen Stärken herauszuschälen sowie ein klassisches Vorurteil außer Kraft zu setzen: dass man zu Hause sitzt, den Anschluss verpasst, keine regelmäßigen Abläufe mehr kennt und der Marktwert von Tag zu Tag schwindet.

27. August
Protestnote – Was Sie beim Arbeitszeugnis beachten müssen

Jeder Arbeitnehmer und Auszubildende hat ein Recht auf ein Arbeitszeugnis. Allerdings wächst die Zahl derer, die es sich selber ausstellen und das der Chef nur noch unterschreibt. Das sagt zweierlei: Führungskräfte schenken der Lektüre a) tendenziell weniger Beachtung, also sinkt b) der Wert. Trotzdem sollte man auf einem guten Abschlussurteil bestehen. Die Gewerbeordnung schreibt vor, dass ein Arbeitszeugnis »wahr und wohlwollend« sein muss. Das führt dazu, dass sich etwaige Rügen hinter einem schönen Wortkleid verstecken. So bescheinigt gutes *Einfühlungsvermögen in die Belange der Belegschaft* dem Arbeitnehmer im Klartext, dass er mehr flirtete als arbeitete. Trug die Geselligkeit des Arbeitnehmers zur *Verbesserung des Betriebsklimas bei*, heißt das, dass sich der Kollege während der Arbeit gerne mal einen Schnaps genehmigte.

Wegen solcher Formulierungen gibt es häufig Streit. Einzige Ausnahme: Wenn Fehlverhalten – beispielsweise Untreue oder Diebstahl – bewiesen ist, darf das erwähnt werden. Denn falls der nächste Arbeitgeber durch das Zeugnis getäuscht wird und Schaden erleidet, kann er auf Schadenersatz klagen.

So oder so muss ein Zeugnis immer korrekte Personalien, den Tätigkeitszeitraum sowie die Art und Dauer aller vom Arbeitnehmer ausgeführten Tätigkeiten enthalten. Ein *qualifiziertes* Zeugnis enthält zudem eine Bewertung der Leistung und des Verhaltens des Arbeitnehmers. Hier steckt der Rüffel im Detail: Die in vielen Ratgeberbüchern angegebene Notenskala, wenn ein Mitarbeiter seine Aufgaben *stets zur vollsten* (1), *stets zur vollen* (2) oder *stets zur Zufriedenheit* (3) erledigte, ist nicht mal entscheidend. Misstrauischer sollten Arbeitnehmer reagieren, wenn im Zeugnis Selbstverständlichkeiten wie Pünktlichkeit oder Vertrauenswürdigkeit betont werden. Das weist immer auf andere Mängel hin. Motto: Mehr war eben nicht. Ähnliches gilt für das Fehlen einer Dankes- oder Grußformel. Hier drückt der Chef üblicherweise sein Bedauern über das Ausscheiden des Mitarbeiters aus. Oder eben nicht. Eine gute Gegenstrategie ist, rechtzeitig um ein Zwischenzeugnis zu bitten. Geht man später im Streit auseinander, fällt es dem Arbeitgeber schwerer, von der einst guten Beurteilung abzuweichen. Aber Vorsicht: Die Bitte muss gut verpackt werden. Sonst wird der Chef misstrauisch.

28. August
Abschiedsgeschenk – So holen Sie mehr Abfindung raus

jul

aug

sep

Kündigungen sind Offenbarungen: Sonst krisenfeste Manager verlieren plötzlich ihren kühlen Kopf, handeln unüberlegt und unstrategisch – und lassen sich einen Haufen Geld durch die Lappen gehen. Wer etwa einen Aufhebungs- oder Abwicklungsvertrag unterschreibt, sollte wissen, dass er zwölf Wochen lang kein Arbeitslosengeld bekommt. Juristisch hat er die Arbeitslosigkeit selbst herbeigeführt. Folglich sollte dieses Minus entweder in die Abfindungssumme eingepreist werden oder man erhebt eine Kündigungsschutzklage. Sie endet damit, dass ein Vergleich beim Arbeitsgericht geschlossen wird. Juristisch ist man damit aus dem Schneider. Allein die glaubhafte Andeutung einer solchen Klage erhöht oft die Abfindungssumme.

Egal, wie gut der Arbeitgeber die Kündigung begründet – viele sind fehlerhaft oder rechtlich unwirksam. Damit wird die Höhe der Abfindung (üblich ist ein halbes Monatsgehalt pro Beschäftigungsjahr) verhandelbar. Ein Beispiel: Ein Abteilungsleiter muss nicht automatisch *leitender Angestellter* sein. Im juristischen Sinne sind das nur Arbeitnehmer, die Arbeitgeberaufgaben wahrnehmen, also etwa selbstständig Mitarbeiter einstellen und entlassen können. Ist das nicht der Fall, gilt für ihn das übliche Procedere einer ordentlichen Kündigung (siehe auch Kolumne vom 25. August). Analysieren Sie zudem alle möglichen Ansprüche. Also nicht nur die Abfindung, sondern auch Bonuszahlungen, Aktienoptionen, Dienstwagen, betriebliche Altersversorgung sowie Leistungen für die berufliche Neuorientierung. Beispiel Dienstwagen: Selbst nach der Kündigung bedarf es einer Regelung darüber, wie man diesen bis zum Ende des Arbeitsverhältnisses nutzen darf. Die meisten Arbeitgeber werden versuchen, einen dabei wie einen unverschämten Querulanten dastehen zu lassen. Alles Verhandlungstaktik! Eine Kündigung ist keine Schande, sich übers Ohr hauen zu lassen schon. Konsultieren Sie gegebenenfalls lieber einen erfahrenen Anwalt. Die andere Seite macht das im Zweifel auch.

29. August
Im Pauseschritt –
So wird die Babypause nicht zur Karrierefalle

Kinder gelten als Karrierekiller. Bei vielen Frauen (sie bilden in diesem Fall leider die Mehrheit) läuft das so: In der Babypause werden sie von ihren männlichen Kollegen und den Kolleginnen ohne Kind überholt und abgehängt. Vor allem, wenn sie sich länger als ein Jahr aus dem Rampenlicht zurückziehen. Dauert die Auszeit länger als drei Jahre, wird es sogar noch schwerer, den Wiedereinstieg zu finden. In diesem Fall müssen Frauen (aber auch Männer) ihre Karriere neu definieren. Kinder und Karriere – beides geht, sagen Profis, wenn es gut geplant und vorbereitet wird, am besten noch vor der Babypause. Folgende Punkte haben sich bewährt:

• Kehren Sie binnen eines Jahres zurück. Je qualifizierter der Job, desto schneller sollte die Rückkehr erfolgen. Gerade von Führungskräften oder solchen, die es werden wollen, erwartet der bisherige Arbeitgeber keine längere Pause.
• Falls Sie sich nach längerer Pause nach einem neuen Job um-

sehen, sollten Sie ein Stärken-Schwächen-Profil erstellen. Der angestrebte Beruf sollte exakt zu den Stärken passen. Alles andere hat keinen Zweck. Die lange Auszeit ist nun mal ein Handicap. Das lässt sich nur ausgleichen, indem man nachweist, hundertprozentig zur Stellenbeschreibung zu passen und überdurchschnittliche Motivation mitzubringen.

- Seien Sie selbstbewusst! Erziehungsurlaub ist eine verantwortungsvolle, wertvolle Erfahrung. Solange Sie daheim Ihre Hausaufgaben gemacht und nicht nur Babybrei gekocht haben, brauchen Sie diese Zeit weder zu verbergen noch schönzureden.
- Weisen Sie nach, dass Sie sich während der Babypause weitergebildet haben, mit dem alten Unternehmen in Kontakt geblieben sind oder zumindest die Entwicklungen in Ihrer Branche genau verfolgt haben. Sich nicht weiterzubilden, ist ein schwerer Mangel. Ihre Bewerbung muss deshalb sagen: *Ich habe mir zwar eine Auszeit genommen, aber draußen war ich nie.*
- Knüpfen Sie Kontakte, Kontakte, Kontakte! Ein Netzwerk funktioniert wie eine Sozialversicherung. Vitamin B verhilft nachweislich nicht nur schneller in neue Jobs, gute Beziehungen halten einen auch über Trends auf dem Laufenden.

jul

| 30. August
| **Zweiter!** – Der First-Mover-Advantage ist heimtückisch

aug

sep

Endlich Erster! Wen der ewige Wettstreit mit Wettbewerbern und interne Konkurrenzkampf unter Kollegen über Jahre prägt, der denkt irgendwann so. Das Ziel ist die Nummer 1, denn die steht an der Spitze, und oben sein heißt super sein, heißt Gewinner sein. Allein dort bekommt man einzigartige Informationen aus erster Hand, genießt den *First-Mover-Advantage* – den Vorteil des Zuerstgekommenen, der wie ein Monopolist den Rahm abschöpfen darf.

Das ist sicher einiges Wahres dran. Gerade Ehrgeiz, Wettbewerb und die damit verbundenen atmosphärischen Störungen führen zu Fortschritt. Der ewige Wandel und Wunsch sich zu verbessern, sind ein evolutionäres Konzept, genauso wie Anpassungsfähigkeit *die* Voraussetzung für den Erfolg ist, weil dazu nicht nur das Streben, sondern auch das Scheitern gehört. Oder wie das deutsche Popduo 2raumwohnung (wenn auch mit ironischem Augenzwinkern) singt: »Wer sich länger oben hält, weiß, wie und wo man runterfällt, denn andere fallen sehen macht schlau.«

Der Irrtum ist ein wesentlicher Faktor der Evolution, die gerade durch fehlgeleitete Mutationen Innovationen schafft. Oft ist das ein zerstörerischer Prozess: Das Neue ist das Bessere, das das Alte verdrängt. Der Ökonom Joseph Alois Schumpeter brachte diesen Gedanken in seiner Definition des Unternehmers als »schöpferischem Zerstörer« Anfang des vergangenen Jahrhunderts auf den Punkt. Erster zu werden, mag ein schöpferischer Akt sein – gleichwohl wohnt der Position aber jederzeit die Gefahr des Untergangs inne. Microsoft-Gründer Bill Gates hat das wie folgt zusammengefasst: Dauerhafter Erfolg sei ein schlechter Lehrmeister. »Er lässt gescheite Menschen glauben, sie könnten nicht verlieren.«

Und das genau ist der Punkt: *Immer* Erster, *immer* oben sein zu wollen, ist unklug; auch mal abwarten zu können, zu beobachten, zu lernen und nicht jede Gelegenheit sofort zu nutzen, zuweilen schlauer. Merke:

Der frühe Vogel fängt den Wurm.
Aber der frühe Wurm wird gefressen.
Und den Käse bekommt die zweite Maus!

31. August
Ruhig Mut! – Wer wagt, gewinnt Lebensfreude

Früher roch Risiko nach Gras, Asche oder Blut. Wer beim Schulsport ein zu hohes Risiko einging, raspelte bald mit den Armen und Knien über den Untergrund. Heute riecht Risiko nach nichts mehr. Es ist steril und manchmal nicht einmal mehr ein Risiko. Es heißt bloß noch so: So warnen uns manche davor, *unnötige Risiken* einzugehen, und ignorieren, dass sich erst im Nachklapp feststellen lässt, ob das Wagnis nötig war oder nicht.

Noch interessanter ist, wer heute überhaupt noch Abenteuer wagt. Wissenschaftler des Instituts zur Zukunft der Arbeit der Universität Bonn sowie des Deutschen Instituts für Wirtschaftsforschung in Berlin haben dazu mehr als 20 000 Interviews mit Personen aus ganz Deutschland ausgewertet. Ergebnis: Große Menschen gehen eher Risiken ein als kleine, Frauen sind vorsichtiger als Männer, und mit steigendem Alter lässt die Risikobereitschaft deutlich nach. Gebildete Eltern haben häufig risikobereiteren Nachwuchs. Und: Wer gerne Risiken eingeht, ist mit seinem Leben oft zufriedener.

Über die Frage, wie stark dieser Zusammenhang zwischen Risikobereitschaft und Zufriedenheit ist, waren sich die Forscher allerdings uneinig – ein typisches Henne-Ei-Problem: Sind zufriedene Menschen aufgrund ihrer Seelenruhe optimistischer und damit risikofreudiger? Oder nimmt, wer das Risiko sucht, sein Leben eher in die Hand und gestaltet es so, dass er damit zufrieden ist? Vermutlich stimmt beides. Sicher ist aber, dass Mut (zum Risiko) und Zufriedenheit grundsätzlich miteinander korrespondieren. Unter einer dicken Abdeckung verkümmert jede Pflanze, so wie der Mensch unter einer Sicherheitsglocke verkümmert und bald nur noch Trübsal bläst.»Nichts geschieht ohne Risiko, aber ohne Risiko geschieht auch nichts«, betonte einst Bundespräsident Walter Scheel. Wer wagt, gewinnt – mindestens an Erfahrung, häufiger sogar an Lebensfreude. Also: Wagen Sie heute was!

september

Nichts ist so beständig
wie der Wandel

okt

nov

dez

jan

feb

mrz

apr

1. September
Entwicklungsstufe – Warum wir in Ebenen lernen

Ein Mann mit einem Geigenkasten unterm Arm läuft durch New York und fragt einen Passanten: »Wie komme ich in die Carnegie Hall?« Der Passant schaut ihn kurz an und sagt: »Üben, üben, üben!«

Der Witz hat einen wahren Kern. Der Weg zu Spitzenleistungen führt über Mühen, Ausdauer und Rückschläge. Der Aikido-Meister George Leonard beschrieb 1992 den Lernprozess als Plateauphasenmodell. Demnach lernen wir nicht linear, sondern von Ebene zu Ebene: Wenn wir beginnen, eine neue Software, die Vokabeln einer fremden Sprache oder einen frischen Golfschwung zu lernen, erfolgt zuerst eine Phase des schnellen Fortschritts. Durch alte Verhaltensmuster erleiden wir jedoch irgendwann einen leichten Rückfall, es geht vorerst nicht weiter. Ab hier heißt es üben, üben, üben, bis wir die Zwischenschritte intus haben. Durch Wiederholung schleifen sie sich ein. Erst dann erklimmen wir, durch weiteres Üben, das nächste Plateau.

Das Modell ist zugegebenermaßen recht simpel. Dafür veranschaulicht es gut, warum einige wahre Meister werden, während

jul

aug

sep

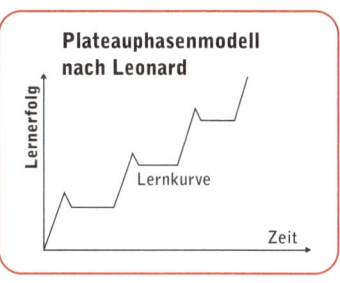

Plateauphasenmodell nach Leonard

Lernerfolg

Lernkurve

Zeit

andere nur den Dilettantenstatus perfektionieren. Letztere lassen sich in drei Typen unterscheiden: Die Ersten gehen anfangs euphorisch an die neue Aufgabe heran. Dann allerdings kommt der erste Rückschlag – und mit ihm verpufft die Euphorie. Sie brechen frustriert ab. Die Zweiten verharren auf dem ersten Plateau. Sie sind jetzt keine Anfänger mehr, und das Halbwissen reicht ihnen, um durchzukommen. Wozu mehr Mühe? Diese Typen treffen ein bequemes, aber gefährliches Arrangement. Die Dritten nutzen die Chance des Plateaus nicht, um das Antrainierte zu vertiefen. Kaum haben sie die eine Ebene erreicht, klettern sie weiter und weiter – bis sie ausrutschen und abstürzen. Manche Dinge brauchen eben Zeit.

Der Meister hingegen lässt sich von Rückschlägen nicht abbringen. Er behält sein Ziel im Auge, versucht es weiterhin, egal wie mühevoll das ist. Beherrscht er schließlich sein Metier, verlässt er die Routine, um seine Grenzen auszubauen. Bis zum Sensei. Falls Sie bereits einen schwarzen Gürtel tragen – es gibt immer ein nächsthöheres Plateau!

2. September
Heldennotstand – Wann Ambitionen gefährlich werden

Jeder Mensch hat drei Optionen, mit Verantwortung umzugehen: Er kann sie meiden, wo es nur geht. Das ist legitim, bringt aber nicht weit. Man bleibt auf ewig ein Rädchen im Getriebe, ein Spielball der Mächtigen. Wenn das Ihr Ziel ist, sollten Sie dieses Buch nicht weiterlesen. Die zweite Option ist das genaue Gegenteil, sich also um Verantwortung zu reißen. Je größer die Verantwortung, umso besser. Menschen, die so handeln, sind wie eine Supernova. Sie werden sehr schnell sehr groß und entwickeln hohe Strahlkraft. Leider hält das nicht lange. Binnen kurzer Zeit sind solche Talente ausgeglüht und schrumpfen zum weißen Zwerg. Der Grund dafür ist simpel: Manager neigen zu Arbeits-Alzheimer. Sie haben einen natürlichen Erinnerungsdefekt, welche Aufgaben sie vergeben und welche Erfolge Mitarbeiter erzielt haben. Das Motto solcher Bosse: Solange es gut läuft und sich der Mitarbeiter bewährt, bekommt er mehr Arbeit. Schließlich muss man Eifer belohnen. So laden sich die Fleißigen am Ende mehr Verantwortung auf, als sie bewältigen können – und scheitern. Zuerst schleichen sich Fehler ein, dann können Termine nicht mehr eingehalten werden, schließlich liefert man nur noch Mittelmaß ab, oder Schlimmeres. Der Chef wird das nicht akzeptieren – auch nicht, wenn bisher Spitzenleistungen erbracht wurden. Arbeits-Alzheimer … Sie erinnern sich?!

Helden haben die dumme Angewohnheit, früh zu sterben. Wer ihr Schicksal nicht teilen will, sollte den Umgang mit seinen Ambitionen lernen und Option drei wählen: nach so viel Verantwortung zu streben wie möglich, sie aber auch abzulehnen, falls nötig. Es ist ein Zeichen von Professionalität und guter Organisation, bereits am

Anfang zu erklären, dass man das neue Projekt nicht auch noch stemmen kann – und nicht erst, wenn man kurz vor dem Abgrund steht. Idealerweise zeigt man dabei eine *bereitwillige* Ablehnungshaltung: »Gerne übernehme ich diese Aufgabe. Wegen Projekt X und Y kann ich dann aber nicht die Qualität liefern, die Sie und ich erwarten. Deshalb müssten wir klären, welches Projekt wir dafür verschieben.« Die Botschaft wird ein weiser Chef würdigen. Sie selbst liefern derweil Spitzenleistung.

3. September
Augen auf und durch – Kühnheit siegt

Ramses II. (1298 bis 1213 v. Chr.) herrschte 66 Jahre über Ägypten. Sein größter Widersacher war der hethitische König Muwatalli, der ein Komplott gegen ihn schmiedete. Im Frühling 1185 v. Chr. zog Ramses deshalb mit seiner Armee – über 20 000 Mann – in Richtung Asien zur Festung Kadesch. Das liegt heute nahe der syrisch-libanesischen Grenze. Die Hethiter waren ihnen jedoch zahlenmäßig überlegen. Muwatallis Heer bot 37 000 Soldaten auf, dazu 2500 Streitwagen. Obendrein beging der noch unerfahrene Ramses einen taktischen Fehler: Weil er das hethitische Heer in einer Art Zangenbewegung vernichten wollte, ließ er seine Divisionen zu weit voneinander entfernt aufmarschieren. Ihr Abstand betrug teils einen ganzen Tagesmarsch. So gelang es Muwatalli, Ramses in eine Falle zu locken. Seine Streitkräfte starteten einen Blitzangriff gegen Ramses' zweite Division, die sie binnen kurzer Zeit vollständig vernichteten. Kurz darauf griffen sie Ramses direkt an, und unter den Ägyptern entstand Panik. Dem Pharao blieben nur zwei Alternativen: Flucht oder Flucht nach vorn. Er entschied sich für Letzteres, ließ seinen Streitwagen anspannen und stürzte sich in die Schlacht. Obwohl seine Lage aussichtslos war, kämpfte er sich wild entschlossen durch die gegnerischen Reihen, schoss Pfeil um Pfeil ab und streckte einen Hethiter nach dem anderen nieder. Der Legende nach ritt er so sechs Attacken hintereinander, bis seine restlichen Divisionen am Horizont auftauchten und die völlig verblüfften Hethiter niederwalzten. So jedenfalls berichtet es die antike ägyptische Propaganda. Tatsächlich hatten beide Seiten schwere Verluste erlitten und schlossen notgedrungen einen Friedenspakt. Dennoch lehrt die Schlacht bei Kadesch eine Grundregel des Erfolgs: Kühnheit siegt. Denn sie löst gleich mehrere Reaktionen aus: Eine beherzte Aktion, egal, wie aussichtslos die Lage erscheint, verleiht dem Tapferen große Aufmerksamkeit und Autorität. Die meisten Menschen scheuen die Gefahr und die Konsequenzen ihrer Entscheidungen. Deshalb zögern sie, denken lieber weiter nach, statt zu handeln, und vergrößern so nur die Kluft zwischen Hoffnung und Erfüllung. Entschlossenheit dagegen baut Brücken und räumt Hindernisse aus dem Weg. Sie verschafft sogar mehr Überblick, weil sie die Optionen reduziert. Wo vorher viele Probleme lauerten, gibt es jetzt nur noch ein Ziel. Insgeheim bewundert jeder derart Mutige, ihnen folgt man gerne nach, wenn sie nicht gerade tollkühn sind.

Kühnheit ist allerdings keinem angeboren. Man muss sie lernen. Wer Konflikte ständig scheut, keine mutigen Forderungen stellt, der verkauft sich nicht nur unter Wert – er zerstört auch Chancen. Von dem CDU-Minister Heinz Riesenhuber stammt der Satz: »Wer sein Leben so einrichtet, dass er niemals auf die Schnauze fallen kann, der kann nur auf dem Bauch kriechen.« Stehen Sie lieber aufrecht und seien Sie kühn! Risikolos zu gewinnen, heißt letztlich ruhmlos siegen.

4. September
Spürsinn – Was Sie von Apple-Chef Steve Jobs lernen können

Festansprachen haben gewöhnlich launigen Charakter. Dafür bleiben viele inhaltlich gewöhnlich. Vor einigen Jahren aber hielt der Chef von Apple Computer, Steve Jobs, vor den Graduierten der Stanford-Universität eine Rede, die durch die Welt ging und bis heute im Internet zu finden ist (www.freerepublic.com/focus/f-chat/1422863/posts). Die Rede ist eine Art Lebensbilanz und enormer Ansporn zugleich. Dabei erzählt Jobs nur drei Geschichten:

In der ersten Geschichte geht es um das Erkennen von Zusammenhängen. Jobs ist ein Adoptivkind. Als ihn seine biologische Mutter zur Adoption freigab, wollte sie, dass er später auf ein College kam, und suchte die Adoptiveltern entsprechend aus. 17 Jahre später besuchte Jobs tatsächlich ein College. Doch er brach ab, er hatte keine Ahnung, was er mit seinem Leben machen wollte, und sah nicht, wie ihm das Studium helfen sollte. »Für mich war dies ein furchterregender Schritt, aber im Rückblick eine meiner besten Entscheidungen«, sagt Jobs. »Denn viel von dem, was mir auf meinem Weg begegnete, erwies sich später als unbezahlbar.« Nachdem er die normalen Lehrgänge nicht mehr besuchte, beschäftigte er sich mit Kunst. Nichts von alledem versprach einen Nutzen. Aber als er zehn Jahre später am ersten Macintosh-Computer arbeitete, erinnerte er sich daran – und baute den ersten Computer mit schönen, proportionalen Schriftsätzen. Ein Riesenerfolg. Das konnte keiner ahnen, aber im Rückblick wird es klar: »Sie müssen auf etwas vertrauen – auf Ihren Bauch, das Leben oder was immer!«

In der zweiten Geschichte geht es um Liebe und Verlust. Mit 21 gründete Jobs mit einem Partner in der Garage seiner Eltern Apple. Zehn Jahre später wurde daraus ein Konzern mit zwei Milliarden Dollar Umsatz und über 4000 Angestellten. Jobs war gerade 30, da wurde er gefeuert. Er hatte jemanden eingestellt, von dem er glaubte, dass er das Unternehmen besser führen könne. Doch es kam zum Bruch, der Vorstand stellte sich auf die Seite des Neuen, Jobs stand auf der Straße – abgestempelt als Versager. Trotzdem begann er von vorn. Er gründete zwei neue Unternehmen: NeXT und Pixar. Pixar schuf den weltweit ersten computeranimierten Spielfilm: *Toy Story*. NeXT wurde später von Apple übernommen, die Technologie schaffte die Basis für eine Renaissance von Apple. Jobs wurde wieder ein gefeierter Held. »Manchmal wirft einem das Leben einen Ziegelstein an den Kopf«, sagt er. Aber niemand sollte deswegen die Zuversicht verlieren. »Der einzige Weg zur Erfüllung ist, eine Arbeit zu finden, die Sie wirklich lieben. Wenn Sie die noch nicht gefunden haben, suchen Sie weiter!«

In der dritten Geschichte geht es um den Tod. Vor ein paar Jahren wurde bei Jobs Krebs diagnostiziert. Angeblich unheilbar. Später stellte sich das als Irrtum heraus. Jobs wurde dabei bewusst: Der Tod ist die beste Erfindung im Leben. »Ihre Zeit ist begrenzt, also verschwenden Sie sie nicht, indem Sie anderer Leute Leben leben. Lassen Sie sich nicht von Dogmen einfangen. Lassen Sie nicht zu, dass der Lärm fremder Meinungen Ihre eigene innere Stimme übertönt.« Und er rät dazu, seinem Herzen und seiner Eingebung zu folgen. Irgendwo habe jeder im Gespür, was er wirklich werden will. Alles andere sei zweitrangig.

5. September
Alles im Eimer – Das Wesen des Zeitmanagements

Ein Professor hält eine Vorlesung über Zeitmanagement. Vor ihm steht ein leerer Eimer. Er schüttet bis zum Rand Kieselsteine hinein. Dann fragt er seine Studenten, ob der Eimer voll ist. Die nicken. Der Professor rümpft die Nase und schüttelt den Kopf. Er nimmt einen zweiten Beutel mit kleinen Steinen, schüttet ihn ebenfalls in den Eimer, rüttelt ein wenig, bis alle versunken sind.»Ist der Eimer jetzt voll?«, fragt er seine Studenten. Die sind etwas verunsichert, bejahen aber die Frage. Der Professor schüttelt wieder den Kopf und schüttet noch einen Beutel Sand in den Eimer. Dasselbe Spiel: Nach einigem Rütteln ist auch der vollständig im Eimer verteilt.»Aber jetzt ist der Eimer voll?!«, fragt der Prof ins Auditorium. Die Studenten nicken siegessicher. Denkste! Der Professor nimmt zwei Flaschen Bier, öffnet sie und kippt sie in den Behälter. Das Bier versickert. »Jetzt – ist der Eimer voll«, sagt der Professor. Dann macht er eine Kunstpause und fragt die Studenten:»Nun, meine Damen und Herren, was haben Sie heute gelernt?« Keine Antwort.

Der Wissenschaftler lächelt, schiebt den Eimer zur Seite und erzählt eine Parabel:»Sie haben heute etwas über Ihr Leben gelernt. Die Kieselsteine, das sind die großen Brocken, die wichtigsten Dinge in Ihrem Leben – Familie, Freunde, Gesundheit. Die nehmen das meiste Gewicht, den größten Platz in Ihrem Leben ein. Die kleinen Steine, das ist Ihre Ausbildung, der spätere Job. Er kann Sie ausfüllen. Aber er macht Ihr Leben nicht voll. Denn dazu fehlt der Sand – Ihre Hobbys, kleine Wünsche und Ziele, die Sie sich selbst gesteckt haben.« Die Studenten gucken nachdenklich. Dann fragt einer: »Aber was ist mit dem Bier?« Der Dozent lächelt:»Wenn Sie das nächste Mal ein guter Freund oder ein Kollege fragt, ob Sie sich mal wieder treffen wollen, dann denken Sie nicht, Sie seien ach so beschäftigt und Ihr Leben sei so randvoll, dass Sie dafür keine Zeit mehr hätten. Sie sehen selbst: Zwei Bier gehen immer!«

Die Anekdote, deren Ursprung nicht auszumachen ist, enthält eine gewichtige Botschaft: Kein Mensch ist so beschäftigt, dass er keine Zeit für Freunde oder Kollegen hätte. Ein, zwei Bierchen fördern nicht nur Beziehungen, sondern sogar die Karriere. Das haben Wissenschaftler der schottischen Universität Stirling ermittelt. David Bell untersuchte an 17 000 Menschen den Zusammenhang von Karriere und Trinkverhalten. Ergebnis: Menschen, die moderat, aber regelmäßig mit Kollegen trinken, verdienen im Schnitt 17 Prozent mehr als Abstinenzler. Das gemeinsame Bierchen fördere Vertrauen und Kameradschaft – und das nutze dem Aufstieg. Cheers!

6. September
Steinbild – Zeitmanagement ist eine Frage der Prioritäten

Die gestrige Parabel enthält noch eine zweite Botschaft: Für den Erfolg ist die richtige Reihenfolge der Inhaltsstoffe entscheidend! Hätte der Professor den Eimer zuerst mit Sand und kleinen Steinen gefüllt, wäre selbst unter heftigem Rütteln für die Kiesel kaum noch Platz geblieben. Die großen Brocken und wichtigen Dinge des Lebens hätten keinen Platz mehr gefunden, das Leben wäre von aufreibenden Kleinigkeiten beherrscht und damit sprichwörtlich auf Sand gebaut.

Bauen Sie lieber auf Fels und setzen Sie die richtigen Prioritäten. Das gilt im Privaten wie für berufliche Herausforderungen: Auf die Reihenfolge kommt es an! Ordnen Sie das Chaos, packen Sie zuerst die großen Brocken an, die schweren und besonders unangenehmen Aufgaben, dann die kleineren, und so weiter. Der Sand passt zwischendurch immer noch rein. Genauso wie die zwei Bier als krönender Abschluss. Aber bitte erst dann …

jul

aug

sep

7. September
Tapetenwechsel – Wer sich verändern will, hat drei Optionen

Mit dem Beruf verhält es sich wie mit spätabendlichen Politdebatten. Irgendwann wird man ihrer überdrüssig. Dann nervt der Chef mehr als aufgeregte Fraktionsvorsitzende, die Kollegen werden unausstehlich, und die Aussicht, den Job die nächsten zehn Jahre weitermachen zu müssen, lichtet das Haupthaar. Solche Phasen kommen vor. Bedenklich werden sie, wenn sie zum Zustand mutieren. Dann hat man ein ernstes Problem – aber auch drei Alternativen: *love it, leave it or change it.* Zu Deutsch: Lernen Sie Ihren Job (dennoch) zu lieben, suchen Sie einen neuen oder verändern Sie etwas! Die Option, sich etwas Besseres zu suchen, scheidet für die Mehrzahl aus. Entweder, weil Familie und Immobilien sie immobil machen oder weil der Arbeitsmarkt gerade wenig Alternativen bietet. Falls Sie dennoch kündigen möchten, vermeiden Sie unbedingt diese fünf Fallen:

• Wechseln ohne Selbstreflexion: Was kann ich? Was nicht?
• Wechseln, ohne zuvor alle Alternativen ausgeleuchtet zu haben.
• Wechseln allein aus monetären Gründen.
• Wechseln, weil Sie den Erfolg anderer sehen (und neiden).
• Wechseln aufgrund äußeren Drucks. Leben Sie nicht das Leben anderer, sondern Ihr eigenes!

Jobflucht aus Frust ist nie gut. Wer flieht, bleibt Gejagter. Besser sind die Optionen zu lieben, was man tut – oder den Frustquell zu verändern. Das Erste ist eine Entscheidung; das Zweite leichter, als viele meinen:

1. Sammeln Sie Informationen und Argumente, warum sich Ihr persönliches Wunschprojekt, der Job, den Sie lieber machen möchten, gewinnbringend für das Unternehmen einsetzen lässt. Nur so überzeugen Sie Ihren Chef, dass Sie an anderer Stelle produktiver arbeiten können.
2. Geht das nicht sofort, suchen Sie sich kleinere Projekte, die Sie dem Ziel näher bringen. Sie sammeln so wertvolle Erfahrungen, können sich im Kleinen beweisen sowie für Größeres empfehlen.

3. Ziehen Sie sich nie frustriert zurück! Sagen Sie, dass Sie neue Herausforderungen suchen. Das funktioniert aber nur, wenn Sie in Ihrem aktuellen Job weiterhin mindestens 100 Prozent geben. Neue Jobs werden nicht mit passiven Miesepetern besetzt, sondern mit engagierten Leuten, die auf dem Radar der Chefs aufflackern.

8. September
Halali auf Hallodris –
Vom richtigen Umgang mit Headhuntern

Die Beziehung zu Headhuntern ähnelt einer Art Hassliebe. Nach außen fungieren sie wie eine Modelagentur, im Binnenverhältnis beginnt bei ihnen bereits der Bewerbungsprozess. Diese Selbstanpreisung fällt erstaunlich vielen schwer: Sie stolpern stets über dieselben Fallstricke.

Zum Beispiel über Opportunismus. So mancher Manager wendet sich erst an einen Headhunter, wenn er ihn braucht und einen neuen Job sucht. Dann werden eilig Lebensläufe verfasst und sämtliche Personalberater, die Google kennt, flächendeckend hofiert, als wäre Geiz ungeil. Sobald sie aber wieder in Lohn und Brot stehen, vergessen die Manager ihre Unterstützer. Schließlich haben diese sie in einem schwachen Moment erlebt, und das ist peinlich. Obacht! Wer so handelt, offenbart etwas ganz anderes: einen berechnenden Charakter.

Disqualifizieren kann sich auch, wer ein doppeltes Spiel spielt. Auf ein Angebot nur zum Schein einzugehen, um seinen Marktwert zu testen oder mit dem neuen Vertrag beim aktuellen Arbeitgeber um mehr Gehalt zu pokern, blamiert nicht nur den Personalberater. Es verbaut auch jede Chance, jemals wieder in dessen Kartei zu kommen.

Dort landet ebenfalls nicht, wer sich auf einen Präsentationstermin nicht ordentlich vorbereitet. Bei dieser Gegenüberstellung treffen Bewerber und potenzieller Arbeitgeber erstmals persönlich zusammen. Der Headhunter hat bis dahin viel Vorarbeit geleistet, das Feld sondiert und seinen Favoriten entsprechend beworben und

jul

aug

sep

gebrieft. Jetzt seine Hausaufgaben nicht zu machen, das Unternehmen und dessen Entscheider nicht zu kennen, ist ein schwerer Fauxpas. Unverzeihlich. Kommt allerdings gar nicht selten vor.

Ob aus Verzweiflung, Unfähigkeit oder beidem: Solche Verhaltensweisen verhageln viel mehr als nur den Kontakt zu einem Kopfjäger – sie schädigen den Ruf in einer ganzen Branche, denn Headhunter sind untereinander erstaunlich gut verdrahtet. Und wer ruft schon zum Halali auf einen Hallodri?

9. September
Beziehungspflege – So wird man für Headhunter interessant

Oliver ist so eine Art fleischgewordene Freisprecheinrichtung. Ein Draufgänger, dessen mitteilsames Wesen und unerschütterliches Selbstvertrauen in jede Gesprächsrunde tiefe Schneisen pflügen, sobald er sich dazugesellt. Man könnte auch sagen, er hat die Fähigkeit zur Miniaturisierung: In seiner Gegenwart fühlt sich jeder klein. Und natürlich wird Oliver nach eigenem Bekunden alle paar Wochen von Headhuntern angerufen, obwohl er seit Jahren für dieselbe Company arbeitet. Egal, ob man ihm das abkauft oder nicht – solche Typen kratzen am Ego und nötigen zur Frage: Wieso ruft mich keiner an?

Ja, warum eigentlich? Vermutlich, weil man nicht genug auf sich aufmerksam macht. Was nicht heißt, sämtliche Headhunter anzurufen und nach einem neuen Job zu fragen. Das ist peinlich und deklassiert Sie zum Bittsteller. Gehen Sie lieber auf hochkarätige Veranstaltungen, auf denen Sie Personalberater ganz zufällig am Büfett kennenlernen können. Schicken Sie persönliche Briefe, wenn Sie (noch) keinen Job brauchen. Lassen Sie sich von Geschäftsfreunden empfehlen – und machen Sie es sich zur Gewohnheit, zuerst auf andere aufmerksam zu machen! Das positioniert Sie als gut vernetzte Fachkraft.

Nicht minder effektiv: Tanzen Sie nicht auf allen Hochzeiten, sondern vertrauen Sie Ihren Lebenslauf nur ausgewählten Personalberatern an. Wer seine Daten wie Schrot verschießt, schadet sich. So jemandem haftet der Ruch der Prostitution an. Und da selbst

Personalberater ihre Jobs wechseln, spricht sich das schnell in der Branche herum.

Wer dann nach langer Beziehungspflege andeutet, für neue berufliche Herausforderungen offen zu sein, und vom Berater angerufen wird, sollte sich unauffällig an einen ruhigen, geschützten Ort zurückziehen oder darum bitten, das Gespräch auf den Abend zu vertagen. Fragen Sie bloß nicht nach, wie man auf Sie gekommen ist – Sie sind schließlich ein Top-Kandidat! Fragen Sie lieber nach einer genauen Beschreibung des Jobprofils, nach den Herausforderungen, dem Umfeld, Ihrem Team. Gerne auch nach der Zielbranche – das suchende Unternehmen wird der Personalberater in der Regel jetzt noch nicht nennen. In jedem Fall aber sollten Sie zu diesem Zeitpunkt zwei Kernfragen beantworten können: 1. Was habe ich Einzigartiges zu bieten? 2. Wo will ich hin? Für anspruchsvolle Managementaufgaben suchen Headhunter keine anpassungsfähigen Alleskönner, sondern stets Weltmeister einer bestimmten Disziplin. Nur wer klare Erwartungen und Kompetenzen zeigt, sorgt dafür, dass der Headhunter zweimal klingelt.

10. September
Der Scheck heiligt die Mittel –
Tipps für mehr Gehalt

Oft ist es so: Wenn die Konjunktur lahmt, sinkt bald darauf auch die Kaufkraft. Alle sparen, sparen, sparen. Und weil keiner mehr kauft, betont kurz darauf auch die Unternehmensleitung, dass alle den Gürtel enger schnallen müssen. *Demut und Bescheidenheit* werden als neue Betriebsparole ausgerufen. Die Unternehmen sparen erst Kosten, dann Personal. Kann man in einer solchen Situation nach mehr Gehalt fragen? Oder kommt das einem Kamikaze-Kommando gleich?

Man kann – vorausgesetzt, man leistet deutlich mehr als andere oder erledigt eine deutlich anspruchsvollere Tätigkeit als bisher. Die Vergütung ist schließlich nicht nur Entlohnung, sondern auch Belohnung und damit Anreiz. Dennoch gelten für Gehaltsverhandlungen in schwierigen Zeiten spezielle Spielregeln. Die erste: Machen Sie sich vorher schlau! Einige Unternehmen haben feste Termine für Gehaltsrunden, andere schließen in der Krise Gehaltserhöhungen kategorisch aus. Das sollte man wissen und wenigstens in seine Argumentation einbauen. Zudem sollte die Forderung moderat ausfallen. Wer in wirtschaftlicher Schieflage zweistellige Prozentzuwächse verlangt, erntet bestenfalls ein Lächeln. Denken Sie daran, dass das Unternehmen sparen will. Da sollten auch Sie Entgegenkommen signalisieren. Sie sind Teil einer Mannschaft – kein Solist! Überzeugender wirkt eine detaillierte Darstellung, wo Sie tatsächlich mehr leisten und zudem unersetzbar sind.

Eine gute Strategie ist, für Alternativen offen zu bleiben. Prämien etwa bringen ebenfalls mehr Geld in die Kasse, belasten aber nicht sofort die Budgets. Dasselbe passiert, wenn die Gehaltserhöhung gestaffelt wird – mit jährlich steigenden Raten. Vor allem aber: Gehen Sie diskret vor! Gehaltserhöhungen sollte man für sich behalten, in schlechten Zeiten erst recht. Sie wecken sonst nur Neid und Begehrlichkeiten. Und das stört das Betriebsklima noch mehr. Informations-Bulimiker verärgern nicht nur den Chef, sie unterwandern auch sein Vertrauen. So jemandem wird er künftig weder Gehör schenken noch entgegenkommen.

11. September
40 – Die Chancen der Lebensmitte

Wer bis 40 nicht erreicht hat, wovon er träumt, der schafft es nie, heißt es. Als ob das Alter irgendeine Karrieredecke markiert! Wissenschaftlich lässt sich das Phänomen Midlife-Crisis zwar nicht nachweisen, trotzdem blicken viele 40-Jährige in diesem Alter nervös auf die Statistik: Die erste Lebenshälfte ist absolviert, von jetzt an tickt die Uhr rückwärts. Das erhöht den Druck und schürt die bange Frage: Wie soll ich die zweite Hälfte verbringen? Womöglich damit, das Erreichte zu verteidigen? Eine traurige Perspektive. Hoffentlich gehören Sie zu den anderen: jenen, für die dieses Alter ein Nährboden ist, etwas Neues auszuprobieren.

Die Lebensmitte ist »ein sehr guter Zeitpunkt für berufliche Veränderungen«, ist etwa die Bremer Psychologin Ursula Staudinger überzeugt. Die Betroffenen haben Erfolge erzielt, gleichzeitig sind sie auf dem Gipfel ihrer Leistungskraft. Die meisten haben ein annehmbares Gehaltsniveau erreicht, verfügen über ein dichtes soziales Netz und reichliche Erfahrungen, die sie emotional stabilisieren und ihnen ein gesundes Selbstbewusstsein verleihen. Auch medizinisch geht es vielen blendend: Neues lernen, analysieren, bewerten – das alles klappt bei 40-Jährigen tadellos, nur vielleicht nicht mehr ganz so flott wie in jungen Jahren. Mit einer Ausnahme: Die bisher gemachten Erfahrungen helfen sogar, neues Wissen und betriebliche Strategien schneller und realistischer einzuordnen. Fachleute nennen dies »kristalline Intelligenz«. Das Einzige, was viele an einer Veränderung hindert, ist die Sorge, den bisher mustergültigen Lebenslauf zu zertrümmern. Oder sie schrecken vor der finanziellen Unsicherheit zurück. Das ist verständlich, kann aber auch der psychologische Heldennotausgang sein zu verharren.

Mumm ist keine Frage des Alters. Genauso wenig wie Intelligenz, Kreativität oder Glück. Vor allem Letzteres hängt davon ab, ob Sie Einfluss und Kontrolle über das eigene Leben behalten. Vielleicht muss es auch gar kein kompletter Ausbruch sein. Manchmal setzt schon der Wechsel in eine andere Branche, eine andere Abteilung neue Energien frei. Brüche und Zickzackmuster im Lebenslauf gehören künftig sowieso zur Norm. Und die sind allemal besser als eine lineare Vita ohne Seele.

jul

aug

| 12. September
Stille Post – Kennen Sie die Zahl Ihrer Fürsprecher?

sep

Vor Jahren gab eine wohlhabende Lady aus Kensington ein opulentes Dinner in ihrem Landhaus. Unter ihren Gästen befanden sich zahlreiche Edelleute. Die Noblesse der Gesellschaft sollte zu ihrer Reputation beitragen. Während des Dinners bemerkte die Gastgeberin jedoch, wie ihr Butler – ein bis dato untadeliger Diener des Hauses – verdächtig hin und her wankte und beinahe das Geschirr niederriss. Die Lady konnte sich nur mühsam beherrschen, schrieb aber ein paar Zeilen auf ein Blatt und legte die Notiz dem Butler aufs Tablett. Ihre Botschaft: »Sie sind betrunken, verlassen Sie sofort den Raum!«

Ein famoses Beispiel für britisches Understatement. So gut die Lady den Fauxpas auch kaschierte, irgendeiner muss ihn bemerkt haben, sonst hätte ich diese Geschichte nie aufgeschnappt und könnte sie Ihnen heute nicht erzählen. Umso mehr zeigt sie, wie gerne Menschen Geschichten über ihre Zeitgenossen weitergeben. Und natürlich wie gerne wir solche Geschichten hören und uns dabei prächtig unterhalten – erst recht, wenn sie ein bisschen peinlich für die anderen sind. Aus dem Kundenbeziehungsmanagement (neudeutsch: Customer Relationship Management) weiß man: Will ein Unternehmen dauerhaft ein positives Image konservieren, braucht es mindestens 75 Prozent zufriedene Kunden. Zufriedene Kunden erzählen im Schnitt bis zu drei Personen von ihren positiven Erfahrungen weiter. Leider machen das die Unzufriedenen auch. Sie beklagen sich sogar bei mindestens neun anderen. Andere Studien sprechen gar vom Faktor 33 für frustrierte Geschichtenerzähler. Das ist für viele Unternehmen ein Problem. Ebenso wie für gastfreundliche britische Ladys und die Leser dieses Buchs.

Sie selbst sind schließlich auch eine Art Unternehmen – und damit für Ihren Ruf verantwortlich. Aber wissen Sie, wie viel Prozent Ihrer *Kunden* mit Ihrer Leistung zufrieden sind? Kennen Sie genug Mentoren und Multiplikatoren, die positiv über Sie reden? Sie müssen im Job ja nicht mit jedem befreundet sein, mit dem Sie arbeiten. Den einen oder anderen Nervtöter können Sie durchaus ignorieren. Nur mehr als 25 Prozent sollten es nicht werden!

13. September
Ode an die Öde – Warum Auszeiten so wichtig sind

Wüstentrips wirken. Moses zum Beispiel zog mit dem Volk Israel 40 Jahre durch den öden Sand. Irgendwann stieg er allein auf den Berg Sinai und kam mit den zehn Geboten zurück. Einige hundert Jahre später verbrachte Jesus ebenfalls einige Zeit in der Wüste. Bei ihm dauerte die Auszeit zwar nur 40 Tage, dafür war er ganz allein und der Erfolg umso gewaltiger.

Das Geheimnis solcher Auszeiten liegt in der Konzentration auf sich selbst. Viele kreative und erfolgreiche Menschen haben sich immer wieder zurückgezogen und ein paar Tage nur mit sich selbst verbracht. Das waren keine Sozialkrüppel, sondern blitzgescheite Zeitgenossen mit großer Verantwortung. Trotzdem haben sie sich Freiräume fernab geschaffen. In der Öde hatten sie Gedanken, die man nur bekommt, wenn man wirklich abschaltet und innerlich zur Ruhe findet. Oft entstehen dabei ganz neue Perspektiven. Denken Sie nur an Platons Höhlengleichnis, das er zu Beginn des siebten Buches der Politeia erzählt: Einige Menschen sind von Geburt an in einer dunklen Höhle auf Stühle gebunden. Das Einzige, was sie sehen, ist die gegenüberliegende Höhlenwand. Sie wird durch einen Schlitz in der Mauer hinter ihnen beleuchtet. Das Licht stammt von einem Feuer draußen, vor dem andere Menschen verschiedene Gegenstände und Figuren wie Puppenspieler bewegen und deren Schatten so in die Höhle projizieren. Da die Gefesselten nur die Schattenbilder wahrnehmen, halten sie diese für die Realität.

Das ganze Tohuwabohu, das Sie tagtäglich umgibt, ist vielleicht auch nur so ein Schattentheater. Vielleicht müssen Sie sich für ein paar Tage aus Ihrer Höhle befreien, um Ihr Bild von der Wirklichkeit zu schärfen. Oder Sie erfinden sich gleich neu. Phoenix hat das ebenso gemacht, sogar mehrfach: Der bunte Vogel verbrannte sich regelmäßig selbst, um dann aus seiner eigenen Asche erneuert, gekräftigt und strahlender als zuvor aufzuerstehen. Nun rate ich weder zu ritueller Selbstverbrennung noch zu 40-tägiger Wüstenwanderschaft. In der Regel wirkt beides nicht lebensverlängernd. Womöglich reichen aber schon 40 Minuten am Tag. Zu viel? Dann eben zwei Wochenenden im Jahr. Nehmen Sie sich die Zeit! Sie werden so nicht unbedingt ein anderer, aber Sie entdecken vielleicht eine ganz neue Welt.

14. September
Pauseschritt – So bereiten Sie ein Sabbatical vor

Zum Beispiel Helmut Lang. Der Mann, der wie kein anderer den Stil der Neunzigerjahre prägte, ist der wohl berühmteste Aussteiger und Ex-Modemacher der Welt. Sein Rücktritt fiel wie seine Mode verhältnismäßig minimalistisch aus: Lang war einfach weg. Seitdem macht er »Projekte« und genießt das Leben auf Long Island. Wie ungleich viel schwerer fällt unsereinem der alltägliche Spagat zwischen Beruf und Privatleben. Beide Lebensbereiche auszutarieren, schaffen die meisten nur abschnittsweise: Nach einem anstrengenden Projekt gönnen sie sich eine kleine Pause, schalten ein paar Gänge zurück, räumen auf und sammeln Kräfte. Das ist die eine Alternative.

Die andere ist eine richtige Auszeit – ein Sabbatical. Das aus dem Englischen entliehene Wort stammt ursprünglich aus der Bibel und vom hebräischen Sabbat: »Im siebten Jahr soll das Land eine vollständige Sabbatruhe zur Ehre des Herrn halten«, heißt es da. Gemeint ist eine Atempause für Äcker und Ackernde. Inzwischen hat sie sich auch auf Unternehmen übertragen: Manche Firmen gestehen ihren Mitarbeitern bis zu fünf Jahre unbezahlten Urlaub zu, ohne dass ihr Arbeitsplatz gestrichen wird, andere Mitarbeiter bekommen einen Monat Sonderurlaub, wieder andere können ihre Überstunden auf einem Arbeitszeitkonto ansparen und das Zeitsparschwein mit einem Mal schlachten. Für alle diese Sabbatical-Modelle gilt jedoch: Die Auszeit muss in den Lebenslauf passen. Was wollen Sie damit erreichen: sich regenerieren? Sich weiterbilden? Oder den Kontakt zur Familie temporär verstärken? Statistisch ist es so, dass sich die Mehrheit der Arbeitnehmer ein halbes bis ganzes Jahr Zeit nimmt – vor allem, um sich weiterzubilden. Das ist sicher gemogelt, weil der wahre Grund *Überforderung/Umorientierung* dem Image nicht guttut. Trotzdem ist die Masche richtig: Die Begründung sollte immer den Nutzen für das Unternehmen in den Vordergrund rücken.

Das Nächste ist eine gute Planung: Geben Sie sich und Ihrem Arbeitgeber genug Zeit, sich auf die Auszeit vorzubereiten. Eine Vorwarnzeit von bis zu eineinhalb Jahren senkt das Risiko eines Konflikts deutlich. Klären Sie vorab auch die Modalitäten Ihrer Rückkehr und fixieren Sie diese im Arbeitsvertrag! Dabei sollte der Arbeitgeber versichern, dass Sie mit dem Wiedereinstieg auf die alte Position zurückkehren können. Wer kann, sollte sicherheitshalber eine Abfindungsvereinbarung treffen – für den Fall, dass man Ihnen eine schlechtere Stelle zuweist. Wie Sie das Sabbatical finanzieren, hängt vom Unternehmen ab. Oft ist es besser, das Sabbatjahr durch

Mehrarbeit auf einem Arbeitszeitkonto anzusparen oder für eine bestimmte Zeit auf Teile des Gehalts zu verzichten, damit das Beschäftigungsverhältnis sowie die Kranken- und Sozialversicherung während der Auszeit bestehen bleiben. Rechnen Sie genau, wie viel Geld Sie während der Zeit brauchen! Vergessen Sie sporadische Reparaturen oder laufende Kosten nicht. Wer auf Nummer sicher gehen will, erhöht den errechneten Bedarf um 20 Prozent. Die Pause soll ja auch Spaß machen.

15. September
Gründkurs – Wege in die Selbstständigkeit

Zum Unternehmer, heißt es, wird man geboren. Papperlapapp. Sicher verfügen manche Menschen über Eigenschaften, die den unternehmerischen Erfolg wahrscheinlicher machen. Mut etwa. Oder Organisationstalent und Disziplin. Die Jenaer Psychologie-Professorin Eva Schmitt-Rodermund, die solche *Paradeunternehmer* studiert hat, ergänzt die Liste noch um den Punkt *Sozialschwein*: Ohne eine gewisse Härte würden sich Gründer später weder gegenüber Konkurrenten noch bei säumigen Lieferanten durchsetzen.

Warum sich der eine selbstständig macht, der andere aber nicht, liegt jedoch weniger am Charakter, sondern vielmehr an der Motivation. Und die variiert erheblich. Der eine gründet aus Autonomiestreben (*Endlich Chef sein!*), der andere will Schwächen kompensieren (*Keiner mehr, der mich kritisiert!*), wieder andere wollen das Wirtschaftsleben entdecken (*Vom Tellerwäscher zum Millionär – geht das?*). Neugier ist fast immer im Spiel: Die meisten Gründer wagen etwas, ohne genau zu wissen, was sie erwartet. Der Schweizer Soziologe Peter Schallberger, der seit Langem Gründermotive untersucht, hat festgestellt, dass die meisten Unternehmer eine Botschaft in die Welt tragen wollen. Sie haben eine Vision und wollen etwas bewegen. Geld treibt die wenigsten an. Und diejenigen, die es nur deswegen unternehmen, scheitern häufiger.

Trotz unterschiedlicher Motive – nahezu jeder Typus hat seine Schwachstellen. Der Autonomiestreber zum Beispiel stellt an seine Arbeit extreme Ansprüche. Weil er sie als Angestellter nicht verwirklichen kann und sich gebremst fühlt, wird er zum Chef. Doch er kann kaum delegieren. Und wenn, dann überträgt er seinen Perfektionismus auf seine Leute und reagiert äußerst ungehalten und rechthaberisch, wenn die seine Ziele verfehlen. Die Folgen sind hohe Mitarbeiterfluktuation und mittelmäßige Ergebnisse. Schlimmer aber ist der narzisstische Gründer. Solche Typen haben das Potenzial zum Despoten. Sie gieren nach Aufmerksamkeit und schielen immerfort auf ihr Renommee. Aber wehe, Kritik oder Krisen kündigen sich an, dann flüchten sie in neue Projekte.

Weil Allroundtalente selten sind und Einzelkämpfern oft wichtige Eigenschaften fehlen, ist die beste Lösung ein Gründerteam. Falls Sie sich selbstständig machen wollen, versuchen Sie es besser nicht auf eigene Faust, sondern suchen Sie sich eine Truppe zusammen, deren Stärken und Schwächen sich gegenseitig ergänzen. Statistisch fahren Sie damit deutlich besser. Es ist wie bei den Musketieren: Nicht einer für alles, sondern alle für eines.

16. September
Planwirtschaft – Wie man einen Businessplan schreibt

Wer schreibt, der bleibt. Das gilt umso mehr für Gründer. Tag für Tag denken Abertausende darüber nach, sich selbstständig zu machen, aber nur wenige lassen der Idee Fakten folgen – wohl auch, weil sie das Schreiben eines sogenannten Businessplans abschreckt. An dem führt jedoch kein Weg vorbei, er ist Leuchtturm und Leitplanke für jedes Start-up-Unternehmen. Insbesondere wenn es darum geht, Geldgeber und Geschäftspartner zu gewinnen.

Im Zentrum eines solchen Plans steht das *Executive Summary*. Auf zwei bis drei Seiten werden alle wichtigen Unternehmensdaten zusammengefasst: Geschäftsidee, Umsatz- und Gewinnerwartung, Kurzporträts der Gründer, Beschreibung des Marktes, der Produkte oder Dienstleistungen sowie Finanzierungsplan. Dieses Exzerpt steht stets am Anfang, Investoren lesen es zuerst und manchmal auch nicht weiter, wenn es nicht knackig ist. Der Schuss muss also sitzen.

Danach folgt der eigentliche Plan – mit möglichst nicht mehr als 40 Seiten. Wichtig dabei ist die klare Gliederung. Sämtliche Punkte des Summarys sollten hier noch einmal ausführlich beschrieben werden, wobei besonderes Augenmerk der Geschäftsidee, dem Team (Welche Kompetenzen zeichnen die Mitglieder aus? Wie ergänzen sie sich?) und dem Wettbewerb (Was ist das Alleinstellungsmerkmal der Idee? Wer sind die Konkurrenten? Welches Potenzial hat das Geschäftsmodell?) zukommen sollte. Dasselbe gilt für den Finanzplan. Er ist die Referenz für spätere Beteiligungs- und Kreditverhandlungen und sollte mindestens die nächsten drei, besser fünf Jahre durchkalkulieren. Je konservativer und detaillierter die Prognosen, desto überzeugender. Vorsicht vor der Copy+Paste-Falle: Wenn Sie Zahlen aus anderen Studien übernehmen, sollte diese unbedingt eingeordnet und gewichtet werden.

Das alles macht viel Arbeit und braucht seine Zeit. Profis rechnen mit drei bis vier Wochen. Manchmal auch Monaten, inklusive Gegenlesen durch Freunde. Doch das zahlt sich aus: Nicht nur wer schreibt, bleibt, sondern auch der, der gründlich plant.

17. September
Reich der Mittel – Wie Gründer an Geld kommen

jul

aug

sep

Das Verhältnis von Gründern und Geldgebern ist wie eine Ehe. Anfangs basiert sie auf gegenseitiger Sympathie und Vertrauen, aber beide wissen: Auf Dauer reicht das nicht. Für Banken zum Beispiel ist die Finanzierung von Start-ups nur mäßig attraktiv: Sie macht viel Arbeit, bringt wenig und ist riskant. Deshalb verlangen sie meist ein Bankkonto mit einem Guthaben von mindestens 15 Prozent des Firmenkapitals, diverse Sicherheiten – also Wertpapiere, Guthaben, eine Lebensversicherung, Grundbesitz oder eine Bürgschaft – sowie einen tadellosen Ruf. Wer bei der Schutzgemeinschaft für allgemeine Kreditsicherung (Schufa) als säumiger Ratenzahler bekannt ist, kann sich die Mühe sparen: kein Kredit!

Häufig attraktiver ist für Gründer deshalb die Kapitalbeschaffung über einen Privatier, einen sogenannten Business-Angel oder Venture-Capital-Gesellschaften. Die zu überzeugen, ist zwar nicht leicht. Aber auch nicht unmöglich. So geht's:

Knüpfen Sie Kontakte! Richtig gelesen: Das Erste, was Sie brauchen, um einen Finanzier zu überzeugen, sind Kontakte. Die gesamte Venture-Capital-Szene ist gut vernetzt. Jeder kennt jeden. Wer von wem unterstützt wird, kursiert ebenso wie die Namen der Abgeblitzten. Zudem unterhalten die Risikofinanzierer gute Kontakte zu ehemaligen Gründern, die nun ihrerseits als Förderer unterwegs sind. Entsprechend einschlägig wirkt eine Empfehlung aus diesem Kreis. Gehen Sie also auf Kongresse, seien Sie in relevanten Online-Netzen aktiv und sorgen Sie für Referenzen.

Schreiben Sie einen Businessplan! Wie das geht, wissen Sie bereits seit gestern. Entscheidend für das Engagement der Wagnisfinanzierer ist allerdings ein solider Finanzplan. Ihre Geschäftszahlen müssen stimmen. Das betrifft nicht nur Umsatzerwartungen und Gewinnannahmen, sondern auch Zinszahlungen sowie Kosten- und Notfallpläne, falls das Geschäft nicht anläuft wie gedacht.

Lernen Sie zu pitchen! Anders als viele Banker sind Wagnisfinanzierer gewohnt, binnen wenigen Minuten solche Deals zu bewerten. Die Entscheidung fällt oft in den ersten zwei Minuten. Deshalb: Lernen Sie, Ihre Erfolgsvision auf ein flammendes Plädoyer zu verdichten. Packen Sie die überzeugendsten Argumente an den Anfang Ihrer Präsentation. Der muss sitzen. Danach können Sie immer noch ins Detail gehen.

Bilden Sie ein gutes Team! An einem Gründerteam führt kein Weg vorbei. Ein Gründer allein ist immer verdächtig, beratungsresistent zu sein und nicht delegieren zu können. Keiner kann alles gleich gut, geschweige denn in Personalunion. Und: Ein mittelmäßiges Geschäftsmodell lässt sich verbessern – ein mieses Beziehungskonzept so gut wie nie. Auch das ist wie bei einer Ehe.

18. September
Lizenzinhaber – Wenn Franchisen, dann richtig

Geld allein macht nicht erfolgreich. Nicht wenige Entrepreneure scheitern, weil sie die Bedeutung der Marktdurchdringung und Öffentlichkeitsarbeit unterschätzen. Das Produkt kann technisch noch so exzellent sein – erst, wenn der Kunde vom Nutzen erfährt, beißt er an. Die Wege dazu: Werbung, Pressearbeit, Mundpropaganda. Alle drei wirken aber nur, wenn Sie eine klare Botschaft haben. Folgende Fragen müssen Gründer klären: Welchen Nutzen bietet das Produkt? Wodurch unterscheidet es sich vom Wettbewerb? Wer ist die Zielgruppe? Was kostet es? Um seinem Kunden auf die Spur zu kommen, eignen sich Umfragen via Telefon, Messebesuche oder die Kontaktsuche über sogenannte Blogs im Internet.

Wem solche Marktanalysen zuwider sind, dem bleibt Franchising. Vorteil: Das Geschäftsmodell ist ausgereift, dafür zahlt man Gebühren an die Zentrale – zwischen 250 und 1000 Euro pro Monat. Variable Beiträge schwanken zwischen einem Umsatzanteil von einem Prozent im Einzelhandel und 15 Prozent bei Dienstleistungen. Angemessene Eintrittsgebühren liegen zwischen 15 000 und 30 000 Euro. Im Gegenzug übernimmt die Zentrale meist Marketing, Buchhaltung und Produktionsprozesse.

Nachteil: Unter den Anbietern sind auch einige schwarze Schafe. Sie operieren mit versteckten Vertragsklauseln, mangelhafter Betreuung durch die Zentrale und schlechten Standorten. Sie sind die Achillesferse jedes Franchisesystems. Vor allem wenn die Kette aggressiv wächst, machen sich die Franchisenehmer bald gegenseitig Konkurrenz oder bekommen Standorte zugewiesen, an denen weniger Kunden erscheinen als Ungeheuer im Loch Ness. Wer diesen Weg wählt, sollte unbedingt darauf achten, dass …

… der Vertrag lange genug läuft, damit sich Ihre Investitionen amortisieren können. Wehe, wenn Sie den Standort aufbauen und dann ein anderer unternimmt. Üblich sind bis zu zehn Jahre, verbunden mit der Option, um fünf Jahre zu verlängern.

… das System einen klaren Wettbewerbsvorteil bietet. Die 37. Fast-Food-Kette wird nur reüssieren, wenn Ladendesign, Service und Produkt das Dagewesene überragen und Kunden anlocken.

… die Zentrale Ihnen nicht vorschreibt, zu welchen Preisen Sie die Produkte verkaufen müssen. Das verstößt gegen das Wettbewerbsbeschränkungsgesetz (§15).

… den Gebühren auch Leistungen wie Marketing, Schulungen und Controlling gegenüberstehen. Zudem sollte es ein Netzwerk geben, das sich gegenseitig unterstützt. Ein sicheres Qualitätsindiz sind immer viele zufriedene Partner.

jul

aug

sep

19. September
Klimawandel – Die typischen Gefahren für Gründer

Liebe macht blind. Interessanterweise schafft sie das auch bei Gründern, die bis über beide Ohren in ihr eigenes Produkt verliebt sind. Sobald es mit ihrem Unternehmen nicht mehr so gut läuft, verschließen sie die Augen, wurschteln weiter wie bisher und hoffen, dass es irgendwie gut geht. Geht es aber nie. Etwa die Hälfte aller Jungunternehmer scheitert bereits innerhalb der ersten drei Jahre – und zwar an vermeidbaren Fehlern:

Starrsinn: Die Erfahrung lehrt: Die meisten Businesspläne sind schon nach wenigen Wochen Makulatur. Die Kundenzahlen entwickeln sich schleppender als erwartet, neue Wettbewerber tauchen auf, ein Teammitglied steigt aus. Gut, wer jetzt einen Plan B in der Tasche hat. Ansonsten gilt: anpassen! Ein Unternehmen zu führen, heißt beweglich zu bleiben und mit dem Markt zu reagieren. Das hört nie auf. Aber nur wer diese Lektion früh beherrscht, überlebt.

Timing: Es gibt keine schlechten Ideen, es gibt nur die falsche Zeit dafür. Wer zu früh startet, bevor Produkt und Geschäftsmodell ausgereift sind, riskiert schwere Blessuren am Image. Nur selten lässt sich ein solches Debakel rechtzeitig wieder ausgleichen, bevor die Liquidität versagt. Wer dagegen zu spät kommt, den straft der Marktanteil. In etablierten Märkten Boden gutzumachen, kostet viel und dauert lange. Welches Start-up kann sich das schon leisten?

Liquidität: Wenn alles gut läuft, der Laden wächst und wächst, müssen auch Vertrieb, Produktentwicklung und Controlling mitkommen. Dazu braucht es Geld. Schlecht, wenn Sie dann zu viele säumige Geschäftspartner oder Kunden haben – oder schlimmer: den Überblick über Ihre Finanzen verlieren. Deshalb: Planen Sie von Anfang an Puffer ein, seien Sie sparsam und investieren Sie vor allem in ein richtig gutes Controlling!

Ignoranz: Wie gut kennen Sie Ihre Kunden wirklich? Klar: Sie sind davon überzeugt, dass Sie der Welt mit Ihrer Innovation einen Dienst erweisen. Aber ist es auch das, was Ihr Kunde will? Kundenbedürfnisse können sich mit dem Konsum wandeln. Achten

Sie also darauf, Ihr Produkt stetig zu verbessern oder zu ergänzen. Regelmäßige Zufriedenheitsumfragen – auch bei den Ex-Kunden – helfen, Mängel und Wünsche zu identifizieren.
Kopieren: Sie denken, was bei allen anderen funktioniert hat, muss auch bei Ihnen klappen. Denkste! Alle erfolgreichen Geschäftsmodelle sind Folge eines langen Prozesses aus Versuch und Irrtum in einem speziellen Segment. Diese auf einen anderen Bereich zu übertragen, führt nie zu gleichen Ergebnissen. Allenfalls Bausteine lassen sich entleihen. Umso mehr können Sie aus den Erfahrungen anderer lernen. Merke: Kapieren geht über Kopieren!

20. September
Mehr Wert – Die richtige Einstellung zum Gehalt

Es kommt der Tag, da erkennt der Mensch seinen wahren Wert. Für den freundlichen Baumarktangestellten kam der Tag, kurz nachdem er mir das Wesen billiger Kleistererzeugnisse erklärt hatte, um hernach sein Lächeln in konzentrierter Miene zu ersticken und dazu leise in seine rote Latzhose zu brummeln: »Die bezahlen mir gar nicht genug für diesen Job!« Was seine Klebstoffkenntnisse anbelangt, trifft das voll zu. Ansonsten eher nicht.

Wohl jeder denkt zuweilen über seine Arbeit, dass er eigentlich mehr verdient hätte. Von gewöhnlichem Verdruss abgesehen, liegt darin ein gefährlicher Denkfehler: Einkommen ist keine Entschädigung – es wird erworben. Dahinter steckt ein einfaches ökonomisches Prinzip: Wer etwas kauft, erhofft sich einen Nutzen. Je höher dieser Nutzen, desto größer der subjektive Wert. Zum Beispiel ein Auto: Es bringt seinen Besitzer von A nach B. Das ist nützlich. Verleiht es ihm zusätzlich noch Status, ist das ein enormer Mehrwert. Arbeitgeber sind ebenfalls Kunden – Ihre. Sie kaufen Ihre Leistung und fragen sich, welchen Mehrwert sie daraus ziehen werden. Deswegen bekommen die meisten ihren Gehaltsscheck auch erst am Monatsende: Sie müssen sich ihr Geld erst verdienen.

Nun denken manche, dass sie ihren Job besser machten, würde man ihnen mehr bezahlen. Das ist Selbstbetrug! Genauso gut könnte einer mehr Schnaps bechern, um seine Leberwerte zu verbessern. Wer seinen Job nicht gut macht, weil er einen Stundenlohn von 15 Euro bekommt, wird ihn nicht besser machen, wenn man ihm 80 Euro überweist. Erst andersrum wird ein Schuh daraus: Mehrwert bieten, dann fragen, ob mehr Gehalt drin ist. Mit Gehaltsspannen ist es so: Wer immer nur exakt tut, wofür er bezahlt wird, leistet letztlich Durchschnittliches und sein Gehalt entspricht ziemlich genau dem, was er verdient. Alles andere sind Gehaltsspanner.

21. September
Du sollst nicht ... – Die fünf Todsünden beim Gehaltspoker

Was auf Gehälter zutrifft, gilt erst recht für Verhandlungen darüber: Beide sind Ausdruck gegenseitiger Wertschätzung. Falls Sie Ihren Boss das nächste Mal um eine Gehaltserhöhung bitten, sollten Sie daher folgende Kardinalfehler tunlichst vermeiden:

1. **Du sollst nicht beanspruchen!** Es gibt einen feinen Unterschied zwischen einer berechtigten Bitte und einem Anspruch. Dass es Ihnen um Letzteres geht, sollten Sie nie vermitteln. Die Entscheidung, ob Ihre Leistung ein Einkommensplus rechtfertigt, obliegt allein dem Boss.
2. **Du sollst nicht jammern!** Niemals, wirklich niemals sollten Sie Ihre Bitte um mehr Gehalt auf eine rührselige Geschichte stützen à la Klein-Erna braucht eine Spange oder Oma Kasuppke muss ins Pflegeheim. Ihr Arbeitgeber ist nicht die Wohlfahrt! Außerdem hassen Chefs Mitarbeiter, die ihnen ein schlechtes Gewissen einbimsen wollen.
3. **Du sollst nicht ausrasten!** Okay, Sie haben in den vergangenen Monaten für die Company mehr Schweiß vergossen als Rocky Balboa in sechs Fortsetzungen. Sie haben Wochenenden durchgeackert, Spitzendeals eingestielt und trotzdem nichts dafür bekommen. Dumm gelaufen. Aber noch lange kein Grund, dem Boss dafür die Nadelstreifen langzuziehen. Gefühlsausbrüche in Verhandlungen lassen Sie nur unprofessionell und emotional instabil aussehen.

4. **Du sollst nicht vergleichen!** »Meier bekommt aber mehr!« ist kein Argument. Vielleicht arbeitet Meier auch mehr, effizienter, erfolgreicher, egal. Ungleiche Bezahlung ist zwar ein Motivationskiller, aber noch lange kein Trumpf beim Gehaltspoker. Ihr Hauptargument sollte immer der Mehrwert sein, den Sie alleine leisten.
5. **Du sollst nicht drohen!** Auch wenn Sie nicht bekommen, was Sie wollen: Versuchen Sie bloß nicht zu drohen, schon gar nicht mit Kündigung! Erstens ist das Nötigung. Zweitens wird kein Chef darauf eingehen, weil er sich damit als erpressbar outet. Drittens zeigt das nur eins: Ihnen geht es nur um das eigene Wohl – nicht um das der Firma. Wer begründet, warum die Gehaltserhöhung auch dem Unternehmen dient, holt mehr heraus.

22. September
In aller Feindschaft – Gut, wer sich Gegner schafft

Die Beziehung zwischen Microsoft-Gründer Bill Gates und dem damaligen Intel-Boss Andy Grove soll alles andere als harmonisch gewesen sein. »Gelegentlich zanken die beiden wie ein altes Ehepaar«, enthüllte einmal das US-Wirtschaftsmagazin *Fortune*. Der Ex-IBM-Chef Lou Gerstner, der Gates auch nicht sonderlich mag, soll sogar ein Porträt von ihm an eine Bürowand projiziert haben, um seinen Mitarbeitern den Erzfeind Nummer 1 ständig vor Augen zu führen. Für Gates war das kein Schaden. Im Gegenteil: viel Feind, viel Ehr. Ein paar gut gepflegte Feindschaften machen oft erfolgreicher als moralinsaure Wir-haben-uns-alle-lieb-Parolen.

Feindschaft spornt an. Das bestätigt auch eine Untersuchung der kanadischen Brock-Universität unter Amateur-Hockeyspielern. Sie wies nach, dass deren Ausschüttung von Testosteron und Kortisol, einem Stresshormon und Leistungssteigerer, bei Heimspielen höher war als auswärts. Die Forscher vermuteten, dass die Spieler – ähnlich wie viele Tierarten – unter Spannung standen, weil sie ihr Territorium verteidigen mussten. Ein klares Feindbild kann enorm motivieren und die Kräfte einer Belegschaft bündeln. Das funktioniert sogar persönlich: Feinde sind die interessanteren Zeitgenossen. Sie fordern uns am meisten. Wirkliche Feinde kennen uns sehr

jul

aug

sep

gut und wissen mehr über uns, als uns lieb ist. Das setzen sie zwar gegen uns ein, man kann das aber auch positiv sehen: Feinde halten uns einen Spiegel vor. Sie zeigen uns unsere bedeutendsten Fehler und geben uns so die Chance, daran zu arbeiten. »Sei dir dessen bewusst, dass dich derjenige nicht verletzen kann, der dich beschimpft oder schlägt; es ist vielmehr deine Meinung, dass diese Leute dich verletzen«, mahnte schon der griechische Stoiker Epiktet seine Eleven.

Viele haben Probleme mit Feindbildern. Die Mehrheit sieht sich lieber in der Nachfolge Immanuel Kants, seinem Appell an die Vernunft und ihrem Sieg über die Wut. Die Asiaten, mit ihrer Sicht der Wirtschaft als Schlachtfeld und dem Hassobjekt Marktführer, sind da konsequenter: Man kann nicht einerseits behaupten, dass Konkurrenz das Geschäft belebt, und gleichzeitig alle in seine Arme schließen wollen. Feinde zu bezwingen, macht sogar Spaß. So hat der Neurowissenschaftler James B. Brewer herausgefunden, dass uns unser Gehirn jedes Mal belohnt, wenn wir Dinge tun, die ihm gefallen – gewinnen zum Beispiel. Eine gepflegte Feindschaft muss allerdings den Charakter eines unverkrampften Wettkampfs behalten. Sonst löst das eine kaum zu kontrollierende Rachespirale aus, zudem verliert man dabei die innere Unabhängigkeit von seinen Feinden. Und Sie wollen ja stark werden, nicht abhängig!

23. September
Brauchweh – Die Heimtücke der Gewohnheiten

Als Carl Benz sein motorgetriebenes Dreirad der Welt vorstellte, feierte ihn zwar die Presse – die Menschen aber lehnten das Vehikel ab: zu laut, zu stinkend, zu unzuverlässig sei es. Am Morgen des 5. August 1888 schlich sich seine Frau Bertha morgens in die Werkstatt, packte die beiden Kinder auf das Gefährt und fuhr mit ihnen los, von Mannheim nach Pforzheim – 106 Kilometer über grob gepflasterte Straßen. Eine Frau am Steuer dieser Höllenmaschine! Bei Wiesloch war der Tank alle, und Bertha kaufte in einer Apotheke drei Liter Reinigungsbenzin nach. Vor Bruchsal riss die Antriebskette, und Bertha fand einen Schmied, der auch noch die Bremsklötze erneuerte. Zwischendurch mussten die Jungs immer wieder Öl und Wasser nachfüllen und ihre Mutter mit der Hutnadel Treibstoffleitungen freistochern. Am Abend aber kamen sie in Pforzheim an, und Bertha telegrafierte an ihren Mann: »1. Fernfahrt ist gelungen.« Von da an musste Carl Benz die Zuverlässigkeit seines Fahrzeugs nie mehr demonstrieren – seine spontane Frau hatte das übernommen.

Denkmuster und Routinen tun uns gut, sie wiegen uns in Sicherheit. Sie lullen aber auch ein und beschränken unseren Horizont. Geist und Seele reagieren auf Gewohnheiten genauso wie der Körper auf mangelnde Bewegung: Sie verkümmern. Routinierte bewegen sich wie jemand, der durch Zement stapft: Irgendwann klebt man fest. Hüten Sie sich davor, ein Kleingeist zu werden, und nehmen Sie sich an Bertha ein Beispiel:

- Fahren Sie mal einen anderen Weg nach Hause als sonst.
- Gehen Sie mit einem unbekannten Kollegen zum Essen.
- Besser: Setzen Sie sich zu einem Fremden an den Tisch und beginnen Sie ein Gespräch.
- Hören Sie andere Musik oder einen anderen Sender als sonst.
- Seien Sie spontan!

jul

aug

sep

Psychologische Studien zeigen, dass schon solche winzigen Abweichungen das Denken an einem ganzen Tag beeinflussen können. Und was soll schon passieren? Außer, dass Sie ein paar neue Seiten an sich und anderen entdecken und Ihre Welt größer wird?

24. September
Vitamin B – Flüchtige Bekannte sind für die Karriere besser

Die Meldung hatte es in sich: Gleich eine »Bande« von Siemens-Managern sollte Schmiergelder auf schwarze Konten in die Schweiz transferiert haben. Insgesamt 200 Millionen Euro. Das war Ende November 2006 und der Beginn eines gigantischen Konzernskandals, der mehrere Siemens-Manager ihren Job kostete und das alte Klischee von Seilschaften, Filz und Klüngel nährte. Beim *Netz-*

werken denken noch immer viele zuerst an Vetternwirtschaft und geheime Nebenabsprachen. Sicher, das kommt vor. Fakt ist aber auch: Die richtige Information zum richtigen Zeitpunkt, ein wohlmeinender Mentor an passender Stelle liefert oft das entscheidende Quäntchen zum Erfolg, denn: Beziehungen schaden vor allem dem, der keine hat.

Schon 1968 machte der US-Soziologe Robert K. Merton darauf aufmerksam, dass 55 der amerikanischen Nobelpreisträger selbst für einige Zeit bei einem Nobelpreisträger in der Schule gewesen waren oder für ihn gearbeitet hatten. Ohne ein funktionierendes Netzwerk ist es heute fast unmöglich, beruflich große Sprünge zu machen. Führungskräfte helfen sich regelmäßig gegenseitig auf die Karrieresprünge. Auch der US-Soziologe Mark Granovetter untersuchte die Wirksamkeit von Netzwerken und fand heraus: Die Mehrzahl bekam ihren neuen Job allein mithilfe persönlicher Kontakte. Bei Managern rangierte das Vitamin B sogar auf Platz 1.

Wissenschaftler unterscheiden allerdings zwischen starken und schwachen Verbindungen. Starke Verbindungen, wie Partner und engste Freunde, haben in der Regel kaum Wirkung. Schwache Netzwerke, die zufällig im Job oder Verein entstehen, sind dafür folgenreicher für die Karriere. Besonders die ab Ebene vier, also der Freund eines Freundes eines Freundes eines Freundes. Der Schluss daraus: Bilden Sie keine Bande – spielen Sie lieber über Bande!

25. September
Rand und Band – Besser netzwerken

Sozialen Netzwerken, vor allem jenen, die sich über gleiche Interessen zusammenfinden, verheißen zahlreiche Wissenschaftler eine große Zukunft. Vitamin B immunisiert den Einzelnen gegen Jobunsicherheiten, die mit der zunehmenden Flexibilisierung der Arbeitsverhältnisse einhergehen. Auf dieser Erkenntnis basieren letztlich die Geschäftsmodelle aller virtuellen Businessclubs, wie Xing.com oder Linkedin.com.

Entscheidend ist dabei die eigene Lage im Beziehungsgefüge: Je zentraler Ihre Position, desto größer ist Ihre Bedeutung für das Netz und desto größer wird der Nutzen daraus. Bildhaft gesprochen: Stellen Sie sich das Netzwerk wie ein unordentliches Spinnennetz mit vielen Knotenpunkten vor. Je mehr Bekannte Sie an der Peripherie einbringen, die wiederum ihre Freunde hinzufügen, desto mehr verlagern Sie den Netzmittelpunkt zu Ihren Gunsten. Wer dagegen einem Zirkel nur beitritt, bleibt Zonenkind. Erst so werden aus informellen Netzwerken persönliche. Und viele funktionieren nach dem Grundsatz von Geben und Nehmen. Exakt in dieser Reihenfolge!

26. September
Schimpfstoff – Meiden Sie Unzufriedene!

Schwer zu sagen, was Mitarbeiter mehr eint: die latente Unzufriedenheit über den Job oder die Nörgelei darüber. Sicher ist nur, die größere Wirkung hat Letzteres. Selbst Antipathien untereinander lassen sich durch die kollektive Klage kompensieren, dieser Vorgesetzte oder jene Abteilung habe den Laden nicht im Griff. Den Führungskräften bleiben diese Gewitterfronten oft verborgen. Ihnen begegnen Mitarbeiter ungern mit schonungsloser Offenheit. Das verbaut schließlich Karrierechancen.

Hinter den Kulissen bahnen sich so allerdings höchst unerwünschte Reaktionen an: Frust, innere Kündigung, häufiges Kranksein, schließlich der Entschluss, das Unternehmen zu verlassen. Und das sind nur einige Folgen. In vertraulichen Runden beschreiben viele leitende Angestellte, wie sich das Gift der heimlichen Unzufriedenheit virusartig im Unternehmen ausbreitet. Es zersetzt das Arbeitsklima, senkt die Produktivität und bindet wertvolle Kräfte. Der ganze Betrieb kann zum bettlägerigen Patienten verkommen. Dagegen gibt es nur zwei Arzneien:

Persönlich – halten Sie sich von Menschen fern, die grundsätzlich alles schlechtreden, nie zufrieden sind und offenbar keinen Spaß mehr an ihrer Arbeit finden. Früher oder später wird sich ihre destruktive Haltung auf Sie übertragen. Der Quengel-Virus ist hochgradig ansteckend. Und er macht seine Wirte weder attraktiver noch ihren Beruf erfüllender.

jul

aug

sep

Allgemein – kämpfen Sie, ob als Führungskraft oder Mitarbeiter, offen dagegen an. Weisen Sie Nörgler in ihre Schranken oder trennen Sie sich gleich von ihnen – je eher, je besser. Kämpfen Sie aber auch für mehr Offenheit in der Kommunikation zwischen Chef und Belegschaft und geben Sie als Chef Ihren Mitarbeitern mehr Verantwortung und Vertrauen. Umgekehrt verdienen solche Führungskräfte mündige Mitarbeiter, die es nicht dabei belassen, nur im Kollegenkreis den Mund aufzumachen. Zivilcourage ist keine Einbahnstraße.

27. September
Rostglaube – Altern ist nichts für Feiglinge

Mit 50 ist die Karriere entschieden, sagen die einen. Wer bis dahin keine Führungsposition im Unternehmen besetzt hat, bekommt keine mehr, meinen andere. Ab Mitte 40 zählt man zum alten Eisen, gilt als unflexibel, und die Personalakte bekommt den Vermerk »schwer vermittelbar«, denken beide. Und liegen falsch.

Allein die Demografie spricht für die Älteren: Bis 2015 wird das Durchschnittsalter der Deutschen auf 44 Jahre steigen. In den kommenden 20 Jahren steigt der Anteil der über 50-Jährigen in der Belegschaft von heute 20 auf mehr als 50 Prozent. Sie abzuschreiben wäre fatal. Das Thema Demografiemanagement steht längst ganz oben auf der Agenda vieler Personaler, vor allem in Deutschland. Das ist das Ergebnis einer der bisher größten Vergleichsstudien zum Thema von der Unternehmensberatung Boston Consulting Group sowie der Europäischen Vereinigung für Personalführung unter 1355 Top-Managern in 27 Ländern Europas. 65 Prozent von ihnen setzen demnach schon heute massiv auf interne Trainings, damit das Wissen der Mitarbeiter auf aktuellem Stand bleibt.

Zwar spüren einige Menschen in der sprichwörtlichen Achtung vor dem Alter eher ein *Achtung vor dem Alten!* Doch gar nicht selten ist der Vorwurf der Altersdiskriminierung nur ein Vorwand, um nicht selbst aktiv werden zu müssen. Denn auch das ist wahr: Wer älter wird, muss gegen das Klischee des unflexiblen Ausruhers ankämpfen. Das sind Leute, die meinen, aufgrund vergangener Lorbeeren eine ruhige Kugel schieben zu können. Die Haltung ist pures Jobroulette: kann gut gehen, tut es aber meistens nicht. Mit zunehmendem Alter sollten Sie deshalb dem Hang zur Bequemlichkeit, der in uns allen steckt, widerstehen und alles Mögliche unternehmen, um sichtbar (!) dem Klischee zu widersprechen. Zum Beispiel, indem Sie den Job oder Ihre Position wechseln, indem Sie sich körperlich fit halten, mobil beim Arbeitsstandort sind und in Sachen Fachwissen auf dem Laufenden bleiben. Gehen Sie auf Kollegen und Vorgesetzte zu, zeigen Sie Einsatzwillen, Wissensdurst, Kreativität. Kurz: Bewegen Sie sich! »Das Alter ist nichts für Feiglinge«, wusste Mae West. Erfolg besteht zu zehn Prozent aus dem, was Ihnen passiert – und zu 90 Prozent aus dem, was Sie daraus machen.

28. September
Führerschein – Suchen Sie sich einen harten Chef

Chefs polarisieren. Das gilt nicht nur für die ihnen entgegengebrachten Sympathien, sondern ebenso für Führungsstile. Die einen, das sind die Tyrannen: eiskalt, rücksichtslos, autoritär. Sklaventreibern gleich pressen sie aus ihren Mitarbeitern heraus, was sie nur kriegen können. Für solche Bosse ist vorauseilender Gehorsam selbstverständlich, unbedingter Respekt eine Tugend, Widerstand zwecklos. Sie sind herrisch, nie zufrieden und obendrein meist noch manipulativ. Ihr Motto lautet: Die Abwesenheit von Kritik ist Lob genug. Und keine Frage: Für so jemanden zu arbeiten, ist die Hölle. Jeder sollte diese parasitären Egomanen meiden, wo er kann.

Die anderen, das sind die Weichspüler. Diese Chefs haben für alles und jeden Verständnis. Nobody is perfect – wir alle machen Fehler. Deswegen hat das auch nie Konsequenzen. Eher lassen diese Typen das Team leiden als gegenüber Einzelnen hart durchzugreifen. Kurzum: Sie führen nur zum Schein. Diesen Typ sollten Sie genauso meiden, geschweige denn so werden! Einen Chef, der versucht, mit jedem gut Freund zu sein, kann keiner leiden. Das sage nicht ich, sondern das ist das Ergebnis einer weltweiten Umfrage, die Development Dimensions International zusammen mit Badbossology.com 2006 erstellt hat. Dabei kam heraus: Gäbe es den perfekten Boss, dann wäre der jemand, dem die Mitarbeiter vertrauen, der ehrlich und authentisch ist und ein Team aufbauen kann – er würde aber auch konsequent seiner Linie folgen und zu seinen Entscheidungen stehen. Ohne Wenn und Aber. Genau das sind (An-)Führer im Wortsinne. Womöglich ist die Zusammenarbeit mit ihnen nicht gerade wie Kindercamping. Sie setzen klare Ziele, verfolgen diese konsequent und belohnen jeden, der sie erreicht. Umgekehrt ahnden Sie aber auch so erbarmungslos wie öffentlich, wer diese wiederholt verfehlt, weil sie wissen, dass Transparenz mehr motiviert als Zweifel. Wer wenig leistet, wünscht sich sicher einen anderen Boss, Leistungsträger aber bilden mit diesem Managertyp eine Erfolg bringende Symbiose. Welcher Typ sind Sie?

29. September
Mutanfall –
Courage ist ein Luxusgut, das man sich leisten sollte

»Geh nicht nur die glatten Straßen. Geh Wege, die noch niemand ging, damit du Spuren hinterlässt und nicht nur Staub«, schrieb Antoine de Saint-Exupéry. Das Traurige an solchen Bonmots ist: Jeder nickt nur dazu. Selbst Manager, die berufsbedingt Kundschafter sein sollten, wirbeln oft bloß Staub auf, wenn sie den Mut im Munde führen. Die Forderung nach mehr Entschlossenheit klingt zwar gut, nach hochgekrempelten Ärmeln, nach Visionen und nach Aufbruch, doch über Courage zu reden, reicht nicht. Wer etwas bewegen, über sich hinauswachsen und aufsteigen will, muss vor allem mutig handeln.

»Am Mute hängt der Erfolg«, erkannte Theodor Fontane. Erst Courage ermöglicht Integrität, Aufrichtigkeit, Kreativität und Vertrauen. Ohne Mut gäbe es keine eigene Meinung, keine unkonventionellen Entscheidungen, kein Ausbrechen aus der Routine, keinen Pioniergeist, kein Wachstum. Mut ist der Motor allen Wirtschaftens. Mutig zu führen kann heißen, aufzustehen und die Wahrheit zu sagen, wenn es nötig ist. Es heißt aber auch, sie zu ertragen, wenn es unangenehm wird. Es kann bedeuten, seinen Mitarbeitern Verantwortung anzuvertrauen, eigene Fehler einzugestehen, einen Schlussstrich zu ziehen, wenn es an der Zeit ist, oder auch für seine eigene Überzeugung einzutreten – ohne Rücksicht auf die Karriere. Es ist eine Binsenweisheit, dass managen nichts anderes bedeutet, als Entscheidungen zu treffen, deren Ausgang ungewiss ist, weil in unserer komplexen Welt zu viele Variablen nahezu jedes Kalkül auf eine Wette reduzieren. Der Mutige entscheidet trotzdem. Jedoch keinesfalls blind, vielmehr ist sein entscheidender Wesenszug, diese Risiken »sehend zu überwinden«, schrieb Jean Paul. Courage ist die Kombination aus Verstand, Wissen und Optimismus: Mutig ist, wer sich des Risikos bewusst wird, reflektiert und kalkuliert – danach aber auch konsequent handelt.

Dummerweise ist Mut ein Luxusgut: Jeder bewundert ihn, aber kaum einer mag ihn sich leisten. Der Grund für den Mangel an Mumm ist eben das Risiko, das mit ihm einhergeht. Mutigen Menschen ist das jedoch schnuppe. Deshalb sind sie unabhängig und frei für Neues. Zu einem gewissen Grad lässt sich das lernen. Psychologen vergleichen Mut gerne mit einem Muskel: Je mehr man ihn trainiert, desto stärker wird er. Tapferkeit wird ja auch nicht dadurch schlechter, dass sie weniger schwerfällt. Im Endeffekt ist Courage nur eine Frage des Willens, sie sich zu leisten.

30. September
Mangelhaft –
Wie sich fatale Fehler im Job ausbügeln lassen

Durch Fehler wird man zwar klug – manchmal allerdings auch arbeitslos. Solche Pannen wirken wie schwere Systemfehler bei *Windows*: Danach geht nichts mehr. Wie groß der Schaden wird, hängt jedoch entscheidend von der Reaktion ab. Deshalb heute ein paar Fehlerbeschreibungen samt der empfohlenen Abhilfe.

Ausrasten: Es kommt zum heftigen Streit mit Kollegen. Der verbale Schlagabtausch gerät jedoch zur Reise nach Vulgarien – mit Ihnen als Reiseleiter: Sie wuten, schreien, benutzen Wörter, die schon die Lektorin dieses Buchs zensieren musste. Kurz: Sie fallen aus der Rolle. *Was jetzt hilft:* Entschuldigen Sie sich bei allen Anwesenden für den unangemessenen Ton – vor allem beim betroffenen Kollegen. Versuchen Sie nicht, Ihr Verhalten zu erklären oder den Umständen zuzuschreiben. Sie haben sich unprofessionell benommen. Das tut Ihnen leid. Punkt. Und geloben Sie Besserung!

Unterlassen: Obwohl das Meeting enorm wichtig ist, haben Sie verpasst, sich darauf ordentlich vorzubereiten. Nun können Sie weder eine Einschätzung abgeben noch wichtige Fragen beantworten. *Was jetzt hilft:* allein improvisieren! Eine Entschuldigung beschädigt Ihren Ruf nachhaltiger als jedes noch so schlechte Schauspiel. Nur wenn Ihr Bluff auffliegt, bieten Sie an, sich umgehend kundig zu machen und die gewünschten Informationen subito nachzureichen.

Verplappern: Ihre Zunge macht sich selbstständig – leider hörbar. Coram publico machen Sie einen schlüpfrigen Witz, einen diskriminierenden Kommentar oder eine anzügliche Bemerkung. Die Folge: eisiges Schweigen. *Was jetzt hilft:* Bedauern Sie Ihren fehlgeleiteten Humor – und verweisen Sie auf ein offenbares Missverständnis. So war das alles nicht gemeint … Nur geben Sie den Fehler nie zu! In manchen Ländern (etwa den USA) kann das juristisch gegen Sie verwendet und teuer werden. Ansonsten: Zügeln Sie Ihre Zunge!

Lästern: Sie ziehen über den Chef oder einen Kunden her – und die bekommen das mit. Noch schlimmer: Sie dokumentieren Ihre Entgleisung per E-Mail, indem Sie versehentlich auf »Allen antworten« klicken. *Was jetzt hilft:* Greifen Sie zum Telefonhörer und bedauern Sie, was Sie gesagt haben. Zeigen Sie echte Zerknirschung und dass Sie an dem Fauxpas gereift sind – nur so haben Sie die Chance auf Vergebung. Hier allerdings dürfen Sie mildernde Umstände anführen: schlecht geschlafen, Migräne, Ärger mit den Nachbarn.

Versäumen: Der Abgabetermin war wichtig – entweder für das Projekt, das Unternehmen oder den Kollegen. Trotzdem haben Sie ihn verdaddelt. *Was jetzt hilft:* Leisten Sie umgehend Abbitte bei Kollegen und Chef und machen Sie klar, dass Ihnen die Folgen des Verzugs bewusst sind. Spielen Sie die Sache bloß nicht herunter! Suchen Sie lieber nach einem Weg, den Schaden wiedergutzumachen oder zu begrenzen. Bieten Sie uneingeschränkte Hilfe an – auch an Wochenenden. An glaubwürdiger Buße und Sühne führt jetzt kein Weg vorbei.

Egal, welches Malheur auch passiert – reagieren Sie stets sofort, einsichtig und ehrenhaft. Übernehmen Sie für alles die Verantwortung und demonstrieren Sie echte Reue sowie Integrität. Dann bleibt das Nachspiel in der Regel kurz und schmerzlos.

jul

aug

sep

jun

jul

aug

sep

oktober

**Die Kunst,
andere zu führen**

nov

dez

jan

feb

mrz

apr

mai

Klassegesellschaft –
Der Chef prägt die Firmenkultur, so oder so

Neulich las ich diese Anekdote: Der 20-jährige Karl hat seinen ersten richtigen Job angetreten und arbeitet bereits einige Wochen für das Unternehmen, als ein großer, älterer Herr im dunklen Anzug bei ihm an die Bürotür klopft:»Guten Tag, Karl«, sagt der Mann, »mein Name ist Gilbert Nobel. Haben Sie eine Minute?« Karl hat den Namen zwar schon gehört, aber das Gesicht dazu noch nie gesehen, und so erkennt er auch nicht auf Anhieb den vielgeachteten Gründer des Unternehmens. Karl bittet den Mann, sich zu setzen. Danach fährt dieser fort:»Darf ich Ihnen etwas über *Ihr* Unternehmen erzählen?« Karl nickt neugierig.»Wissen Sie, *Ihr* Unternehmen ist ein Erster-Klasse-Konzern. Wir haben Erster-Klasse-Produkte, Erster-Klasse-Kunden, Erster-Klasse-Werbung. Manchmal fliegen wir sogar erster Klasse, weil wir dort unsere Erster-Klasse-Kunden treffen.« Dann streckt er Karl die Hand entgegen.»Und, Karl, wir beschäftigen grundsätzlich nur Erster-Klasse-Mitarbeiter. Willkommen an Bord, Karl!«

Es fällt nicht schwer, sich vorzustellen, wie sich Karl gefühlt hat und welche Auswirkungen diese zwei Minuten auf seine Motivation und Leistung haben werden. Kleine Investition – große Wirkung. Es kostet weder viel Zeit noch viel Geld, die Begeisterung und die Leidenschaft der Menschen für das Unternehmen und ihre Aufgabe zu wecken. 120 Sekunden reichen. Obendrein sind sie eine gute Investition in die eigene Legendenbildung. Ein solcher Boss wird respektiert, hinterlässt Hochachtung und eine Erinnerung, die länger hält als eine Dekade.

Der Fisch stinkt vom Kopf. Der Boss, ob er will oder nicht, prägt maßgeblich die Kultur, den Ton und die Werte in seinem Unternehmen. Über kurz oder lang werden die Mitarbeiter in den Büros, in der Produktion, im Lager, im Vertrieb, im Controlling seinem Beispiel folgen. Erscheint der Boss stets pünktlich, werden sich alle daran halten. Ist er offen, fair und gerecht, werden sich die Leistungen verbessern. Wird er klar kommunizieren, wohin und wie er das Unternehmen führen will, werden ihm die Leute folgen. So einfach ist das – und so selten.

okt

nov

dez

2. Oktober
Ade in spe – Innere Kündigung ist Chefsache

Schlimmer als Mitarbeiter, die wenig leisten, sind solche, die kündigen – und zwar innerlich. Das ist ein schleichender Prozess, der darin gipfelt, dass sich Mitarbeiter gegenüber ihrem Unternehmen nicht mehr loyal verhalten, weil sie glauben, dass das umgekehrt genauso ist. Schuld daran sind fast immer Vorgesetzte, deren Führungsstil auf Befehl und Gehorsam basiert. Das Schema ist nahezu immer gleich:

- Der Chef greift ständig in Arbeit und Aufgabenbereiche ein und zeigt seinen Mitarbeitern so, dass er ihren Entscheidungen grundsätzlich misstraut. Schlimmstenfalls wird daraus Kontrollsucht oder gezieltes Fahnden nach Fehlern.
- Der Chef will alle bis zur untersten Ebene durchregieren. Die Führungskräfte dazwischen werden degradiert und empfinden diesen Polypengriff als Gesichtsverlust vor ihrem Team.
- Der Chef überträgt zwar Verantwortung, nimmt sie aber kurz darauf wieder zurück – möglichst in Verbindung mit ironischen Bemerkungen (»Jeder macht mal Fehler, ich auch.«) und alles coram publico. Gute Leistungen erkennt er sowieso nicht an.

Ein solches Verhalten vergiftet das Betriebsklima nachhaltig, bremst Kreativität, Mut und Innovation. Wer so handelt, tut sich persönlich keinen Gefallen: Er kann nicht auf die Kraft und Loyalität seines Teams in schlechten Zeiten zählen und muss sich parallel vor Intrigen fürchten. Und genau darin liegt die Gefahr: Nicht wenige Manager ärgern sich über leidenschaftslose Minderleister oder Mitarbeiter, die nur noch Dienst nach Vorschrift verrichten und übersehen, dass es womöglich an ihrem eigenen Führungsstil liegt. Dabei ist kooperativer Führungsstil keine Utopie: Er setzt darauf, Verantwortung zu delegieren, schenkt den Mitarbeitern Freiräume, Vertrauen, Bestätigung und räumt ein, dass Menschen auch mal Fehler machen. Nur nicht immer dieselben.

3. Oktober
Frühwerk – Projekte scheitern letztlich an Ungeduld

»*Angeblich scheitern 40 Prozent aller IT-Projekte.*«

»Das liegt am Whiscy.«

»*Willst du damit behaupten, Informatiker sind notorische Säufer?*«

»Ich glaube, die stehen mehr auf Kaffee und Pizza. Aber die Projekte scheitern am Whiscy-Syndrom.«

»*Klingt nach armen Schluckern ...*«

»... ist aber ein Kürzel. Es steht für: Why Isn't Sam Coding Yet und beschreibt das Phänomen, dass Projektteams regelmäßig voller Tatendrang ans Werk gehen, ohne vorher die Ziele klar zu formulieren. Sinngemäß meint der Satz: Warum beschäftigen wir uns noch mit Definitionen, warum programmiert Sam nicht längst?«

»*Man kann ein Projekt aber auch zu Tode definieren. Die 72-Stunden-Regel etwa sagt: Wer sich etwas vornimmt, muss innerhalb von 72 Stunden den ersten Schritt machen, sonst sinkt die Chance, dass er das Projekt jemals beginnt, auf ein Prozent.*«

»Stimmt. Trotzdem gehören zum erfolgreichen Projektmanagement zwei Dinge: Ein durchdachtes Ziel und entsprechende Realisierung. Die Erfahrung aber zeigt: Die Mehrheit scheitert an unklaren Zielen und Ungeduld. Die Verantwortlichen wollen zu früh Resultate sehen und pochen auf schnelle Ausführung. Geht das schief, heißt es am Ende trotzdem, die Ausführung war Mist.«

»*Du übertreibst! Die meisten formulieren doch Ziele.*«

»Es ist kein Ziel zu sagen: Wir wollen eine neue Online-Strategie einführen. Das ist ein Wunsch. Ein Ziel ist immer konkret. Es sagt, was zu tun ist, bis wann es erledigt sein soll, wie das geht, mit wessen Hilfe, zu welchen Kosten und warum. Ein kurzer Ausflug in das Reich der Normen: Laut DIN 69901 ist ein Projekt ein Vorhaben, das durch Einmaligkeit der Bedingungen in ihrer Gesamtheit gekennzeichnet ist, wie zum Beispiel Zielvorgabe; zeitliche, finanzielle, personelle oder andere Begrenzungen; Abgrenzung gegenüber anderen Vorhaben; projektspezifische Organisation. Darin steckt alles, was ein Ziel und damit auch ein Projekt kennzeichnet.«

okt

nov

dez

4. Oktober
Durchblick – Psychotests beschädigen jedes Betriebsklima

Spötter sagen, Psychologie ist die Wissenschaft von der Seele dessen, der sie betreibt. Keine Frage, Psychologie ist eine ernstzunehmende Wissenschaft. Aber das ganze esoterische Brimborium, das darum herum irrlichtert, ist von zweifelhaftem Wert. Viele Psychotests gehören definitiv dazu. Gleich ein ganzer Haufen verkrachter Existenzen, Trainer-Desperados und Blender bietet naiven Managern in Seminaren, zweifelhaften Instituten oder fragwürdigen Büchern solche Durchleuchtungs-Hilfen an. Einiges davon ist sicher rechtschaffen. Hinter zahlreichen Angeboten aber steckt systematisches Misstrauen gegenüber den Mitarbeitern, Motto: *Ich weiß was über dich. Aber du weißt nicht, dass ich das weiß.* Natürlich sind Erkenntnisse über das Wesen des Menschen von großem Nutzen. Auch dieses Buch bietet zahlreiche Beispiele dazu. Sein Handeln aber ausschließlich danach auszurichten, führt zwangsläufig in eine Katastrophe: Es schürt eine Misstrauens- und Manipulationskultur, mit dem Effekt, dass die Leute nicht mehr miteinander, sondern übereinander reden. So wie die Psychologie von der Meta-Ebene auf die Haltung des Einzelnen herabblickt, findet dann auch zwischen Managern und Mitarbeitern kaum noch eine Begegnung auf Augenhöhe statt. Analysiert zu werden, bedeutet immer, dass etwas auseinandergenommen wird.

Ob Sie nun Mitarbeiter oder Manager sind: Wer mehr Selbstverantwortung und Selbstorganisation leben will, wer häufige Unterforderung beheben und die vorhandenen Kräfte, Ideen und Antriebe bündeln will, der muss die Meta-Ebene verlassen und seinen Mitmenschen als Gleicher unter Gleichen begegnen. Das heißt nicht, Hierarchien abzuschaffen. Es heißt aber, den anderen zu respektieren sowie zu akzeptieren, dass nicht alle gleich sind – aber jeder individuelle Stärken hat. Wer die Vielfalt zulässt und sie fördert – auch kulturell und global –, der hat mehr gelernt und führt besser, als er es in einem Seminar jemals erfahren könnte.

Noch mal mit Gefühl –
Besser führen durch emotionale Intelligenz

Die Zukunft eines Vierjährigen zeigt sich schon im Umgang mit Süßigkeiten. Das jedenfalls legt der Marshmallow-Test aus den Sechzigerjahren nahe: Die Wissenschaftler stellten eine Gruppe von Vorschülern vor eine Tüte Marshmallows und die Alternative: *Entweder ihr bekommt eine Süßigkeit sofort – oder ihr wartet, bis der Versuchsleiter zurückkommt, und bekommt dann zwei.* Einige Kinder griffen sofort zu, die Mehrheit aber wartete ab und bekam den doppelten Lohn. Damit war das Experiment nicht vorbei: Rund 14 Jahre später wurden dieselben Schüler erneut unter die Lupe genommen: Die Geduldigen waren zu selbstbewussten, sozial kompetenten Persönlichkeiten gereift, konnten mit Rückschlägen umgehen und waren in der Lage, eine Belohnung aufzuschieben, wenn es ihren Zielen diente. Die Sofortesser dagegen waren unsicherer, unentschlossener, neidischer und schnitten auch – unabhängig von ihrer Intelligenz – in der Schule schlechter ab. Kurzum: Die Fähigkeit zum Gratifikationsaufschub ist ein Kennzeichen starker Charaktere, es ist: emotionale Intelligenz.

Das folgert der ehemalige Harvard-Professor Daniel Goleman, der dazu Mitte der Neunzigerjahre einen Bestseller schrieb. Seine These: Zum Erfolg gehört mehr als ein hoher Intelligenzquotient. Der ist allenfalls zu 20 Prozent für Erfolg und Lebensglück verantwortlich. Wer dagegen klug mit seinen Gefühlen und Begierden umgeht, bringt es im Leben weiter als der brillanteste Wüterich. Was auch erklärt, warum manche jungen Genies später scheitern, während einige Mauerblümchen zu Stars mutieren.

Beim EQ geht es jedoch nicht um Gefühlsduselei, er ist nicht das Gegenteil vom IQ. Es geht vielmehr darum, Vernunft und Intuition auszubalancieren. Also Gefühle wie Angst, Wut, Trauer, Freude als solche wahrzunehmen und mit dem Verstand zu steuern. Menschen, die das nicht können, fühlen sich wie Getriebene ihres Instinkts. Aus Studien ist bekannt, dass starke Gefühle das logische Denken, die Wahrnehmung der Gefühle anderer und sogar die eigenen Sprachfähigkeiten blockieren können. Jeder kennt das: Wenn man erst einmal vor Rage schnaubt, fehlen einem die Worte.

okt

nov

dez

Emotionale Intelligenz hilft, Gefühle produktiv zu nutzen – etwa um sich selbst zu motivieren. Oder um die Gefühle und Sehnsüchte anderer in deren Gestik und Mimik zu entschlüsseln. So kann man sie gezielter ansprechen, ihnen Ängste nehmen, sie leichter überzeugen. Empathie ist eine wesentliche Stärke im Berufsleben, die den Schwerpunkt der vielbeschworenen Sozialkompetenz bildet. Empathische Menschen haben mehr und bessere Beziehungen, sind leichter in der Lage, Kompromisse einzugehen, und finden schneller Zugang zu anderen. Bestätigt wird das durch zahlreiche Ergebnisse der Hirnforschung. Ein gutes Indiz, wie stark Ihr Einfühlungsvermögen ist, ist Sprache. Sie verrät Bewusstsein: Wer Empfindungen gut beschreiben kann, kann damit auch besser umgehen.

Mehr dazu: Daniel Goleman, Emotionale Intelligenz. dtv 1997

6. Oktober
Nimm zwei – Generationskonflikte sind lösbar

Es liegt nicht in der Natur des Menschen, ein Drittel seines Lebens aufs Abstellgleis geschoben zu werden. Davon ist etwa der Management-Vordenker Peter Drucker überzeugt. Allein in den USA sei der Prozentsatz der noch arbeitenden 70-Jährigen von 16 Prozent im Jahre 1985 auf 21 Prozent im Jahre 1998 gestiegen. Und glaubt man den Demographen, wird das auch in diesem Land so kommen. Der zweite Trend ist die Zunahme der Projektarbeit. Das heißt: Mit jedem neuen Projekt finden sich andere Kollegen zusammen, die unterschiedliche Charaktere einbringen – und zunehmend auch die sozialen Prägungen ihrer unterschiedlichen Generationen. Das schürt zwangsläufig Generationskonflikte. Vor allem, wenn der Projektleiter jünger ist als einige oder gar alle im Team.

»Der Jugend wird oft der Vorwurf gemacht, sie glaube, dass die Welt mit ihr erst anfange. Aber das Alter glaubt noch öfter, dass mit ihm die Welt aufhöre«, räsonierte Friedrich Hebbel. Die Falle, in die viele Ältere tappen: Sie nehmen die eifrigen Nachwuchsmanager nicht ernst oder belächeln diese gar. Motto: Neue Besen kehren vielleicht gut, aber die alten kennen die Ecken. Umfragen zeigen, dass jüngere Chefs immer wieder fehlende Anerkennung und Unterstützung durch ältere Kollegen monieren. Die Jüngeren dagegen zeigen häufig wenig Respekt gegenüber gewachsenen Strukturen und Erfahrungen. Sie treten mit großer Verve auf, wollen vieles besser machen – und schüren so vor allem eines: Widerstände.

Was heißt das für die Projektarbeit? Jeder Projektwechsel stellt eine Bedrohung dar: Der eigene Rang, die Rolle innerhalb einer Gruppe muss neu gefunden werden. Für den Leiter bedeutet das: Er muss zuerst eine solide Basis schaffen – für Alt und Jung. Ein offenes Gespräch kann Vorbehalte ausräumen. Alles Absichtsvolle, im Sinne von: *Wir führen jetzt mal ein tolles Gespräch und dann geht's weiter*, hat jedoch etwas Gönnerhaftes. Besser ist, Ältere um Rat zu fragen oder bei Entscheidungen mit einzubeziehen. Ältere wollen sich geschätzt und gebraucht fühlen. Ihnen geht es um Respekt. Umgekehrt sollten sie zeigen, dass sie bereit sind, von den Jungen zu lernen. Viele Angehörige der Generation 50 plus scheuen das, weil sie glauben, ihre geringe Restlaufzeit mache Weiterbildung unrentabel. Ein Irrtum! Am Ende verstärkt sich so nur das Gefühl sich durchzumogeln, während die Einsatzfähigkeit abnimmt. Rangieren Sie lieber mit dem Besten aus allen Generationen. Dann veralten Abstellgleise von allein.

7. Oktober
Sturmreif – Was Krisenmanager auszeichnet

Der gute Seemann erweist sich bei schlechtem Wetter, wissen Fischer. Im Management ist es genauso: Erst im konjunkturellen Sturm und Globalisierungshagel trennen sich die Dünnbrettbohrer von den Zimmerleuten, die aus umgestürzten Masten neue Schiffe bauen. Ich kann mich nicht erinnern, wie viele Managerporträts ich in den vergangenen Jahren gelesen habe. Mal waren es Geschichten von sanftmütigen, geradezu leisen Erneuerern, von schnörkellosen Machern, die ihre Inszenierung lieber einem staunenden Publikum überließen; mal waren es Geschichten von lauthals polternden Haudegen, von genauso schrillen wie knallharten Sanierern, die, auch das muss man sagen, so schienen, als hätten sie gewaltig einen an der Marmel. Fast immer ging diesen Porträts eine Unternehmenskrise voraus, aus der diese Manager ihre Unternehmen erfolgreich manövrierten. Und fast immer enthielten die Porträts zwischen den Zeilen die gleichen Erfolgsrezepte. Jedenfalls erinnere ich mich daran, sie dort gelesen zu haben.

Zuerst haben sie versucht, ihren Leuten die Angst zu nehmen, gefeuert zu werden. Gerade in schweren Zeiten empfinden gute Leute den fehlenden Zuspruch als mangelnde Wertschätzung und verlassen daraufhin das Unternehmen. Danach erhöhten die Sturmkapitäne den Druck auf das Mittelmaß. Dazu braucht es, wie der ehemalige GE-Chef Jack Welch immer wieder betont, klare, realistische Leistungsziele. Anschließend belohnten sie jeden, der diese Ziele erreichte; ahndeten aber genauso Verfehlungen. Eine Krise ist nun mal ein evolutionärer Prozess. Oder wie es der französische Historiker Alexis de Tocqueville formulierte: »Der Mensch bleibt in kritischen Situationen selten auf seinem gewohnten Niveau. Er hebt sich darüber oder sinkt darunter.«

Leider gibt es bis dato mehr flamboyante Boomphasenverwalter als Führungskräfte, die diesen Titel verdienen. Das ist traurig, aber eine Chance – für Sie! »Die Chinesen verwenden zwei Pinselstriche, um das Wort Krise zu schreiben. Ein Pinselstrich steht für Gefahr; der andere für Gelegenheit«, bemerkte Richard Nixon. Der Druck, den der Markt oder Ihr Umfeld auf Sie ausüben, kann enorm beleben. Aber nur, wenn Sie lernen, das Tosen zu beherrschen.

Mehr dazu: Jack und Suzy Welch, Winning. Die Antworten. Campus 2007

8. Oktober
Wendemanöver – Anleitung zum Krisenmanagement

Schieflagen haben immer Konjunktur. Irgendwann rutscht jede Branche, jedes Unternehmen, jede Abteilung in eine Krise. Krisenmanagement ist Knochenarbeit. Viele Entscheidungen gehen an die Substanz: Kosten reduzieren, Mitarbeiter entlassen, Widerstände brechen – und das bei hohem Zeitdruck und chaotischer Informationslage. Sanieren ist kein Kindercamping. Wer scheitert, riskiert nicht nur das Wohl des Unternehmens, sondern auch den eigenen Untergang. Zum Glück gibt es bewährte Regeln für das Manövrieren durch schweres Wasser:

Analysieren: Auch wenn Sie an der Klemme Mitschuld haben – sehen Sie der Wahrheit schonungslos ins Gesicht: Was liegt im Argen? Wie weit ist der Abgrund entfernt? Was muss jetzt getan werden? Nur durch ehrliche Analyse und harte Schnitte sparen Sie wertvolle Zeit und schaffen Vertrauen – intern wie extern. Kunden wie Mitarbeiter merken schnell, wenn der Laden nicht rund läuft und Manager rumeiern. Das ist Gift für Klima und Geschäft. Also: Fakten auf den Tisch!

Ausharren: Wenn Zeit und gute Informationen knapp sind, steigt die Gefahr von Fehlern. Konzentrieren Sie sich trotzdem nicht auf die Risiken. Sonst machen Sie tatsächlich Fehler. In Sturmzeiten wird es Kritik hageln, Zweifel regnen, Gerüchte aufwirbeln. Wichtig ist allein das Ziel – und glauben Sie an den Erfolg!

Anpacken: Sanieren heißt handeln. Dabei geht es selten um Kompromisse. Wer zu oft nachgibt, schafft keine Wende. Sie sind nicht auf einem Beliebtheitswettbewerb, sondern auf einem sinkenden Kahn. Keine Kompromisse machen – das gilt auch bei Widerständlern: Wer nicht mitzieht, muss gehen. Sie verschleißen sonst wertvolle Kräfte und riskieren, dass ein paar Querulanten viele Unentschlossene verunsichern oder eine Revolte anzetteln. Der Schmusekurs ist sowieso unsozial, weil er alle Arbeitsplätze gefährdet. Ihren auch.

Anbinden: Alleine geht es nicht. Für eine solche Mammutaufgabe brauchen Sie Verbündete. Also sammeln Sie die besten Leute, denen Sie uneingeschränkt vertrauen können, um sich. Binden Sie diese in wichtige Aufgaben ein. Das bringt das Projekt voran und motiviert die Talente, an Bord zu bleiben. Da man derlei Vertraute nicht von jetzt auf gleich findet, sollten Sie heute schon damit anfangen. Schieflagen haben schließlich immer Konjunktur.

okt

nov

dez

9. Oktober
Auf einmal eins – Regeln für eine Fusion

Fast jede zweite Fusion scheitert. Nicht etwa, weil die Unternehmen nicht zusammenpassen oder weil sich die Initiatoren das plötzlich anders überlegen. Fusionen scheitern fast immer an Mitarbeitern, an unterschiedlichen Kulturen, was – infolge der Globalisierung – immer öfter vorkommt.

Die Hauptgefahr ist, dass das Bekanntwerden solcher Fusionspläne unmittelbar Unruhe in die Führungsriege bringt, besonders bei dem Zielunternehmen. Sobald Gerüchte über einen möglichen Verkauf in der Presse erscheinen, haben Headhunter leichtes Spiel, die Leistungsträger abzuwerben. Verhindern lässt sich das nur, indem diesen Topkräften eine echte Perspektive geboten wird: nicht nur Geld, sondern vor allem mehr Verantwortung und Wertschätzung. Für den Erfolg einer Firmen-Liaison ausschlaggebend ist aber auch die rechtzeitige Bestandsaufnahme – bei ganz banalen Dingen: Wie werden Entscheidungen hüben wie drüben getroffen? Gibt es Einzel- oder Großraumbüros? Wie werden Mitarbeiter befördert und bezahlt? Welche Sprache wird gesprochen? Klingt oberflächlich – ist es aber nicht! Dass sich alle hinterher verstehen, hängt erstaunlich oft von solchen Details ab.

Und noch so eine nur scheinbare Banalität: Oft brodelt es noch einige Wochen nach dem Zusammenschluss an der Basis. Um auf solche Stimmungen schnell reagieren zu können, sollte die Unternehmensleitung alle drei Monate der Belegschaft die immer gleichen Fragen stellen: Haben Sie das Gefühl, die Integration verläuft gut? Fühlen Sie sich über den Fortschritt informiert? Wo hakt es? Regelmäßige Treffen mit Mitarbeitern verschiedener Abteilungen in ungezwungener Atmosphäre klären zusätzlich, wo der Schuh drückt. Aber machen Sie sich keine Illusionen: Wenn sich zwei völlig unterschiedliche Kulturen verbinden, bildet sich am Ende immer so etwas wie eine Leitkultur. Der müssen sich alle anpassen. Was im Extremfall heißt: Wer damit nicht klarkommt, muss gehen. Aber bitte erst dann.

10. Oktober
Tatendrang – Wer handelt, kann was erleben

Die meisten verkünden am liebsten nur gute Nachrichten. Vor schlechten drücken sie sich, weil man sich damit keine Freunde macht. Stimmt – für Nachrichten. Für Entscheidungen aber gilt: Drückeberger disqualifizieren sich als Führungskraft, denn genau das gehört zu ihrem Job – Entscheidungen zu treffen, auch wenn sie schwerfallen, unangenehm sind oder Jobs kosten.

Es war während meines Studiums. Ich arbeitete in den Semesterferien aushilfsweise in einem Konzern, um meine Studienkasse aufzubessern. In der Abteilung gab es einen vorbildlichen Chef – und einen Mitarbeiter, der zwar zuverlässig Vorgaben erfüllte, aber ein krummer Hund war. Er war arrogant, pflegte allerlei Heimlichkeiten, und man wusste nie so recht, ob er nicht auch Büroklammern und Kopierpapier mitgehen ließ. Kurz: Er vergiftete das Klima. Ich war erst eine Woche da, da nahm sich der Chef den Mann zur Brust und schmiss ihn raus. Dem vorausgegangen waren natürlich mehrere Er- und Abmahnungen, wie ich hinterher hörte. Was ich dann auch erfuhr, war die beeindruckende Begründung des Chefs: »Ich bin hier angetreten, um Werte wie Fairness, Transparenz und Kollegialität hochzuhalten. Hätte ich den nicht rausgeschmissen, wäre das nur leeres Geschwätz geblieben.«

Bravo! Ein guter Manager stellt sicher, dass seine Mitarbeiter Zielvorgaben erreichen *und* einwandfreies Benehmen an den Tag legen. Falls nicht, ist Großreinemachen angesagt – so schwer das auch fällt. Viele Führungskräfte wählen dabei den Weg des geringsten Widerstands: Sie trennen sich von Mitarbeitern, die gegen einen Kodex verstoßen, heimlich, still und leise. Ihre Begründungen klingen so: »Meyer hat aus persönlichen Gründen gekündigt, um mehr Zeit mit seiner Familie verbringen zu können … blablabla.« Das hat keinerlei Effekt. Wer dagegen offen verkündet, dass Meyer geschasst wurde, weil er Werte mit Füßen trat, kann sicher sein, dass sich sein Nachfolger anders verhalten wird. Das mag einen Moment unangenehm sein, aber Sie werden überrascht sein, wie schnell das Team seine Anstrengungen erhöht, wenn Sie Ihren Worten Taten folgen lassen. Oder wie Molière meinte: »Die Menschen gleichen sich in den Worten, aber an den Taten kann man sie unterscheiden.«

okt

nov

dez

11. Oktober
Mit anderen Worten – Wie Sie eine Krisenrede halten

Rund 30 000 Reden werden Schätzungen zufolge täglich in deutschen Unternehmen gehalten. Nur wenige Redner nutzen diese Chance, das gesprochene Wort gezielt als Motivationsinstrument einzusetzen. Stattdessen stammeln sie, drucksen herum, beschönigen, spielen herunter und geben so ein armseliges Bild ab: das eines orientierungslosen Kapitäns, der gerade gegen einen Eisberg gerumst ist. Dabei helfen wenige Grundregeln, schwierige Reden ohne Blessuren über die Bühne zu bringen.

Regel Nummer 1: Treffen Sie den richtigen Ton, um die Belegschaft trotz schwieriger Entscheidungen nicht gegen sich und damit gegen die neuen Pläne aufzubringen. Nennen Sie die Dinge beim Namen. Wer nur vage Andeutungen macht, schürt Misstrauen und verliert Überzeugungskraft. Das Ziel einer Krisenrede (nie mehr als 30 Minuten!) ist aber genau das: verloren gegangenes Vertrauen wiederherzustellen. Vermieden werden sollte deshalb alles, was Distanz schafft – ein hohes Podium etwa. Im Ausnahmezustand müssen die harten Fakten auf den Tisch, aber auch so gut verpackt werden, dass sich Mitarbeiter nicht wie Kostenstellen fühlen. Oft hilft, sich in die Lage des Publikums zu versetzen – oder ein Appell: An mehreren Stellen sollte klar werden, dass die Probleme nicht alleine zu lösen sind und die Führung an die Stärken des Teams glaubt.

In Notlagen muss der Chef wissen, wo es langgeht. In der Rede werden deshalb Lösungen erwartet. Wenigstens drei konkrete Schritte sollte man nennen. Das verschafft Orientierung und damit innere Sicherheit. Nur bitte keine leeren Versprechungen! Die Leute nehmen Krisenredner beim Wort. Zu Recht.

12. Oktober
Lifting für die Laune – Die Wahrheit über Motivation

Was motiviert Menschen? Die Frage beschäftigt Management-Forscher seit Jahrzehnten. Der US-Sozialpsychologe Douglas McGregor etwa entwickelte bereits Mitte der Fünfzigerjahre zwei Modelle –

Theorie X und *Theorie Y* –, die auf zwei Menschenbildern basieren. Theorie X geht davon aus, dass Mitarbeiter faul und unreif sind, Verantwortung scheuen, Routinearbeit bevorzugen und deshalb nur durch sogenannte extrinsische Maßnahmen (Status, Einkommen, Lob) zu motivieren sind. Manager, die dieses Menschenbild bevorzugen, neigen zu einem autoritären Führungsstil, zu Zuckerbrot und Peitsche. Theorie Y nimmt dagegen an, dass Arbeit für die Leute per se einen hohen Stellenwert hat, sie sind von sich aus leistungsbereit und ehrgeizig. Arbeitserfolge vermitteln ihnen tiefe Befriedigung. Manager, die so führen, werden einen kooperativen Führungsstil bevorzugen: Sie delegieren und setzen auf Eigeninitiative und Selbstkontrolle.

McGregors Schüler, der Verhaltensforscher Abraham Maslow, erkannte jedoch bald die Schwächen dieser Thesen. Er entdeckte, dass Theorie Y zwar realistischer war, dass sich aber selbst reife, leistungsbereite Individuen nach hierarchischen Strukturen und Weisungen sehnen. So entwickelte Maslow seine *Bedürfnispyramide*. Danach verfolgen Menschen Motive mit unterschiedlichem Rang. Zuerst sogenannte Defizitbedürfnisse, also körperliche Erfordernisse (Essen, Schlafen, Fortpflanzen), danach folgen Sicherheitsbedürfnisse (Wohnung, Job, Gesundheit) und soziale Beziehungen (Freunde, Partner, Liebe). Zuerst müssen diese befriedigt sein, damit jemand zufrieden ist. Erst danach folgen die sogenannten Wachstumsbedürfnisse wie soziale Anerkennung (Status, Geld, Macht) und Selbstverwirklichung. Diese sind allerdings nie zu befriedigen: Ein Künstler malt, um seine Kreativität auszuleben, nicht um 100 Bilder zu malen!

Der Schluss daraus: Egal, ob Manager autoritär oder kooperativ führen – auf die Motivation hat das wenig Einfluss. Als Führungskraft sollten Sie daher gar nicht erst versuchen, andere mittels äußerer Reize in Stimmung zu bringen. Druck ausüben sollten Sie allerdings auch nicht. Versuchen Sie es allenfalls mit Anerkennung und Freiräumen zur Selbstverwirklichung. Schon 1959 fand Frederick Herzberg heraus, dass Geld, Status oder andere Dreingaben lediglich *Hygiene-Faktoren* sind. Sie eignen sich nicht zu langfristiger Motivation. Echte Anreize stünden dagegen in direktem Zusammenhang zur Arbeit selbst: den Arbeitsinhalten, der Kompetenz, dem Verantwortungsgrad.

okt

nov

dez

13. Oktober
Muntermacher – Motivieren auch ohne Geld

»Geld hat noch keinen reich gemacht, hat Seneca gesagt. Und wie man heute weiß, motiviert es auch nicht sonderlich – jedenfalls nicht dauerhaft. Aber es muss doch bewährte Alternativen geben, um seinen Mitarbeitern Leistungsanreize zu geben.«

»Die gibt es auch. Der erste und stärkste Reiz ist Anerkennung. Auszeichnungen für Einzelne, die etwas Beachtliches geleistet haben, spornen enorm an. Vor allem, wenn das an die große Glocke gehängt wird. Dann sorgt es für positiven Neid: Das nächste Mal will jeder selbst auf dem Siegertreppchen stehen. Ein solches Lob muss allerdings echt und die Modalitäten müssen transparent sein. Sonst wirkt die Aktion willkürlich und ihre Wirkung verpufft.«

»Das klingt mir viel zu trivial.«

»Oft entfalten die einfachsten Dinge die größte Wirkung. So ist es auch mit dem zweiten Anreiz: Nenne das Ziel der Reise! Wer sich anstrengen soll, möchte wissen, wohin der Laden steuert. Und er muss diese Mission teilen. Wer solche Ziele immer wieder glaubhaft vermitteln kann, schafft einen starken Antrieb.«

»Also loben und Ziele bekanntmachen. Das ist alles?«

»Nein. Denn jetzt kommt das Schwerste: Die Menschen brauchen auch das Gefühl, erfolgreich zu sein, um ihren Job langfristig spannend zu finden. Mitarbeiter sind genau dann maximal motiviert, wenn sie das Gefühl haben, auf dem Gipfel angekommen zu sein, trotzdem aber noch nicht das Ende der Fahnenstange erreicht zu haben. Es ist diese berühmte Mischung aus fordern und fördern. Schon ein altes chinesisches Bonmot sagt: Geld bewirkt viel – ein kluges Wort jedoch kaum weniger.«

14. Oktober
Faules Stück – Die Kunst der Demotivation

»Unterschätze nie die Macht dummer Menschen in großen Gruppen!«

»Nur weil du nützlich bist, heißt das nicht, du wärst auch wichtig.«

»Der Sinn deines Lebens könnte auch sein, anderen als warnendes Beispiel zu dienen.«

Frechheit! Denken *Sie*. Aber warum Menschen motivieren, wenn demotivieren viel mehr bringt? Die rhetorische Frage stellt El Kersten, einst Professor für Organisationskommunikation, jetzt Betreiber der Internetseite Despair.com und Erfinder der Kunst der Demotivation. Seine Theorie ist waghalsig – aber witzig. Während zig Autoren und Tschakka-Trainer seit Jahren behaupten, jeder könne ein Starverkäufer, Top-Manager oder Millionär werden, parodiert Kersten die Welt der Motivationslyrik. Er sagt, dass Mitarbeiter mindestens so viele Probleme machen, wie sie lösen. Sie sind lästig, bringen ihre persönlichen Probleme zur Arbeit mit, beschäftigen sich mit Intrigen, boykottieren die Unternehmensziele und jeglichen Wandel, sie beschweren sich dauernd über Kleinigkeiten und fordern auch noch mehr Geld. Kurz: Mitarbeiter sind nicht Teil der Lösung, sondern Teil des Problems.

Und was machen die Organisationen? Sie motivieren. Ein Versuch, der zum Scheitern verurteilt ist, weil Nichtsnutze und Bildschirmschoner in ihrer Gelassenheit ruhen wie in einem Faraday'schen Käfig. Deswegen empfiehlt Kersten radikale Demotivation: Statt Angestellte wie Teenager zu behandeln, die Lob und Liebe brauchen, sollen Manager in ihnen Erwachsene sehen, die einen Vertrag unterzeichnet haben. Der regelt klar den Austausch von Geld gegen Leistung. Für den Führungsstil heißt das: klare Arbeitsanweisungen und ein angemessen niedriges Gehalt. Das demotiviert die Leute zwar, ist aber billig. Außerdem sind Demotivierte leichter zufriedenzustellen, weil sie weniger erwarten.

Das muss man erst einmal verdauen. Wer aber darüber nachsinnt, stellt fest, dass diese Parodie der Praxis in vielen Unternehmen oft näher kommt als die kaschierende Rhetorik vom Mitarbeiter als *Humankapital*. Oder nach Kersten: »Keiner von uns ist so blöd wie wir alle zusammen.«

Wir-Gespül – Was Teams schwächt

Teamspieler sind das Resultat aus dem Windkanal der Management-fibeln: Keine andere Eigenschaft wird in Stellenanzeigen heute so nachdrücklich von Mitarbeitern gefordert wie Teamfähigkeit. Sie ist das Stubenreinheitsattest für Sozialverträglichkeit. *Team* – das Wort stammt ursprünglich vom mittelhochdeutschen *Zoum*, dem Zaum-zeug, und bezeichnete im Altenglischen ein Gespann von Zugtieren. Wenn ein einzelner Ochse nicht ausreichte, um den Karren zu zie-hen, musste ein *team of oxen* an den Start. Damit die Rindviecher nicht in verschiedene Richtungen zogen, wurden sie ins Joch ge-spannt und vom *team leader*, dem Fuhrmann, mit dem Lenkriemen gesteuert. Erst viel später wurde der Teambegriff auf den Mann-schaftssport angewandt und von dort in die Arbeitswelt übertragen. Aber sind Teams, die sich aus klugen Köpfen zusammensetzen, tat-sächlich der beste Hort, um komplexe Probleme zu lösen? Nein, sagt der Managementtrainer Reinhard Sprenger und hat ein paar Antithesen aufgestellt:

• Teams taugen nichts, weil sie eine Tendenz zum Kompromiss haben. Ihr Produkt ist immer der kleinste gemeinsame Nenner. Weil die Gruppe nach Harmonie strebt, muss jeder kooperativ sein, Genies müssen sich in solchen Gruppen verbiegen – und heraus kommt Mittelmaß.
• Teams zügeln den Appetit der Ehrgeizigen. Die Botschaft an ihre Mitglieder lautet: Füge dich ein! Zeige keine Starallüren! Heraus-zuragen schadet, weil dich die Gruppe dafür bestraft.
• Teams fördern Denkfaulheit. Sie sind nur ein Aufgabenvertei-lungs-Karussell: Es wird diskutiert, was zu tun ist, bis sich nie-mand mehr verantwortlich fühlt – wie beim Schulchor: Am Ende reicht es für einige, nur die Lippen zu bewegen.
• Es ist noch nie ein Team befördert worden, wohl aber Einzelne.

Da ist viel Wahres dran. Und so ist auch die Frage, ob einer *team-fähig* ist, im Ansatz verkehrt: Viel berechtigter ist die Gegenfrage, ob das Team flexibel und weitsichtig genug ist, eigenständig denkende Mitglieder und ihre Ideen zu ertragen – oder ob es den Selbstdenker abstößt wie der kranke Körper ein fremdes Organ. Damit Teams produktiv arbeiten, brauchen sie ein Klima, das Eifersucht hemmt und Ehrgeiz fördert. Mit anderen Worten: Teamsitzungen sollten den Charakter eines Brainstormings haben, in dem möglichst verschiedene Charaktere ihre Ideen einbringen, Fehler und Karriere machen können. Denken Sie nur an den französischen Wortstamm *carrière*, der den gestreckten Galopp bezeichnet. In einem stapfenden Ochsengespann ist Karriere unmöglich.

16. Oktober
Vinum bonum deorum donum* – Heute ist Mitarbeitertag

Es soll Leute geben, die glauben, dass die Dinge durch ihre bloße Anwesenheit besser werden. Solche Leute werden entweder Manager oder Polizisten. In beiden Berufen weicht diese naive Vorstellung jedoch bald der Erkenntnis, dass das Wohl anderer mehr Mühe macht. Auf Polizisten trifft das in jedem Fall zu, bei Managern ist man sich noch nicht so sicher.

Ein Beispiel: Wann zeigte Ihr Chef zuletzt spontan, ehrlich und persönlich, dass er Ihre Arbeit wertschätzt? Zu Weihnachten? Nach seinem Motivationstraining? Anlässlich betriebsbedingter Kündigungen? Schade. Dabei sind ein Wink der Wertschätzung, eine aufmunternde Geste, anerkennender Applaus von Zeit zu Zeit Balsam für das Betriebsklima. Solche Gesten können sogar die Loyalität der Mitarbeiter erhöhen – vorausgesetzt, die Anerkennung ist ehrlich. Falls Sie also Führungskraft sind und sich immer geärgert haben, dass Ihr Chef mit seiner Wertschätzung geizt, möchte ich Sie heute zu einem Mitarbeitertag anspornen. Gehen Sie zum Beispiel in einen gut sortierten Weinladen, kaufen Sie ein paar Flaschen Bordeaux und verschenken Sie den Tropfen mit einem persönlichen Gruß an fleißige und treue Kollegen. Natürlich kann es auch etwas anderes als Wein sein. Kleinigkeiten reichen völlig – sie müssen nur zu Ihnen passen. Richtig gelesen: Nicht nur zu dem Beschenkten muss das Präsent eine Verbindung haben. Es wirkt nicht nur unglaubwürdig,

_____
* Ein guter Wein ist ein Geschenk der Götter

okt

nov

dez

sondern reichlich ungeschickt, wenn etwa ein ausgewiesener Antialkoholiker Spirituosen verschenkt. Zudem bringt das alles nichts, falls Sie Ihrem Team längst entrückt sind oder an anderen Tagen nur herumstänkern. Dann wirkt eine solche Überraschung wie Anbiederei oder – schlimmer – die Kollegen fürchten eine Hiobsbotschaft, die nur nett verpackt werden soll. Bleiben Sie also unbedingt glaubwürdig und übertreiben Sie nicht. Und machen Sie sich solche Gesten ruhig zur Gewohnheit – sie haben enorm positiven Einfluss auf Ihren Ruf.

17. Oktober
Starksinn – Warum Bedenkenträger so wertvoll sind

Große Geschichten brauchen große Hindernisse. Ikarus brauchte die Sonne, Perseus die Medusa, Odysseus seine Odyssee, Moses sein Meer und Kapitän Ahab Moby Dick. In der Wirtschaft läuft das genauso. Wenn Unternehmen Kosten senken, neue Projekte starten und Posten verschieben, dann brauchen sie vor allem Bedenkenträger.

Wie bitte???

Sie haben richtig gelesen. Ich weiß, offenkundige Bremser mag keiner. Sie kritteln überall rum, halten mit ihrer Das-sehe-ich-aber-anders-Attitüde nur auf, verursachen schlechte Laune und zehren an den ohnehin angespannten Nerven. Oder wie Friedrich Schiller in seinem *Wilhelm Tell* räsoniert:»Wer gar zu viel bedenkt, wird wenig leisten.« Dabei wird vergessen: Die Betonung liegt auf *zu viel*. Bei vielen neuen Projekten sind üblicherweise viele unsinnige dabei. Denkleistungsträger sind beim Wandel deshalb enorm wichtig. In der Jetzt-wird-alles-besser-Euphorie lassen sie sich nicht von dem Virus anstecken, behalten einen klaren Kopf, hinterfragen Fragwürdiges und bewahren das Unternehmen so vielleicht vor schlimmen, kostspieligen Fehlern. Wer Skeptiker vorschnell entsorgt, begeht deshalb bereits seinen ersten Fehler. Ein Zusammenhang, den René Descartes schon Mitte des 17. Jahrhunderts aufklärte. Dessen eigentlicher Leitsatz war ja nicht etwa *Ich denke, also bin ich*, sondern vielmehr: *Der Zweifel ist aller Weisheit Anfang*. Womöglich sind Bedenkenträger in Wahrheit nur Vordenker und somit wichtige Kräfte in der Auf- und Umbruch-Phase. Sie benötigen sicher mehr Aufmerksamkeit und Führung als andere, sind anstrengender und drosseln vereinzelt das Tempo. Sie helfen aber insgesamt das Ergebnis zu verbessern. Damit die Geschichte die Chance erhält, wirklich groß zu werden, sollte man sie zumindest hören und nicht feuern – mit einer Ausnahme: Räsonierer an der Spitze. Die muss man rausschmeißen, weil sich sonst der ganze Laden nie mehr bewegt. Und Stillstand ist tödlicher als ein Ikarus-Kommando.

18. Oktober
Auf, Schwung! – Charisma lässt sich lernen

Schon komisch: Sobald man sich vornimmt, gute Laune zu haben, kommt etwas dazwischen – ein wichtiger Auftrag platzt, die Quartalszahlen bleiben unter dem Ziel, es ist Montagmorgen. Sich in solchen Situationen zusammenzureißen und andere zu motivieren, ist eine seltene Gabe. Aber nicht unmöglich. Das Lehrstück dazu bilden nach Ansicht einiger Managementforscher charismatische Menschen. Diese viel gepriesene Spezies verdankt ihre Stärke keinesfalls genetisch festgelegten Geburtsbeigaben, sondern handwerklichem Geschick. Und das lässt sich ebenso lernen wie zu sieben Punkten destillieren:

1. Charismatische Menschen vermitteln eine genauso positive wie glaubhafte (weil realistische) Vision: »Bis zum Jahresende schreiben wir wieder schwarze Zahlen!«
2. Gleichzeitig formulieren sie eine herausfordernde Erwartungshaltung wie: »Ich erwarte von uns allen, dass wir gemeinsam nach neuen Lösungen suchen.« Die Wirkung solcher Appelle ist nicht zu unterschätzen. So haben Forscher einen positiven Zusammenhang zwischen Erwartung und Leistung nachgewiesen: Je höher der Anspruch, desto besser die Ergebnisse und umgekehrt (Pygmalion-Effekt).
3. Charismatiker beziehen sich uneingeschränkt ein. Andernfalls

wäre der Effekt, frei nach Goethes Torquato Tasso: »So fühlt man die Absicht und man ist verstimmt.«

4. Sie strahlen Selbstvertrauen und Hoffnung aus: »Ja, die Zeiten sind schwer, aber wir werden es schaffen.« Diese Zuversicht würzen sie mit Humor, so wirkt sie nicht verbissen.

5. Sie verlieren nicht die Bodenhaftung und zeigen durchweg Respekt gegenüber ihren Mitarbeitern. Das gilt auch für deren Gefühlslage – egal, wie irrig ihnen diese vorkommt.

6. Sie führen ihren engsten Mitarbeiterkreis individuell: Wer mehr Einfluss sucht, bekommt mehr Kompetenzen; wer kreativen Freiraum benötigt, erhält ihn. Natürlich nicht unkontrolliert. Aber so, dass Herausforderung und Befriedigung in der Waage bleiben.

7. Charismatische Manager schaffen Wettbewerb zu anderen Gruppen. In Krisenzeiten finden sie diese meist außerhalb des Unternehmens; in besseren Phasen auch betriebsintern. Denn Konkurrenz belebt den Geist.

19. Oktober
Gegen warten – Das Team ist wichtiger als die Strategie

In seinem Buch »Der Weg zu den Besten« beschreibt der US-Bestsellerautor Jim Collins gleich im ersten Kapitel eines der wichtigsten Managementprinzipien, das leider oft vergessen wird: Stelle zuerst eine gute Mannschaft auf – danach eine gute Strategie!

In der Praxis läuft es meist andersherum: In stundenlangen Sitzungen werden glorreiche Pläne ausgebrütet, teure Berater eingekauft, die diese Pläne mitentwerfen, bestätigen oder umsetzen helfen – für eine Truppe, die dann mühevoll überzeugt werden muss oder dagegenarbeitet. So kann man sein Geld auch zum Fenster rauswerfen. Wer sich von vornherein mit den richtigen Leuten umgibt, erspart sich dagegen viel Ärger, Stress und Mühe. Mitarbeiter, die gemeinsame Werte teilen, Feuer und Flamme für das Unternehmen sind, müssen nicht straff geführt werden. Sie sind *der* Erfolgsmotor.

Der Chef von Wells Fargo, Richard P. Cooley, wusste das. Als er die Leitung des Unternehmens übernahm, stand die Deregulierung des US-Bankensektors unmittelbar bevor. Es waren ungewisse, turbulente Zeiten. Cooley schmiedete jedoch keine Krisenpläne, sondern konzentrierte sich allein auf die Rekrutierung von Talenten und stellte das damals beste Managementteam seiner Branche zusammen. Der Erfolg kam automatisch: Cooley steigerte den Börsenkurs von Wells Fargo um den Faktor drei, während die Konkurrenten im Schnitt um 59 Prozent hinter dem Markt zurückblieben.

Aber wie findet man die *richtigen* Leute? Ganz einfach: indem man sich ihren Lebensweg anschaut. Ihre Erfolge, aber auch ihr bisheriges Verhalten und ihr Umfeld sprechen für sie. Sie engagieren sich von allein, übernehmen gerne Verantwortung – auch für Fehler; sie sind kreativ, aber zugleich diszipliniert genug, um auch die unangenehmen Aufgaben mit Leidenschaft zu erledigen. Und sie bilden ein strahlendes Vorbild für Kollegen und verbessern mit ihrem Optimismus das Klima. Es ist unwahrscheinlich, dass sich solche Talente erst auf dem Scheitelpunkt ihrer Biografie zu erkennen geben. Vielmehr bewähren sie sich in kleinen Aufgaben und warten nicht erst, bis man ihnen eine Bühne bietet. Apropos: Auf was warten Sie noch?

20. Oktober
Regelnregel –
Wer weniger vorgibt, erreicht bei Mitarbeitern mehr

Schon erstaunlich, was sich in unseren Köpfen abspielt. Eben noch haben wir freudig an dem neuen Projekt getüftelt, haben dankenswerterweise die Organisation übernommen, mit einem bescheidenen Budget improvisiert und unseren Triumph bereits imaginiert. Da kommt der Chef um die Ecke und macht klare Vorgaben, was er alles anders haben möchte, hier noch dies, dort das – und bitte alles bis gestern und genau so! Und was passiert? Schlagartig erlischt unser Eifer, aus Lust wird Last. Wo vorher die kleine, kreative Spielwiese unseren Ehrgeiz beflügelte, mutiert das Projekt zu einer mühsamen Aufgabe, an der wir uns abarbeiten.

Regeln essen Eifer auf. Das ist ein psychologisches Phänomen, das sich sogar beliebig wiederholen lässt, was etwa zwei Wissenschaftler der Universitäten Köln und Zürich bewiesen: Ihre Probanden sollten Spielgeld für einen fiktiven Chef vermehren. Der ließ ihnen mal freie Hand, mal forderte er einen Mindesteinsatz. Egal, wie viele Runden die Forscher spielen ließen: Die Mitarbeiter ohne Vorgaben waren jedes Mal deutlich erfolgreicher. Motivation und Leistung stiegen sofort, wenn der Chef seine Mannen nicht gängelte. Falls Sie diese Einsicht nicht wundert, dann liegt das daran, dass sie von biblischem Alter ist: Im Gleichnis von den anvertrauten Talenten in Matthäus 25 ab Vers 14 erzählt Jesus von einem Herrn, der seinen Knechten einige Talente (= viel Geld) überträgt. Dem einen fünf, dem anderen zwei, dem Dritten ein Talent. Vorgaben macht er nicht. Und das ist gut so. Denn die ersten beiden verdoppelten den Einsatz jeweils. Nur der dritte nicht. Der vergrub das Vermögen einfach. Okay, solche Leute gibt's leider auch. Aber sie sind, wie man nachlesen kann, Einzelfälle.

Solche Geschichten müssten Manager enorm erleichtern. Sie befreien Führungskräfte von dem Irrglauben, ihren Mitarbeitern alles vorbeten zu müssen, damit sie ihr Bestes geben. Doch das Gegenteil passiert: Immer wieder geben Manager genauso kleine wie konkrete Rahmen vor und wundern sich, dass das Ergebnis mager ausfällt. Schon erstaunlich, was sich so alles in unseren Köpfen abspielt.

21. Oktober
Stammplatz – Wir sind, wo wir sitzen

Morgens, halb zehn in Deutschland, der Chef trommelt zur üblichen Morgenrunde. Alle fläzen sich auf den Platz, auf dem sie schon gestern saßen. Komisch, oder? Seit Jahren versuchen Wissenschaftler, allen voran Psychologen und Verhaltensforscher, die Geheimnisse unserer Büromanieren und -riten zu dekodieren. Herausgekommen ist dabei allerlei Heiteres, Nachdenkliches und Nützliches. Und jetzt auch das: Wo wir im Meeting sitzen, verrät, wer wir sind und wie wir ticken. Oder anders formuliert: Unter unseren Zweireihern, in den Manolo Blahniks, hinter den rahmenlosen Brillen und Black-Berrys steckt oft nichts weiter als eine Affenhorde, die primitiven Instinkten folgt.

Die Psychologin Sharon Livingston hat das genauer untersucht und sieben Typen samt ihren Stammplätzen identifiziert. Das Ganze klingt ein wenig holzschnittartig – aber das sind Archetypen immer. Genauso wie ihnen immer auch ein wahrer Kern innewohnt. Das nächste Mal, wenn Sie zur Besprechung pilgern, achten Sie darauf, wer sich wo hinsetzt und wie er sich dabei verhält:

- **Der Boss:** Chefs pflegen am Kopfende des Tisches Platz zu nehmen. Noch lieber aber sitzen sie mit dem Rücken zur Wand und dem Gesicht zur Tür. So können sie notorische Zuspätkommer leicht identifizieren. Rausschleicher haben ebenso keine Chance.
- **Rechter Platz:** Rechts neben dem Boss sitzt nicht zwangsläufig seine rechte Hand – aber stets ein eifriger Zustimmer und Abnicker. Wer hier Platz nimmt, interessiert sich mehr für die Gunst des Herrschers als für die Gruppe oder das Thema.
- **Linker Platz:** Die Nähe zum Chef drückt zweierlei aus: Verbundenheit – und den eigenen Machtanspruch. Es ist die nächste Position zum Kopfende. Also sitzt hier jemand, der zwar mit dem Boss übereinstimmt, sich aber auch das Recht einer anderen Sichtweise vorbehält. Oft ist es der Kronprinz.
- **Mittelfeld:** Gerade an langen Tischen bietet dieser Platz die beste Aussicht, mit vielen Teilnehmern Blickkontakt zu halten. Entsprechend sitzen hier gerne Extrovertierte, aber auch Moderatoren, die zwischen beiden Tischseiten vermitteln.
- **Ecke:** Die Außenposition an den Tischenden ist der bevorzugte Platz von Menschen, die sich gern in der Gruppe verstecken. Sie lehnen sich zurück, beobachten, hören zu, warten ab. Sie sagen wenig, aber das ist oft ausgewogen. Es ist der Platz der Analytiker.
- **Gegenüber:** Was für die Wurst gilt, trifft auch auf Sitzungstische zu: Sie haben zwei Enden. Und das Ende gegenüber vom Boss ist der Ort für Kritiker. Damit machen sie vor allem eines deutlich: Sie sehen manches anders – und haben den Überblick.
- **Außenseiter:** Diese Person sitzt nicht am Tisch, sondern dahinter oder daneben. Das kann bedeuten, dass sie gerne das große Ganze im Blick hat und nach einer übergeordneten Perspektive strebt. Es kann aber auch sein, dass derjenige zu spät gekommen ist und kein Platz mehr frei war.

okt

nov

dez

Die Erkenntnis dieser Sitzordnung können Sie leicht nutzen: Sei es, um Ihre Mitarbeiter zu durchschauen oder um sich bewusst dorthin zu setzen, wo Sie meinen hinzugehören. Nur vielleicht nicht auf den Platz Ihres Chefs – sonst steht Ihr Stuhl demnächst vor der Tür.

22. Oktober
Teilzeit – Delegieren zu können, ist ein Schlüssel zum Erfolg

In der Nähe von Düsseldorf liegt das Neandertal. Den Knochenfunden dort verdankt der Neandertaler seinen Namen. Viel mehr als ein paar Knochen sind von ihm nicht geblieben. Obwohl, wie Wissenschaftler heute vermuten, sich beide Menschenarten, Neandertaler und Homo sapiens, seinerzeit begegneten, hat nur einer von ihnen überlebt. Warum das ausgerechnet der Homo sapiens war, hat bereits einige Forscher beschäftigt. Jüngst auch den US-Ökonomen Jason Shogren, der dazu eine interessante Antwort gefunden hat: Der Homo sapiens hat Handel betrieben – der Neandertaler nicht. Dank des Handels verschafften sich die Urzeitmenschen einen entscheidenden Vorteil: Sie betrieben Arbeitsteilung. Jeder machte das, was er am besten konnte. Die einen gingen jagen, andere machten Werkzeuge, dritte Kleidung. Diese Kultur war dem Neandertaler überlegen.

Was das einige Tausend Jahre später mit Ihnen zu tun hat? Sehr viel! Die Geschichte zeigt: Arbeitsteilung ist die überlegenere Strategie, auch im Beruf. Wer nicht das macht, was er am besten kann, könnte untergehen. Genauso derjenige, der alles selber machen will und nichts delegieren kann. Solche Typen haben mehr mit dem Neandertaler gemein, als sie ahnen. Vielleicht auch dessen Zukunft.

23. Oktober
Lass das! – Gefahrenherde im Job

Wer sich die Finger verbrennt, versteht nichts vom Spiel mit dem Feuer. Das soll Oscar Wilde gesagt haben. Ich bin sicher, er meinte eine private Affäre. Hätte er den Beruf gemeint, wäre diese Einsicht mehr als leichtfertig. Wer hier mit dem Feuer spielt, erzielt definitiv schwere Verbrennungen. Bestimmte Verhaltensweisen haben fast durchweg Abmahnungen oder gar Jobverlust zur Folge. Dabei kennen selbst arbeitnehmerfreundliche Richter keinen Pardon:

Die private Nutzung dienstlicher Bonusflugmeilen. Hat das Unternehmen das nicht ausdrücklich erlaubt, rechtfertigt das den fristlosen Rausschmiss. Das private Freifliegen ist nur dann korrekt, wenn es eben ausdrücklich erlaubt wurde oder darüber keine eindeutige Regelung existiert. Genauso ist es auch mit nichtberuflichem Internetsurfen. Gibt es dazu keine Vereinbarung, gilt es als toleriert. Andernfalls sind private Internetreisen im Büro ein Kündigungsgrund!

Gar keine Gnade kennen Arbeitsrichter bei (Spesen-)Betrug. Darum wird hier meist als Erstes nachgeforscht, wenn man sich von unliebsamen Kollegen trennen will. Bewirtete Personen, die es gar nicht gibt; notierte Überstunden, während man nachweislich woanders war – alles keine Kavaliersdelikte. Wer damit auffällt, darf sofort den Hut nehmen. Fristlos.

Ähnliches gilt für Geschenke. Wer sorglos zugreift – auch in der Weihnachtszeit –, gerät in Verdacht, bestechlich zu sein. In den meisten Fällen muss erst abgemahnt werden. Bei schweren Vergehen kann auch die sofortige Kündigung folgen. Besser: Sie informieren Ihren Arbeitgeber über alle Zuwendungen, die über das übliche Maß hinausgehen.

Eine Faustformel sagt: Alles, was der persönlichen Bereicherung auf Kosten des Unternehmens dient, kann unangenehme Konsequenzen haben. Dazu reicht schon, bei Dienstfahrten mit dem eigenen Pkw mehr Kilometer anzugeben, als tatsächlich gefahren worden sind – oder ein Brötchen zu essen: So ist es einer Bäckereiverkäuferin ergangen. Sie aß nach Ladenschluss ein Brötchen aus der Auslage, das ohnehin hätte weggeschmissen werden müssen. *Untreue* nannte der Chef das und kündigte ihr sofort. Die Arbeitsrichter sahen das genauso.

24. Oktober
Trennkost – Wenn schon kündigen, dann richtig

Dass es bei Entlassungen zu Fehlern kommt, die das Unternehmen viel kosten, überrascht wohl keinen. Dass die größten Kosten durch die Mitarbeiter entstehen, die bleiben, schon eher. Es gibt Studien, die belegen, dass Fehlverhalten bei Kündigungen zu erhöhter Fluktuation führt, im Fachjargon *Survivor-Syndrom* genannt. Die Schlüsselrolle kommt dabei den Führungskräften zu, die die Hiobsbotschaft überbringen. Sie sind die eigentlichen Gestalter der Umbruchphase, sagt Laurenz Andrzejewski, der über Trennungskultur ein lesenswertes Buch* geschrieben hat.

Sollten Sie als Manager jemals in eine solche Situation kommen, denken Sie daran, dass für das Gespräch vor allem zwei Fragen entscheidend sind: Wann? Und wie wird gekündigt? Vor allem schnell muss es gehen! Sobald bekannt wird, dass Entlassungen unvermeidbar sind, müssen die ersten Gespräche geführt werden. Alles andere erhöht den Leidensdruck der Betroffenen und vergiftet das Betriebsklima. Der häufig gebrauchte Termin – Freitagnachmittag – ist keine gute Wahl. Wer gerade gefeuert wurde, wird in der Regel den Betriebsrat aufsuchen oder seinen Anwalt anrufen wollen. Beides gelingt am Freitagnachmittag oder am Wochenende schwer. Auch die Chance auf ein spontanes Nachgespräch wird dem Betroffenen so verbaut. Anfang oder Mitte der Woche sind deutlich bessere Termine.

Zum *Wie*: Die eigentliche Botschaft muss in den ersten fünf Sätzen erfolgen – Sätzen, nicht Minuten! Also: »Herr XY, ich habe Sie zu mir gebeten, um Ihnen die Aufhebung Ihres Arbeitsvertrages zum Jahresende mitzuteilen. Die Trennung ist durch die Auslagerung Ihrer Abteilung begründet. Gerne möchten wir mit Ihnen eine faire Lösung vereinbaren. Sollte dies nicht gelingen, kündige ich Ihnen fristgerecht zum …« Formulierungen mit *man* sind tabu. Sie signalisieren, dass sich der Chef von der Entscheidung distanziert. Und nach dem Gespräch ist der Trennungsprozess nicht abgeschlossen. Ebenso wichtig wie ein einvernehmliches finanzielles Arrangement ist die verbindliche Sprachregelung auf allen Ebenen: Über welche

---

* Laurenz Andrzejewski, Trennungs-Kultur. Luchterhand 2004

Details wird gesprochen? Über welche nicht? Insbesondere Kündigungsgründe und finanzielle Abkommen sind Punkte mit großer Innen- und Außenwirkung. Zum Schluss gilt es, nach Abebben der Kündigungswelle unbedingt die alte neue Truppe anzusprechen. Tenor: Das Schlimmste ist überstanden, jetzt geht's aufwärts – und ihr seid uns dafür wichtig!

25. Oktober
Auf alle viere – Gekündigte reagieren immer gleich

In der Literatur verklärt sich der Abschied gewöhnlich ins Romantische. Friedrich Schiller stellt allerdings nüchtern fest: »Der Abschied von einer langen und wichtigen Arbeit ist immer mehr traurig als erfreulich.« Wenn das alles wäre! Der einseitige Berufsabschied (vulgo: Kündigung) treibt die tollsten Charakterblüten: Die einen sind paralysiert, andere rasten aus, werden aggressiv, vielleicht sogar handgreiflich. Auch Manager bleiben nicht immer souverän. Falls Sie selbst eines Tages vor dieser Herausforderung stehen, bedenken Sie: Fehler haben teure Folgen. Profis unterscheiden Geschasste in vier Grundtypen, die entsprechende Verhaltensstrategien erfordern:

Der Bettler: Dieser Typ ist entweder zu bedauern oder ein gewiefter Taktiker. Bettler jammern und feilschen unmittelbar nach der Kündigung aus (angeblich) blanker Existenzangst. Häufig bietet dieser Typ an, den gleichen Job für weniger Geld zu machen. Er appelliert ans soziale Gewissen und forciert die natürliche Beißhemmung. Vorsicht! Wer jetzt einlenkt, verschiebt das Problem nur. Nehmen Sie das Verhalten lediglich als Ausdruck der Loyalität, hören Sie sich die Vorschläge an – aber lassen Sie keinen Zweifel an Ihrer Entscheidung. Wiederholen Sie die Trennungsbotschaft. Diskutieren bringt nichts.

Der Hitzkopf: Er schimpft, wird handgreiflich und verleiht seiner Wut, Enttäuschung und Angst Luft. Die Gefahr besteht, dass das Gespräch eskaliert, falls der Chef zurückschießt. Kaum besser: Der Vorgesetzte lässt sich einschüchtern und gerät in die Defensive. Bei diesem Typ gibt es nur eins: unbedingt ruhig bleiben!

Bleiben Sie sachlich, zeigen Sie Verständnis und vermeiden Sie jede wertende Aussage zu seinem Fehlverhalten. Dafür ist der Typ nicht offen, und es heizt die Stimmung unnötig an.

Der Gefasste: Er zeigt keine Gefühle – keine Tränen, kein lautes Wort, nichts. Stattdessen pure Selbstbeherrschung. Achtung! Diese Signale werden oft falsch gedeutet: Tatsächlich können in solchen Menschen Zeitbomben ticken, die sie später in Saboteure oder Amokläufer verwandeln. Möglich ist aber auch, dass die Botschaft falsch verstanden wurde. Beobachten Sie die Körpersprache, wiederholen Sie die Nachricht und fragen Sie nach, was angekommen ist!

Der Verhandler: Sein souveränes Auftreten, die gewählte Sprache und die stechenden Argumente signalisieren mentale Stärke wie solide Vorbereitung. Dieser Typ hat seine Hausaufgaben gemacht und mit der Kündigung gerechnet. Entsprechend genau hört er zu, hinterfragt Details und pokert. Die Hauptgefahr ist, die Gesprächsführung zu verlieren. Wer bei diesem Typ nicht hundertprozentig vorbereitet ist, könnte Zusagen machen, die er später bereut. Fertigen Sie in jedem Fall ein Protokoll an, das beide unterzeichnen.

26. Oktober
Haltbar bis ... – Kündigung von Unkündbaren

Das heutige Kapitel richtet sich zunächst an leitende Angestellte oder Unternehmer. Aber auch Arbeitnehmer können davon lernen: Es geht um die Kündigung von vermeintlich Unkündbaren. Das mag herzlos klingen. Für Manager ist es aber manchmal die einzige Chance, verkrustete Strukturen aufzubrechen und ihren Laden zu retten. Allen anderen offenbart das Kapitel, dass Jobs a) alles andere als sicher sind und b) was diese letztlich gefährdet. Drei Strategien ermöglichen die Trennung von Problemfällen:

Erstens: Der Arbeitgeber kündigt verhaltensbedingt, etwa dann, wenn Mitarbeitern Fehler nachzuweisen sind. Das gelingt oft: Ein Unternehmen, das Lebensmittel produziert, übernahm einen

Wettbewerber und dessen Personal. Dabei stellte sich heraus, dass eine Führungskraft, 57 Jahre alt und seit 20 Jahren dem Betrieb zugehörig, über längere Zeit massiv gegen Hygienevorschriften verstoßen hatte. Noch vor Abschluss der Fusion wurde dem Arbeitnehmer fristlos gekündigt. Eine Warnung für alle, die Spesenquittungen optimieren, mit Dienstgeräten privat telefonieren, privat e-mailen oder im Internet surfen, obwohl dies laut Betriebsvereinbarung untersagt ist!

Zweitens: Der Arbeitgeber kündigt verhaltensbedingt und reicht darüber hinaus eine Schadensersatzklage ein. Wer als Arbeitnehmer grob fahrlässig Fehler begeht und dem Arbeitgeber Schaden zufügt, haftet. So übernahm ein Unternehmen aus der Bierbranche im Rahmen einer Fusion einen Vertriebsleiter. Als Vertreter einer Partei gab der ein Fernsehinterview und betitelte den neuen Arbeitgeber nebenbei als *Heuschrecke*. Fatal: Der Arbeitgeber reichte sofort eine Schadensersatzklage wegen Imageschädigung in Höhe von einer Million Euro ein. Vier Wochen später wurde der Aufhebungsvertrag unterzeichnet. Dies lässt sich genauso auf andere Meinungsäußerungen übertragen – etwa in Internetforen, in Blogs oder E-Mails. Rufschädigung ist kein Kavaliersdelikt! Wer betriebliche Interna ausplaudert, kann vom Arbeitgeber auf Unterlassung und Schadensersatz verklagt werden, auch dann noch, wenn das Arbeitsverhältnis bereits beendet wurde. Sind die Äußerungen beleidigend oder bewusst unwahr, kommt es fast immer zur Anzeige. Das wird nicht durch das Recht auf freie Meinungsäußerung gedeckt.

Drittens: Eine betriebsbedingte Kündigung. Hier muss das Gericht nicht einmal überzeugt werden, dass ein Mitarbeiter schlecht arbeitet. Ein Beispiel: Ein Unternehmen fusioniert mit einer Filialkette. Der neue Arbeitgeber beschließt, das Aufgabenfeld »Filialleiter« ersatzlos zu streichen, die Aufgabe soll künftig die Geschäftsleitung übernehmen. Den Filialleitern wird betriebsbedingt gekündigt, mit Erfolg.

okt

nov

dez

27. Oktober
Volles Ohr –
Jeder hat das Recht, individuell geführt zu werden

Einer der vielen legendären Management-Lehrsätze des ehemaligen General-Electric-Chefs Jack Welch ist, jeden Tag 30 Prozent seiner Zeit für die Entwicklung seiner Mitarbeiter einzusetzen. Moment mal! 30 Prozent? Ist das nicht ein bisschen übertrieben? Ist es nicht. Letztlich sind es genau diese Leute, die den Laden wuppen. Ohne engagierte Mitarbeiter kann kein Unternehmen überleben. Und die Aufgabe eines Managers ist eben nicht nur zu entscheiden, zu repräsentieren, große Büros zu bewohnen und ab und an eine kernige Rede zu halten – sondern auch zu entwickeln. Je begeisterter die Belegschaft arbeitet, desto besser die Zahlen und desto größer sein Bonus. Schon aus Eigeninteresse lohnt es sich, seinen Mitarbeitern viel Aufmerksamkeit zu widmen. Die eigene Erwartungshaltung spielt dabei die entscheidende Rolle. Mitarbeiter zu führen, heißt, sie gemäß ihren Fähigkeiten zu fördern und zu fordern. Es gibt Managementtrainer, die unterstellen Führungskräften einen Störungsauftrag: Weil sich Märkte permanent wandeln und von allerlei neuen Gefahren heimgesucht werden, müssten sie ihr Unternehmen ständig impfen – also Mitarbeiter von den Stühlen reißen, die Organisation immer wieder mal umstrukturieren sowie festgetrampelte Pfade verlassen, damit sich eine Art Selbstschutz- und heilsamer Anpassungsmechanismus aufbaut. In der Tat.

Es heißt aber auch: erst hören, dann handeln. »Der Mensch hat zwei Ohren und eine Zunge, damit er doppelt so viel hören kann, wie er spricht«, sinnierte der griechische Stoiker Epiktet. Jeder Mitarbeiter hat ein Recht darauf, individuell geführt zu werden. 30 Prozent seiner Zeit für die Menschen einzusetzen heißt nicht, allen gleich viel Anteilnahme zukommen zu lassen. Es heißt, herauszufinden, wie der Einzelne tickt, was er kann, was er braucht. Erst wenn man das weiß, kann man entsprechend anleiten: Beim einen sind es exakte Anweisungen, beim anderen ein paar sanfte Hinweise. Der eine braucht Freiraum, der andere ab und an einen kräftigen Tritt in den Hintern. Zugegeben, je mehr Mitarbeiter Sie haben, desto schwieriger wird das. Weder Jack Welch noch andere haben aber je behauptet, Management sei wie Klassenfahrt.

28. Oktober
Vorsicht, bissiger Mund! – Anleitung zum Gemeinsein

Fängt gut an: »Stört es Sie, wenn ich mich ein bisschen zurücklehne? Sie haben Mundgeruch, ziemlich üblen sogar«, sagte Multimillionär Donald Trump zu Talkmaster Larry King während einer Livesendung auf CNN. So beginnen große TV-Shows. Karrieren aber auch: Es gibt zahlreiche Wege nach ganz oben; der andere ist, ein Ekel zu sein. Nicht selten scheint das Glück gerade mit den rücksichtslosen Fieslingen zu sein, die wie Mähdrescher durch ihre Umwelt pflügen und alles und jeden rasieren, der sich ihnen in den Weg stellt. Welchen Weg man wählt, bleibt letztlich eine Frage der Persönlichkeit und Arbeitsethik. Deshalb nur zur Information – so geht Gemeinsein:

- Seien Sie jederzeit von sich überzeugt. Narzissmus schützt vor schlechter Laune. Im Grunde müssen Sie sogar Stolz auf Ihre Boshaftigkeit sein. Irgendjemand muss ja die Drecksarbeit machen. Den anderen fehlt nur die Kraft dazu!
- Beuten Sie andere aus! Delegieren Sie alle unangenehmen Aufgaben. Nur was Spaß bringt, machen Sie selbst. Und wird eins der leidigen Projekte doch noch ein Erfolg, reißen Sie die Sache natürlich sofort wieder an sich.
- Was auch wirkt: den Leuten in den Hintern treten. Physisch. Wörtlich reicht zur Not auch. Etwa, indem Sie ihnen a) klarmachen, wie dämlich sie sind, b) ihr Aussehen kritisieren, c) sie mitten im Satz unterbrechen, d) sie aus dem Zimmer werfen und e) mit Entlassung drohen. Ideal ist die Kombination von mehreren Punkten. Keine Bange, an das Gefühl, ein Widerling zu sein, gewöhnt man sich schnell. Jedenfalls bekommt man davon keine Magengeschwüre.
- Dass Schlafentzug Wunder wirkt, wissen professionelle Gehirnwäscher. Einfach die Leute abends im Büro mit dringenden Aufgaben beschäftigen. Das macht mürbe. Anbrüllen funktioniert auch ganz gut, am Telefon sogar noch besser: Dort lässt sich die Verbindung bemerkbar kappen, sobald einer wagt, sich zu rechtfertigen.
- Schön böse ist, die Kollegen gegeneinander auszuspielen. Über-

tragen Sie dazu mehreren Mitarbeitern dieselbe Aufgabe und sprechen Sie hinter deren Rücken parallel schlecht über sie. Das verunsichert und lässt sie zu rivalisierenden Kampfmaschinen mutieren, die nach Ihrer Gunst fiebern.

- Selektieren Sie Ihre Freundlichkeit! Begünstigen Sie nur bestimmte Leute – und nur, solange Sie Lust dazu haben. Danach sind Sie wieder grob. Mittendrin auch. Wichtig ist, dass die Schikane jeden jederzeit treffen kann. So verbreiten Sie Angst und Schrecken. Keiner wird mehr wagen, Sie zu kritisieren. Ein Ekel zu sein, geht ganz leicht. Es macht vielleicht nur etwas einsam. Aber das ist es an der Spitze eh immer!

Mehr dazu: Stanley Bing, Was hätte Machiavelli getan? Econ 2002

29. Oktober
Nichts für ungut –
Positive Nachrichten spornen mehr an als Druck

Der Psychologie-Professor der Princeton-Universität, Peter Ditto, beobachtete seine Probanden genau. Er hatte ihnen erzählt, dass sie Teilnehmer eines medizinischen Experiments seien. Man hätte einen neuen Weg gefunden, einen gefährlichen Enzymmangel nachzuweisen. Dazu sollten die Probanden einfach etwas Speichel auf einen Teststreifen geben. Würde er sich grün färben, hätten sie die gefährliche Krankheit. Einer Kontrollgruppe erzählte er das genaue Gegenteil: grüner Streifen – kerngesund, andernfalls krank. Die Wahrheit aber war: Der Teststreifen war ein ordinäres Stück Papier, das seine Farbe nie ändern würde. Was glauben Sie, was passierte?

Diejenigen, die darauf hofften, der Streifen würde sich grün färben, warteten deutlich länger als die erste Gruppe. Sehr viel länger.

Dittos Experiment zeigt, dass Menschen bereit sind, sehr lange auf eine positive Nachricht zu warten. Im Zweifel arbeiten sie sogar härter für eine gute Nachricht, statt eine schlechte zu akzeptieren. Wer weiß, vielleicht haben einige Probanden den Teststreifen noch ein paar Mal abgeschleckt in der Hoffnung, er möge sich endlich grün färben.

Auch im Berufsleben gibt es zig Gelegenheiten, gute wie schlechte Nachrichten zu verkünden. Leider ist es oft so, dass sich die schlechten schneller verbreiten als die guten. Ebenso lernen Menschen aus ihren Fehlern meist mehr als aus ihren Erfolgen, weshalb die Literatur voll ist mit Beispielen, wie man es nicht machen sollte, und man die positiven Vorbilder suchen muss wie Edelsteine im Bergstollen. Aber das macht sie umso wertvoller. Und genau das ist die gute Nachricht von heute: Wenn Sie glaubhaft versichern, am Ende erwartet die Leute ein positives Ergebnis, können Sie sich damit ruhig etwas Zeit lassen. Die anderen werden derweil gerne warten oder sogar kräftig anpacken. Einzige Einschränkung: Ihre positiven Botschaften müssen glaubhaft (!) sein.

30. Oktober
Wissen^2 – Weise Worte

Wissen ist das einzige Gut,
das sich vermehrt, wenn man es teilt.

31. Oktober
Höhenangst – Furchtsame Führer sind fürchterlich

Manager und Angst? Undenkbar! Wer andere führt, fürchtet nicht, so der interne Imperativ. Manager scheuen weder Ringen noch Risiko, alles Ungewisse ist für sie eine Herausforderung, jedes Wagnis eine Chance. Schon aus Prinzip. Die Realität sieht so aus: Ängste sind in allen Unternehmensetagen zu finden: Angst vor Jobverlust, Angst vor Machtverlust, Angst, kostspielige Fehler zu begehen, Angst zu versagen. Es gibt Untersuchungen, die zeigen, dass etwa 40 Prozent aller Beschäftigten Angst um ihren Arbeitsplatz haben.

Etymologisch stammt *Angst* vom lateinischen *angustiae* ab. Das bedeutet Beengung, Beklemmung oder Zuschnüren der Kehle. Aus evolutionärer Sicht diente Angst dem Menschen als Schutz: Bei Gefahr rannte er einfach weg. Heute sind die Gefahren in den Bürofluren freilich subtiler. Mit Weglaufen lässt sich ihnen nicht beikommen. Folge: Die Angst wird verdrängt. Nicht wenige greifen deswegen irgendwann zu Psychopharmaka oder zur Flasche. Die bessere Lösung: Ehrlichkeit gegenüber sich selbst. Wovor habe ich Angst? Was könnte schon passieren? Wer kann mir helfen? Wer in solchen Situationen Freunde oder (Geschäfts-)Partner hat, denen er sich anvertrauen kann, ist im Vorteil. Das Zweite ist, regelmäßig abzuschalten, um zu seinen Problemen eine mentale Distanz zu bekommen. Furchtsame Führer sind zwar Meister im Kaschieren, jedoch selten gute Chefs. Ob und wie stark Sie selbst oder Ihr Boss dazugehören, können Sie anhand der vier häufigsten Angsttypen einschätzen:

Der Kontrolleur: Er denkt, Vertrauen ist gut, Kontrolle besser. Auf Überraschungen reagiert er mit Panik. Deshalb reißt er alle Kompetenzen an sich, bevor ihm die Dinge entgleiten. Er delegiert nicht, erstickt dafür aber in Arbeit. Kontrolleure sind häufig kontaktscheu und korrekt, aber auch zwanghaft und pedantisch. Das kaschieren sie mit hohen Qualitätsansprüchen.

Der Überforderte: Er ist immer hektisch und nervös, kennt seine Grenzen, kann sie aber nicht akzeptieren. Sein Handeln wird von Konkurrenzdenken bestimmt, dennoch braucht er das Gefühl, anerkannt zu sein. Da er es allen recht machen will, wirken seine Entscheidungen willkürlich. Das unterspült seine Akzeptanz, die Angstspirale beginnt von vorn.

Der Zaghafte: Wer wagt, verliert – so seine Maxime. Experimenten geht er aus dem Weg, Risiken lösen bei ihm Fluchtimpulse aus. Damit das nicht auffällt, sucht er Deckung hinter anderen, Vorgesetzten und Vorschriften. Meist ist er Radfahrer: oben buckeln, unten treten.

Der Leugner: Für ihn ist Angst ein Zeichen von Schwäche. Herzinfarkte trägt er wie Orden vor sich her, Härte und Gefühlskälte stilisiert er zum Ideal. Sich selbst sieht er als Märtyrer des eigenen Erfolgs. Alle anderen sind Weicheier oder inkompetent. Der Mangel an mündigen Mitarbeitern wird von ihm zwar ständig beklagt, de facto sind sie aber unerwünscht.

jul

aug

sep

okt

november

**Die Strategien
der Macht**

dez

jan

feb

mrz

apr

mai

jun

Gute Machtgeschichten – Die Grundregeln der Macht

Einem Problem ohnmächtig gegenüberzustehen und nichts, aber auch gar nichts machen zu können, ist das elendste aller Gefühle. Deshalb streben die meisten instinktiv nach Kontrolle, schmieden Pläne, entwickeln Strategien. All das ist nichts anderes als das Streben nach Macht. Es muss ja nicht gleich ein ganzes Land sein, das man beherrscht. Oft reichen schon das Arbeitsumfeld, ein bisschen Kontrolle über Kollegen und ein guter Plan, den Status zu erhöhen.

Dieses Streben nach Macht kannten auch die Gefolgsleute an den aristokratischen Höfen. Sie hatten zwar ihren Herren zu dienen, buhlten um deren Gunst, strebten aber ebenso nach eigener Macht. Ein delikates Spiel. Schmeichelten sie sich zu sehr ein, fiel das den anderen Höflingen auf, und diese wandten sich gegen sie. Der Vorzug des Herrn musste also subtil erworben werden. Gleichzeitig galt es, sich vor den Mithöflingen zu schützen, die ebenfalls Ränkepläne schmiedeten. Das Ergebnis war ein chronisches Spiel um die Macht, das bis heute gespielt wird. Auf Bürofluren, in Familien, sogar in kirchlichen Gemeinden.

Man kann versuchen, sich herauszuhalten. Doch das wäre dumm: »Ein Mensch, der immer nur das Gute möchte, wird zwangsläufig zugrunde gehen inmitten von so vielen Menschen, die nicht gut sind«, warnte Niccolò Machiavelli. Viel klüger ist, das Spiel zu studieren und zu beherrschen – und sei es bloß, um die Tricks der anderen zu durchschauen. Viele finden diesen Gedanken unethisch. Aber Boshaftigkeit ist nicht das Gegenteil von Naivität, und Klugheit ist nichts Unmoralisches. Man muss dazu lediglich bereit sein, nicht nur das Gute im Menschen zu sehen, sondern seine Motive zu hinterfragen und vor Arglist auf der Hut zu sein. Selbst die Bibel erkennt schließlich an, dass da »keiner ohne Sünde« auf diesem Planeten wandelt

Es gibt gut 30 entscheidende Grundregeln des Machtspiels, die sich seit über 3000 Jahren Menschheitsgeschichte bewahrheitet und bewährt haben. Die wichtigste davon aber ist, die eigenen Gefühle unter Kontrolle zu halten. Wer auf Ränkespiele oder Attacken emotional reagiert, hat schon verloren. Wut vernebelt den Blick: Zuerst

okt

nov

dez

verliert man die Kontrolle, dann die Macht. Rumpelstilzchen kann ein Lied davon singen. Merke: Wie gut einer das Spiel meistert, hängt zur Hälfte davon ab, was er *nicht* tut!

Mehr dazu: Robert Greene, Power, dtv 2004; Heinz Becker, Mythos Macht, Redline 2005; Matthias Nöllke, Machtspiele. Die Kunst, sich durchzusetzen, Haufe 2007

2. November
Schattenspiele – Stelle nie deinen Chef in den Schatten

Der 16-jährige Astorre Manfredi, Prinz der italienischen Stadt Faenza, galt als einer der wachsten Geister seiner Zeit. Als Cesare Borgia zu Beginn des 16. Jahrhunderts die Stadt belagerte, verteidigten sie die Faentiner monatelang. Am 25. April 1501 zwang sie jedoch der Hunger zu einer ehrenvollen Kapitulation. Borgia gelobte alle Bürger und den Prinzen zu verschonen. Allerdings vergingen nur wenige Wochen, da verschleppten Soldaten Manfredi in ein römisches Gefängnis. Man hörte nie wieder von ihm. Ein Jahr später wurde seine Leiche im Tiber gefunden – mit einem Stein um den Hals. Was war Manfredis Verbrechen? Nichts! Seine bloße Präsenz, sein Charme und Witz ließen den Glanz des Eroberers Borgia verblassen. Also entledigte er sich eines Schattenwerfers.

Wenn es um Macht geht, ist das Schlimmste, Obrigkeiten in den Schatten zu stellen. Wer zu Rang und Namen gekommen ist, will sich sicher und überlegen fühlen. Aber kein Mensch kann das. Jedes noch so große Ego leidet gelegentlich unter Unsicherheit. Moderne Chefs ganz besonders. Wenn Sie also Ihre Talente heller strahlen lassen als seine, wecken Sie zwangsläufig seinen Neid und sein Misstrauen. Und das endet böse! Beobachten Sie nur, was passiert, wenn jemand im nächsten Meeting die gerade gereifte Idee des Chefs durch eine eigene *optimiert*. Bitte nur beobachten, nicht selber ausprobieren! Umgekehrt: Bilden Sie sich nie etwas darauf ein, falls Sie Ihr Chef gerade lobt. Oft ist das Taktik. Womöglich will er nur einen anderen Ex-Günstling demütigen. Schließlich geht es bei Gunstbeweisen immer um die Anerkennung von Hierarchie: Du respektierst meine Position – ich lass dich dafür in meiner Sonne stehen.

Wer diese Symbolik nicht beachtet, gerät leicht in den Verdacht, ein heimlicher Rebell zu sein. Schmeichelei kann das mildern, hat aber ihre Grenzen: Sie ist leicht zu durchschauen. Auch von den Wettbewerbern, die das gar nicht gerne sehen. Wahre Profis spielen deshalb über Bande – sie lassen den Chef auf natürliche Weise intelligenter aussehen als sich selbst. Etwa, indem sie harmlose Fehler begehen, die der Boss mit generöser Geste korrigieren darf. Oder indem sie ihn um Rat fragen. Mächtige sind von solchen Bitten begeistert. Nur ein Chef, der Ihnen das Geschenk seiner Überlegenheit zuteil werden lassen konnte, wird Sie dauerhaft protegieren. Denn er ist sich sicher: Selbst Ihre genialsten Ideen sind nur das Echo seines Geistes. Der zweite Weg kostet etwas mehr Überwindung: Gleichen Sie unauffällig die Unzulänglichkeiten des Chefs aus. Von Maria Theresia von Österreich wird folgende Geschichte erzählt: Bei einem Empfang entkroch der Monarchin unüberhörbar ein Furz. Der junge Leutnant an ihrer Seite fiel sofort vor ihr auf die Knie und flehte um Vergebung. Die Fürstin erwiderte darauf gnädig: »Das ist schon in Ordnung, *Oberleutnant*.«

3. November
Dummschwätzer – Wer schweigt, führt

Fangen wir mit denen an, die es tun: viel reden. Sie finden, meinen, denken, glauben, nehmen an, behaupten, schlagen vor, vermuten und sagen jetzt mal so. Allem voran stellen sie das Ich, wirbeln Wortkaskaden durch die Luft und verwandeln so jedes Gespräch in Geschnatter. Wer die Klappe hält, hat mehr Macht. Den Kniff entdeckte schon der Künstler Andy Warhol. Seine Interviews waren Exerzitien des Orakelns. Auf Fragen antwortete er vage und immer kurz. Journalisten, die ihn interviewten, erhöhten die oft bedeutungsleeren Phrasen – nur, weil sie glaubten, hinter der Plattitüde müsse etwas Profundes stecken. Dabei war es nur Blabla. Allerdings wohldosiertes.

»Die menschliche Zunge ist eine Bestie, die nur wenigen gehorcht. Ständig versucht sie, aus ihrem Käfig auszubrechen«, warnte

Leonardo da Vinci. Und so ist es bis heute: Quasselstrippen genießen nicht nur wenig Ansehen, sie riskieren ständig, etwas Blödes oder gar Gefährliches zu sagen. Es ist ein Fehler, Menschen mit Worten beeindrucken zu wollen. Das wusste schon jener Abbé Joseph Antoine Dinouard, der 1771 ein Traktat über *Die Kunst, den Mund zu halten* verfasste. Je mehr man sagt, desto durchschnittlicher wirkt man. Es gibt Untersuchungen, die zeigen, dass die Aufmerksamkeit Ihres Gegenübers bereits nach zehn Sekunden sinkt. Nach 60 Sekunden beginnen die meisten darüber nachzudenken, was sie darauf antworten wollen. Und nach zwei Minuten hört Ihnen eh keiner mehr zu. Reden ist eben nur Silber, Schweigen viel machtvoller. Wer bewusst mit Worten geizt, macht jedes einzelne davon wertvoller, vermehrt die Aufmerksamkeit, die ihm zuteil wird, und bringt die Leute dazu, lange darüber nachzudenken, was zwischen den Zeilen stecken könnte.

Allerdings ist es beim Schweigen wie mit allen Taktiken: Man sollte sie gelegentlich variieren. Wer vorhersehbar handelt, verschafft anderen damit ein gewisses Maß an Kontrolle über sich. Wer hingegen unberechenbar bleibt, steigert seine Macht. Ihre Zuhörer werden dann über die Motive spekulieren, darüber reden, meinen, denken, glauben und versuchen, Muster zu erkennen, die es nicht gibt. Im Extremfall führt diese Strategie zu blankem Terror. Auf jeden Fall aber versorgt sie den Schweigsamen mit viel Charisma.

4. November
Bullshit – Warum Dummschwätzen manchmal klug ist

Es ist beängstigend, wie sich manche Menschen verändern, sobald sie eine Bühne betreten. André zum Beispiel ist im beschaulichen Umfeld seines Büros und seiner Möglichkeiten eher umgänglich. Im Kreis vieler Kollegen dagegen mutiert er zur heißluftgetriebenen Rampensau. Phrasen dreschen, Worte hülsen, Sprüche klopfen – hat er alles drauf. *Bullshitten* nennt der Fachmann das. Die Fähigkeit rumzupalavern ist ein Talent. Maßvoll eingesetzt, strahlt es Kompetenz aus und suggeriert Durchblick. Bullshit erzählen ist jedoch etwas anderes als lügen. Ein Lügner habe die Wahrheit immer im

Kopf, respektiere sie aber nicht, sagt Harry G. Frankfurt, der eine scharfsinnige Analyse darüber geschrieben hat. Der Bullshitter hingegen habe keine Ahnung von der Wahrheit, schere sich aber auch nicht darum. Sein verbaler Senf wird aus der Not geboren. Weil die Ahnungslosigkeit allgemein wächst, entwickelt sich Dummschwätzen zur Epidemie. Kaum ein Ort, an dem keine Schaumschlägerei stattfindet. Manager, Politiker, Promis – alle reden Mist. Interessant daran ist: Die meisten Menschen sind verletzt, wenn sie belogen werden, bei Bullshit liegt die Sache anders. Das wird toleriert. Wahrscheinlich, weil man es nicht so persönlich nimmt. Wobei man zwei Bullshit-Arten unterscheiden muss: Mit Mist Nummer 1 (und das ist der größte Haufen) wollen die Urheber Anerkennung gewinnen. Mit dem Gebrauch von Modewörtern suggerieren sie Interesse, Bildung und Gruppenzugehörigkeit. Sie kleiden sich mit leeren Floskeln, um Identifikation auszudrücken. Die Zweiten verbreiten heiße Luft, um zu vernebeln, zu blenden, zu verschleiern, was sie verbockt haben. Ihre Devise lautet *Angriff ist die beste Verteidigung*, weshalb sie für ihre Unverfrorenheit und Kreativität auch noch Absolution beanspruchen. So sagte US-Präsident Richard Nixon einmal: »Wenn der Präsident etwas tut, dann heißt das, es ist nicht gesetzwidrig.« Große Oper!

Ein bisschen Bullshit zu verschleudern, hilft dem Image durchaus auf die Sprünge. Besonders eignet sich diese Kunst für Berufe wie PR-Manager, Immobilienmakler, Gebrauchtwagenverkäufer und Investmentbanker. Und sollte man dabei ertappt werden, hilft Verblüffung: »Wow! Das soll von mir sein? Das ist gut!!!« Das einzige Mittel gegen entdeckten Dung ist eben noch mehr davon. Und hilft auch das nicht: Lachen Sie! Ist doch nur Bullshit, oder?!

Mehr dazu: Harry G. Frankfurt, Bullshit. Suhrkamp 2006

okt

nov

dez

5. November
Stillleben –
Wahre Absichten sollten verborgen bleiben

Frank ist der Typ offenes Buch: Er posaunt seine Meinung heraus, sagt, was er denkt, und berichtet jedem über seine Pläne. Er ist eine ehrliche Haut, und wahrscheinlich denkt er, wenn er andere durch seine Offenheit von seinem edlen Wesen überzeugt, steigert das seine Reputation. Von wegen! Was die Leute wirklich wahrnehmen, ist: Der Kaiser ist nackt! Macht wird nur dem zuteil, der Respekt wecken kann. Dem Geheimniskrämer gelingt das besser: Die anderen haben keine Ahnung, was er vorhat, und können sich deshalb schwer darauf einstellen. Das flößt Ehrfurcht ein. Natürlich heißt seine wahren Absichten zu verbergen nicht, sich zu verschließen. Das macht misstrauisch. Man kann und sollte ruhig von seinen Plänen und Ideen sprechen – nur nicht notwendigerweise immer von allen und den wahren.

Es ist ein Irrglaube, dass man nur Gutgläubige auf die zeitraubende Jagd nach dem falschen Köder schicken könnte. Das Gegenteil ist richtig: Gerade Paranoide und Übervorsichtige lassen sich am leichtesten ablenken. Der Trick ist, zunächst ihr Vertrauen zu gewinnen. Danach können sie sich kaum noch vorstellen, dass die nette Person etwas anderes im Schilde führt. Genauso funktionieren Geschenke, sie sind die perfekte Tarnung. Kaum einer kann diesem Ausdruck von Wertschätzung widerstehen. Ob materielle Präsente oder eine exklusiv zugeflüsterte Vertraulichkeit – wer so umschmeichelt wird, gibt leicht eigene Geheimnisse preis. Hüten Sie sich also vor Geschenken! Vor allem, wenn sie von Konkurrenten kommen.

Die dritte Strategie ist das Spiel mit der Eitelkeit. Je tiefer man in Machtzirkel eindringt, desto häufiger begegnen einem Menschen, die in sich selbst verliebt sind. Dumm nur, dass an dieser Liebe kein anderer beteiligt ist. So bleibt sie immer unbefriedigend – und das ist Ihre Chance: Schauen Sie tief in die Seele des anderen, loten Sie seine Vorlieben aus und machen Sie sich zu einer Art Echo. Kaum einer macht sich heute die Mühe, die Dinge mit den Augen des anderen zu sehen, ihn wirklich zu verstehen. Wer das aber tut und das Innerste seines Gegenübers spiegelt, der entwaffnet und überwältigt ihn.

6. November
Mangelhaken – Wahre Macht macht sich rar

Mit Gütern ist es so: Was selten ist, ist teuer; Überangebot dagegen lässt Preise purzeln. Mit Menschen ist es genauso. Je mehr von einem zu hören und zu sehen ist, desto gewöhnlicher wird er. Wer zu leicht erreichbar ist, dessen Aura wird sich abnutzen. Ist man in einer Gruppe aber etabliert, steigert zeitweise Abwesenheit den Wert enorm. Mehr noch: Wer sich rarmacht, um den ranken sich schnell Mythen, er wird bewundert und vor allem vermisst. Der Boulevard, auf dem manche versuchen, durch ständige Präsenz zu beeindrucken, führt geradewegs zum Schlussverkauf. In der Liebe läuft das auch nicht anders.

Mit der Masche machte sich einst Deiokes zum König. Im 8. Jahrhundert vor Christus mussten sich die Meder einen neuen Herrscher suchen. Nach einigen schlechten Erfahrungen lehnten sie jedoch eine Monarchie ab. Das Land versank im Chaos. Deiokes aber war bekannt dafür, jeden Streit weise zu schlichten. So wurden ihm binnen kurzer Zeit immer mehr Streitigkeiten der Umgebung vorgetragen, bis er schließlich der oberste Richter des Landes wurde. Da verließ Deiokes seinen Richterstuhl und zog sich zurück. Wieder versank das Land im Chaos. Aber diesmal war der Leidensdruck groß genug, dass die Meder einen König verlangten – Deiokes. Er regierte über 50 Jahre.

Das Prinzip funktioniert auch rund 3000 Jahre später. Was immer Sie zu bieten haben, achten Sie darauf, dass es schwer zu finden ist, suchen Sie sich eine gefragte Lücke – dann machen Sie sich rar und Sie werden Ihren Wert steigern. Mit dieser Strategie lässt sich nicht nur Macht mehren, sondern sogar Respekt wiedererlangen, den man verloren hat. In einer Gesellschaft, in der Prominenz und Medienpräsenz begehrt sind, ist das Spiel mit dem Rückzug besonders wirkungsvoll. Wer sich aus freien Stücken zurückzieht, dokumentiert große Unabhängigkeit vom Medienzirkus und der Meinung anderer. Bei Greta Garbo war es nicht anders. Sie war erst Mitte 30, als sie sich 1941 zurückzog, und für viele kam der Abschied zu früh. Aber die Garbo wollte nicht warten, bis das Publikum ihrer müde würde. Chapeau!

okt

nov

dez

7. November
Prahl, Hans! – Wer aufsteigen will, muss auffallen

Wenn Sie eine Dame in einer Rotlichtbar fragen, was sie beruflich macht, wird sie antworten: Tänzerin. Das ist gelogen. Aber Sie wissen das und die Dame sowieso, deswegen geht das in Ordnung. Eine gute Verpackung gehört zu jedem Gewerbe – auch zum horizontalen. Alles wird nach seinem Äußeren beurteilt: Bücher genauso wie Menschen. Wer aufsteigen will, muss deshalb auffallen, sich von der Masse abheben. Nur so unterstellen einem die Leute, Wunder vollbringen zu können. Von Durchschnittstypen erwarten sie bloß Mittelmaß.

Die Fertigkeit, heller zu leuchten als andere, wird keinem angeboren. Man kann und muss sie lernen. Es geht darum, sich selbst zu inszenieren und sich einen Namen zu machen. Das gelingt zum Beispiel, indem man seine Erscheinung gezielt mit einem bestimmten Image verknüpft – einem Charakterzug, den man heraushebt, einem bestimmten Arbeitsstil, den man pflegt. Hauptsache, es beeindruckt die Leute und sie reden darüber. Und glauben Sie mir: Insgeheim will jeder ein Schauspiel sehen. Menschen lieben Attraktionen, Sensationen, Illusionen. Sie sehnen sich nach Rätseln, Leuten und Dingen, die sich nicht sofort erklären oder konsumieren lassen, weil die Welt um sie herum immer banaler, profaner und uniformer wird. Die Qualität der Aufmerksamkeit ist dabei nahezu egal. Viele meinen, Kritik sei etwas Schlechtes. Falsch! Nichts ist schlimmer, als ignoriert zu werden. Solche Leute sind peripher.

Wer noch unten steht in der Hierarchie, kann freilich auch jene Personen angreifen, die im Rampenlicht stehen. Nachwuchspolitiker und Hinterbänkler greifen traditionell zu dieser Taktik. Ihre eigene, bescheidene Reputation bietet kaum Angriffsfläche für eine Gegenattacke. »Eine Mücke kann dem Löwen mehr zu schaffen machen als der Löwe einer Mücke«, wusste Lucius Annaeus Seneca. Was jedoch nicht heißt, dass man damit inflationär umgehen kann. Sonst ist man schnell als Wadenbeißer und Wichtigtuer verschrien. Und dann ist das Spiel aus, ehe es richtig angefangen hat.

8. November
Leicht fertig – Das Geheimnis der Sprezzatura

Dieses Buch schrieb ich in drei Monaten, bei erstklassigem Rotwein und erquicklichen Gesprächen mit Kollegen, Freunden und meiner Agentin. Es war ein einziges Vergnügen. Glauben Sie nicht? Etwas anderes werden Sie von mir aber nicht hören. Ich wäre mit dem Klammersack gepudert! Egal, wie viel Plackerei, egal, wie viel Erfahrung und wie viele Tricks hinter einem Produkt stecken, wie hart man dafür arbeiten musste – es sollte ein Geheimnis bleiben. Je schwerer es war, desto leichter muss es aussehen! Wir vergöttern nun mal die Tausendsassas; wir bewundern das Sangestrio, das aus dem Stegreif eine mehrstimmige Motette trällert; wir lieben Magier, die uns mit Kunststücken verzaubern. Nur dürfen die Illusionisten dabei bitte schön nicht schwitzen oder uns hernach erzählen, wie viele Stunden Fleiß und harte Arbeit dafür nötig waren. Instinktiv sinkt sofort unsere Achtung. Denn nun wissen wir: Jeder, der ebenso viel übt, übt, übt, kann dasselbe erreichen. Wie ordinär!

Jeder, wirklich jeder, der erfolgreich im Rampenlicht agiert, hat sich gründlich vorbereitet, ehe er die Bühne betritt. Wer etwas anderes behauptet, macht es richtig – mogelt aber. Seine Mühen muss man für sich behalten, egal, wie groß die Versuchung ist, egal, wie sehr es der Eitelkeit schmeicheln würde, wenn andere unsere Vorbereitung, Strategie und Cleverness beklatschen. Je mehr einer über zu wenig Zeit, zu viel Arbeit und über seine Opfertat stöhnt, desto uninteressanter macht er sich. Er ist nichts weiter als ein armer Sterblicher. Vermutlich sogar ein inkompetenter. Wer dagegen seine Tricks und die inneren Mechanismen seiner Schöpfung verschweigt, der erzeugt etwas, das größer ist als Menschenwerk. Im Buch vom Hofmann, das Baldassare Castiglione 1528 veröffentlichte, beschrieb er die höchst elaborierten Manieren des perfekten Höflings. Der müsse, so Castiglione, alles mit *Sprezzatura* ausführen, mit Leichtigkeit und Lässigkeit. Warum? Weil es Ehrfurcht auslöst. Das Geheimnis, seine Kunstfertigkeiten zu wahren, muss stets etwas Spielerisches behalten. Tricks mit zu viel Eifer verbergen machen nur unsympathische Raffkes. Bewahren Sie sich also immer einen Schuss Selbstironie. Und ein Glas erstklassigen Rotwein. Cheers!

okt

nov

dez

Wahlzeit – Schaffen Sie zum Schein Alternativen

Sie könnten jetzt etwas anderes machen – oder weiterlesen. Na? Na??? Sie wollen weiterlesen. Dachte ich mir. Hätte ich geschrieben: *Los, lesen Sie weiter!*, hätte es aber nur halb so viel Spaß gemacht. Denn wer sich zwischen Alternativen entscheiden kann, mag kaum glauben, dass er manipuliert wird. Oft ist aber genau das der Fall. Jens Weidner, Autor der *Peperoni-Strategie,* erzählte mir dazu eine reizende Geschichte von seinem Ex-Chef. Weidner selbst war noch Abteilungsleiter in einem Jugendgefängnis und hasste Aktenarbeit. Immer wenn sein Chef etwas von ihm wollte, sagte der:»Ich habe zwei Aufgaben zu erledigen und eine davon müssten Sie übernehmen.« Dabei tippelte er mit den Fingern auf einen Aktenstapel vor sich, um die eine Alternative zu verdeutlichen. Weidner entschied sich immer für die andere. Erst als er später den Job wechselte, gestand ihm sein Chef, dass er sich die Akten jedes Mal nur für ihn vorher von der Sekretärin auf den Tisch hatte stapeln lassen.

Es ist ein einfacher psychologischer Trick: Mit Begriffen wie *Freiheit, Optionen* und *Wahl* assoziieren wir ein Spektrum an Möglichkeiten. Dabei geht es oft nur darum, sich zwischen vorgegebenen A's und B's zu entscheiden. Der Rest des Alphabets bleibt ausgeblendet. Aber das stört keinen: Ich wähle, also bin ich frei. Schöne Illusion! Falls Sie das auch probieren wollen, hier ein paar Strategien zum Auswählen:

• Erzeugen Sie ein Dilemma. Prozessanwälte machen das so. Sie zwingen die Zeugen, sich zwischen zwei Erklärungen zu entscheiden. Beide sind natürlich eine Falle. Egal, was man sagt, es durchlöchert die eigene Geschichte.
• Erzwingen Sie Widerstand. Die Technik eignet sich für kategorische Nein-Sager. Empfehlen Sie zum Schein einfach die Lösung, die Sie selbst nicht wollen. Ihr Kontrahent wird sich für das Gegenteil entscheiden. Da wollten Sie sowieso hin.
• Frisieren Sie Optionen. Der ehemalige US-Außenminister Henry Kissinger war ein Meister darin. Um seine Neutralität zu beweisen, schlug er viele Optionen vor, seine Lieblingslösung kam aber

immer am besten weg. Sprachpsychologisch entscheiden sich die meisten übrigens für die letztgenannte Alternative.

Neugierig, wie es weitergeht? Oder bis morgen warten. Na?

10. November
Grundzug – Meide Glücklose

Glücklose sind wie Ertrinkende. Man kann sie retten, aber man riskiert immer, selbst dabei umzukommen. Das klingt herzlos, ist aber die Wahrheit: Unglück zieht Unglück an. Es gibt Menschen, die haben einen infektiösen Charakter. Ihr zerstörerisches Handeln und ihre destabilisierende Wirkung überträgt sich auf alle in ihrer Umgebung und erst recht auf jene, die ihnen helfen wollen. Wer solche Menschen nicht meidet, wird von ihnen unweigerlich in den Abgrund gerissen.

Der Grund dafür ist, dass die meisten Menschen Anpasser sind. Wenn sie längere Zeit mit anderen verbringen, übertragen sich irgendwann deren Sprache, Emotionen und sogar Denkweisen auf sie. Im Business nennt man das *Unternehmenskultur*. Deswegen sagen Berater häufig Sätze wie: »Vereinfacht ausgedrückt, können wir durch Streamlining der Synergieeffekte im Total Quality Management erhebliche Produktivitätsbarriers downsizen.« Wer darauf hört, ist selber schuld. Wer sich dem Einfluss emotional Instabiler und unheilbar Unzufriedener aussetzt, ist jedoch noch übler dran. Sie verstärken, was einen niederhält, und bringen jeden, der sich auf sie einlässt, aus dem Gleichgewicht. Sie sind Karrierekannibalen. So wie Cassius, über den William Shakespeare seinen Julius Cäsar sagen lässt: »Ich kenne niemand, den ich eher miede, als diesen hageren Cassius … Solche Männer haben nimmer Ruh, solang sie jemand größer sehn als sich. Das ist es, was sie so gefährlich macht.«

Wer es zu Glück und Größe bringen will, sollte die Gesellschaft von Menschen suchen, deren positive Eigenschaften andere anziehen, die andere bewundern – und die auf sie selbst abfärben. Wer geizig ist, sucht besser die Nähe von Großzügigen; wer zum Einzelkämpfer neigt, freundet sich mit Geselligen an. Es ist eine Lebensregel, dass negative, aber auch positive Qualitäten ansteckend wirken. Wer sie beherzigt, profitiert mehr davon als von allen Therapien dieser Welt.

11. November
Zwielicht – Talente sollte man haben, aber nicht alle zeigen

Diese Zeilen sind für alle, die meinen, perfekt sein zu müssen. Für die, die damit erfolgreich sind und das den Menschen in ihrer Umgebung gerne zeigen: ihr Narren! Perfekt, erst recht besser zu sein als andere, ist brandgefährlich, keine Schwächen zu haben, sogar tödlich. Denken Sie nur an das Schicksal von Sir Walter Raleigh: Er war einer der brillantesten Köpfe am Hofe Elizabeths I. von England. Der Mann schrieb Gedichte, die zu den schönsten seiner Zeit gezählt werden, er war ein begnadeter Wissenschaftler, ein großer Seefahrer, ein wagemutiger Unternehmer, er konnte erwiesenermaßen Menschen führen. Charmant war er auch. So sehr, dass er es mit seinen Gaben bis zum Favoriten der Königin brachte. Genutzt hat es ihm nichts. Irgendwann fiel er in Ungnade und wurde hingerichtet. Fürsprecher gab es nicht, Raleigh hatte sich mit seiner Perfektion zu viele Feinde gemacht.

Heute wird man zwar nicht mehr so leicht hingerichtet. Dafür können einem übermäßig viele Neider das Leben zur Hölle machen. Wer anderen – und sei es ohne böse Absicht – durch seine Vollkommenheit immer wieder ihre eigenen Unzulänglichkeiten vor Augen führt, erzeugt Minderwertigkeitsgefühle und Rachegelüste. Erfolg ist etwas Relatives: Wer aufsteigt, lässt andere hinter sich. Das verstärkt bei jenen entweder das Gefühl der Stagnation oder – was auch nicht besser ist – sie ärgern sich darüber, dass ihnen dieser Erfolg versagt blieb. Beides schürt Wut und Neid, den der dänische Philosoph Søren Kierkegaard auch als die »unglückliche Bewunderung« bezeichnete. Die Folgen spürt man vielleicht nicht sofort. Aber eines Tages erwachsen daraus Mobbing, Intrigen oder offene Feindseligkeiten.

Falls Sie gerade auf der Erfolgswelle surfen, seien Sie auf der Hut!

Menschen, die von der Natur mit vielen Talenten ausgestattet wurden, haben nur vermeintlich ein leichtes Schicksal. Sie müssen am härtesten daran arbeiten, nicht zu hell zu strahlen. Sonst werden sie nicht trotz, sondern wegen ihres Geschicks abgedrängt. Klug ist daher, Missgunst erst gar nicht entstehen zu lassen, indem man gelegentlich Defizite zeigt oder seinen Erfolg dem Zufall zuschreibt. Mängel machen menschlich. Nur Göttern wird Perfektion zugestanden!

12. November
Keine Gemeinheiten –
Nur wer die Macht will, bekommt sie auch

Juli 1830. In Paris bricht eine Revolution aus. Der Pöbel wütet auf den Straßen. Am Ende muss König Karl X. abdanken. Es wird eine Kommission gebildet, die seinen Nachfolger wählen soll. Sie entscheidet sich für Herzog Louis Philippe von Orléans. Der tritt zwar für die Privilegien des Adels ein, doch verachtet er zugleich den königlichen Pomp, hasst Zeremonien und verspottet die alten Symbole. Er ist ein König, der zugleich ein Bürgerlicher sein will. Doch damit irrt er gewaltig. Das Volk akzeptiert dies nicht, verachtet ihn schon bald, und Louis Philippe muss nach England fliehen, wo er seine letzten Jahre als Graf von Neuilly lebt.

Man wird zu dem, wie man sich gibt. Das Verhalten spiegelt wider, wozu man sich berufen fühlt. Wer Kopf und Schultern gesenkt hält, signalisiert Schwäche und weckt so viel Begeisterung wie ein Topf Mehl. Wer sich kleinredet, duckt, nie fordert, bleibt ein Spielball der Mächtigen. Wer aber schon heute im Vertrauen auf seine künftige Macht auftritt, scheint dazu bestimmt, eines Tages die Krone zu tragen. Es liegt an jedem selbst, seinen Preis zu bestimmen. Gleichzeitig Chef und Untergebener zu sein, funktioniert nicht. Solche tölpelhaften Versuche werden schnell als das erkannt, was sie sind: Anbiederei. Der US-Präsident Franklin D. Roosevelt wählte einen besseren Weg: Im Herzen blieb er Patrizier, nach außen aber betonte er, die Werte und Ziele des gemeinen Mannes zu teilen. Solche Gesten überbrücken zwar nicht den Abstand zwischen oben

okt

nov

dez

und unten, aber sie schaffen es, in den Menschen Gefühle wie Loyalität, Furcht oder Liebe zu wecken. Tatsache ist, man muss die Macht wollen, sonst bekommt man sie nie. Als Entdecker war selbst Christoph Kolumbus bestenfalls Mittelmaß, über die Seefahrt wusste er weniger als ein durchschnittlicher Matrose, geographische Positionen konnte er nicht bestimmen, Inseln hielt er für Kontinente. Doch auf einem Gebiet war er ein Genie: Er wollte etwas Großes erreichen und wusste sich zu verkaufen. Anders lässt sich der Aufstieg eines einfachen Wollwebersohns wohl nicht erklären.

13. November
Weingeist – Vergessen Sie Golf, beeindrucken Sie mit Wein!

Tom ist ein Connaisseur. Wenn wir Wein trinken, dann zelebriert er den Moment des ersten Schlucks auf höchstem Niveau. Keiner schwenkt den Kelch so gekonnt, taucht seine Nase so tief in das bauchige Glas, saugt mit so seelenwunder Miene das Bouquet in seine Stirnhöhle, nippt so entrückt einen Schluck, um ihn noch eine Weile in seiner Mundhöhle weiter zu schwenken, dabei gelegentlich zu inhalieren und den Tropfen schließlich in Zeitlupe zu versenken. Der anschließende Kommentar ist eine Mischung aus Brombeere, Lakritz, Cassis, durchflutet mit Nuancen von Pfeffer – oder Briefmarke.

Vergessen Sie Golf, mit Wein beeindrucken Sie mehr! Wer mit derlei Brimborium feinsinnigen Geschmack und Durchblick suggeriert, hat die volle Bewunderung auf seiner Seite. Wer dazu noch Rebsorten, Anbaugebiete und erlesene Weine plus deren bessere Jahrgänge unterscheiden kann, genießt selbst die Anerkennung von Sommeliers. Keine Frage, das ist ein absurd eitler Ritus. Aber das ist seinen Porsche auf Behindertenparkplätzen abzustellen auch. Nur dass Weinwählen die größere intellektuelle Leistung erfordert.

Natürlich gibt es Grenzen. Bei aller Liebe zur Weinkunde und Inspiration sollte man seinen Chef dabei nicht wie einen unkultivierten Banausen aussehen lassen (selbst wenn er das ist). In diesem Fall halten Sie sich besser zurück und beeindrucken lieber Kollegen und Kunden. Ansonsten aber ist Weinkenntnis heute für jeden unumgänglich, der sich zu Höherem berufen fühlt. Wein atmet Geschichte. Und mit jedem Schluck bekennt sich der bewusste Kenner und Genießer dazu. Er dokumentiert Bodenständigkeit, Selbstbewusstsein, Feingefühl, Stil, Geschmack, Geist und neuerdings eben auch Zeitgeist. Wählt er gar einen besonders teuren Tropfen, zeigt er darüber hinaus Großzügigkeit, Wohlstand und Noblesse. Mal ehrlich, so jemand kann kein schlechter Mensch sein, geschweige denn ein schlechter Manager. Den muss man einfach einstellen. Und selbst wenn er ein Pfeife ist, wer will das wissen? Der Typ hat Geschmack!

14. November
Nichts für ungut – Undank ist ein Karrierekiller

Es ist Weihnachten 1973. Und es ist *Dallas in Ostwestfalen* (›Die Welt‹). Bei der Familie Benteler liegt ein ganzes Unternehmen auf dem Gabentisch. Vater Helmut schenkt seinem Sohn Rolf-Peter einen 80-Prozent-Anteil an den Benteler-Stahlwerken in Bielefeld. Allerdings bleibt er noch etwas auf dem Chefsessel hocken. Fünf Jahre lang. Das stört den Filius. Also widerruft er eine Vereinbarung, die seinem Paps den Chefposten sichert, und verpfeift dessen heimliche Auslandsimmobilien an die Steuerfahndung. Sein alter Herr muss knapp 15 Millionen Euro Steuern nachzahlen. Deshalb fordert er sein Unternehmen zurück – zu Recht, urteilte der BGH am 2. Juli 1990. Wegen *groben Undanks*. Der ist nach Paragraf 530 Absatz 1 des Bürgerlichen Gesetzbuches ein trefflicher Grund, um Geschenke zurückzufordern.

Undank kostet. Manchmal sogar die Karriere. Damit ist nicht das fehlende *Dankeschön* gemeint, falls der Kollege einen Kaffee ausgibt oder die Tür aufhält. Bei Undank geht es um mangelnde Erkenntlichkeit.

Selbst Genies sind bisweilen auf die Hilfe anderer angewiesen. Sei es, dass diese sie mit nützlichen Informationen versorgen, sie rechtzeitig warnen oder aktiv protegieren. Je mehr Mentoren einer hat, desto besser. Ein funktionierendes Beziehungsnetz wirkt wie ein

okt

nov

dez

Karriereturbo. Es wird aber auch leicht zum Killer, wenn man es sich mit seinen Kontakten verscherzt. Kein Mensch erwartet eine sofortige Gegenleistung für einen Gefallen. Nur wer diese Schuld vergisst, der betreibt Selbstsabotage erster Güte. Schon Goethe hielt Undank für eine Schwäche:»Ich habe nie gesehen, dass tüchtige Menschen undankbar gewesen wären.« Undank ist kein Kavaliersdelikt, sondern der grobe Verstoß gegen ein ehernes Berufsgesetz: Eine Hand wäscht die andere.

Apropos: An dieser Stelle möchte ich mich bei allen für ihre Unterstützung auf dem Weg zu diesem Buch bedanken. Als Erstes bei meiner Frau Silke, die mich in vielen Gesprächen inspiriert und mir an vielen Wochenenden den Rücken freigehalten hat. Dann bei meinen Freunden Markus Spieker, Thomas Wendt, Michaela und Georg Pelz, Lars Schmädicke, Lars Michaelsen, Carsten Aue, Marcus Schmidt, Steffen Ehl, Reiner Kafitz, die mir zahlreiche wertvolle Anregungen gaben, sowie bei meinen Kollegen bei der WirtschaftsWoche Andreas Große Halbuer, Cornelius Welp, Christian Schlesiger, Thomas Katzensteiner, Sebastian Matthes, Steffi Augter, Christian Deysson, Holger Windfuhr und Vera Sprothen. Herzlichen Dank auch an meine Agentin Bettina Querfurth sowie meine Lektorin Katharina Festner.

15. November
Listkerl – Was Sie von Kriegslisten lernen können

Heute also – der Krieg. Vielmehr die Kunst des Krieges. Nicht gerade erfunden, aber zumindest zur Marke gemacht hat sie der chinesische General Sun Tsu (Sunzi), der im 5. Jahrhundert vor Christus das wohl erste Strategiebuch der Geschichte schrieb. Auch wenn es im harmonischen Hymnus politisch korrekter Sprachregelungen ausgesprochen unfein wirkt, kriegerische Auseinandersetzungen und kämpferische Rhetorik als Lehrstücke zu glorifizieren – sie sind es. Mit derlei Kriegslisten haben es die von christlicher Ethik geprägten Kulturen leider nicht so sehr im Gegensatz zu den alten Griechen, bei denen sie als Tugend verehrt wurden. Ein klarer Fall von kollektiver Gehirnwäsche, denn selbst Jesus mahnte seine Jünger: »Seid listig wie die Schlangen.« Womit er zwar keine Arglist meinte, sondern Weltklugheit – jedoch verbunden mit der Warnung, bei aller Sanftmut nicht zum Softie zu degenerieren. Sonst wäre seine frohe Botschaft wohl auch nie verbreitet worden.

Von dem chinesischen Meister Sun Tsu können Manager vor allem lernen, wie man gewinnt, ohne zu kämpfen, und wie man Konflikte akribisch vorbereitet, wozu gehört, die eigenen Kräfte realistisch einzuschätzen. Denn das sei, so Sun Tsu, *der* Schlüssel zum Erfolg: »Wenn du die anderen und dich selbst kennst, wirst du auch in hundert Schlachten nicht in Gefahr schweben«, formulierte der General einen seiner wichtigsten Ratschläge. Ein anderer lautet: »Wenn du fähig bist, erscheine unfähig. Wenn du in der Nähe angreifen willst, so täusche vor, dass du dich auf einen weiten Weg machst. Gib Unterwürfigkeit vor, um die Arroganz des Gegners anzustacheln.« Unberechenbarkeit ist eine machtvolle Strategie. Sie zwingt die anderen in die Defensive, weil sie ihre Pläne entwertet. Pläne basieren auf Rhythmen, Regeln, Beständigkeiten. Wer gegen sie arbeitet, muss direkte Konfrontationen – ob nun im Job oder im Wettbewerb – nicht fürchten. Denn er schwimmt weder mit der Masse noch gegen sie – er ist kein Teil von ihr.

Eine weitere Regel beschäftigt sich mit dem richtigen Einsatz der eigenen Kräfte: »Wenn du dem Gegner zehn zu eins überlegen bist, dann umzingle ihn; wenn du ihm fünf zu eins überlegen bist, dann greife an; wenn du ihm zwei zu eins überlegen bist, dann zerstreue ihn. Bist du gleich stark wie dein Feind, dann kämpfe, wenn du dazu in der Lage bist. Bist du ihm zahlenmäßig unterlegen, dann halte dich von ihm fern. Bist du ihm nicht gewachsen, fliehe.« Dieser Rat klingt entsetzlich banal, aber wie viele wetteifern immer wieder, obwohl sie nicht gewinnen können? Sie versuchen, einen rechthaberischen Chef mit Argumenten zu überzeugen, gegen die Mehrheit der Kollegen ihre Idee durchzudrücken oder auf der Autobahn Rennen zu fahren. Paranoide Fixiertheit auf Konkurrenten ist dumm, kostet Kraft und bringt nur Blessuren. Karriere aber machen die, die Geduld beweisen und nur kämpfen, wenn sie auch gewinnen können.

Natürlich enthält Sun Tsu's Kampfkunstschule viele weitere Regeln, aber diese drei sind die wichtigsten: Erkenne deine Stärken, bleibe unberechenbar und setze deine Kraft gezielt ein!

okt

nov

dez

Unten durch – Machtspiele für Mitarbeiter

Macht beinhaltet stets die Möglichkeit zur eigenen Entscheidung. Egal, ob man nun ganz oben oder am Ende der Befehlskette steht: Jeder hat ein gewisses Maß an Macht. Selbst einfache Mitarbeiter, deren Rolle darin besteht, Anweisungen zu folgen. Der Chef trägt die Verantwortung, muss Ergebnisse liefern und ist dabei auf seine Untergebenen angewiesen. Und genau hierin liegt ihre Macht. Dienst nach Vorschrift ist das größte Druckmittel, das Mitarbeiter ausspielen können. Dabei geht es um nichts Geringeres als das Zuweisen von Verantwortung und Schuld. Kein Chef kann alles zu jeder Zeit überblicken. Infolgedessen enthält jede seiner Anweisungen immer einen Entscheidungsspielraum. Der perfide Trick ist, diesen bewusst nicht auszuschöpfen und den Karren sehenden Auges vor die Wand fahren zu lassen, Motto: Ich habe nur getan, was man mir gesagt hat. Die Machtstrategie ist allerdings heimtückisch: Subtil gespielt oder nur als Bedrohungsszenario angedeutet, entfaltet sie große Kraft. Wehe aber, Sie lassen sich etwas dabei zuschulden kommen. Dann stehen Sie nicht nur als unmündiger Weisungsempfänger da, sondern auch noch als Fehlerteufel. Stärker wirkt, kurz vor der Klippe das Steuer rumzureißen, zu handeln, wie man es vorher empfohlen hatte, und so den Laden und das Gesicht des Chefs zu retten. Allein schon aus Erleichterung wird er Ihnen künftig mehr Gehör schenken.

Die zweite Strategie setzt voraus, dass Sie etwas können, was kaum ein anderer beherrscht – der Chef schon gar nicht – oder dass Sie über den exklusiven Zugang zu Informationen und Kontakten verfügen, die für das Unternehmen essenziell sind. Im Extremfall kennen Sie die sprichwörtliche *Leiche im Keller* Ihres Chefs. Derlei Exklusivität ist die beste Strategie, um seinen Wert für das Unternehmen hoch und die Chancen, jemals gefeuert zu werden, gering zu halten. Sie spielt Ihnen ein erhebliches Druckmittel in die Hand – das Sie jedoch nie (!) offen ausspielen dürfen. Das wäre Nötigung und würde nur Hass provozieren. Offiziell sind Sie der bereitwilligste Mitarbeiter, den es gibt. Allenfalls ein paar überraschende grippale Infekte machen die wahren Machtverhältnisse klar.

Die dritte Einflussnahme ist die simpelste: Liebesentzug. Das setzt zwar voraus, dass der Boss ein harmoniebedürftiger Herrscher ist, der sich vor der Einsamkeit an der Spitze fürchtet. Die Wahrheit aber ist: Die meisten Chefs sind das, auch wenn sie es nie zugeben würden. Solchen Menschen die Sympathie, Anerkennung und Bewunderung für ihr Werk zu entziehen, trifft sie an ihrer empfindlichsten Stelle. Aber auch hier gilt: Machen Sie das nie offensichtlich. Wenn Ihre Ergebnisse untadelig und Ihre Loyalität unzweifelhaft sind, dann entfaltet diese Strategie große Wirkung. Erst recht, wenn Sie diese wie kleine Nadelstiche einsetzen. Wie heißt es so schön in der Demokratie: Alle Macht geht vom Volke aus!

17. November
Tonnebenkosten – Die Macht der Stimme

Das menschliche Gehirn verarbeitet ein gesprochenes Wort bereits nach 140 Millisekunden. Allerdings hängt dessen Wirkung zu 38 Prozent von der Stimme, also von Tonfall, Betonung und Artikulation ab, 55 Prozent machen Gestik und Mimik aus, und nur sieben Prozent beeinflusst der Inhalt selbst. Das will der Psychologe Albert Mehrabian 1967 herausgefunden haben. Allerdings muss man einräumen, dass seine Probandengruppe damals nur 20 Studenten umfasste.

Die Dominanz der Stimme vor dem Inhalt ist dennoch unbestritten. Bereits Intonation und Atmung können Sympathien oder Antipathien auslösen. Das hängt mit dem sogenannten psychorespiratorischen Effekt zusammen. Sie kennen das: Der Redner, der nervös am Pult radebrecht und nach Luft ringt, verursacht auch bei uns Atemnot. Wir spüren ein herannahendes Räuspern oder nehmen es vorweg, wenn das Knarren in seiner Stimme unerträglich wird. Jeder Mensch hört körperlich aktiv mit und ahmt einen Redner innerlich nach. Entsprechend gereizt reagieren wir auf Menschen, die uns beim Zuhören körperlich anstrengen.

Den enormen Einfluss der Stimme zeigt auch ein Experiment des Psychologen Klaus Scherer von der Universität Genf. Er ließ Schauspieler inhaltlich sinnlose Sätze aus Elementen verschiedener Sprachen vortragen und dudelte das Kauderwelsch Menschen diverser

Nationen vor. Ergebnis: Sowohl Engländer wie Spanier, Italiener, Franzosen oder Deutsche erkannten sofort, ob die Mimen erfreut, verärgert, traurig oder ängstlich waren, obwohl sie kein Wort verstanden. Die Stimme verrät also nicht nur die Emotion ihres Trägers, das Muster ist auch international gleich! Dabei empfinden wir tiefe Stimmen als angenehmer, ihre Urheber gelten als willensstark, souverän, kompetent. Doch Vorsicht! Die Regel *Wer überzeugen will, muss brummen* stimmt so nicht. Kinder haben hohe Stimmen, trotzdem finden wir sie sympathisch. Entscheidend ist die *Indifferenzlage*, also der individuelle Grundton jeder Stimme. Wer regelmäßig um diesen Ton herum redet, wird als sympathisch wahrgenommen. Erst wenn sich die Stimme aus diesem Bereich entfernt, schlagen unsere Ohren Alarm. Finden kann man seine Indifferenzlage, indem man an ein gutes Essen denkt und wohlig vor sich hin summt. Die natürliche Stimme zirkuliert bis zu einer Quinte um diesen Ton.

18. November
Die Kleinen lässt man laufen – Vom Umgang mit Tyrannen

Kennen Sie Columbo? Den trotteligen TV-Inspektor im ewig schmuddelnden Trenchcoat? Seine Haare zerzaust, die Kleidung zerknittert, der Habitus unterwürfig, bewundernd, zerstreut – das ist seine Masche, wenn er im Milieu der Schönen und Reichen auf Verbrecherjagd geht. Er legt es darauf an, unterschätzt zu werden. Denn seine Gegner sind alles andere als Dummköpfe. Sie sind hochintelligent, beruflich über die Maßen erfolgreich, sie genießen in der Gesellschaft hohes Ansehen und haben meist ein wasserdichtes Alibi. Damit sind sie praktisch unangreifbar und darauf enorm stolz. Es sind Narzissten, wie man sie ebenso zahlreich im Management findet.

Und dieser Stolz ist ihre Schwäche. Columbo verstärkt ihre Überheblichkeit bewusst. Er lobt und bewundert sie; er bittet sie um Rat und lässt sich von ihnen demütigen, unwidersprochen. Er mimt für sie den Tollpatsch, indem er etwa in seinen Manteltaschen nach einer zerknüllten Notiz sucht oder sich an den Kopf fasst und einen Gedankenblitz vortäuscht. All das sind Gesten, die Unterwürfigkeit dokumentieren und den anderen in Sicherheit wiegen: *Sieh her, ich bin kein ebenbürtiger Gegner, von mir droht keine Gefahr ...* Denkste! Was wirklich passiert, bleibt arroganten Menschen verborgen. Kaum jemand ist leichter zu manipulieren als ein Narziss.

Wer einen Sonnenkönig und eitlen Tyrannen zum Chef hat, kann mit Columbos Masche perfekt (schau)spielen und punkten. Es hat keinen Zweck, solche Menschen offen zu kritisieren oder zu bekriegen. Im Zweifel ziehen sie ihren hierarchischen Trumpf. Warum diesen Menschen nicht geben, was sie brauchen? Spielen Sie gegenüber solchen Herrschern nicht den Experten, der weiß, wo es langgeht. Seien Sie ein bewundernder Schüler! Unterschätzt zu werden, öffnet zahlreiche Optionen – bei Verhandlungen genauso wie bei Ränkespielen. Machen Sie sich klein, stellen Sie Fragen, geben Sie nur gezielt Informationen weiter und bringen Sie Ihren Chef dazu, das Gegenteil von dem zu verlangen, was er ursprünglich von Ihnen wollte. Er wird mit Freuden nach Ihrer Nase tanzen, solange er den Eindruck behält, dass er den Taktstock dazu schwingt. Ab und an sollten Sie allerdings trotzdem Ihre wahren Fähigkeiten aufflackern lassen, damit die Kollegen merken, dass Sie den Tollpatsch nur mimen. Das braucht Fingerspitzengefühl. Sie wollen Ihren Chef und seine Höflinge ja nur verunsichern, ob sie sich in Ihnen nicht vielleicht getäuscht haben. Mehr nicht. Sonst können Sie das Spiel vergessen: Ein Alpha-Tier, das merkt, dass es manipuliert wurde, kann sehr unangenehm werden!

19. November
Blende gut, alles gut – Die Kunst zu bluffen

Die Uniform eines Trödlers und ein paar zackige Bewegungen reichten für den Schuhmachersohn Wilhelm Voigt aus, um auf Beutezug zu gehen. Erst überzeugte er zehn Mann der Schwimmschulwache vom Plötzensee von seinem Hauptmannsrang, dann stürmte er mit ihnen das Rathaus von Köpenick, verhaftete den Bürgermeister, plünderte die Stadtkasse, wurde gefasst, verhaftet, verurteilt, begnadigt, berühmt, ging auf Tournee und schließlich in die Geschichte ein. Zu einigem Wohlstand brachte er es ebenfalls. Nicht schlecht

okt

nov

dez

für einen ausgebufften Schusterjungen, der in Wahrheit ein Hochstapler war! In der Moderne bestimmt der Schein das Sein, das So-tun-als-ob. Ein wenig heiße Luft, eine große Klappe, ein guter Bluff – und der Erfolg ist einem nahezu sicher. Politiker, Manager, Bewerber – in der Arbeitswelt wimmelt es nur so von Aufschneidern, Blendern und Possenreißern. Sie alle versuchen sich ins rechte Licht zu rücken sowie andere von ihrem angeblichen Wissen und Können zu überzeugen. Denn wer sich gut vermarktet, hat morgen noch Arbeit und macht übermorgen vielleicht Karriere. So konnte Fred Luthans, Management-Professor an der Universität von Nebraska, in den Achtzigerjahren nachweisen, dass *effektive* Manager im Sinne des Unternehmens zwar viel Zeit mit Papierarbeit und Kommunikation verbrachten; *erfolgreiche* Manager aber widmeten sich vor allem der Bekanntschaftspflege, hinterließen einen glänzenden Eindruck und nutzten diesen später für ihren beruflichen Aufstieg. Mit Erfolg.

Unwahrheiten und Übertreibungen sind evolutionärer Alltag, bei dem die Tiere Homo sapiens in Sachen Hochstapelei kaum nachstehen. Einige Schwebfliegen und auch Käfer sehen zum Beispiel Wespen zum Verwechseln ähnlich, um so Vögel oder Kröten, die bereits echte Wespen probiert haben, abzuschrecken. Die im tropischen Regenwald lebenden Brüllaffen machen zwar Lärm wie eine Horde Hunnen, sind aber kaum schwerer als neun Kilogramm. Alles Prahlerei, alles Protz und vorgegaukelt. *Signalfälschung* heißt das in der Fachsprache. Ob kunstvolle Nester in Baumkronen oder großkotzige Prunkbauten entlang baumgesäumter Alleen – hinter all der hergestellten Oberfläche und Extravaganz steckt nichts weiter als ein Kosten-Nutzen-Kalkül mit dem Ziel, die natürliche Selektion mehr oder weniger verdeckt zu seinen Gunsten zu entscheiden.

Die gelungene Finte darf man nur nicht plump inszenieren. Sonst sieht man aus wie ein Tartüff. Wer dagegen sachte manipuliert wurde, zollt dem Blender eher noch Respekt für seine Chuzpe und Raffinesse. Getäuscht zu werden heißt eben noch lange nicht, enttäuscht zu werden – solange die Ästhetik des Schauspiels erhalten bleibt.

20. November
Wie du mir – Vergebung ist die beste Rache

Rache – das Gefühl ist so alt wie die Menschheit und lieferte schon unzählige Plots für gesellschaftliche Untergänge und Shakespeare'sche Tragödien. Sei es Hamlet, der den Tod seines Vaters zu sühnen sucht; Krimhild im Nibelungenlied, die ihre Rache an den Mördern ihres Gatten Siegfried über mehrere Jahre plant, oder Alexandre Dumas' *Graf von Monte Christo*, der sich die Vergeltung zur kostspieligen Lebensaufgabe macht. Und längst füllt Rache die Skripte zahlreicher Unternehmenstragödien. Sie ist der Subtext, der in vielen dramatischen Erfolgsgeschichten mitschwingt. »Die Rache ist mein«, spricht der Gott der Bibel. Tatsächlich aber ist sie oft auch dein und mein.

Etymologisch steckt in dem Wort *Rache* der Wunsch nach *Recht* und *Gerechtigkeit*. Sühne ist eine Mischung aus Selbsthilfe und Schadenausgleich. Und so unethisch das klingt: Neurologisch neigen wir alle dazu. So untersuchte Ernst Fehr, Verhaltensökonom an der Universität Zürich, 2004, wie das Gehirn reagiert, wenn soziale Normen verletzt werden. Zwei Probanden sollten dazu miteinander Geschäfte machen. Falls einer der Spieler egoistisch handeln würde, hatte der andere die Chance, ihn zu bestrafen. Dabei wurden die Hirnaktivitäten beider Spieler gemessen – insbesondere während einer darüber nachdachte, es dem anderen heimzuzahlen. Ergebnis: Bei jeder Bestrafung wird das Belohnungszentrum im Gehirn aktiviert. Oder anders gesagt: Rache ist tatsächlich süß.

Riskant bleibt sie trotzdem. Denn sie ist nicht nur eine Reaktion auf bemerkte Ungerechtigkeit, sondern oft nichts weiter als eine narzisstische Beschädigung und sicheres Indiz für ein geschwollenes Ego. Gefährlich: Direkte Rache wirkt immer kleinlich und schwach. Mit der Helden-Attitüde ist es dann vorbei. »Rache ist ein Gericht, das am besten kalt serviert wird«, lautet ein berühmtes Bonmot, das aus Mario Puzos Roman *Der Pate* stammt. Und das stimmt – aber anders, als viele es verstehen: Verletzte Eitelkeit ist ein schlechter Ratgeber. Deshalb sollte man niemals allein Gerechtigkeit suchen. Wer sich vorher Verbündete schafft, kann so nicht nur seine Haltung gegebenenfalls korrigieren, sondern bei der anschließenden Kampagne durch Fürsprecher mehr Reputation zurückgewinnen.

okt

nov

dez

Noch edler wirkt nur die Haltung, die der englische Staatsmann Francis Bacon auf den Nenner brachte:»Wer Rache nimmt, ist nicht besser als sein Feind; verzichtet er aber darauf, dann ist er ihm überlegen.« Verzeihen ist die bessere Rache.

21. November
Gutschein – Warum sich gute Taten auszahlen

Adam Smith, der Moralphilosoph und Begründer der modernen Wirtschaftswissenschaften, war es, der die Theorie der unsichtbaren Hand ersann: Selbst wenn jeder nur seinem Eigennutz nachgeht, geschieht das am Ende zum Wohle aller. Das ist im Prinzip bis heute richtig. Richtig ist aber auch, dass sich im Wirtschaftsleben Ethik und sogar Selbstlosigkeit in Maßen auszahlen. Allzu offensichtlicher Egoismus führt zu Isolation und ins berufliche Aus. Da hilft auch der Verweis auf unsichtbare Hände nichts: Der rücksichtslose Ellbogentyp erscheint anderen weder vertrauenswürdig noch kooperativ. Beides sind aber wichtige Voraussetzungen für eine dauerhafte Zusammenarbeit. Selbst der Florentiner Machtstratege Niccolò Machiavelli, eher bekannt als Vertreter kaltschnäuziger Machtstrategien, forderte ungewohnt lieblich:»Ein Fürst muss milde, rechtschaffen und aufrichtig erscheinen und es auch sein.«

Dass sich die gute Tat auszahlt, ist wissenschaftlich verbürgt. Der Fachbegriff dafür ist der *reziproke Altruismus* (Wie du mir, so ich dir). Der US-Ökonom Vernon Smith löste die Frage in den Sechzigerjahren spieltheoretisch und erhielt dafür 2002 den Wirtschaftsnobelpreis: Bei seinem Versuch konnten die Probanden Geld in eine Gemeinschaftskasse einzahlen und so vermehren, der Gewinn wurde anschließend an alle zu gleichen Teilen ausgezahlt. Allerdings hatten die Teilnehmer die Wahl zwischen zwei Strategien: kooperieren und einzahlen oder nicht einzahlen und trotzdem profitieren. Das Experiment zeigte: Spielten alle mit, erzielten sie den höchsten Gewinn. Den höchsten Einzelprofit aber gab's für egoistisches Schmarotzen. Was passierte? Zu Beginn spielten vier Fünftel fair, der Rest kassierte mit. Die Ehrlichen waren die Dummen und verhielten sich schon bald eigennützig. Effekt: Der Profit schmolz mit jeder Runde und erreichte zum Schluss seinen Tiefststand. Wie die Stimmung. Erst als die Mitspieler Trittbrettfahrer bestrafen konnten, verbesserte sich das Ergebnis. Die Sanktionen sorgten also für das Gemeinwohl. Der Effekt ist heute vergleichbar mit dem Händler-Feedback im Online-Auktionshaus eBay: Nur wer fair ist und entsprechend beleumundet wird, macht weiterhin gute Geschäfte.

Die Erkenntnisse der beiden Smiths sind ein Plädoyer für Zivilcourage und Opportunität: Der Mensch ist von Natur aus schlecht. Wo er kann, schmarotzt er sich durch. Das ist schlecht für alle. Sobald man das aber entsprechend sanktioniert, entwickelt er zahllose Tugenden, wird anständig, bisweilen sogar selbstlos. Die unsichtbare Hand, sie wirkt vor allem als unsichtbare Ohrfeige. Schmerzloser lebt indes, wer die Lektion schon vorher verinnerlicht.

22. November
Recht schaffen – Die dunkle Seite der Rhetorik

Jeder Mensch manipuliert. Ständig. Wie er sich gibt, was er sagt, wann er was sagt – das alles dient einem Zweck: das zu bekommen, was man will. Wer etwas anderes behauptet, manipuliert schon wieder! Manipulieren gehört zum Miteinander, Soziologen sprechen deshalb auch von einer Sozialtechnik. Die ist uralt und unter ihrem Alias weitaus unverdächtiger: Rhetorik. Als Lehre von der Kunst der wirkungsvollen Rede, um andere durch Eloquenz und dosierte Argumente zu überreden, genießt sie seit mehr als 2500 Jahren hohes Ansehen – und hat eine heimliche Stiefschwester: die Eristik. Diese Kunst des Streitens bedient sich gleich eines ganzen Arsenals manipulativer Techniken, wie lügen, drohen, ignorieren, ausweichen, ablenken, herunterspielen, erpressen, schmeicheln, denunzieren, desinformieren … Mal sollen diese Werkzeuge verschleiern, mal verteidigen, mal den Gegner in die Enge treiben. Schon die antike Stadt Karthago fiel einer solchen Manipulation zum Opfer: Jedes Mal, wenn Cato der Ältere vor dem römischen Senat sprach, schloss er seine Rede mit dem Satz: »Und im Übrigen bin ich der Überzeugung, dass Karthago zerstört werden muss.« Irgendwann wurde der rhetorische Kniff Realität – man muss es den

okt

nov

dez

Leuten eben nur oft genug einbimsen. Viele dieser seelischen Folter-werkzeuge sind Ihnen sicher bekannt, nur vielleicht nicht so be-wusst:

Absichtlich Fehlschlüsse provozieren! Wenn Gott allmächtig wäre, dann könnte er einen Stein schaffen, der so schwer ist, dass er ihn nicht mehr heben kann. Also kann Gott nicht allmächtig sein. Achtung: Dies ist kein Argument, sondern ein unlösbares Paradoxon, das die Unmöglichkeit der Allmacht suggeriert. Dabei zeigt es nur, dass diese mit Logik nicht zu fassen ist.

Einen Sündenbock konstruieren! Hier wird nicht auf das Argument des anderen eingegangen, sondern seine Glaubwürdigkeit infrage ge-stellt. Weil sich derjenige schon früher irrte, darf man ihm auch jetzt keinen Glauben schenken. Der Ruf ersetzt die Relevanz ei-ner Schlussfolgerung.

Wertende Wörter verwenden! Die Wortwahl entscheidet darüber, wie die Dinge von anderen gesehen werden. Haben die Anschläge *Terroristen* oder *Freiheitskämpfer* verübt? Müssen Sie für Ihren Chef ein *Problem* lösen oder eine *Aufgabe*? Und sind dies nun eris-tische *Techniken* oder *Folterwerkzeuge*?

Allerdings war selbst dem bekanntesten Verfasser einer Anleitung zur eristischen Dialektik (»Die Kunst, recht zu behalten«) diese nicht geheuer. Arthur Schopenhauer verfasste zwar 38 Kunstgriffe, um in Debatten das Oberwasser zu behalten, veröffentlichte sie aber nie. Das geschah erst nach seinem Tod im Jahr 1864. Böse Zun-gen behaupten: Auch das war eine geschickte Manipulation seines Rufs.

23. November
Stressgucker – Stress als Machtstrategie

Kennen Sie den? Der Typ am Restauranttisch gegenüber zieht beide Augenbrauen zur Mitte, hebt sie dabei leicht an und öffnet die Augen etwas weiter als normal … Typischer Fall von Stressgucker.
Stressgucker sind nahe Verwandte der Mitleids-Erreger. Sie ver-

dichten ihre sämtlichen Symptome auf das obere Gesichtsdrittel. Man sieht ihnen sofort an: Der Typ hat Stress, ist wichtig, ohne ihn läuft nichts. Jetzt, wo er hier sitzt und nicht an seinem Schreibtisch, bricht wahrscheinlich das ganze System zusammen. Man kann die Hilferufe der anderen geradezu aus seiner Miene lesen: Haltet den Mann nicht auf, er ist unsere einzige Hoffnung!

Kommt Ihnen bekannt vor? Kein Wunder. Stressgucker sind nichts Neues. Zur Hochzeit der New Economy gab es schon mal eine Epidemie. Damals mischte sich in die Strapazen-Mimik noch ein Hauch Euphorie. Manchmal war es aber auch nur Größenwahn. Heute liegen die Dinge etwas anders: Überall werden Prozesse optimiert, Kostenstellen hinterfragt und gestrafft. Stressgucker wissen: Sie sind eine Kostenstelle. Das wiederum strafft ihre Gesichtsmuskulatur. Das wirkt irgendwie smart, wahnsinnig engagiert und hoffentlich unentbehrlich.

Stressgucker sind übrigens völlig harmlos. Sie gucken ja bloß. Andere quasseln, jammern – oder schlimmer: Sie werden hyperaktiv. Die richten meist noch Schaden an. So gesehen ist Stressgucken also eine positive Mutation. Und eine subtile Masche, seinen Status zu steigern.

24. November
Unter Druck – Ohne Stress keine Hierarchie

Was Sie spätestens seit gestern wissen und kaum einer zugibt: Stress ist eine veritable Machtstrategie. Er mag eine Zivilisationskrankheit sein, ein neuzeitliches Phänomen ist er nicht. Unsere Vorfahren wurden aus gutem Grund soziale Wesen. In der Gruppe konnten sie besser jagen, sich gegen Feinde wehren. Den Gruppenvorteil bezahlten sie jedoch mit Stress. Es entstand Wettbewerb – um Nahrung, Wohnraum, Sexualpartner. Die Folge: Gruppenstress. Dabei geht es um nichts anderes als um Macht, Status und Hierarchien. Wie im Mikrokosmos Unternehmen heute.

Und das bedeutet: Nicht jeder, der das vorgibt, hat tatsächlich Stress. Ganz häufig wird damit manipuliert. Stress ist nicht nur Ausdruck von Überforderung, Ohnmachtgefühlen oder narzisstischen

Verletzungen. Oft ist er nichts weiter als eine Unterwerfungsgeste – und damit eine subtile Machtstrategie. Durch Stress signalisiert der Rangniedrigere, dass er den höheren Status des Chefs anerkennt (Du darfst mir Stress machen!). Ergo wird er weiterhin geduldet, vielleicht sogar befördert. Oder der Stress moralisiert Fehlverhalten (Das war zu viel!). Dabei werden Erwartungen hin- und hergeschoben, Schuld zugewiesen und ein schlechtes Gewissen gemacht. Soziologen sagen: Ohne ein solches Verhaltensrepertoire würden Gruppen nicht funktionieren.

So ist es auch kein Wunder, dass der Stresspegel weltweit in den Unternehmen steigt: Der Arbeitsalltag ist mehr und mehr geprägt von Unsicherheit, von prekären Verhältnissen, von Projektarbeit. Ständig setzen sich neue Teams zusammen, darin müssen die Mitglieder ständig neue Rollen und Rangordnungen finden. Gruppenstress! Dabei ein bisschen Stress zu zeigen, macht unverdächtig, weckt bei anderen Sympathien und lullt dominante Alpha-Typen ein. Umgekehrt gilt allerdings auch: Je höher Sie in der Hierarchie steigen, desto weniger Stress dürfen Sie zeigen. Denn wer führt, der fürchtet (offiziell) nicht – nicht einmal Druck.

25. November
Lobenswert – Die Macht des Beifalls

Lob ist nicht nur Labsal für die Seele – es ist ein mächtiges Instrument, um das Verhalten anderer zu verändern: Lob bringt die Menschen dazu, selbigem gerecht zu werden; es wärmt das Herz und öffnet den verstockten Geist. Durch sublimen Beifall lassen sich Chefs genauso lenken wie Kollegen. Das hat nichts mit Schleimen zu tun, weil das lediglich Botschaften transportiert, die der andere hören will. Loben dagegen vermittelt eigene Ziele und verstärkt so gewünschtes Betragen. »Der Schmeichelei gehen auch die Klügsten auf den Leim«, wusste der französische Dramatiker Molière. Rund 300 Jahre später stellte der Tiefenpsychologe Sigmund Freud fest, dass sich der Mensch wohl gegen Angriffe wehren könne, gegen Lob aber »machtlos« sei. Nichts will so gekonnt sein und wird doch so vernachlässigt wie intelligenter Applaus.

Die positive Wirkung der Wertschätzung wies auch Albert Bandura, Psychologie-Professor an der Stanford-Universität, nach: Gelobte sind motivierter, stecken sich höhere Ziele, fühlen sich diesen stärker verpflichtet, teilweise unterstellen sie sich sogar bessere Fähigkeiten, was wiederum ihre Leistungskraft verbessert. »Es ist ein Zeichen von Mittelmäßigkeit, nur mittelmäßig zu loben«, mäkelte der US-Präsident Benjamin Franklin. Vielleicht war das sein Fehler: Er hätte seine Kritik in Lob kleiden sollen, um gehört zu werden.

Damit Komplimente das Herz des anderen berühren, müssen sie jedoch zwei Bedingungen erfüllen:

1. Sie müssen ehrlich sein. Es muss klar werden, womit das Lob verdient wurde. Unverdienter Beifall lärmt wie verkleideter Spott. Wichtig ist, bei den Fakten zu bleiben und weder zu übertreiben noch herunterzuspielen. Je spezifischer die erzielten Erfolge geschildert werden, desto glaubhafter wirkt die Anerkennung. So kann der Betroffene auch daraus lernen.
2. Sie müssen emotional sein. Gefühle wirken stärker als Argumente. Es ist entscheidend, dass die echte Begeisterung des Laudators spürbar wird. Deshalb sind kleinste Einschränkungen tabu. Jeder Schönheitsfleck in der Laudatio degradiert sie zur Fassade.

Lob ist sanfte Manipulation in bester Absicht. Drum merke: Das Klopfen auf die Schulter liegt zwar nur ein paar Rückenwirbel über dem Tritt in den Steiß – an Effizienz ist es diesem aber überlegen.

26. November
Wer fragt, gewinnt – Regeln für die Gesprächsführung

okt

nov

dez

Egal, ob Sie nun ein Dampfplauderer à la Harald Schmidt oder eher ein sprachmatter Analytiker vom Typ Edmund Stoiber sind: Der Ausgang eines Dialogs, einer Verhandlung oder allein die Wirkung Ihres Auftritts wird maßgeblich bestimmt durch Ihre Gesprächsführung. Die ist keine hohe Kunst, sondern Handwerk, das man lernen kann.

Das Erste ist wie immer gute Vorbereitung: Welche Ziele verfolgen Sie mit dem Gespräch? Wie wollen Sie vorgehen? Aber auch: Welche Kompromisse wären möglich? Eine gute Recherche und Strategie sind die halbe Miete. Nur so behalten Sie den roten Faden und damit die Führung des Gesprächs. Das Zweite: Hören Sie zu! Dank Schritt eins wissen Sie, was Sie wollen. Jetzt geht es darum herauszufinden, was der andere will. Profis sprechen in dem Zusammenhang vom *aktiven Zuhören*: Wiederholen Sie die Aussagen des anderen mit Ihren Worten, das zeigt zudem Respekt und Verständnis.

Drittens: Fassen Sie sich kurz und stellen Sie Fragen! Solange Sie nachfragen, bringen Sie den anderen in Erklärungsnot. Sie bestimmen das Gespräch, können es durch Ihre Fragen lenken und sammeln dabei wertvolle Anhaltspunkte, wo Sie mit Ihren Argumenten später einhaken können. Umgekehrt: Je weniger Sie sagen, desto weniger Angriffsfläche bieten Sie.

Das Vierte klingt nur banal: Bleiben Sie immer höflich. Auch wenn Sie ständig unterbrochen werden, sollten Sie das nur freundlich (!) monieren: *Darf ich bitte ausreden!* Ist Ihr Gegenüber indes eine Quasselstrippe, gibt es ein paar Tricks, um ihn subtil abzuwürgen: Sehen Sie ihm lange und tief in die Augen, dann ziehen Sie die Augenbrauen hoch und machen eine zweifelnde Miene. Das bringt jeden aus dem Konzept. Und schließlich: üben, üben, üben! Die aufgeführten Regeln sind Basiswissen. Nicht mehr, nicht weniger. Um zu größerer Eloquenz zu gelangen, müssen Sie reden, reden, reden und Erfahrungen sammeln. Das kann kein Buch leisten. Das können nur Sie.

27. November
Teil weise! – Das Harvard-Konzept

Wohl kaum ein Konzept hat PR-Strategen mehr beeinflusst als *Win-Win* – also ein dauerhaftes Verhandlungsergebnis, das beide Parteien zufriedenstellt. Alle sind Gewinner – so lässt sich fast alles verkaufen. Ihren Ursprung hat die Idee im *Harvard-Konzept*, das in den frühen Achtzigerjahren an der gleichnamigen Universität entwickelt wurde. Viele Menschen wenden die Methode längst unbewusst an. Sie besteht aus den vier Grundsätzen:

1. Menschen und Probleme werden getrennt behandelt!
2. Verhandle Interessen – nicht Positionen!
3. Entwickle Optionen, die für beide Seiten von Vorteil sind (Win-Win)!
4. Das Ergebnis muss auf objektiven Kriterien beruhen!

Der letzte Punkt bedeutet, dass beide Seiten die spätere Entscheidung als fair und neutral akzeptieren. Sie kennen dazu vielleicht das Standardbeispiel: Zwei Kinder sollen einen Kuchen teilen. Gerecht und neutral wäre: Ein Kind teilt den Kuchen, das andere darf sein Stück zuerst wählen. Der Kern der Harvard-Strategie aber sind die beiden ersten Punkte. Sie sorgen dafür, dass jede Verhandlung sachlich bleibt. Nur Verhandlungslaien feilschen und werden persönlich. Ein Beispiel: Ein Mitarbeiter will 500 Euro mehr Gehalt im Monat, der Chef aber nur maximal 100 Euro drauflegen. Beide Seiten steigen mit einer Extremposition ein und einigen sich allenfalls auf einen Kompromiss. Dabei müssen sie ihre erste Position begründen und verteidigen und die Gegenposition angreifen und schwächen. Effekt: Beide verlieren Zeit, Kraft und spätestens beim Kompromiss ihr Gesicht – selbst dann, wenn der Kompromiss von vorneherein durch eine völlig überzogene Zahl eingepreist wurde. Solche Forderungen sind Positionen. Mit ihnen sollte man nie in Verhandlungen einsteigen. Erfolgreicher verhandelt, wer die stillen Beweggründe seines Gegenübers erkennt und diese zum Gegenstand der Gespräche macht: psychologisch, weil er so signalisiert, dass er den anderen ernst nimmt. Taktisch, weil er sich mit seiner Forderung fast immer durchsetzt, wenn er zuerst das Problem des anderen löst.

   Die Harvard-Methode hat allerdings Grenzen, denn sie setzt voraus, was selten der Fall ist. Beide Seiten verfügen über dieselben Informationen und meinen es gut miteinander. Tatsächlich herrscht aber oft das, was die Wissenschaft *asymmetrische Information* nennt: Die eine Seite weiß mehr als die andere und nutzt das aus. Die Folge: Kein Win-Win, sondern einer gewinnt und einer verliert. Für Sie heißt das: Das beste Ergebnis erzielen Sie, wenn Sie die Harvard-

okt

nov

dez

Methode beherrschen und (!) sich einen Informationsvorsprung verschaffen.

Mehr dazu: Roger Fisher, Wiliam Ury, Bruce Patton, Das Harvard-Konzept. Sachgerecht verhandeln – erfolgreich verhandeln. Campus 2000

28. November
Es kann nur einen geben! – Win-Win ist ein Mythos

Erinnern Sie sich noch an die gestrige Lektion? Um es ganz deutlich zu machen: Auch wenn es in der Werbung und auf Strategiepapieren gut klingt – Win-Win ist eine Mogelpackung. Ein Verhandlungsergebnis, das beide Seiten zu Gewinnern macht und das Glück verdoppelt, gibt es nur in der Theorie. Ein Beispiel aus dem Gebrauchtwagenkauf verdeutlicht den Irrtum: Herr A will seinen alten Audi für 5000 Euro verkaufen. Herr B hört von dem Angebot. Und tatsächlich: Er sucht genau dieses Fahrzeug, und sein Maximalpreis sind 5000 Euro. Beide treffen sich und werden sich sofort einig, 5000 Euro und Audi wechseln die Besitzer. Eine Win-Win-Lösung. Herr A und Herr B haben exakt, was sie wollten ... Tatsächlich? Herr A wird sich am Abend in den Hintern beißen: »Das ging viel zu schnell«, wird er denken. »Sicher hätte ich mehr für die Kiste rausholen können!« Herr B wiederum fährt nach Hause und erzählt seiner Frau von dem Schnäppchen. Sie wird ihn fragen:»Was wollte denn der andere dafür haben?« Herr B strahlt: »Genau 5000 Euro! Und er hat bekommen, was er wollte.« Dreimal dürfen Sie raten, was Frau B sich nun fragt, ob sie am Traualtar damals auch bekommen hat, was sie wollte ...

Win-Win ist eine Illusion. Beide hätten sich wesentlich besser gefühlt, wenn Herr B nur 4900 Euro für den Audi bezahlt hätte – obwohl er dann genau genommen der einzige Gewinner der Verhandlung gewesen wäre. Herr A hätte den Spieß aber auch rumdrehen können und sagen, dass er den Wagen nur für 5000 Euro verkauft, dafür aber noch den alten Satz Winterreifen dazulegt (den er eh nicht mehr braucht). Herr A hätte seine 5000 Euro und Herr B bliebe gegenüber Frau B ein Held, der sogar noch einen Satz Reifen raushandeln konnte. Der Trick bei Verhandlungen ist, Zugeständnisse nur dann zu machen, wenn man dafür gleichzeitig etwas bekommt: *Gib niemals, ohne zu nehmen!*, lautet die erste Maxime aller Verhandlungsprofis. Nur so behält das eigene Angebot seinen Wert. Wer dabei besser blufft, hat am Ende nichts hergegeben – aber der andere das Gefühl, ein Gewinner zu sein.

Was das mit dem Job zu tun hat? Eine ganze Menge! Denken Sie an Ihre Verhandlungen mit Kunden oder Lieferanten oder Gehaltsgespräche mit dem Chef. Selbst wenn Sie von einem Kollegen eine vertrauliche Information benötigen, verhandeln Sie. Die Frage ist: Wie verhandeln Sie, und wer ist am Ende der Win-Win-Winner?

29. November
Zeig mal! –
Gefährliche Gesten im Zeitalter der Globalisierung

Die Verhandlungen liefen gar nicht gut: 1995 reiste der US-Kongressabgeordnete Bill Richardson in den Irak, um mit Saddam Hussein über die Freilassung von zwei Amerikanern zu verhandeln. Als sich Richardson hinsetzte, kreuzte er seine Beine so, dass Hussein seine Schuhsohlen sehen konnte. Ein Affront! Der irakische Präsident verließ abrupt den Raum und brach die Verhandlung ab. Kein Wunder: Die Schuhsohle gilt in vielen arabischen und asiatischen Kulturen als schmutzigster Teil am Menschen. Sie jemandem zu zeigen, ist eine schwere Beleidigung.

Man kann nicht nicht kommunizieren, mahnte der Philosoph Paul Watzlawick. Selbst wenn wir schweigen, spricht unser Körper. Das Problem dabei ist: Körpersprache ist keine Universalsprache. Diverse Gesten können je nach Land und Kulturkreis völlig unterschiedliche Bedeutungen haben. Was bei uns in Deutschland etwa bedeutet, jemand wird »einen Kopf kürzer gemacht« (Halsschnitt), heißt in Polen, Russland oder der Ukraine, dass derjenige betrunken ist (»Er hat den Hals voll«). Der zu einem Ring geformte Daumen und Zeigefinger wiederum steht in den USA und Nordeuropa für »Okay!«, in Belgien und Tunesien für »null«, in Japan für »Geld«, in Südamerika für »Perfektion«, in Frankreich für »superb, lecker«,

okt

nov

dez

in vielen anderen Ländern ist es eine Beleidigung – es ist das Zeichen für »Anus« oder »Du Arsch!«.

Vorsicht auch bei direktem Blickkontakt. In westlichen Ländern steht direkter Augenkontakt für Tugend, Charakterstärke und Aufrichtigkeit; in Asien ist er schlicht unhöflich. In Afrika gilt er Vorgesetzten gegenüber sogar als frech, Untergebene vermeiden deshalb Augenkontakt. Und in arabischen Ländern werden Männer Frauen kaum eines Blickes würdigen. Das ist weder Herabsetzung noch Arroganz: Ein Moslem will eine Frau damit ehren! Anstarren ziemt sich hier nicht.

Ähnlich missverständlich ist das Fingerzeigen. Wer sich selbst meint, zeigt in Deutschland mit dem Finger auf seine Brust; Japaner  verstehen dies nicht – sie zeigen dazu auf die eigene Nase. Wer wiederum in seiner Rede Wichtiges unterstreichen will, wird hierzulande den Zeigefinger erheben oder mit diesem auf einen imaginären Punkt abwärts »hacken«. In Indien gilt diese Geste als grob beleidigend. Dort wird Zustimmung auch nicht wie bei uns Westeuropäern mit Kopfnicken gezeigt – in Indien, Pakistan und Bulgarien wiegen Zuhörer ihren Kopf dazu hin und her, was uns eher an Kopfschütteln und damit an eine Verneinung erinnert. Letzteres zeigt man in Japan dagegen beiläufig durch leichtes Handfächeln. Im arabischen Raum kann schon das Hochziehen einer Augenbraue »Nein« bedeuten. »Daumen hoch!« – auf die Geste sollte man in Australien, im Nahen Osten und Nigeria tunlichst verzichten. Sagt man im Westen damit »Alles prima!« oder »Ich möchte mitfahren!«, drücken Australier damit größte Geringschätzung aus, kurz: »Verpiss dich!« In China dagegen bedeutet diese Geste einfach nur »Fünf«.

30. November
Zeitumstellung – Jeder hat Zeit genug

Es war ein brutaler Selbstversuch. Der französische Forscher Michel Siffre, damals gerade 23 Jahre alt, verbrachte 1962 rund zwei Monate in kompletter Dunkelheit in einer Höhle. Als er aus der freiwilligen Isolation kroch, passierte etwas Verblüffendes: Siffre, der sich weder an einer Uhr noch an der Sonne hatte orientieren können, glaubte statt 58 nur 25 Tage in der Gruft verbracht zu haben. Die Zeit war für ihn wie im Flug vergangen. Dabei hatte er – ohne es zu wissen – einen nur unwesentlich veränderten persönlichen Zeitrhythmus: Wie die Wissenschaftskollegen, die ihn bei dem Versuch beobachtet hatten, notierten, dauerte sein Tag mit Essen und Schlafen etwa 24,5 Stunden.

Zeit ist etwas Relatives, stellte schon Albert Einstein fest. Sie verändert sich ständig in unserem Bewusstsein. Spannen, die uns in der Gegenwart endlos erscheinen, ziehen sich im Rückblick bis ins Unkenntliche zusammen. Einige Erinnerungen verschwinden sogar ganz. Zeitforscher meinen deshalb, dass Zeit nur die Menge an Information ist, die wir verarbeiten. Je mehr Eindrücke wir wahrnehmen und im Gedächtnis speichern, desto länger kommt uns eine zurückliegende Etappe vor. Deswegen erinnern wir uns auch so gut an negative Erlebnisse: Wir machen dabei sprichwörtlich viel durch. Dabei ist Zeit etwas ungeheuer Gerechtes: Jeder Mensch hat exakt gleich viel davon: 24 Stunden pro Tag. Trotzdem gibt es Menschen, die haben nie Zeit. Ich persönlich glaube, das ist eine Ausrede. Dahinter steckt die Angst, unnütz zu sein. »Ich habe Zeit!« Wer kann das schon freimütig behaupten, ohne dass ihm der Verdacht von Unterbeschäftigung, Antriebsarmut und Unwert anhaftet? Zeit zu haben bedeutet zudem, sich mit sich selbst beschäftigen zu können, über sein Leben, seine Ziele und bisher Erreichtes zu reflektieren. Für manche kein angenehmer Gedanke. Dann lieber Zeitvertreib! Schade um die schöne Zeit …

Tappen Sie nicht in diese selbstgestellte Falle! Auszeiten sind wichtig: mal nicht telefonieren, mal nicht managen, mal nichts zu tun haben. Stattdessen zurücklehnen, Kraft tanken, den Gedanken freien Lauf lassen. Jeder hat die Zeit dafür. Und wer weiß: Vielleicht sind es an diesem Tag sogar 24,5 Stunden. Alles ist relativ.

okt

nov

dez

aug

sep

okt

nov

dezember

Auftritte, Ansprachen, Abschiede
Der letzte Schliff

jan

feb

mrz

apr

mai

jun

jul

1. Dezember
Sinneswandel – Wie der Job den Charakter verändern kann

»Der Mensch ist, was er macht«, befand der Philosoph Georg Wilhelm Friedrich Hegel. Wahr ist aber auch: Der Mensch verändert sich mit dem, was er macht. Der Beruf, die Firmenkultur, die Werte der Kollegen, das Verhalten des Chefs – all das überträgt sich früher oder später auf den Charakter. Es formt und verändert Verhalten. Langsam, aber sicher. Im Laufe der Zeit können so aus fröhlichen und aufgeschlossenen Menschen berechnende und kalte Zeitgenossen werden. Aus Kameraden werden Karrieristen. Und der Mensch, dem man morgens im Spiegel begegnet, kann vor den eigenen Augen zum Widerling mutieren.

Sozialwissenschaftler kennen diese Metamorphose: Je stärker sich ein Mensch mit seinem Beruf identifiziert, desto schneller passt er sich den Gepflogenheiten des Betriebs oder der Branche an. Um von den Kollegen und vom Chef respektiert und gelobt zu werden, überschreiten manche Grenzen, die für sie früher No-go-Areas geblieben wären: Die Idee des Kollegen als eigene verkaufen? Selbst schuld, hätte er eben schneller sein müssen! Dem Kunden die aktuellen Probleme des Produktes vorenthalten? Hey, er hat ja auch nicht danach gefragt! Schmiergeld bezahlen, um den Auftrag zu bekommen? Na und, macht doch jeder! Plötzlich sind für sie die einfachen Dinge des Lebens nicht mehr gut genug, es zählen nur noch Superlative – höchster, weitester, schnellster. Mehr. Mehr. Mehr.

Die Erosion der Moral vollzieht sich selten unbemerkt. Die meisten merken früh, dass sie sich verändern, machen aber nichts dagegen, weil es Kraft kostet – und häufig sogar den Job. Wie heißt es so schön: Geld verdirbt den Charakter. Aber der Job kann das auch.

Viele werden mit überzeugtem Brustton solche Abhängigkeiten von sich weisen. Trotzdem passiert es, dass sich mit der Zeit Maßstäbe verschieben, Bedenken abschleifen und Werte umdefiniert werden. Eine wirklich wirksame Arznei dagegen gibt es nicht – außer einem starken Charakter, Selbstdisziplin und guten Freunden, die einen genau beobachten, hinterfragen und rechtzeitig darauf hinweisen, falls man sich zum Nachteil verändert. In diesem Fall muss man dann entweder *an sich* oder *woanders* arbeiten. So gesehen hat Hegel recht, wenn er sagt, der Mensch ist, was er (daraus) macht.

okt

nov

dez

2. Dezember
Leuchtwurm – Nach Ruhm zu streben, ist gefährlich

Was für ein Gefühl! Man betritt den Raum, und alles Reden hört auf. Die Leute schauen voll Bewunderung: Ist das nicht …? Sie behandeln einen bevorzugt, inhalieren jedes Wort, das man spricht, schmeicheln, klatschen. 15 Minuten Rampenlicht, wie es Andy Warhol prophezeite. Erstaunlich viele wären gerne berühmt. Sie sehnen sich nach Popularität, nach Zuwendung, nach Applaus – mehr als nach Macht oder Geld. Prominent zu sein kann ein starker Motor sein. Warum das so ist und welche Menschen danach streben, ist bisher nicht intensiv erforscht. Sicher ist nur: Menschen, die gerne erkannt und bewundert werden wollen, suchen nach sozialer Sicherheit und Weihe, weil sie selbst unter starken Selbstzweifeln leiden.

Den Drang nach Glanz und Glorie gibt es überall. Es gibt Studien aus Deutschland wie China, die zeigen, dass etwa 30 Prozent der Erwachsenen regelmäßig davon träumen, berühmt zu sein; 40 Prozent würden sich sogar mit einem kurzweiligen Popularitäts-Intermezzo begnügen. Bei Teenagern liegen die Zahlen höher. Und für eine kleine Gruppe ist es der scheinbar einzige Weg, ihrem Leben Sinn zu geben. Solche Menschen bewundern Berühmte, weil die etwas geschafft haben, wovon sie glauben, es selbst nie schaffen zu können. Sie meinen, dass Prominente etwas Besonderes wären, besonders interessant. In der Regel sind sie es nicht. Sie sind nur bekannter.

Ruhm macht nicht einmal glücklich. 1996 veröffentlichte Richard M. Ryan von der Universität Rochester eine Umfrage unter Erwachsenen, bei der diese nach ihren Werten gefragt wurden. Diejenigen, die sich darauf konzentrierten, von anderen anerkannt zu werden, waren deutlich unglücklicher als jene, die mit sich zufrieden waren und sich für Freundschaften interessierten. Zig Folgestudien bestätigen: Wer sich auf so flüchtige Dinge wie Ruhm versteift und damit vom Urteil anderer abhängig macht, wird nicht zufriedener und freier, sondern das genaue Gegenteil tritt ein. Das Anhimmeln von außergewöhnlichen Menschen liegt zwar in der Natur des Menschen. Es ist aber auch eine seiner dämlichsten Eigenschaften. Sie führt zu Wahrnehmungsstörungen und Hochmut – und der kommt bekanntlich vor dem Fall.

Vorsicht Kamera – Regeln für Medienauftritte

Vor laufender Kamera oder gegenüber einem anrufenden Journalisten Stellung zu einem brisanten Thema zu beziehen, kann einem viel Prestige und Respekt einbringen. Die Ökonomie der Aufmerksamkeit verlangt allerdings, dass man seine Sache gut macht. Wer wabbelige Statements oder gar entlarvende abgibt, schadet sich nachhaltig. Ein mühsam aufgebautes Image kann hier in Sekunden wie eine Seifenblase platzen. Die Zusammenarbeit mit Journalisten, insbesondere bei Live-Medien wie Radio oder Fernsehen, gehört daher zu den schwersten Herausforderungen in herausgehobenen Positionen. Je weiter man aufsteigt und je mehr einer zum Experten reift, desto unvermeidbarer wird sie allerdings. Binnen kurzer Zeit, geblendet von Scheinwerfern und der Gewissheit eines Millionenpublikums, soll man das Gescheiteste sagen, was einem je über die Lippen ging. Ohne Übung und Vorbereitung geht das nicht.

Nehmen Sie sich also Zeit! Auch wenn Journalisten unter Zeitdruck stehen und gute Gründe nennen, weshalb das Interview jetzt sein muss – es gibt ebenso gute Gründe, warum Sie das Interview erst in einer Viertelstunde oder erst morgen geben können. Der wichtigste, den sie freilich nie nennen, ist aber, dass Sie kein Blabla absondern wollen. Bei Interviewanfragen ist zudem der Kontext wichtig: Will man Sie mit kontroversen Fragen konfrontieren oder sollen Sie nur eine Einschätzung abgeben? Sollen Missstände aufgedeckt werden? Oder will man Ihr Unternehmen vorstellen? Vor allem: Wie viel davon wird später gedruckt oder gesendet? Es ist ein himmelweiter Unterschied, ob aus einem 30-Minuten-Interview ein 10-Sekunden-Statement oder ein 2-Minuten-Beitrag geschnitten wird. Fordert man Sie auf, »ruhig draufloszureden«, ist größtes Misstrauen geboten.

Im Interview selbst sollten Sie sich um eine einfache Sprache bemühen. Viele meinen, je gestelzter der Satz, desto kompetenter die Wirkung. Das Gegenteil ist der Fall. Vermeiden Sie Schachtelsätze. Rückblenden (»Wie ich schon sagte …«) sind ebenfalls tabu, genauso Fremdwörter und Fachausdrücke. Wiederholungen zentraler Begriffe sind dafür erlaubt, sie erhöhen die Verständlichkeit. Sprechen Sie außerdem nur mit dem Fragensteller, nie mit der Kamera! Das sieht mediengeil aus und wirkt unhöflich. Und bleiben Sie immer (!) höflich. Behandeln Sie den Reporter nie von oben herab, selbst wenn er dumme Fragen stellt oder provoziert. Hüten Sie sich vor Oberlehrergesten (erhobener Zeigefinger) oder rhetorischen Todsünden wie »Dann will ich Ihnen das mal erklären ...«. Umgekehrt ist es keine Schande, wenn Sie mal keine Antwort wissen. Sagen Sie nur nicht:»Darauf gebe ich Ihnen keine Antwort!« Das sieht so aus, als hätten Sie etwas zu verbergen. Besser: zugeben, dass Sie dazu nichts sagen können, und plausibel begründen – etwa:»Sie werden verstehen, dass dies zu unseren Geschäftsgeheimnissen gehört ...«. Fangfragen parieren Sie wiederum, indem Sie diese als solche enttarnen:»Dies ist eine Suggestivfrage. Kann es sein, dass Sie nur eine bestimmte Antwort hören wollen?« Wenn Sie das in einem freundlichen Ton und mit einem Lächeln sagen, wird Ihnen das keiner übelnehmen. Aber Achtung: Journalisten sind geübte Rhetoriker, die diesen Punkt ungern durchgehen lassen. Wer ein solches Wortduell beginnt, braucht also ein paar Asse im Ärmel und viel Übung.

4. Dezember
Zwischen Zeilen – Vom Umgang mit Journalisten

In den meisten Karriereführern wird dieser Punkt vergessen, dabei kann er großen Einfluss auf Ihre Karriere ausüben: Pressearbeit. Gemeint ist nicht PR für ein Produkt oder Ihren Arbeitgeber. Das ist der Job der Presseabteilung. Es geht um Ihren guten Namen, um den Ruf als kompetenter Experte und Ihren Bekanntheitsgrad. Tatsächlich hat es große Vorteile, wenn Ihr Name im Zusammenhang mit einer Expertise im Internet oder in der Zeitung steht, im Radio zu hören oder Ihr Konterfei im Fernsehen zu sehen ist. So etwas sorgt für Aufmerksamkeit in der Branche, bei Kollegen und bei Headhuntern. Wer sich in das Rampenlicht begibt, setzt sich allerdings auch Gefahren aus: Wenn Sie bei einem Interview dummes Zeug erzählen, unwahre oder gar geschäftsschädigende Aussagen machen, sind Ihre Tage im Unternehmen gezählt. Und zu viel Aufmerksamkeit kann den Neid Ihrer Kollegen oder Vorgesetzten schüren. Gehen Sie mit Pressekontakten deshalb behutsam um:

- Überlegen Sie, wie Sie sich positionieren wollen: Wofür sind Sie Experte? Wozu können Sie kompetent antworten? Und vor allem: Wen könnte das interessieren? Nichts bugsiert Sie schneller aus der Expertenkartei in die Nervensägenablage, als Journalisten mit uninteressanten Themen zu belämmern. Gute Hinweise, wer die richtigen Ansprechpartner sind, kann Ihnen Ihre Presseabteilung geben. Mit der sollten Sie – genauso wie mit dem Chef – vorab klären, ob Sie an die Presse gehen und was Sie *nicht* sagen dürfen.
- Das gilt auch für den Fall, dass der Journalist Sie anruft. Überlegen Sie sich genau, was Sie sagen wollen. Was Sie für nebensächlich halten, ist für den Redakteur womöglich der Aufhänger. Konzentrieren Sie sich auf maximal drei Kernaussagen. Häufiger wird kaum einer zitiert.
- Journalisten lieben Anekdoten. Also verbreiten Sie nicht nur Thesen, sondern belegen Sie diese durch Beispiele aus der Praxis. Die kommen immer ins Blatt. Ebenso wie exklusive Zahlen.
- Profis zeichnen sich dadurch aus, dass sie Interviews geben, die nicht mehr abgestimmt werden müssen. Für Anfänger aber gilt: Wenigstens Ihre wörtlichen Zitate sollte Ihnen der Redakteur vor Veröffentlichung zur Abstimmung vorlegen. Sie können das durchaus zur Bedingung eines Interviews machen. Da man Zitate aber böswillig in einen neuen Kontext stellen kann, empfehle ich ein anderes Prozedere: Lassen Sie sich den ganzen Absatz am Telefon vorlesen. Ein seriöser Journalist wird etwaige Fehler korrigieren und sich an Vereinbarungen halten.

5. Dezember
Schmachspuren – So überlebt man einen Skandal

okt

nov

dez

Dezember 2006 kam es für Heinrich v. Pierer ziemlich dicke: Ein ehemaliger Siemens-Vorstand wurde verhaftet, die anschließende mediale Schockwelle um dubiose Beraterverträge und Korruption im Konzern bedrohte nicht nur das Unternehmensimage, sondern auch das Mandat des Siemens-Aufsichtsratchefs. »Zerbricht der Konzern an Pierer?«, fragte etwa die *Bild*-Zeitung. Es folgte ein mediales Großreinemachen – mit der Folge, dass der damals 66-Jährige Ende April 2007 von seinem Amt zurücktrat. Eine kluge Entscheidung.

In einen handfesten Skandal verwickelt zu werden, der mediale Wellen schlägt, passiert wohl den wenigsten von uns. Zum Glück! Ein Skandal bedroht nicht nur das bisherige Lebenswerk, sondern auch die berufliche Zukunft, womöglich sogar das Privatleben. Wie also reagieren? Für die Wirtschaft gibt es hierzu kaum nennenswerte Studien – dafür aber für die Politik. In einer 1996 veröffentlichten Untersuchung* wurden dazu die Laufbahnen von Politikern, die in Skandale gerieten, über einen Zeitraum von 1949 bis 1993 ausgewertet. Ergebnis: Die Verteidigungsstrategie hatte erheblichen Einfluss auf deren weitere Laufbahn. Rund 24 Prozent der Staatsmänner setzten auf Ehrlichkeit und gestanden ihre Schuld öffentlich ein. Das war dumm. Von ihnen blieb nur ein Drittel im Amt. 28 Prozent dementierten die Vorwürfe, stritten alles ab oder spielten das Gezeter herunter. Immerhin rund 44 Prozent von ihnen konnten so ihre Haut retten. Die Mehrheit (rund 46 Prozent) aber wählte den erfolgreichsten Weg: Sie rechtfertigten sich, indem sie besondere Umstände oder mangelhafte Informationen anführten beziehungsweise auf höhere Ziele verwiesen. Knapp zwei Drittel von ihnen behielten so ihre Ämter und Würden.

Die Studie zeigt dreierlei. Erstens: In einer solchen Lage nichts zu tun und zu hoffen, dass der Sturm vorüberzieht, führt mit Sicherheit in den Untergang. Zweitens: Dementis ohne glaubhafte Begründung verhallen entweder wirkungslos oder entfalten nur geringe Kraft. Am besten bekommt einem die wohlüberlegte Ausrede. Und drittens: Der Ehrliche ist tatsächlich der Dumme.

---

* Thomas Geiger, Alexander Steinbach, Auswirkungen politischer Skandale auf die Karriere der Skandalierten. In: Otfried Jarren u. a. (Hrsg.): Medien und politischer Prozeß. Westdeutscher Verlag 1996

6. Dezember
Alle Jahre wieder – Regeln für die Weihnachtsfeier

Der Dezember ist turbulent. Das Jahresendgeschäft ringt den Mitarbeitern letzte Kräfte ab, parallel wird gebacken, gebechert, gefeiert bis zur Heiligen Nacht. Spätestens mit dem ersten Advent erleben Glühwein, Girlanden und Geschäftsführeransprachen ihre alljährliche Renaissance. Feste soll man zwar feste feiern, derart erzwungene Lieblichkeiten sind aber anscheinend nur durch exzessive Enthemmung zu ertragen. Schließlich muss man Klaus, Dieter und Dörthe nicht mehr kennenlernen, weil sie uns längst auch unter der Woche zum Essen oder Kaffeetrinken begleiten.

Tatsächlich sind Weihnachtsfeiern wie Schaulaufen: Wer benimmt sich – wer daneben? Für Vorgesetzte ist so eine Feier ein gesellschaftlicher Benimmtest, der Mitarbeiter für höhere Aufgaben empfiehlt oder nicht. Der Maßstab variiert zwar von Unternehmen zu Unternehmen, dennoch gelten bestimmte Regeln unisono, wie etwa dem Chef bloß nicht die Meinung zu geigen oder zu fortgeschrittener Stunde um eine Gehaltserhöhung zu bitten. Selbst im Suff ist das tödlich! Auch der Ruf eines Draufgängers, der jeden Matrosen unter den Tisch trinken könnte, ist ein Pyrrhussieg. Die Kollegen sollen einem schließlich auch nach der Party mit Respekt begegnen und sich nicht ausschließlich an den Moment erinnern, als man über die Kurven der Praktikantin dozierte – oder schlimmer: sie examinierte. Ob angeschickert oder nicht – Intimitäten sind tabu! Umgekehrt gilt: Wenn der Chef nach dem sechsten Schnaps abstürzt und plötzlich »Du« sagt, zählt das nur, wenn er sich am nächsten Tag daran erinnert und es beibehält. Ansonsten sagt man besser wieder »Sie« zu ihm. Dasselbe gilt für Zeugen einer zunehmend ausgelassenen Führungskraft. Stehlen Sie sich hierbei zügig aus der Affäre. Manche Chefs neigen dazu, ihr schlechtes Gewissen am nächsten Tag jenen anzulasten, die dabei waren.

Neben den Partylöwen gibt es noch die Gruppe der Spaßbremsen. Riesenfehler! Kollegen, die schweigend in der Ecke kauern, demonstrativ auf die Uhr schauen oder über das Essen mäkeln, mag keiner. Gleiches gilt für einzelne Gruppen, die sich während der Party absondern und tuscheln – sei es als Abteilung oder als Horde von Alpha-Männchen. Chefs, die lieber unter sich bleiben, de-

okt

nov

dez

monstrieren, dass sie den Kontakt zur Basis weder haben noch suchen. Ein Betriebsklimakiller.

7. Dezember
Sage und schreibe –
So kommen Weihnachtsgrüße wirklich an

Alle Jahre wieder kommen nicht nur Christkind und Gänsebraten vorbei, sondern auch die Fragen, ob und wie man seinen Geschäftsfreunden Weihnachtsgrüße sendet. Die meisten verfahren so: Die Firma bestellt's, die Sekretärin schreibt's, noch eine Unterschrift und ab geht die Post. Stiller kann man die Heilige Nacht nicht abhaken. Obacht! Grüße sind Botschaften, und die sagen zweierlei: etwas über den Sender und etwas darüber, was der vom Empfänger hält. Aus dem Grund sollten zum Beispiel E-Mail-Postkarten und SMS allenfalls wirklich guten Freunden vorbehalten bleiben. Erstens, weil sie im Geschäftsleben erst recht unpersönlich und mal eben so weggetippt aussehen. Zweitens, weil Spam nicht anders funktioniert. Und wer will schon Weihnachtsgrüße zwischen Hinweisen zu Penisverlängerung und Erregungsarznei suchen? Schneeball-Mails, die sichtbar an mehrere Empfänger versendet wurden, sind genauso tabu wie Grußkarten mit verzweifelt witzigen oder obszönen Xmas-Motiven. Erfahrungsgemäß landen solche Karten sofort im Altpapier – auf dem Schreibtisch wirken sie peinlich. Damit bleiben zum Fest der Liebe nur drei sinnvolle Alternativen für postalische Aufmerksamkeiten:

• Sie verschicken einen selbst ausgedachten, individuell zugeschnittenen Gruß.
• Sie gehen auf Weihnachten in seiner ursprünglichen Bedeutung ein (Bibelverse!).
• Sie umgehen religiöse Irritationen und senden gleich einen Jahresendgruß.

Mit allen drei Formen heben Sie sich deutlich von der Masse ab. Es geht schließlich um Beziehungen, um gegenseitige Wertschätzung, nicht um süßer klingende Kassen. Gut ist zwar, die Post handschriftlich zu unterschreiben – herzlicher aber wirkt, die Zeilen komplett mit dem Füller zu verfassen. Nur bitte keine Standardtexte! Wer noch persönlicher sein will, muss handwerken. Gegen den Eindruck einer Massenwurfsendung sprechen kleine Beigaben, wie ein aufgeklebter Strohstern, eine Zimtstange, eine verzierte Schleife. Das kommt immer an, weil darin Wertvolles steckt: Lebenszeit. Sie können es aber auch machen wie Henry Cole und einen Sonderdruck auflegen. Der britische Staatsbeamte erfand 1843 die erste Weihnachtskarte der Welt. Damals beauftragte er den Illustrator John Callcott Horsley, eine Karte mit dem Text »Merry Christmas and a Happy New Year to You« zu gestalten. Heraus kam ein dreiteiliges, durch ein Altarbild inspiriertes Familienfestmotiv. Die Karten wurden in einer handkolorierten Auflage von 1000 Stück gedruckt und für den damals unverschämten Preis von einem Shilling verkauft. Schlau, wer den Gruß aufhob: Im Dezember 2005 erzielte eine der Karten bei einer Auktion den Preis von 9000 Pfund.

8. Dezember
Zu Gaben – Nur wenige Präsente machen Freu(n)de

»Einen fröhlichen Geber hat Gott lieb«, sagt die Bibel. Der Beschenkte aber womöglich auch. Aus dem Grund machen sich alljährlich Marketing- und Kommunikationsabteilungen Gedanken, wie sie ihren besten Kunden und Lieferanten eine nicht ganz uneigennützige Freude machen können. Ein herrlich manipulativer Brauch. Und kostspielig dazu. Immer wieder entzaubern Wissenschaftler die Idee, indem sie darauf hinweisen, dass Geschenke Verschwendung sind. Allen voran Professor Joel Waldfogel von der Wharton-Universität. Er veröffentlichte vor Jahren eine mehrseitige Abhandlung über die »weihnachtliche Verschwendung« in *The American Economic Review*. Seine These, die er durch mathematische Schaubilder unterstrich: Mindestens zehn Prozent der Gaben gehen am Geschmack der Empfänger vorbei. Ihr Preis im Laden übersteigt deutlich den Wert und praktischen Nutzen für die Beschenkten.

okt

nov

dez

Die These blieb wissenschaftlich nicht unumstritten. Schließlich, so wiesen Sara Solnick und David Hemenway von der Universität Vermont nach, kann der ideelle Nutzen von Geschenken auch den Kaufpreis übertreffen. Ganz widersprachen sie Waldfogel dennoch nicht – vermutlich weil auch sie schon batteriebetriebene Grußkarten oder Wollschals mit Firmenlogo bekommen haben. Es ist wie so oft in der Werbung: Die Hälfte solcher Ausgaben ist verschwendet – man weiß nur nicht, welche Hälfte. So oder so: Die Präsente müssen in erster Linie zum Schenkenden passen. In vielen Unternehmen ist die Annahme von Präsenten, die einen bestimmten Wert übersteigen, ohnehin wegen Vorteilsnahme verboten. Will man den Beschenkten nicht in Gewissenskonflikte stürzen, sollte die Gabe schon deshalb nicht mehr als 30 Euro kosten. Zudem soll sich der Nehmer nicht verpflichtet fühlen, etwas zurückzuschenken. Im Zweifel entfaltet eine herzliche Grußkarte deshalb mehr Wirkung. So wusste die Schriftstellerin Daphne du Maurier:»Ein freundliches Wort kostet nichts und ist dennoch das schönste aller Geschenke.«

9. Dezember
Schönredner – Anleitung für spontane Ansprachen

Weihnachtszeit – Redenzeit. Leider gelingt nicht jedem eine pointierte Ansprache aus dem Stegreif. Stattdessen perlt der Schweiß auf der Stirn, die Stimme zittert mit den Händen um die Wette, und außer langgezogenen Umlauten bietet die Rede kaum Verwertbares. Ein einziges Weihnachts-Waterloo! Rhetorik, das Handwerkszeug für eine gelungene Rede, kennen Sie natürlich schon aus diversen Kolumnen in diesem Buch. All das ist hilfreich. Wirkungsvoll für eine Stegreifansprache sind zudem drei Kniffe:

Sprechen Sie verständlich! Einfache Sätze, einfache Worte, viel Emotion, viele Verben, kaum Substantive, keine Fremdwörter oder Fachausdrücke. Kurz: Erzählen Sie kleine, launige, persönliche Geschichten und reden Sie so, dass man nicht vor Langeweile einduselt! Das wäre sonst Luftverschmutzung.

Konzentrieren Sie sich dabei aber nicht nur auf das gesprochene

Wort. Eine lebhafte und ausdrucksstarke Mimik gibt einer Rede mehr Pep als jedes Wortgeklimper. Bauen Sie kleine Abstimmungen oder Testfragen ein, fordern Sie die Zuhörer zum Mitmachen auf. Das verbindet. Häufiger Blickkontakt zum Publikum wird zudem als freundlich, selbstbewusst und natürlich geschätzt.

Und: Eine gelungene Ansprache orientiert sich stets am Zuhörer, ist deshalb kurz und regt zum Mitdenken an – etwa durch ein originelles Credo. Mehr braucht keiner.

10. Dezember
Schneller auf den . – Weise Worte

»Die besten Reden sind die, die nicht gehalten werden. Die zweitbesten sind die scharfen, die drittbesten die kurzen.«

[Willy Brandt, Bundeskanzler]

»Das Geheimnis der Langeweile ist, alles sagen zu wollen.«

[Voltaire, Schriftsteller]

»Jedes überflüssige Wort wirkt seinem Zweck gerade entgegen.«

[Arthur Schopenhauer, Philosoph]

»Festredner sind Leute, die im Schlaf anderer Menschen sprechen.«

[Jerry Lewis, Komiker]

11. Dezember
Plauderhaft – Die Todsünden der Redner

Redner sind oft ihre schlimmsten Gegner. Zu viel Effekthascherei lässt Zuhörer abschalten. Hier die schlimmsten Schlafhilfen:

- **Ablesen:** Nichts ist langweiliger als ein Redner, der an seinem Skript klebt. Sie sprechen zu Menschen, nicht zu Folien! Heute weiß man: Wer überzeugen will, muss mindestens 90 Prozent seiner Redezeit Blickkontakt zum Publikum halten. Falls Sie direkter Augenkontakt verunsichert, hier ein Trick: knapp über die Menge hinwegsehen. Den Unterschied merkt kein Mensch.

- **Strammstehen:** Der optimale Stand bei einem Vortrag ist: Beine leicht gespreizt und fest auf dem Boden, gestreckter Rücken, gerade Schultern. Nur nicht die ganze Zeit, Sie stehen ja nicht in einer Kaserne. Lebendiger und überzeugender wirkt, wer seine Bühne erschreitet, also auch mal ins Publikum geht.
- **Redundanzen:** Nur wer überzeugt ist, dass seine Zuhörer Idioten sind, sollte seine projizierten Folien vorlesen. Andernfalls: Lassen Sie das! Der Trick funktioniert nur umgekehrt: erst den Gedanken erarbeiten, dann aufschreiben. Und überfrachten Sie Ihre Folien nicht. Faustregel: nicht mehr als vier Worte pro Zeile, nicht mehr als sechs Zeilen pro Blatt.
- **Labern:** Man kann über alles sprechen – nur nicht über 20 Minuten. Danach nimmt die Aufmerksamkeit rapide ab. Es ist ein Irrglaube, Redezeit dokumentiere die Bedeutung des Redners. Halten Sie es lieber mit dem Theatermann Otto Brahms: »Wat jestrichen is, kann nich durchfallen.«
- **Langweilen:** Oft merken sich Zuhörer nur den Auftakt und die Pointe eines Vortrags. Deshalb sollten beide gut sein. Beginnen Sie mit einem Knall, einer Anekdote, einer Pause. Wem partout nichts einfällt, sagt den Zuhörern, warum das Kommende ihr Leben verändern wird, oder startet wie Groucho Marx: »Bevor ich mit der Rede beginne, habe ich etwas Wichtiges zu sagen …«
- **Stoppen:** Der Schluss bleibt haften. Deshalb braucht er etwas Inspirierendes, einen Ausblick, aber keine Zusammenfassung! Selbst eine provokante Frage ist besser, als seine Rede ausplätschern zu lassen. Der Rest ist Schweigen.

12. Dezember
Halbautomatik – Warum der Bauch oft besser entscheidet

Nach Vollkommenheit zu streben, ist vollkommen aussichtslos. Allenfalls derjenige, der sich mit seiner Einsicht für beschränkt erklärt, komme »der Vollkommenheit am nächsten«, befand Johann Wolfgang von Goethe – und der wusste eine Menge. Die vollkommene Wahrheit zu kennen, ist für uns genauso utopisch, wie erschöpfendes Wissen zu konservieren. Oder kurz: Weniger ist manchmal mehr.

Das gilt erst recht für das »oblatendünne Eis des halben Zweidrittelwissens« (Sarah Kuttner), mit dem wir tagtäglich versuchen zu glänzen und vehement behaupten, es sei so etwas wie Fachwissen oder Expertentum, während es nur eines bleibt: Halbwissen. Tatsächlich bringt partielle Unkenntnis oft weiter als absolute Einsicht. Das ist wissenschaftlich verbürgt: So ließen Forscher, unter anderem Gerd Gigerenzer vom Max-Planck-Institut für Bildungsforschung, Börsenlaien gegen Profis antreten. Beide sollten in Wertpapiere investieren, doch nahezu jedes Mal schnitten die intuitiv handelnden Amateure besser ab als die fachkundigen Spezialisten. Erstere verfügten offenbar über eine Art innere Entscheidungshilfe, die ihre Optionen auf einen richtigen Rest reduzierte. Die Schlussfolgerung der Wissenschaftler: Experten können im Nachhinein zwar besser analysieren, wenn es aber um die aktuelle Entscheidung geht, sind die Laien überlegen, weil sie sich lediglich merken, was sich bewährt hat.

Detailversessenheit verstellt den Blick auf das Ganze. Nehmen Sie den russischen Gedächtniskünstler Solomon-Veniaminovich Shereshevsky. Der Mann war begnadet im Memorieren von Büchern: Er las eine Seite und konnte sie sofort rezitieren – vorwärts wie rückwärts. Nur zusammenfassen konnte er sie nicht. Trotz seines großartigen Gedächtnisses hatte er große Mühen, Wichtiges von Unwichtigem zu unterscheiden und das Gelernte zu abstrahieren. Damit war sein Wissensschatz zwar umfassend, aber unnütz. Die halbe Wissensportion ist der ganzen überlegen, denn sie erkennt die Dinge »einfacher, als sie sind, und macht daher [die eigene] Meinung überzeugender«, fasste es Friedrich Nietzsche zusammen. Kurz: Tausendsassa besiegt Fachidiot.

Um das immer komplexere Wesen dieser Welt zu erfassen, verknüpft unser Gehirn neues Wissen mit alten Erfahrungen und vereinfacht die Dinge dabei. Es reduziert Komplexität, indem es Regelmäßigkeiten erkennt. Bauernregeln und Volksweisheiten sind nichts weiter als kondensierter Dilettantismus um einen wahren Kern. Dass sich bei diesem Vorgang zwangsläufig Verzerrungen einschleichen,

okt

nov

dez

die wir als solche kaum noch erkennen, weil sie plausibel klingen, macht kaum etwas. Unsere Bauchentscheide mögen manchmal falsch sein – mehrheitlich sind sie es nicht. Derjenige, der mit seinem Halbwissen hausieren geht, ist also oft gar kein knarziger Besserwisser, sondern hebt nur einen Schatz kollektiver Klugheit. Behaupte ich. Vollkommen sicher bin ich nicht.

13. Dezember
Stellungswechsel – Der richtige Zeitpunkt für den Abschied

Man soll gehen, wenn's am schönsten ist. Das liest sich leichter, als es ist. Den richtigen Zeitpunkt für einen Rücktritt oder Jobwechsel zu erwischen, ist in etwa so schwer wie ein optimales Spekulationsgeschäft an der Börse: Leider weiß man immer erst hinterher, ob der Zeitpunkt der beste war. Allerdings gibt es ein paar Indizien dafür, wann ein guter Zeitpunkt für den Abschied gekommen ist:

- Der Job macht krank. Stress und Frust überlagern alles, was an dieser Arbeit jemals Spaß gemacht hat. Der Chef nörgelt rum, das Verhältnis zu ihm ist zerrüttet, die Kollegen nerven, und bereits am Morgen zählt man die Stunden bis zum Feierabend. Also nix wie weg!
- Es gibt keine Herausforderungen mehr. Die Zukunft besteht zu 50 Prozent aus Routine und zu 50 Prozent aus Langeweile. Gefährlich! Im Dämmerzustand passieren die schlimmsten Fehler. Ab hier kann es nur noch bergab gehen.
- Es gibt ein besseres Angebot. Zwar sollte man solche Offerten prüfen, wenn aber die Bilanz dafür spricht, warum zögern?
- Das Unternehmen ist auf dem absteigenden Ast. Wem klar wird, dass er auf der Titanic arbeitet, sollte das nächstbeste Rettungsboot erwischen, bevor es voll ist. Das mag illoyal sein, läuft aber umgekehrt genauso.
- Die Lebensumstände haben sich gravierend geändert. Die Familie ist gewachsen, die Werte haben sich gewandelt oder passen nicht mehr zum Unternehmen – ab hier entscheidet die Kompromissbereitschaft über den Fortgang der Karriere.

- Der neue Posten ist ein verlorener. Falls das Unternehmen Sie im Zuge von Umstrukturierungen parkt, bis die ideale Stelle geschaffen ist, wäre das noch akzeptabel. Soll mit Versetzung nur eine ungeliebte Lücke geschlossen werden, ist das ein Alarmzeichen. Wer tatsächlich zu den Leistungsträgern zählt, dem passiert so etwas nicht. Entweder der Arbeitgeber betuppt einen nach Strich und Faden oder er will damit sagen: Zieh Leine!

14. Dezember
Ich bin dann mal weg – So nehmen Profis ihren Hut

Rücktritt, niemals! Für viele Menschen stellt die berufliche Demission eine fürchterliche Blamage dar. Ein Kainsmal, das man so schnell nicht loswird. Stimmt nicht. Denn das hängt nicht davon ab, ob man geht – sondern wie. Das Wichtigste: Bleiben Sie zu jedem Zeitpunkt Profi. Egal, wie schäbig sich Ihr Arbeitgeber, Ihr Chef, Ihre Kollegen verhalten – Sie verhalten sich professionell! Dazu gehört der Dank für gute Zusammenarbeit sowie – falls Sie selber kündigen – die Kündigung persönlich zu überreichen. Bitte nie per Post oder E-Mail!

Wie lange einer nach diesem Schlussstrich im Unternehmen verweilt, bestimmt der Arbeitsvertrag. In dieser Zeit gilt: Ab jetzt arbeiten Sie für den Ruf, der Ihnen nacheilen wird. Schließen Sie offene Projekte sorgfältig ab, noch werden Sie dafür bezahlt. Sollte Sie Ihr Boss nach einer Begründung für die Kündigung fragen – bleiben Sie positiv. Oft ist das eine Falle. Ihn interessiert nicht Ihre Meinung, sondern das, was Sie womöglich weitererzählen. Ihre Antwort lautet daher: Alles lief bestens, der andere Job bietet nur Herausforderungen, die Sie reizen. Akzeptieren Sie auch kein besseres Gegenangebot. Erstens, weil das unentschlossen wirkt. Zweitens, weil Sie bereits als illoyal gelten. Sollten irgendwann Stellen gestrichen werden, steht Ihr Name schon auf der Liste.

Bevor Sie kündigen, säubern Sie unbedingt Ihr Büro! Persönliche Dinge sowie Ihr Privateigentum sollten Sie rechtzeitig und diskret nach Hause schaffen. Das gilt besonders für Daten auf dem Rechner, die man gegen Sie verwenden könnte. Legen Sie sich rechtzeitig einen Giftordner an, in dem Sie Ausdrucke oder Kopien von E-Mails oder anderen Schriftsätzen sammeln, die Ihre Verhandlungsposition bei einem möglichen Arbeitsrechtsstreit stärken. Dazu gehören: Drohungen, Unverschämtheiten, Nötigung oder gar Anstiftung zu Straftaten. Dieser Ordner gehört ebenfalls früh nach Hause. Umgekehrt: Nehmen Sie nichts mit, das Ihnen nicht gehört! Nicht einmal Büroklammern. Auch nicht aus Versehen. Das ist Diebstahl und kann Sie bei einem drohenden Rechtsstreit viel Geld und Ihren guten Ruf kosten. Das gilt auch für den Fall, dass Sie Zugang zu Geschäftsgeheimnissen haben. Schon im eigenen Interesse sollten Sie sich so schnell wie möglich davon distanzieren. Dann kann Ihnen keiner daraus einen Strick drehen. Ihr Anspruch sollte natürlich trotzdem sein, im Guten zu gehen. Bereiten Sie alles für eine saubere Übergabe vor. Vielleicht gibt es schon einen Nachfolger? Dann helfen Sie ihm! Mit geordneten Dokumenten, Kontakten, Hinweisen zu Abläufen oder informellen Netzwerken, die er nutzen kann. Was Sie an wertvollem (Insider-)Wissen angesammelt haben, sollten Sie an Ihre Kollegen weitergeben. Das Klischee stimmt: Man begegnet sich immer zweimal im Leben.

15. Dezember
Man sieht sich! – Regeln für die Abschiedsrede

Niemals geht man so ganz. Egal, ob man nur das Team, die Abteilung oder den Job wechselt – bei den Kollegen bleibt immer etwas hängen. Wer Abschied nimmt, sollte sich deshalb angemessen von seiner alten Belegschaft verabschieden. Am besten mit einer kurzen Rede. Solche Abschiedsreden sind wie die Zeugnisübergabe. Die Ex-Kollegen erwarten eine Bilanz, noch mehr aber Lob. Überlegen Sie: Was war das Highlight Ihrer gemeinsamen Arbeit? Vielleicht beginnen Sie mit einer Anekdote aus der gemeinsamen Zeit. Das belebt das Wir-Gefühl. Dann verweisen Sie auf Erfolge und die Zukunft. Die Leute werden schließlich auch ohne Sie gute Leistungen bringen. Sagen Sie das ruhig – auch dann, wenn Sie im Unfrieden gehen!

Ein Schweigegebot gilt indes für die Abschiedsmotive. Entweder

Sie haben ein besseres Angebot oder Sie wurden gefeuert – beides sollte man nicht erwähnen. Das Erste düpiert die anderen, das Zweite lädiert Ihren Ruf.

Und: Fassen Sie sich kurz. Länger als zehn Minuten sollte keine Schlussansprache dauern. Erst recht nicht, wenn hinter den Zuhörern ein Umtrunk wartet.

16. Dezember
War nett mit euch – Fehler beim Abschied

Die dämlichsten Fehler passieren oft zum Schluss. Wer den Job wechselt und von seinen alten Kollegen Abschied nimmt, zeigt entweder Klasse und hinterlässt so das subtile Gefühl einer Lücke – oder besudelt sein Image binnen Minuten. Vermeiden Sie daher unbedingt folgende Kardinalfehler:

1. Erliegen Sie niemals der Versuchung, Ihrem Ex-Chef oder den Ex-Kollegen beim Abschied zu sagen, was Sie wirklich über sie denken! So sehr es auch juckt – lassen Sie es!
2. Nichts beschädigen oder stehlen! Wer rachsüchtig wird, liefert nur Vorlagen für juristische Nachspiele.
3. Fragen Sie nach Referenzen. Das Zeugnis ist heute oft nur noch eine Pro-forma-Angelegenheit. Wichtiger sind deshalb Empfehlungen. Sie erleichtern die Suche nach einem neuen Job und dienen als Türöffner. Schon deshalb sollten Sie die beiden ersten Punkte beherzigen.
4. Sagen Sie nichts Schlechtes über Ihren Nachfolger. Sie wirken so nur wie ein schlechter Verlierer. Charakterköpfe gratulieren, wünschen Glück und geben ein paar hilfreiche (!) Insidertipps auf den Weg.
5. Geben Sie keine schlechten Kommentare über Ihren alten Arbeitgeber im neuen Job ab. Der Einzige, der dabei schlecht aussieht, sind Sie! Ihr neuer Arbeitgeber ist irgendwann Ihr Ex. Das ist ihm bewusst. Deshalb wird er Lästermäuler meiden!

okt

nov

dez

17. Dezember
Bleibt alles anders – Wie flexibel sind Sie wirklich?

Das US-Magazin *Fast Company* veröffentlichte vor einiger Zeit eine Titelgeschichte zum Thema »Change or Die«. Die zentrale Frage lautete: Könnten Sie Ihr Leben umkrempeln, wenn Sie es müssten? Gute Frage. Könnten Sie? Angenommen, der Arzt sagt zu Ihnen: »Es tut mir leid, aber Sie müssen Ihr Leben, alles, was Sie bisher getan haben, Ihre kompletten Pläne und Ziele ändern – oder Sie werden sterben.« Gemeint sind also nicht so triviale Dinge wie sich das Rauchen abzugewöhnen oder mehr Sport zu treiben. Der Arzt fordert einen wirklich radikalen Wechsel: Beruf, Privatleben, Freizeit – nichts bleibt, wie es ist. Vielleicht stehen Sie kurz vor dem Höhepunkt Ihrer Karriere, das eine große Projekt wollen Sie unbedingt noch abschließen, der Traumposten liegt bereits in Greifweite. Das Haus ist noch nicht abbezahlt, das Traumauto erst bestellt, die Kinder wollen noch studieren … Vorbei. Sie müssten Ihr Leben neu denken, müssten kündigen, wegziehen, Ihre gewohnte Umgebung, alle Freunde verlassen, vielleicht finanzielle Abstriche machen, völlig neu anfangen – auch im Hinblick auf das Arbeitspensum und den gesellschaftlichen Status. Eine Art Zeugenschutzprogramm für jemanden, der gerade Al Capone verraten hat. Könnten Sie das?

Keine Bange: Neun von zehn Menschen können das nicht. So das Ergebnis einer Umfrage zu dem Artikel. Selbst diejenigen konnten es nicht, die bereits einige Bypässe hatten. Lieber gingen sie an ihrer Beharrlichkeit und ihren Plänen zugrunde. Wissenschaftler, die sich mit den Arbeitsmärkten der Zukunft beschäftigen, sind sich einig, dass Flexibilität ein wesentlicher Wettbewerbsvorteil sein wird. Unternehmen, Kundenbedürfnisse, Technologien, Märkte – alles verändert sich rasant. Wer sich schnell genug anpassen kann, profitiert davon. Heute behaupten viele Menschen von sich, flexibel zu sein. Aber wie flexibel sind sie wirklich?

18. Dezember
Auf geht's! – Die Erfolgsregeln der Karrieregurus

Vom Tellerwäscher zum Millionär – auch du kannst das schaffen! Diesen Tenor enthalten viele US-Bücher, die sich mit Karrierefragen beschäftigen. Viele hiesige Leser empfinden das als reine Motivationspropaganda: sei es, weil die Bürokratie oder unternehmerfeindliche Gesetze uns daran hindern oder weil wir Deutsche noch immer ein größeres Faible für das Analysieren, Theoretisieren und Legitimieren entwickeln als für das Machen. Deswegen erscheinen uns solche Ratschläge oft als unrealistisches Selbstmarketing-Blabla der Autoren, als moderne Sozialmärchen und unseriöse Popcorn-Literatur. Auch auf die Gefahr hin, wie ein altkluger Trainer bei den Bundesjugendspielen zu klingen: Das ist zu kurz gesprungen. Viele dieser Ratschläge basieren auf seriösen Forschungen. Die Essenz dieser Imperative klingt nur etwas pathetisch, der gezeichnete Archetyp hat leider immer etwas von den holzschnittartigen Helden in Hollywood-Blockbustern. Auch wenn die Autoren weniger Worte verwenden, die auf -ung, -heit und -keit enden, ändert das nichts an der Gültigkeit der Erfolgsregeln. Deshalb heute die zehn wichtigsten im US-Duktus:

- Glaube stets an deinen Erfolg!
- Sei leidenschaftlich bei allem, was du tust!
- Halte Disziplin!
- Konzentriere dich auf deine Stärken!
- Denke niemals daran, dass du scheitern könntest!
- Plane entsprechend!
- Arbeite hart!
- Versuche ständig, deine Kontakte zu pflegen und auszubauen!
- Sei bereit, stetig hinzuzulernen!
- Halte durch und glaube an dich!

okt

nov

dez

Gleich Mut – Wer den Erfolg sucht, braucht Gelassenheit

Wer am Terminal D des Kölner Flughafens landet, wird in der Empfangshalle mit zwei Lebensformeln konfrontiert, die die Domstädter erstaunlich resistent gegen Krisen machen. Die erste lautet: *Et kütt wie et kütt.* Die zweite: *Et hätt noch immer jot jejange.* Dahin muss man erst einmal kommen. »Nichts ist so beständig wie der Wandel.« Eher ist es diese Erkenntnis, die vielen den Schlaf raubt, sie in Unruhe und manchmal sogar in Rage versetzt. Derart vom Affekt getrieben, lassen sich aber weder gute Entscheidungen treffen noch Erfolge genießen. Dazu braucht es vor allem Gelassenheit. Die bereits von den antiken Griechen verehrte Tugend hat mit fehlendem Temperament genauso wenig zu tun wie mit Unterlassung oder Phlegma. Vielmehr setzt der Gelassene darauf, seine Begierden und Emotionen in Schach zu halten, um, wie der römische Philosoph Lucius Annaeus Seneca bemerkte, am Ende befriedigt festzustellen, »dass der Geist dem Körper überlegen ist«. Oder anders formuliert: Gelassenheit ist Einstellungssache. Sie mäßigt den Hitzkopf, wie sie den Enttäuschten aufmuntert oder den Verzweifelten geduldig nach vorn blicken lässt. Sie schenkt ihnen das, was der Hedonist Epikur einmal die »ungestörte Seelenruhe« nannte.

Erst wer sich selbst beherrscht, kann andere beherrschen. Erst wer Ruhe und Gleichmut ausstrahlt, wirkt souverän, überlegt und überlegen. Ganz im Gegensatz zum Wüterich. Aus der Hirnforschung weiß man: Unter extremem Stress gerät das Frontalhirn derart in Unruhe, dass an Empathie, Analyse, Improvisation nicht mehr zu denken ist. Unser Geist verkürzt drastisch die Informationsmenge, die er verarbeiten muss, und greift auf primitive Urprogramme zurück: Flucht, Angriff, Erstarrung. So jemand taugt nicht zum Vorbild.

Gelassenheit wird einem nicht angeboren, man muss sie trainieren. Selbstbeherrschung und Lebenserfahrung bilden dazu jeweils ein Drittel. Das letzte Drittel ist die Sicht der Dinge. Wie wir uns selbst betrachten, den Beruf sehen oder unsere Situation bewerten, beeinflusst unser Handeln. Und da es dazu keinen objektiven Maßstab gibt, bleibt es allein uns überlassen, wie wir entscheiden. Wobei die Erfahrung der Kölner lehrt: Was passiert, passiert – und am Ende geht es immer gut.

Reife Leistung – Mit dem Alter denken wir komplexer

Erschreckend viele haben ein negatives Bild vom Alter. Sie sehen den körperlichen Verfall und denken an Demenz, Depression und Degeneration. Die Hirnforschung malt ein völlig anderes Bild. Wer älter wird, dem baut der Geist Brücken statt Krücken. Tatsächlich verbessert sich das Sprachvermögen, die Ausdrucksvielfalt nimmt zu, der Zugang zu Synonymen und Antonymen fällt leichter. Zudem gelingt der Zugriff auf Gelerntes besser, denn der gereifte Geist fängt nicht bei null an, sondern fügt seinem Wissen lediglich neue Bausteine hinzu. Synapsen, die Erfahrungsschätze und Expertenwissen verbinden, sind »wie in Stein gemeißelt«, sagt der Neurowissenschaftler John Morrison von der Mount Sinai School of Medicine in New York.

Und er hat recht: Im Rahmen einer Studie der Universität von Illinois traten 60-jährige Fluglotsen gegen 30 Jahre jüngere Kollegen an. Dabei wurden in typischen Tests ihr Reaktionstempo, ihre Merkfähigkeit und Aufmerksamkeit verglichen. Wie erwartet, schnitten die Jüngeren besser ab. Der zweite Test entsprach jedoch stärker der beruflichen Praxis: Die Lotsen mussten verschiedene Maschinen sowie Notfälle koordinieren. Und diesmal waren es die Älteren, die den Anfängern zeigten, wo es langging. Sie brauchten auch weniger Kommandos, um die simulierten Maschinen sicher durch ihre Flugrouten zu leiten. Weitere Studien belegen: Die Fähigkeit, sich auf eine Aufgabe zu konzentrieren und Ablenkendes zu ignorieren, nimmt im Alter keinesfalls ab. Der größte Vorteil des reifen Gehirns aber ist: Während Jüngere Probleme Schritt für Schritt lösen, finden Ältere die bessere Lösung, indem sie diese mit gespeicherten und bewährten Mustern vergleichen und adaptieren.

All diese Fähigkeiten versetzen sie in die Lage, sich besser in andere hineinzufühlen, ihre Motive zu verstehen und gleichzeitig die eigenen Gefühle im Auge zu behalten: An der Universität von Sydney wurden Probanden Porträts von Menschen mit unterschiedlichen Emotionen gezeigt und gleichzeitig ihre Hirnaktivität gemessen – und siehe da: Das Frontalhirn der Älteren war beim Verarbeiten negativer Emotionen deutlich aktiver. Kurz: Sie verfügen über emotionale Weisheit.

okt

nov

dez

Auf Wiedersehen – Anleitung zur erfolgreichen Rückkehr

Nur die Toten kehren nicht zurück. Für alle anderen ist die gelungene Rückkehr entweder eine fabelhafte Chance, Macht und Strahlkraft zu steigern, oder aber späte Genugtuung – etwa nach einem schmachvollen Abgang. Ein gekonnt inszeniertes Wiedersehen ist das Nonplusultra für den Lebenslauf und gelingt so:

Demission: Wer wiederkommen will, muss erst einmal weg sein. Und zwar so richtig. Mailen Sie allen Bekannten, Geschäftspartnern und Kollegen: Das war's, Sie sind raus! Der Abgang muss fulminant und zügig geschehen, sonst verpufft seine Wirkung. Bevor Sie von der Bildfläche verschwinden, spendieren Sie aber noch ein paar lobende Abschiedsworte: Bedanken Sie sich für die Unterstützung, für gewachsene Freundschaften, für die vielen Dinge, die Sie lernen durften. Man soll Sie schließlich in guter Erinnerung behalten!

Diskretion: Und tschüss! Tauchen Sie vollständig ab – nicht nur ein paar Wochen im Urlaub. Lernen Sie etwas Neues, schreiben Sie ein Buch, promovieren Sie – alles ist erlaubt, was dieser Zeit Sinn gibt. Analysieren Sie auch, was bisher schiefgelaufen ist, damit Sie denselben Fehler nicht zweimal machen. Aber meiden Sie die Öffentlichkeit! Nur wer sich rarmacht, kann eine spürbare Lücke hinterlassen.

Präparation: Hier beginnt Ihr Comeback – allerdings unter allen Umständen im Verborgenen. Nur so gelingt der Überraschungseffekt. Konzentrieren Sie sich auf Ihre Stärken: Was wollen Sie noch erreichen? Welche Trümpfe können Sie noch ausspielen? Versuchen Sie aber nie, an alte Erfolge anzuknüpfen. Das gelingt sowieso nicht und ruiniert nur Ihr altes Image. Eine gelungene Wiederkehr ist ein Neustart, keine Wiederholung! Falls in dieser Zeit das Gerücht aufkommt, Sie könnten an Ihrer Rückkehr arbeiten, bleiben nur zwei Alternativen: Sie vergessen das Comeback – oder starten sofort Phase vier:

Sensation: Da sind Sie wieder! Und zwar mit einem lauten Knall. Man sollte Sie überall sehen: gesellschaftliche Anlässe, Presseberichte, Partys. Ihre Person ist jetzt omnipräsent. Arbeiten Sie hierzu mit Profis, die Ihr Erscheinen an die große Glocke hängen, das verstärkt den Effekt – erst recht, wenn nicht klar ist, dass die in Ihrem Auftrag handeln. Und vernebeln Sie, wie Sie sich in der Versenkung die Zeit vertrieben haben. Je mehr Spekulationen sich darum ranken, desto interessanter werden Sie.

22. Dezember
Spott zum Gruße –
Die Kunst, eine Abwesenheitsnotiz zu texten

Ich bin die nächsten vier Wochen im Urlaub! Wenden Sie sich in dringenden Fällen an meinen Kollegen Kowalski.

Moderne Kommunikation ist eine feine Sache. Seit es E-Mails und entsprechende Organisationssoftware gibt, kann jeder mit Kollegen, Freunden und Geschäftspartnern kommunizieren, auch wenn er gar nicht da ist. Der programmierte Assistent spricht dann zu Bekanntschaften und Bittstellern. Die Technik beherrschen natürlich alle, den richtigen Ton leider nicht. Nicht selten nehmen mit dem Mail-Adressaten auch die Manieren eine Auszeit und zurück bleibt ein automatischer Mailer, der zum Abwesenheits-Asi mutiert. Das liest sich dann wie im obigen Beispiel oder so: *leider kann ich ihre frage bis zum 22. januar nicht beantworten. ich bitte um verständnis.* Alles knapp vorbei – und deshalb ziemlich daneben. Wer will schon wissen, dass Sie gerade vier Wochen Urlaub am Stück machen? Und wie engagiert wirkt jemand, der seine Geschäftsfreunde mit einem lapidaren *bin weg* abspeist? Alle Beispiele sagen im Grunde nichts anderes als: Du bist mir total egal. Du störst. Melde dich gefälligst wieder, wenn ich für dich Zeit habe!

Stilvoll wäre, sich zunächst für eine erhaltene E-Mail zu bedanken. Da sucht immerhin ein Mensch Kontakt. Vielleicht war es der Chef, vielleicht ein wichtiger Kunde. Beide neigen zu Intoleranz. Warum einer gerade nicht erreichbar ist, ist dagegen irrelevant für sein Problem. Eine Begründung wirkt deshalb wie ein schlechtes Gewissen. Sie sind nicht da – Punkt. Es reicht, zu sagen, wann man wieder erreichbar ist. Dafür sollte immer (!) ein Vertreter benannt werden, samt dessen relevanten Kontaktdaten, also E-Mail-Adresse

und Telefonnummer. Und zum Schluss das Versprechen, sich wieder zu melden, sobald man zurück ist. Wer zudem international korrespondiert, sollte noch eine englische Übersetzung anhängen. Eine höfliche Minimalmeldung wäre demnach:
Herzlichen Dank für Ihre E-Mail. Ich bin leider bis zum 31. Dezember nicht erreichbar. Gerne hilft Ihnen meine Kollegin Karin Kowalski weiter. Sie erreichen sie per Telefon unter 01 23/45 67 89 oder per E-Mail: kk@email.de. Sobald ich zurück bin, werde ich mich bei Ihnen melden. Ich bitte um Verständnis. Vielen Dank.
IHR NAME

23. Dezember
Merk mal! – Warum Auswendiglernen so wertvoll ist

Mit den Jahren wurde der griechische Dramendichter Sophokles zu generös im Umgang mit seinem Geld. Seinen Söhnen, die sich um das schrumpfende Erbe sorgten, passte das gar nicht. Also schleppten sie ihren alten Herren vor ein Athener Gericht, um ihn entmündigen zu lassen. Der Richter, selbst in den besten Jahren, fragte den Greis, wie er denn den Vollbesitz geistiger Kraft beweisen wolle. Sophokles gab ihm keine Antwort, stattdessen rezitierte er aus dem Kopf den kompletten ersten Akt der Ödipus-Tragödie. Noch bevor er zum zweiten Akt ansetzen konnte, war der Richter von seiner Zurechnungsfähigkeit überzeugt und wies die kleinlauten Kläger ab.

Mal ehrlich: Wir hätten alt ausgesehen. Die meisten von uns sind ja schon froh, wenn sie sich ihren Hochzeitstag, die PIN-Nummer und das Passwort für ihren E-Mail-Account merken können. Für die Telefonnummern und E-Mail-Adressen ihrer Freunde brauchen viele schon elektronische Helfer. Kein Wunder: Auswendiglernen ist Schwerstarbeit. Es macht keinen Spaß. Die meisten von uns erinnert es an das dumpfe Pauken unregelmäßiger Verben in der Schule. Zum Glück ist das vorbei. Und wozu gibt es heute Internet! Darin steckt das gesamte Wissen der Welt. Jederzeit abrufbereit. Der Kopf wird so nicht unnütz belastet und bleibt frei für das wirklich Wichtige. Tatsächlich? Die Hirnforschung weiß anderes: Denken und Merken schließen sich keinesfalls aus, sie ergänzen sich sogar.

Wer denkt, tut das mithilfe seiner Erinnerungen, sie helfen ihm, Muster zu erkennen, etwas einzuordnen, zu bewerten. Sie bilden eine Art Landkarte für den Verstand. Und ohne Plan keine Orientierung! Zudem ist Memoriertes, wie der Linguist Konrad Schröder sagt, »der sicherste, ja geradezu krisenfeste geistige Besitz des Menschen – er behält ihn ein Leben lang«.

Oft ist dieser geistige Schatz sogar Labsal für die Seele. So mancher schon schöpfte beim Rezitieren Kraft in persönlichen Krisen. Allen voran aus der wohl berühmtesten Bibelstelle, dem Psalm 23: »Der Herr ist mein Hirte ...« Und falls Sie sich jetzt sorgen, Sie könnten Ihr Hirn mit Auswendiggelerntem überlasten – vergessen Sie's! Das Fassungsvermögen unseres Zerebrums ist unbegrenzt. Alles eine Frage des Willens und des Trainings. Apropos: Erinnern Sie sich noch, wie der griechische Greis am Anfang dieser Geschichte hieß?

| 24. Dezember
| **Frohe Botschafter** – Macht Glaube erfolgreicher?

Dem renommierten *Time*-Magazin war es eine Titelgeschichte wert: *Das Gottes-Gen – Zwingt uns unsere DNA, eine höhere Macht zu suchen?*, lautete die Schlagzeile im Oktober 2004. Entdeckt haben wollte das Religions-Gen der Molekularbiologe Dean Hamer, damals Chef einer Genforschungsabteilung im National Cancer Institute. Seine Wissenschaftskollegen verkniffen sich ihr Halleluja, die Entdeckung war nicht viel mehr als ein Glaubensbekenntnis. Trotzdem ist die Frage natürlich spannend, insbesondere die, wie sich Spiritualität auf unsere Psyche und unseren Beruf auswirkt. Was ist dran an der korinthischen Vision, dass der Glaube Berge versetzt? Verblüffend viel, so scheint es.

okt

Gleich mehrere Manager, darunter etwa Europas erfolgreichster Schuhverkäufer Heinrich Deichmann, berichten immer wieder, dass ihnen ihr Glaube Halt und Perspektive für ihr Leben gebe. Er lasse sie leichter mit Konflikten umgehen, mache sie emotional stabiler, souveräner, angeblich sogar erfolgreicher. Einige Wissenschaftler stimmen dem durchaus zu. So waren es Wirtschaftswissenschaftler, die herausfanden, dass Kirchgänger mehr verdienen als solche, die

nov

dez

sonntags lieber ausschlafen. Schon wer die Anzahl seiner Gottesdienstbesuche verdoppelt, kann bis zu zehn Prozent mehr Gehalt herausholen, sagt etwa Jonathan Gruber vom Massachusetts Institute of Technology. Der Grund ist jedoch weltlich: Die Umstehenden glauben schlicht, dass jemand ein feiner Kerl sein muss, der einmal in der Woche noch etwas anderes im Kopf hat als schnöden Mammon.

Spiritualität kann noch mehr. Sie beruhigt zum Beispiel. Und zwar nicht nur den Gläubigen, sondern auch dessen Umfeld. So haben christliche Manager oft ein gutes Gespür für »zerbrechliche Situationen«, bescheinigt ihnen Manfred Spieker, Professor für christliche Sozialwissenschaften an der Universität Osnabrück. Ihre transzendente Perspektive helfe ihnen, das große Ganze im Blick zu behalten. Das Üben in Demut mache die betenden Bosse sensibel für atmosphärische Störungen, auf die sie dann empathischer reagieren. Tatsächlich lässt sich nachweisen, dass in christlich geführten Unternehmen weniger gestohlen, hintergangen und sabotiert wird. Natürlich kann Religion Professionalität nicht ersetzen, sie scheint aber einen evolutionären Vorteil zu haben, sonst – so die Conclusio einiger Anthropologen – hätte sie längst aussterben müssen. Tatsächlich sind Menschen, die daran glauben, dass sie von einem Gott geliebt werden, nicht nur ausgeglichener – ihr Selbstwertgefühl wird auch nicht zerstört, wenn die Dinge im Büro mal schieflaufen oder eine private Krise aufzieht. Und das ist eine beachtliche Parallele zur Weihnachtsbotschaft: So wie ein Vater sein Kind liebt, auch wenn es Fehler macht, so ändern persönliche Niederlagen nichts daran, dass man sich seine Erlösung nicht verdienen kann – sie bleibt ein Geschenk des Glaubens.

Ich wünsche Ihnen eine frohe und gesegnete Weihnacht!

25. Dezember
Bedankenspiele – Dankbarkeit wird unterschätzt

Eine Frau fährt morgens zur Arbeit, wobei fahren übertrieben ist: Der Verkehr fließt zäh, stockt. Pendlerstau. Jeder hat es eilig, aber keiner kommt voran. Trotzdem wechseln viele die Spuren. Irgendwann deutet der Fahrer neben der Frau an, dass er auf ihre Spur wechseln möchte. Sie winkt ihm zu, dass sie ihn vorlassen wird, vergrößert den Abstand zum Vordermann und lässt ihn einscheren. Der Mann fährt danach stur weiter. Kein Wink zurück, kein Danke. Die Situation haben vermutlich alle schon erlebt – womöglich mit vertauschten Rollen. Und die Folgen sind klar: Die Frau wird sich beim nächsten Mal genau überlegen, ob sie jemanden vorlässt. Und sicher wird sie denken: *Typisch Mann!* Wissen Sie, was passiert, wenn Sie einen Brummifahrer vorlassen? Er bedankt sich, indem er kurz links und rechts blinkt. Er benimmt sich wie ein Profi. Das sollten Sie auch tun – nicht nur im Straßenverkehr. Dankbarkeit ist ein Schlüssel zum Erfolg. Sie verbessert sowohl die Beziehungen zu anderen Menschen wie auch deren Motivation. Hätte sich der Fahrer im obigen Beispiel wenigstens mit einem Wink bedankt, wäre die Frau künftig aufgeschlossener gegenüber Spurwechslern. Und sie hätte einen besseren Start in den Tag gehabt. Kleine Gesten ermuntern und ermutigen. Wer immer nur nimmt, ohne wenigstens ein *Danke* zurückzugeben, der führt nicht, der manipuliert. Und alle Menschen reagieren darauf gleich: Sie ziehen sich zurück.

Dankbarkeit beginnt im Kleinen. Es gibt Menschen, die stöhnen über zu viel Arbeit und zu wenig Gehalt. Und sehr oft behaupten sie, dass sie zufriedener wären, wenn sie mehr Geld hätten. Für sie ist das Gras nebenan immer grüner, der Himmel blauer und das Auto des Nachbarn sowieso schöner. Undank ist eine Schwäche! Schon Goethe betonte, er habe nie gesehen, »dass tüchtige Menschen undankbar gewesen wären«. Die Geschichte gibt ihm recht: Nicht diejenigen, die viel hatten, waren die Erfolgreichen, sondern die Dankbaren. Kein Mensch wird für künftige Erfolge dankbar sein, wenn er das nicht schon bei gegenwärtigen sein kann. Allerdings fliegt einem diese Haltung nicht zu. Man muss sich dafür entscheiden. Im Büro – und im Straßenverkehr.

okt

nov

dez

26. Dezember
Taten statt Worte – Erzählen Sie mehr Geschichten!

Heute erzähle ich Ihnen eine Geschichte: Für die Vorstandssitzung eines internationalen Konzerns wurden die Mitglieder in eines der feinsten und teuersten Restaurants der Stadt eingeladen. Es lag in unmittelbarer Nähe der Firmenzentrale und so erschienen die Vorstände pünktlich und gut gelaunt, plauderten ein wenig beim Champagner und nahmen schließlich an dem luxuriös gedeckten Tisch Platz. Alle freuten sich auf das legendäre Menü des hiesigen Sternekochs. Doch dazu kam es nicht. Draußen versammelten sich Landstreicher. Sie blickten durch die Scheiben, drückten ihre staubigen Nasen dagegen und klopften an die Fenster. An ein gemütliches Mahl war nicht mehr zu denken, und immer mehr Bosse fragten sich, was der Gastgeber dagegen unternehmen würde: Würde er die Penner ignorieren oder die Polizei rufen? Nichts davon passierte. Stattdessen öffnete er die Tür und ließ die Meute herein. Die Leute rochen wie ein Zwischenfall in einem russischen Chemiewerk. Vor allem aber waren sie hungrig. Zum großen Entsetzen der Vorstände lud sie der CEO an den Tisch und die Fremden fielen über die ersten beiden Gänge her, als gäb's kein Morgen. Danach verschwanden sie aber nicht, sondern beschimpften die Manager: Wie könnt ihr euch jeden Tag mit Hummer, Foie gras und Champagner vollstopfen, während wir Hunger leiden? Die Vorstände bemühten sich um Contenance. Sie seien nun mal Führungskräfte eines großen Konzerns und trügen viel Verantwortung, versuchten sie sich zu verteidigen. Die Obdachlosen überzeugte das nicht. Die Manager gerieten zunehmend in die Defensive. Schließlich brach der Gastgeber die Farce ab. Er erklärte seinen verblüfften Kollegen, dass die Vagabunden in Wahrheit Schauspieler seien, engagiert, um alle auf den einzigen Punkt der heutigen Agenda vorzubereiten: die soziale Verantwortung des Unternehmens.

Der Vorfall soll sich tatsächlich zugetragen haben. Wahr oder nicht ist aber unerheblich. Denn die Anekdote lehrt zwei Dinge: Menschen sind durch praktische Erfahrungen viel leichter zu überzeugen als durch theoretische Argumente. Und: Erkenntnisse werden für ein Publikum viel anschaulicher, wenn man dazu eine Geschichte erzählt.

27. Dezember
Zwischenzeit – Wie man die Zeit zwischen den Jahren nutzt

Ab heute hängen Sie zwischen den Jahren. Das ist im Grunde keine richtige Zeit, sondern ein Zustand. *Nach* der Weihnachtsgans und dem Beisammensein im Kerzenschein ist zugleich auch *vor* dem Silvesterbufett und der Rückkehr ins Büro. Zwischen den Jahren ist eine Art Feiertagsrallye, mit ausgedehnten Ruhetagen dazwischen. Historisch betrachtet gibt es diese Phase zwischen dem 27. Dezember und Neujahr nicht allzu lange: gerade mal seit etwas mehr als 300 Jahren. Im Meer der Geschichte ist das nichts weiter als ein Mowenschiss. *Zwischen den Jahren* heißt die Zeit, weil früher das Jahr je nach Zeitalter und Region zu unterschiedlichen Zeitpunkten begann. Erst im späten 17. Jahrhundert kristallisierte sich der 1. Januar als offizieller Jahresbeginn heraus. Schließlich war es Papst Innozenz XII., der das Datum 1691 offiziell anerkannte.

Zwischenzeiten sind keine produktiven Spannen. Man lebt in der Zerrissenheit der Gegenwart, zwischen *Das war's* und *Das wird*. Und das ist Mist. Ich kenne einige Menschen, die sich nach einem Jahr mit vielen Aufs und Abs die Zeit zwischen den Jahren gezielt freinehmen, weil sie zur Ruhe kommen wollen. Sie schalten ab, machen Pause und nutzen die Zeit, um über sich, ihr Leben und die Zukunft nachzudenken. Eine Art Fünf-Tage-Boxenstopp-Meditation an Restchriststollen. Das ist völlig in Ordnung und kann für mehr Wohlbefinden sorgen – vorausgesetzt, man passt mit dem Restchriststollen auf.

Es gibt aber auch die anderen. Die nutzen die Zwischenjahreszeit im Büro: Auch sie räumen auf – gedanklich wie physisch. Sie arbeiten Liegengebliebenes auf, sortieren und entrümpeln Schreibtisch wie Gedanken und schmieden neue Pläne. Dieser Abschnitt kann sehr produktiv sein: Kaum jemand ist im Büro, der stören könnte; kaum jemand mailt einen an, und das Telefon schweigt. Zwischen den Jahren wird für sie zu einer der produktivsten Phasen im ganzen Jahr. Ich will damit sagen: Ob nun beim Meditieren oder Großreinemachen – nutzen Sie diese Zeit! Rumgammeln können Sie im neuen Jahr noch genug.

okt

nov

dez

28. Dezember
Rabenweisheit – Wer sich nicht engagiert, lebt gefährlich

Ein Rabe sitzt träge auf einem Baum und tut den ganzen Tag lang nichts. Da kommt ein kleiner Hase vorbei und sieht den Raben. »Sag mal«, staunt er den Raben an, »kann ich mich nicht auch so hinsetzen und den ganzen Tag lang nichts tun?« »Aber natürlich. Warum nicht?!«, antwortet der Rabe. Also setzt sich der kleine Hase auf den Boden unter dem Ast, auf dem der Rabe hockt, und ruht sich aus. Es dauert nicht lange, da schleicht sich von hinten ein Fuchs heran, fängt den kleinen Hasen und frisst ihn auf.

Und die Moral von der Geschichte:

Um herumzusitzen und nichts zu tun, muss man – wenn überhaupt – schon sehr weit oben sitzen!

29. Dezember
Hier und Jetzt – Was man von den Hawaiianern lernen kann

Als der amerikanische Sprachforscher Max Freedom Long (1890–1971) in den Zwanzigerjahren auf Hawaii arbeitete, erforschte er die Naturreligion der Ureinwohner. Dabei faszinierten ihn die *Kahunas*, die polynesischen Schamanen. Diese wollten ihr Wissen jedoch nicht preisgeben und so ergründete Long so lange ihre Sprache, bis er glaubte, die wesentlichen Inhalte ihrer Philosophie entschlüsselt zu haben – die *Huna-Prinzipien*. Nun halte ich von Schamanismus und esoterischem Blumengequatsche ungefähr so viel wie von Herrenhandtäschchen. Und leider rankt sich um dieses Huna auch viel Hopsasa. Sieht man davon aber ab und betrachtet diese Prinzipien als über Generationen gewachsene Weisheiten, dann erstaunt umso mehr, wie sie sämtlichen Erfolgsregeln – auch denen, die Sie im vergangenen Jahr kennengelernt haben – gleichen. Und das ist ein starkes Indiz dafür, dass bestimmte Erfolgsgesetze tatsächlich generationsübergreifend und global gelten:

Die Welt ist das, wofür du sie hältst: Wie wir selbst unsere Möglichkeiten, unseren Job, aber auch unseren Partner sehen, das halten wir für wahr, und es wirkt sich auf unser Handeln aus. Deshalb sehen wir die Dinge nicht, wie sie sind, sondern »wie wir sind«, fand auch die Schriftstellerin Anaïs Nin. Im Umkehrschluss bedeutet das: Je mehr wir dazulernen, desto größer wird unsere Welt. Und unsere Möglichkeiten werden es auch.

Es gibt keine Grenzen: Vor 500 Jahren haben die Menschen daran geglaubt, die Welt sei eine Scheibe; vor rund 100 Jahren waren sie sich sicher, der Mensch werde nie fliegen können, und vor 60 Jahren überzeugt, nie den Planeten verlassen zu können. All diese Grenzen wurden überwunden – weil jemand anfing, Unmögliches für möglich zu halten.

Energie folgt der Aufmerksamkeit: Wer sich zu viel vornimmt, zerfasert seine Kraft. Wer sich dagegen konzentriert, erreicht, was er sich vornimmt. Eine reichlich banale Einsicht. Der Gedanke dahinter ist es weniger: Das, worauf man sich konzentriert, schluckt viel von der eigenen Energie: Sind es die eigenen Schwächen und Missgeschicke? Oder die Ziele und Erfolge? Das, worauf wir die Aufmerksamkeit richten, das wächst!

Es gibt nur jetzt: Viele Menschen kleben an der Vergangenheit oder fokussieren die Zukunft: *Wenn ich damals nicht … Wenn ich erst einmal, dann …!* So verpasst man die Gegenwart. Dabei ist sie es, die über die Zukunft entscheidet.

Lieben bedeutet glücklich sein mit …: Glücklich zu sein ist kein Zustand, den man erarbeiten muss – es ist eine bedingungslose Entscheidung für das, was man schon erreicht hat.

Alle Macht kommt von innen: Die Erkenntnis ist uralt, nur heißt sie bei uns anders: Jeder ist seines Glückes Schmied. Das bedeutet zugleich, die Verantwortung für sein Handeln zu übernehmen und die Schuld nicht bei anderen zu suchen.

Wirksamkeit ist das Maß der Wahrheit: Worte ohne Werke sind nutzlos. Es gibt Kollegen, die können schlau quatschen, haben zig gute Ideen – und setzen keine einzige davon um. Erfolg beginnt zwar mit einem guten Ziel und Plan. Zum Erfolg wird es aber erst, wenn man das Ziel auch erreicht.

okt

nov

dez

Es gibt Menschen, die entwerfen von sich im Nachwehen feiertäglicher Stille ein neues Bild. Eines von einem nicht rauchenden, nicht saufenden, zielstrebigen, konsequenten, freundlichen, teamfähigen, sparsamen, durch und durch besseren Menschen. Kurz: Sie entwerfen von sich das Bild eines Gewinners und formulieren dazu ein paar gute Vorsätze. Zwei Tage später knallen sie sich mit Schampus und Böllern das alte Leben aus dem Kopf, wachen am Morgen mit einem Kater und einer Kippe im Mund auf und spülen die guten Vorsätze mit Aspirin hinunter. Danach fühlen sie sich wie Verlierer.

So geht das jedes Jahr. Die Menschen entwickeln Neujahrsvorsätze, streichen sie Tage später wieder und fühlen sich schlecht. Kein Wunder: Spontane Ideen vom Typ Nächstes-Jahr-werde-ich-Abteilungsleiter oder Ab-sofort-behandle-ich-meine-Mitarbeiter-mit-Respekt oder Im-kommenden-Jahr-nehme-ich-15-Kilo-ab bringen nichts. Aus zwei Gründen: Wer sich zu viel auf einmal vornimmt, scheitert schneller. Und: Die Vorsätze dürfen nicht aus einer Laune heraus entstehen, sondern müssen realistisch und überschaubar geplant werden. Entscheidend ist dafür, die eigenen Stärken zu kennen und danach zu entscheiden, wo es sich lohnt, Zeit, Kraft und Mühe zu investieren. Schließlich geht es darum, mit alten Gewohnheiten zu brechen. Die sind anfangs wie Spinnweben und später wie Drahtseile, sagt ein spanisches Sprichwort. Sie abzulegen, geht nicht von heute auf morgen, sondern nur in Etappen. So weiß man aus der Motivationsforschung, dass Menschen mehr Elan zeigen, ein Ziel zu erreichen, je näher sie ihm kommen. Also planen Sie möglichst greifbar, kleinteilig und konkret.

Helfen kann auch, sich die Vorsätze aufzuschreiben und sie so zu deponieren, dass man immer wieder darauf stößt: Ein guter Ort für den Merkzettel »5 Kilo abnehmen!« ist zum Beispiel die Kühlschranktür. Und das Merkblatt »Der Kunde ist König« gehört nicht vor die Bürotür, wo es nur der Kunde sieht, sondern dahin, wo der Schreibtisch steht. Zudem muss das Ziel Spaß machen. Feiern Sie also zwischendurch Teilerfolge. Jede Veränderung, die Ihnen gelingt, ist ein Schritt vorwärts, für den Sie sich belohnen sollten. Sonst laufen Sie Gefahr, bei ersten Rückschlägen aufzugeben. Und

Rückschläge werden kommen. Machen Sie trotzdem weiter! Denken Sie einfach an das, was Sie bisher erreicht haben – nach fast einem Jahr mit diesem Buch …

31. Dezember
Lebe dein Leben! – Das Wichtigste zum Schluss

Sie haben im vergangenen Jahr viel über Erfolgsregeln, Machtstrategien, Karriereprinzipien, Lebensweisheiten gelesen, haben Anregungen für Ihren Alltag bekommen und ein paar Anstöße dazu. Sie haben gesehen, wie zahlreiche Menschen der Geschichte einflussreicher, erfolgreicher und glücklicher wurden; Sie studierten, wie man zum Gewinner wird, Fehler vermeidet oder daraus lernt, wo Trittfallen lauern, was wirklich zählt. Dabei ging es immer um Ihren Erfolg – und der hängt nicht allein von solchen Lektionen und Mechanismen ab, sondern zuallererst von Ihren Zielen. Diese Botschaft zieht sich wie ein roter Faden durch dieses Buch: Wer keine Ziele hat, kann nichts erreichen; wer nicht losgeht, kann nicht ankommen. Wer mittendrin aufgibt, allerdings auch nicht.

»Erfolg ist einmal mehr aufstehen als hinfallen«, betonte Winston Churchill. Stolpern und Berappeln sind genauso wertvoll wie Losgehen und Eintreffen. Jeder Weg und die Erfahrungen, die man dabei sammelt, lohnen sich. Den perfekten Weg gibt es ohnehin nicht.

Vielleicht ist Ihr Ziel, als Führungskraft ein großartiges Unternehmen mit erstklassigen Mitarbeitern zu führen. Vielleicht wollen Sie irgendwann auch Ihr eigenes, erstklassiges Unternehmen lenken. Sie können aber auch als Tischler, Musiker, vorbildlicher Vater oder guter Freund mindestens ebenso glücklich und erfolgreich werden. Hauptsache, es sind Ihre ganz eigenen Ziele und nicht solche, die Sie aus der Werbung oder von Ihrem Nachbarn adaptieren oder die Ihnen schlechte Freunde versuchen einzubimsen. Ein bekanntes Bonmot lautet: Der glücklichste Mensch ist der, der das Leben lebt, das er sich selbst ausgesucht hat. Seien Sie dieser Mensch. Hier und heute – und an den 365 Tagen des kommenden Jahres.

Viel Erfolg!

▎Stichwortverzeichnis

A

Abfindung 28.8.
Abschied 13.12., 14.12., 15.12.,
 16.12.
Alter 27.9., 6.10., 20.12.
Alternativen 12.5., 9.11.
Altruismus 28.4., 21.11.
Angst 23.3., 24.3., 21.7., 22.7.,
 31.10.
Anschreiben 10.1.
Arbeitszeugnis 27.8.
Assessment-Center 5.6.
Atmen 5.5.
Attraktivität 15.7.
Audit 29.6.
Aufnahmetest 4.2.
Aufschieberitis 10.3.
Augenblick 16.7.
Auszeit 13.9., 14.9.

B

Babypause 29.8.
Bauchgefühl 31.5., 12.12.
Bedenkenträger 17.10.
Bedürfnispyramide 12.10.
Beförderung 1.6., 2.6., 3.6., 6.6.,
 9.6., 15.6., 19.6., 24.6., 28.6.
Belbin-Rollen 17.5.
Bewerbung 6.1., 9.1., 10.1., 11.1.,
 12.1., 13.1., 28.1., 5.6., 4.10.
Beziehungen 2.4., 19.4., 25.6.,
 26.6., 30.6.
Biorhythmus 21.5.
Bluffen 19.11.
Bossy Idiots 24.6.
Brainstorming 3.5.
Bücher 20.5.
Bullshit 4.11., 13.11., 19.11.
Burn-out 11.8.
Büro 13.2., 14.2., 23.2., 2.4., 4.6.
Businessplan 16.9.

C

Chaos 23.2., 29.7.
Charakter 1.1., 2.1., 6.1., 27.1.,
 27.2., 29.2., 1.12.
Charisma 8.7., 16.7., 18.10.
Chef 27.2., 8.4., 9.4., 10.4., 11.4.,
 17.4., 20.4., 27.4., 9.6., 20.6., 2.9.,
 28.9., 1.10., 2.10., 10.10., 20.10.,
 22.10., 27.10., 31.10., 2.11.,
 18.11.
Circadian Rhythm 21.5.
Coaching 19.8.
Comeback 21.12.

D

Danken 13.1., 1.5., 14.11., 21.11.,
 25.12.
De-Bono-Hüte 9.5.
Déformation professionelle 2.1.
Delegieren 22.10.
Demut 14.7.
Diplomatie 3.4., 4.4.
Disney-Methode 19.5.
Doktortitel 14.6.
Dramadreieck 2.4.
Dresscodes 5.2., 6.2., 7.2., 8.2., 19.2.
Duft 13.5.

E

Ehrgeiz 2.9., 28.9.
Eigenlob 29.3., 17.6., 7.11.
Einstand 1.2.
Eisenhower-Prinzip 7.3.
Eitelkeit 16.4., 22.4.
E-Mail 13.3.
Emotionale Intelligenz 23.1., 5.10.
Entlastungsdepression 30.4.
Entscheidung 18.2., 6.3., 23.3.,
 31.3., 1.7., 20.7., 16.8., 23.8.,
 29.9., 10.10., 30.12.
Erfahrung 21.8.

.12., 29.12.
.., 2.1., 21.2.,

.1.2.

.unternehmen 20.2.
.it 27.7.
.orit 17.4., 18.4., 2.11.
.edback 28.3., 8.4., 10.4.
Feinde 22.9.
Firmenkultur 7.1., 1.10., 10.10.,
   27.10., 28.10., 31.10., 10.11.
First-Mover-Advantage 30.8.
Fleiß 22.2., 1.3., 9.3., 17.3., 7.5.
Flexibilität 8.1., 23.5., 26.5., 13.7.,
   31.7., 7.9., 17.12.
Flirten 14.2.
Flow 7.5., 23.5.
Franchise 18.9.
Frauenberuf 8.3.
Freeze-Frame-Methode 5.8.

G
Geben 29.2., 28.4., 8.12.
Gedanken 26.2., 1.3., 18.6., 16.8.
Geduld 20.4., 3.10., 5.10., 19.12.
Gefälligkeitsfalle 19.4.
Gefangenendilemma 15.4., 29.4.,
   21.11.
Gehaltsverhandlung 22.2., 7.6.,
   10.9., 20.9., 21.9.
Geiz 28.4.
Generationskonflikte 6.10.
Genussfreude 30.3., 1.5.
Gier 18.8.
Glaube 24.12.
Glück 18.2., 22.2., 1.5., 7.6., 10.11.
Gründen 15.9., 16.9., 17.9., 18.9.,
   19.9.

H
Harvard-Methode 27.11., 28.11.
Hawthorne-Effekt 29.5.
Headhunter 28.2., 8.9., 9.9.
Helfer-Syndrom 19.4., 6.6.

Holiday Blues 30.4.
Humor 1.4., 4.5., 6.8.
Huna-Prinzipien 29.12.

I
Ideen 22.4., 2.5.
Initiative 23.8.
Innere Kündigung 2.10.
Intelligenz 28.1., 16.3., 18.5., 27.6.,
   9.7., 13.7., 5.10., 20.12.
Internet 30.1., 31.1., 6.5.
Intrigen 22.8.

J
Jobinterview 14.1., 17.1., 18.1., 19.1.

K
Karrierekiller 30.1., 29.3., 13.4.,
   16.4., 18.4., 8.6., 27.6., 8.8., 18.8.,
   29.8., 30.8., 23.10., 14.11., 20.11.,
   6.12., 16.12.
Karriereplan 8.1.
Klatsch 14.4., 25.4., 8.6.
Kleine-Welt-Phänomen 26.6.
Knigge-Regeln 9.2., 10.2., 11.2.,
   12.2., 13.2.
Kollegen 23.4., 24.4., 25.6., 24.7.
Kommunikation 12.2., 5.3., 12.3.,
   13.3., 27.3., 28.3., 8.4., 12.4.,
   14.4., 29.10., 22.11., 3.12., 4.12.,
   7.12., 8.12., 9.12., 22.12., 26.12.
Konstanz 4.1., 25.2., 1.3.
Konzentration 3.3.
Kopfprämien 28.2.
Körpersprache 10.7., 16.7, 18.7.,
   29.11., 11.12.
Kreativität 1.5., 2.5., 7.5., 14.5.,
   24.5., 30.5.
Krisen 14.8., 20.8., 4.9., 7.10., 8.10.,
   11.10., 5.12.
Kritik 27.3., 5.4., 6.4., 7.4., 8.4.,
   10.4.
Kündigung 3.2., 20.8., 24.8., 25.8.,
   26.8., 27.8., 28.8., 2.10., 23.10.,
   24.10., 25.10., 26.10., 14.12.,
   16.12.

L

Lachen 1.4., 4.5.
Lampenfieber 19.3., 21.3.
Lebenslauf 1.1., 9.1., 11.1, 20.1.
Lebensmitte 11.9.
Leidenschaft 30.3.
Leistung 5.1., 16.6.
Lernen 30.3., 16.6., 17.7., 1.9., 30.9.,
   23.12.
Lesen 1.5., 6.5., 20.5.
Limits 11.5.
List 15.11., 22.11
Loben 25.11.
Lügen 20.1., 19.11.

M

Macht 1.11., 5.11., 6.11., 12.11.,
   16.11., 18.11., 23.11., 24.11.
Management 21.2., 3.6., 20.6., 28.6.,
   27.9., 2.10., 3.10., 6.10., 7.10.,
   8.10., 9.10., 12.10., 15.10., 16.10.,
   19.10., 20.10., 21.10., 24.10.,
   26.10., 25.11.
Manieren 9.2., 10.2., 11.2., 12.2.,
   13.2.
Manipulation 1.7., 7.7., 18.7., 25.7.,
   9.11., 15.11., 16.11., 19.11.,
   22.11.
Matthäus-Effekt 30.6.
MBA 13.6.
Medien 3.12., 4.12., 5.12.
Meeting 3.5., 9.5., 11.5., 16.5.
Mikropolitik 2.4., 8.4., 9.4., 17.4.,
   18.4., 19.4., 22.4., 29.4., 22.8.
Mindmaps 14.5.
Mitarbeiter 16.10., 21.10., 16.11.
Mobbing 24.4., 22.8.
Mona-Lisa-Syndrom 29.3.
Motivation 12.10., 13.10., 14.10.,
   27.10., 25.11.
Murphys Gesetz 23.8.
Mut 30.3., 16.8., 31.8., 3.9., 29.9.

N

Nachfolger 26.7.
Neid 23.7.

Neinsagen 24.7., 10.8.
Netzwerken 26.4., 25.6., 26.6., 24.9.
   25.9.
Niederlagen 14.4., 3.8., 4.8., 15.8.

O

Offenheit 13.4.
Online-Bewerbung 12.1.
Ordnung 23.2., 7.3., 29.7.

P

Pareto-Prinzip 28.5.
Parkinson-Gesetz 11.5.
Partnerschaft 29.1., 14.2., 13.8.
Perfektionismus 11.3., 27.5.
Persönlichkeit 1.1., 1.12.
Perspektive 5.7.
Peter-Prinzip 1.6., 2.6., 3.6.
Plaudern 8.11.
Positives Denken 24.1., 26.2., 1.3.,
   18.6.
Powerpoint 20.3.
Prioritäten 7.3., 25.3.
Probezeit 2.2., 3.2., 21.2.
Profilieren 24.2., 17.6., 28.6., 30.7.,
   7.11., 13.11.
Prokrastination 10.3.
Promotion 14.6.
Psychotest 4.10.
Pygmalion-Effekt 18.6.

Q

Qualität 27.2.
Querdenker 1.1., 26.1., 19.5.,
   26.5., 29.5.

R

Rache 15.4., 20.11.
Rajkov-Effekt 9.7.
Rede 1.2., 19.3., 20.3., 17.8.,
   11.10., 17.11., 9.12., 11.12.,
   15.12., 26.12.
Reputation 28.2., 25.4., 10.6.,
   12.6., 17.6., 30.6., 12.9., 2.12.
Resilienz 4.8.
Reziprozität 7.7.

..4., 19.7.,
..12.
.8.3., 6.7.
.., 14.12., 16.12.
..4., 12.6., 30.6., 2.12.

.cal 14.9.
.tern 3.8., 4.8., 8.8.
.nicksal 27.1., 9.6., 4.8.
.chlafen 8.5., 24.5., 21.6.
Schlagfertigkeit 22.1., 22.3., 5.4., 6.8.
Schlechte Nachrichten 12.4., 20.4.,
   31.7., 29.10.
Schriftanalyse 3.7., 4.7.
Schwächen 2.3., 11.3.
Schweigen 3.11., 5.11., 11.11., 2.12.
Selbstbewusstsein 30.3., 12.8.
Selbstmarketing 24.2., 29.3., 16.4.,
   27.4., 20.5., 10.6., 6.7., 30.7.,
   2.11., 7.11., 11.11., 13.11., 2.12.
Selbsttest 3.1., 31.3.
Smalltalk 5.3., 13.3., 27.4., 17.6.,
   8.11., 19.11.
Stammplätze 21.10.
Stärken 2.3.
Status 10.7., 30.7.
Stimme 17.11.
Streiten 27.3., 5.4., 11.4.
Stress 4.3., 21.3., 30.4., 2.7., 5.8.,
   10.8., 11.8., 23.11., 24.11.
Survivor-Syndrom 24.10.
Sympathie 15.7., 28.7., 31.7., 20.8.

T

Team 3.5., 9.5., 11.5., 14.5., 17.5.,
   15.10., 17.10., 19.10.
Timing 7.6.
Tit for tat 15.4., 18.7.
Tradition 15.5., 23.5., 29.5., 23.9.

U

Überheblichkeit 16.3.
Ultimatumspiel 28.4.
Umstrukturierung 20.8., 24.8., 9.10.,
   17.10., 25.10.

Undank 14.11.
Ungeduld 25.1., 3.10.
Unsicherheit 9.4.
Unterbrechung 3.3.
Unzufriedenheit 26.9.
Urlaub 30.4., 23.6., 7.8.

V

Veränderung 23.5., 7.9.
Verhandeln 15.4., 19.7., 27.11.,
   28.11.
Verkäufer 14.4.
Verrat 29.4.
Versprechen 25.2., 1.3.
Vorbilder 14.4.
Vorsätze 30.12.
Vorsorge 26.3., 11.6.
Vorstellungsgespräch 14.1., 15.1.,
   16.1., 17.1., 18.1., 19.1., 21.1.,
   22.1, 23.1., 26.1.

W

Wahrnehmung 29.5., 1.7., 9.8.
Weihnachtsfeier 6.12.
Weihnachtsgrüße 7.12.
Weisheiten 15.1., 15.3., 10.5., 25.5.,
   2.8, 30.10., 10.12., 28.12.
Wochenende 30.4.
Work-Life-Balance 2.1., 17.2., 12.7.,
   5.8.
Workoholic 17.2.
Wutausbruch 21.4.

Z

Zeitmanagement 25.3., 5.9., 6.9.,
   30.11.
Ziele 3.1., 4.1., 24.1., 16.2., 1.3.,
   3.3., 10.3., 17.3., 22.5., 20.7.,
   30.12., 31.12.
Zufall 28.5., 7.6., 1.8.
Zuhören 2.2., 18.3., 11.7., 27.10.,
   3.11.
Zuversicht 30.3.
Zweifel 23.3., 24.3.
Zwischen den Jahren 27.12.